LAZARE CARNOT SAVANT

ET SA CONTRIBUTION A LA THÉORIE DE L'INFINI MATHÉMATIQUE

L'HISTOIRE DES SCIENCES
TEXTES ET ÉTUDES

LAZARE CARNOT SAVANT
ET SA CONTRIBUTION A LA THÉORIE DE L'INFINI MATHÉMATIQUE

PAR

Charles C. GILLISPIE
de l'Université de Princeton

ET

Adolf P. YOUSCHKEVITCH
de l'Institut d'Histoire des Sciences et de la Technique de Moscou

avec trois Mémoires inédits de Carnot

Ouvrage publié avec le concours financier du Ministère des Universités

COLLECTION DES TRAVAUX
DE L'ACADÉMIE INTERNATIONALE D'HISTOIRE DES SCIENCES, n° 20

PARIS
LIBRAIRIE PHILOSOPHIQUE J. VRIN
6, PLACE DE LA SORBONNE, Ve

—

1979

Printed in France

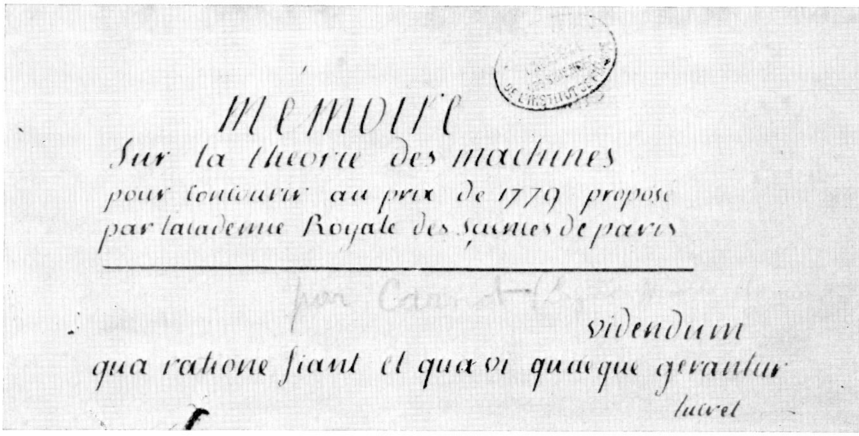

memoire
sur la theorie des machines
pour concourir au prix de 1779 proposé
par lacademie Royale des sciences de paris

par Carnot

videndum
qua ratione fiant et qua vi quaeque gerantur
lucret

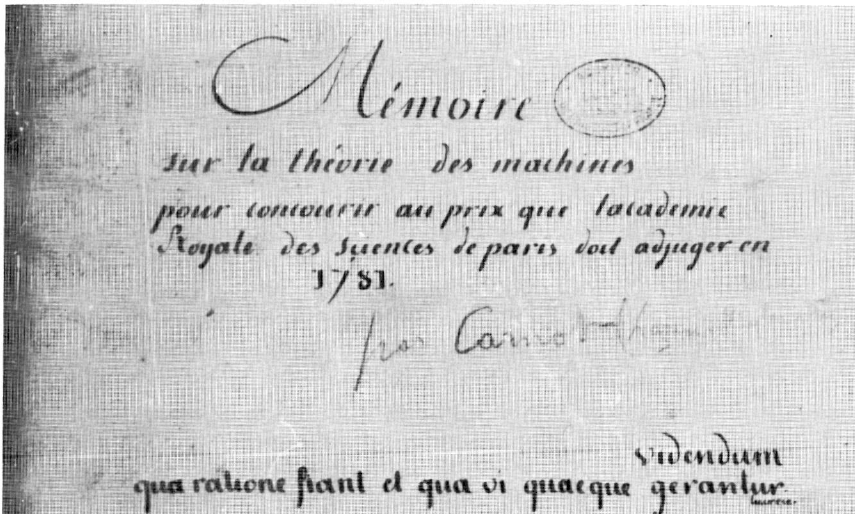

Mémoire
sur la théorie des machines
pour concourir au prix que lacademie
Royale des sciences de paris doit adjuger en
1781.

par Carnot

videndum
qua ratione fiant et qua vi quaeque gerantur.
lucrece.

Fac-similé du haut des pages de couverture des mémoires de 1779 et de 1781 « sur la théorie des machines », conservés aux Archives de l'Institut à Paris, reproduits avec l'autorisation de MM. les Secrétaires de l'Académie des Sciences.

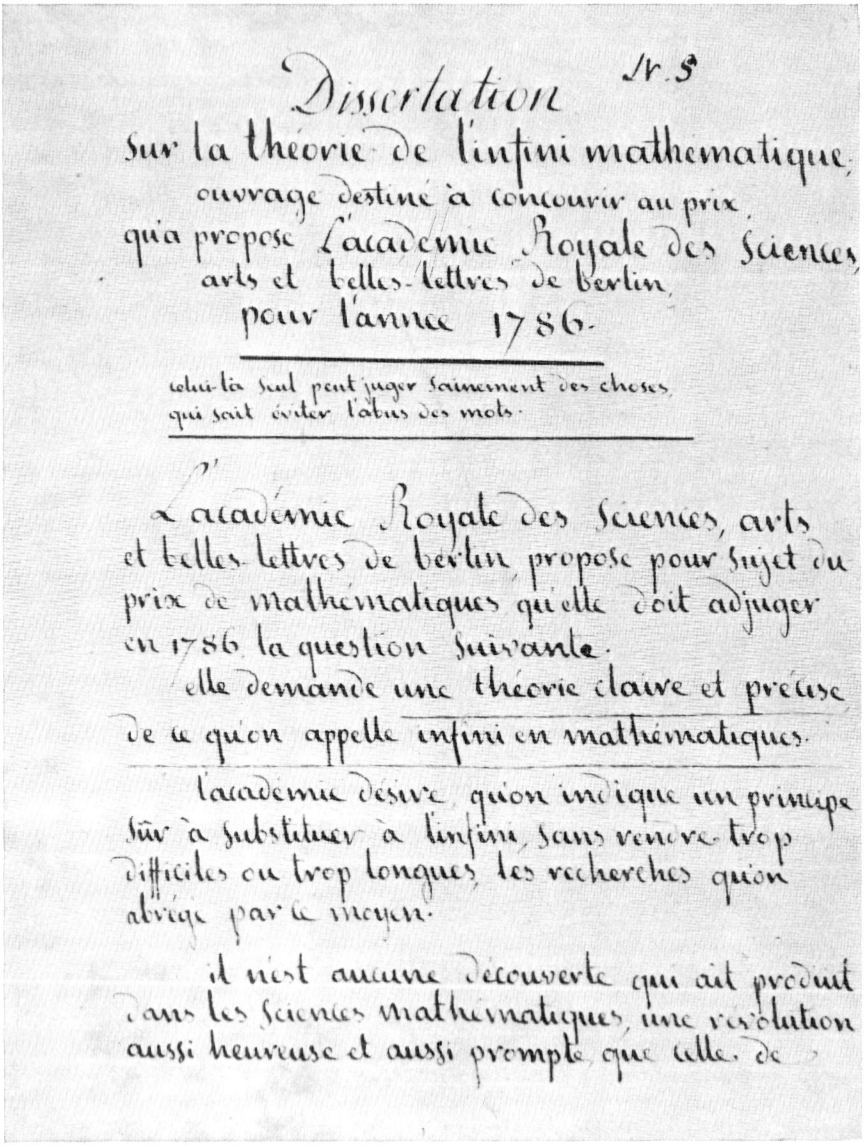

Dissertation Nr. 8

sur la théorie de l'infini mathématique,
ouvrage destiné à concourir au prix,
qu'a proposé l'académie Royale des Sciences,
arts et belles-lettres de berlin,
pour l'année 1786.

celui-là seul peut juger sainement des choses,
qui sait éviter l'abus des mots.

L'académie Royale des Sciences, arts et belles lettres de berlin, propose pour sujet du prix de mathématiques qu'elle doit adjuger en 1786, la question suivante.

elle demande une théorie claire et précise de ce qu'on appelle infini en mathématiques.

l'académie désire, qu'on indique un principe sûr à substituer à l'infini, sans rendre trop difficiles ou trop longues, les recherches qu'on abrège par ce moyen.

il n'est aucune découverte qui ait produit dans les Sciences mathématiques, une révolution aussi heureuse et aussi prompte, que celle de

Fac-similé de la 1re page du mémoire de L. Carnot conservé à Berlin, Zentrales Archiv, AAW, 1261-1262. Reproduit avec l'autorisation de l'Akademie der Wissenschaften der D.D.R.

Carnot

Carnot del. Hu Sculp.t

L.RE N.AS M.TE CARNOT,

Lieutenant Général,

Chevalier de l'Ordre Royal et Militaire de S.t Louis,

et de la Légion d'Honneur.

Né le 13 mai 1753, à Nolay, Dép.t de la Côte d'Or.

Il a organisé la Victoire

Moniteur an 3 page 1024.

Déposé à la Direction.

A Paris, chez l'Auteur Rue des Francs-Bourgeois S.t Michel, N.o 6.

PRÉFACE

Ce livre est né de l'intérêt que l'auteur porte depuis longtemps déjà à l'étude des interactions de la science et de la politique durant la période révolutionnaire et la période napoléonienne en France. Lazare Carnot demeure l'un des très rares hommes à avoir eu une carrière politique et une carrière scientifique dignes chacune d'être étudiée pour elle-même. Un talent scientifique et un talent politique véritables vont rarement de pair et c'est par curiosité que j'ai entrepris la présente étude, curiosité de savoir si la carrière de Carnot constituait bien l'exception qu'elle semblait être, et si ses écrits scientifiques justifiaient vraiment l'épithète de « savant », que l'époque où brilla son étoile politique lui accorda avec tout le cérémonial d'usage.

Une réponse à cette question, qui devait initialement faire l'objet d'un article, a donné lieu à la présente monographie. Mon collègue A. P. Youschkevitch, de l'Institut d'Histoire des Sciences et des Techniques de Moscou, et moi-même y avons ajouté le texte de quelques-uns des premiers mémoires mathématiques et mécaniques de Carnot qui étaient inconnus jusqu'ici. Le fait que l'ouvrage ait évolué de cette manière est dû dans une mesure plus large qu'à l'ordinaire — même lorsqu'il s'agit de l'érudition la plus désintéressée — à l'aide de collègues et d'amis, ainsi qu'à celle de nombreux descendants de Carnot.

Je voudrais tout d'abord exprimer ma gratitude la plus profonde à M. Pierre-Sadi Carnot ainsi qu'à sa sœur, Mlle Lucie Carnot. Non seulement, ils se sont réjouis de l'intérêt que je portais à leur ancêtre, mais ils nous ont également invités, ma femme et moi, dans sa maison natale de Nolay (Côte-d'Or), durant l'été 1964, alors que je venais d'entreprendre mes recherches, et que je consultais ses ouvrages ainsi que les différents manuscrits qu'il avait laissés. C'est là, grâce au témoignage des brouillons et des écrits d'une vie entière, que je me rendis compte que Carnot avait, tout au long de sa carrière, étudié la mécanique et les mathématiques et que ces sujets n'étaient pas le simple passe-temps d'un ingénieur devenu homme d'État. Je dois à mes hôtes de cet été des excuses, car des raisons personnelles ont retardé l'achèvement de cette monographie qui voit enfin le jour.

D'une certaine manière, ce retard a été bénéfique puisque j'appris entre-temps que le professeur A. P. Youschkevitch s'était intéressé aux *Réflexions sur la métaphysique du calcul infinitésimal*, publiées par Carnot en 1797 et qu'il avait rédigé une introduction historique très documentée pour une traduction russe de cet ouvrage, éditée en 1933. Il se trouve que les papiers de Nolay contenaient le brouillon non daté d'une lettre de Carnot à un certain Johann-Karl-Friedrich Hauff, rédacteur de la traduction allemande des *Réflexions*. Cette correspondance m'apprit que Carnot avait, à l'origine, écrit cet essai pour concourir en vue du prix de mathématiques que l'Académie royale des sciences, arts et belles-lettres de Berlin devait adjuger en 1786 sur le sujet suivant : « donner une théorie claire et précise de ce qu'on appelle infini en mathématiques ». J'en fus très intrigué car au début des *Réflexions* Carnot précise que ce traité avait été composé bien avant sa date de publication, 1797. Mais, plus encore, j'avais découvert auparavant, dans les archives de l'Académie des sciences de Paris, les manuscrits de deux mémoires sur la science des machines, rédigés successivement par Carnot à l'occasion d'un concours de prix sur la théorie du frottement dans les « machines simples » et les cordages de bateaux, organisé par cette académie pour 1779 puis pour 1781. Il m'était apparu évident que ces mémoires constituaient les premières versions du premier traité publié par Carnot, l'*Essai sur les machines en général*, de 1783. Il était ainsi particulièrement intéressant de constater que, dans chacun des deux domaines de la science qu'il avait illustrés, ses premiers efforts étaient issus des concours régulièrement proposés par les académies scientifiques et les sociétés savantes du XVIIIe siècle.

En mai 1968, je parlai de mes recherches sur Carnot au professeur Youschkevitch au cours d'un entretien que nous eûmes à Paris, et j'appris l'existence de son travail, très antérieur au mien. Je lui demandai si, au cours de son étude des *Réflexions*, il n'avait rencontré aucune remarque de Carnot permettant d'établir l'origine de ce mémoire. Il ne s'en souvenait pas, mais la question l'intéressant vivement, il me proposa de rechercher, lors d'une prochaine visite à Berlin, si le manuscrit de Carnot existait encore dans les archives de l'ancienne Académie. Il le trouva effectivement et l'analysa dans une étude rédigée pour le présent volume, en comparant le texte de cette « Dissertation sur la théorie de l'infini mathématique » à l'exposé ultérieur des opinions de Carnot sur la justification du calcul infinitésimal. Je lui suis extrêmement reconnaissant d'avoir écrit cet article, qui traite du contexte et de l'origine de la pensée mathématique de Carnot avec une maîtrise dont je n'aurais pas été capable. Nous avons tous deux pensé que les coïncidences qui nous avaient conduits à la découverte de ces premières versions de son œuvre étaient si heureuses qu'il paraissait souhaitable de publier les documents en question afin de rendre accessible aux chercheurs la totalité des importants écrits scientifiques que Carnot a laissés sous une forme achevée.

En ce qui concerne les deux mémoires relatifs à la science des machines, seules leurs parties centrales, théoriques, présentent suffisamment d'intérêt pour justifier leur publication. Je suis reconnaissant au Duc Louis de Broglie, Secrétaire Perpétuel de l'Académie des sciences, de m'avoir autorisé à publier ces documents. Je remercie Mme Pierre Gauja, responsable des archives de l'Académie, pour m'avoir permis d'en obtenir des photocopies, ainsi que pour la gentillesse avec laquelle elle et son personnel facilitent les recherches de ceux qui s'intéressent à l'histoire des sciences en France. Le professeur Youschkevitch et moi-même devons une reconnaissance égale au secrétariat de la *Deutsche Akademie der Wissenschaften der D.D.R.* à Berlin, qui nous a autorisés à publier le texte intégral de la « Dissertation » de Carnot et, en particulier, à son directeur, le docteur Christa Kirsten, qui nous a généreusement procuré les photocopies nécessaires. Nous remercions également le docteur Kurt-R. Biermann pour l'aide qu'il a apportée au professeur Youschkevitch, en facilitant son étude des différents documents d'archives relatifs au concours organisé en 1786 par ce qui était alors l'Académie de Prusse.

Cette monographie ayant le but relativement limité d'expliquer l'œuvre de Carnot, il ne m'a pas paru nécessaire d'y inclure une biographie détaillée, d'autant plus que celle-ci existe déjà. Je veux parler de l'ouvrage de Marcel Reinhard, *Le Grand Carnot* (Paris, 1950-1952, 2 vol.), qui est basé sur une connaissance approfondie des documents, publiés et inédits, et qui fait autorité en la matière. Je me suis d'ailleurs largement servi de cette étude pour mon premier chapitre, dans lequel je me suis simplement proposé de retracer la vie publique et privée de Carnot de manière à y situer l'incidence de son œuvre scientifique, aspect qui n'a pas été traité par le professeur Reinhard. J'ai indiqué les quelques points où mon étude des documents techniques m'amenait à m'écarter quelque peu de ses interprétations, et je voudrais exprimer ici avec reconnaissance l'obligation que je dois, comme tous les historiens de la Révolution, à son livre qui, le premier à étudier d'une manière vraiment érudite la carrière publique de Carnot, est l'œuvre d'un des meilleurs spécialistes de l'historiographie de cette époque.

Un ouvrage antérieur demeure indispensable ; il s'agit des *Mémoires sur Carnot* (Paris, 1861-1863, 2 vol.), que le plus jeune des fils de Carnot, Hippolyte (né en 1801), rédigea pour l'édification de ses enfants (l'un d'eux devait devenir Président de la République), de nombreuses années après la mort de son père. Le fils aîné, Sadi, célèbre dans l'histoire de la thermodynamique, étant mort jeune et célibataire, c'est d'Hippolyte que descendent les générations ultérieures et c'est par les *Mémoires* qu'il publia que la tradition de leur ancêtre s'est perpétuée. L'historien doit considérer cet ouvrage avec le mélange de respect et de scepticisme qu'il convient d'accorder à un admirable ouvrage de piété familiale : scepticisme d'une part quant à la capacité d'Hippolyte de se souvenir exactement des détails de son enfance ou des choses que lui avait relatées son père sur la Révolution, respect d'autre part, pour l'estime dans laquelle il tenait ce père dont il avait partagé l'exil à partir de sa quinzième année et qu'il devait perdre sept ans plus tard. Il en connaissait les qualités morales et la magnanimité, qualités que l'historien ne peut vraiment comprendre, sinon à travers la confiance que lui inspire à ce sujet Hippolyte Carnot.

Les encouragements que j'ai reçus des descendants de Carnot et la cordialité qu'ils m'ont manifestée m'incitent à penser que la magnanimité est chez eux une qualité héréditaire. J'aimerais exprimer ici ma profonde gratitude personnelle à M. Lazare Carnot, à deux petites-filles du Président Carnot, Mme René Giscard d'Estaing et Mme Roger Crépy-Carnot, à de grands amis de la génération suivante, M. Philippe Giscard d'Estaing et M. Pierre Vignial ainsi qu'à leurs familles et à Mme C. de Gaudart d'Allaines. Je dois également beaucoup à deux très grands amis, apparentés à la famille Carnot, M. et Mme Jean Darde, qui, avec leur gentillesse habituelle, m'ont présenté à M. et Mlle Carnot, les propriétaires actuels de la maison de Nolay, et qui nous ont familiarisés, ma femme et moi, avec des aspects très variés de la civilisation française que nous apprécions aussi bien sous sa forme actuelle que dans son passé scientifique. Ma femme se joint à moi dans l'expression de cette gratitude, mais je dois personnellement la remercier pour son aide précieuse et pour l'attention avec laquelle elle a lu et critiqué cet ouvrage ainsi que mes autres travaux. Je tiens encore à exprimer ma reconnaissance à plusieurs collègues qui m'ont communiqué de précieuses critiques après avoir lu le texte sous une forme non encore définitive. Le docteur J. R. Ravetz, de l'Université de Leeds et M. René Taton, directeur du Centre Alexandre Koyré (Centre de Recherches d'Histoire des Sciences de l'École Pratique des Hautes Études, VIe Section), ont lu le texte intégralement et me l'ont retourné avec des remarques d'ordre général et des corrections plus précises. Le docteur Robert Fox, de l'Université de Lancaster, m'a fait bénéficier de sa connaissance érudite de Sadi Carnot et le professeur Robert C. McKeon, de Babson College, m'a beaucoup aidé pour le chapitre IV. Mais c'est à mon collègue et ancien élève, le professeur Stewart Gillmor de Wesleyan University que je dois le plus. Il a étudié une œuvre scientifique plus célèbre que celle de Carnot, bien qu'elle lui soit par plusieurs points complémentaire, celle de Coulomb. Le professeur Gillmor et moi-même avions abordé l'étude de l'œuvre de Coulomb, de celle de Carnot, et des débuts de la science des ingénieurs dans le cadre d'un séminaire de Princeton University. S. Gillmor m'a fait plusieurs remarques utiles et m'a permis de corriger quelques erreurs.

Princeton, New Jersey,
juin 1970.

PRÉFACE DE L'ÉDITION FRANÇAISE

Le développement des sciences en France au cours de la période révolutionnaire et du Premier Empire a toujours été un sujet de prédilection pour les historiens des sciences. Il ne faut pas en voir uniquement la raison dans la brillante qualité de la science française de cette époque, encore que celle-ci soit illustrée par une pléiade de représentants de tout premier rang, ni, non plus, dans le renom de la Révolution française, bien que celle-ci ait révélé des problèmes qui demeurent d'une importance fondamentale pour tous les pays.

Le fait essentiel, c'est plutôt la conjonction de ces deux facteurs. En effet, à la fin de l'Ancien Régime et au cours de la période révolutionnaire, la science et la politique ont commencé à acquérir, l'une vis-à-vis de l'autre, l'importance qu'elles ont encore de nos jours. C'est à cette époque en effet que la science et la politique ont entraîné la création ou la transformation d'institutions au sein desquelles elles n'ont cessé depuis lors de réagir entre elles d'une façon de plus en plus intense. A quelques exceptions près, ce sujet a jusqu'ici attiré davantage les historiens étrangers que les historiens français ; peut-être ces derniers, familiers de ces institutions, les considèrent-ils de ce fait comme suffisamment connues. Je serais heureux si la présente biographie scientifique pouvait de façon bien modeste révéler aux historiens français l'importance que présente ce développement technique pour une compréhension globale de leur passé révolutionnaire.

Mais ce sont peut-être là des considérations d'ordre trop général concernant un ouvrage par ailleurs assez spécialisé. Notre but principal a été d'étudier l'œuvre scientifique d'un des personnages les plus importants de la Révolution et de la situer tant dans la vie de son auteur que dans l'ensemble de l'histoire des sciences. Certes, sa réputation est suffisamment établie pour qu'il soit utile de vouloir la confirmer, mais il est important de noter que Carnot n'a consacré que cinq à six années de sa vie aux affaires militaires et politiques qui le rendirent célèbre et sur lesquelles portent toutes les études publiées à son sujet en France. Une telle situation apparaît quelque peu injuste, car la partie de son œuvre à laquelle Carnot a travaillé durant quarante-cinq années mérite bien d'être tirée de l'oubli. Il ne faut pas en effet perdre de vue que Carnot fut ingénieur, qu'il écrivit un essai sur les fondements du calcul infinitésimal — essai qui a été traduit et réimprimé jusqu'à nos jours [1] — et qu'au XIXe siècle, il fut considéré comme l'un des pionniers de l'école française de géométrie projective. De plus, avant de s'intéresser aux mathématiques, il avait commencé à appliquer la mécanique à l'analyse du fonctionnement des machines et énoncé le principe de continuité dans la transmission du travail. Enfin, il fut le père du célèbre physicien Sadi Carnot et c'est peut-être par son influence sur l'œuvre de son fils que Lazare a réalisé sa contribution la plus marquante au progrès de la science.

Tous les physiciens connaissent en effet l'importance des célèbres *Réflexions sur la puissance motrice du feu* de Sadi Carnot qui inaugurèrent la science de la thermodynamique. Je crois néanmoins — et je pense que le présent ouvrage le montrera — que cette œuvre, célèbre à juste titre, constitue l'application à l'étude des machines thermiques de la méthode que Lazare Carnot avait utilisée tant dans l'analyse des processus mécaniques que dans celle des opérations mathématiques. Cette découverte, considérée aussi bien du point de vue de Lazare que de Sadi, révèle le rôle important que jouèrent les sciences de l'ingénieur dans la formation de la physique moderne à partir de la mécanique classique du XVIIIe siècle. C'est en effet en France, et au sein de leurs deux générations, que furent institutionnalisés la profession et l'enseignement des nouvelles sciences de l'ingénieur.

Notre but étant ici de rendre justice à l'œuvre technique de Carnot, il nous a été impossible d'éviter toute technicité. Néanmoins, bien que traitant des fondements de la science, cette œuvre reste essentiellement élémentaire, d'une façon qui, à une époque ultérieure, serait inconcevable. Tout lecteur, dont la formation mathématique et physique est du niveau du baccalauréat, doit pouvoir comprendre cette œuvre, à condition toutefois qu'il soit prêt à réviser au besoin ces sujets et qu'il ait la patience de suivre des raisonnements, d'apparence parfois démodée, qui sont à la base de la physique moderne du travail et de l'énergie.

***

Dans cette traduction française, j'ai omis divers passages du chapitre premier de l'édition originale qui, ayant trait à la Révolution, m'ont paru superflus pour le public français. Les autres chapitres n'ont pas été modifiés, sauf quelques légères corrections. Je suis très reconnaissant à M. Elliott Cohen du soin et de l'habileté qu'il a apportés à la traduction de mon livre. Je tiens à exprimer mes remerciements très cordiaux à mes collègues P. Costabel et R. Taton pour l'aide méticuleuse et dévouée qu'ils m'ont apportée dans la révision des détails de cette traduction. Les erreurs qui pourraient demeurer proviennent du texte original et l'auteur

1. Le professeur A. P. Youschkevitch, coauteur du présent ouvrage, a publié une étude en russe sur cet essai.

en assume la responsabilité. Je remercie enfin le personnel du Centre Alexandre Koyré pour sa précieuse collaboration.

Ch. C. GILLISPIE,
Princeton, N.J.,
Décembre 1975.

Le long délai qui s'est écoulé depuis la mise au point de la traduction française du texte de M. Gillispie et depuis la révision par M. Youschkevitch lui-même de sa propre contribution jusqu'à la présente publication, a pour conséquence heureuse que la Librairie Philosophique Vrin met simultanément à la disposition des lecteurs de langue française, dans sa Collection d'Histoire des Sciences, cet hommage à Lazare Carnot et la première édition critique des *Réflexions sur la puissance motrice du feu,* le célèbre ouvrage de son fils Sadi Carnot. En remerciant l'éditeur de l'attention qu'il a accordée à ce double mémorial, nous exprimons notre reconnaissance au Ministère des Universités dont l'aide financière a permis que la version française du *Lazare Carnot Savant* soit enfin publiée, à la place que l'Académie Internationale d'Histoire des Sciences avait prévue pour elle dans la Collection de ses travaux.

P. COSTABEL, R. TATON,
Paris, octobre 1978.

NOTE D'ÉDITION

L'orthographe des manuscrits inédits de Carnot — sauf dans quelques cas où la lecture pouvait en être gênée —, ainsi que la ponctuation originale, ont été respectées. Les ratures du manuscrit sont signalées par des notes infrapaginales, insérées entre crochets afin d'être distinguées des notes de Carnot.

Les index ont été réalisés par Mme B. Bilodeau du Centre Alexandre Koyré.

PREMIÈRE PARTIE

LAZARE CARNOT SAVANT

PAR

Charles C. GILLISPIE

CHAPITRE PREMIER

ESQUISSE BIOGRAPHIQUE

En 1797, paraissait à Paris un petit ouvrage intitulé *Réflexions sur la métaphysique du calcul infinitésimal.* Son auteur, Lazare Carnot, était le membre le plus influent du Directoire et, avec quatre collègues avec qui il sympathisait assez peu, exerçait à ce titre le pouvoir exécutif du régime qui, de 1795 à 1799, réalisa la transition entre la période de la Convention et celle du Consulat. Ce ne fut que pour un temps. En 1797, le coup d'État de Fructidor évinça Carnot du gouvernement ; pour en éviter les conséquences, il s'enfuit et se réfugia en Suisse et en Allemagne pendant deux années. De retour en 1800, il fut nommé ministre de la Guerre par Bonaparte et exerça ces fonctions pendant quelques mois jusqu'à ce qu'une incompatibilité fondamentale apparut entre lui-même et l'ordre bonapartiste. Après sa démission, Carnot publia de nouveaux traités scientifiques, dont les plus importants, les *Principes fondamentaux de l'équilibre et du mouvement* et la *Géométrie de position,* parurent en 1803. Seul membre du Tribunat à ne pas appuyer la nomination de Bonaparte comme Premier Consul à vie, il se rallia néanmoins à l'empereur durant les Cent-Jours, fut son dernier ministre de l'Intérieur et, pour cette raison, termina ses jours en 1823, à Magdebourg, à nouveau en exil.

Capitaine du Génie au début de la Révolution, Carnot appartint ensuite au Comité de Salut Public où ses fonctions étaient celles d'un ministre de la Guerre en un temps de crise nationale. Les manuels scolaires nous présentent comme « l'Organisateur de la Victoire » et plusieurs villes françaises ont une avenue, une rue ou un square Carnot, bien que leurs habitants aient généralement oublié si ce nom est celui de Lazare lui-même, le « Grand Carnot », celui de son fils Sadi, le créateur de la thermodynamique, ou celui du neveu de ce dernier, prénommé aussi Sadi, qui fut Président de la République de 1887 à 1894, date de son assassinat.

Parmi les hommes politiques qui ont joué un rôle actif, Lazare Carnot a certainement dû être l'un des rares à occuper ses périodes de loisir à écrire des traités de mécanique et de mathématiques. A l'inverse de l'ordre naturel des choses qui veut que les hommes de science deviennent souvent des célébrités mondaines du fait de leur gloire scientifique, Carnot ne connut cette gloire qu'après avoir remporté des victoires militaires. La lecture de ses travaux révèle toutefois que le problème de sa carrière a une signification qui est loin d'être purement accidentelle du point de vue de l'histoire des sciences.

La plupart des ingénieurs ont entendu parler en mécanique d'un « principe de Carnot », mais, contrairement aux élèves qui se souviennent en général de l'action de Carnot durant la Révolution, les physiciens et les ingénieurs paraissent pour la plupart interloqués lorsqu'on leur demande quelques précisions sur son œuvre scientifique. Hésitant entre le concept de processus réversible et la seconde loi de la thermodynamique, ils proposent souvent l'expression $\frac{T_2 - T_1}{T_1}$ qui exprime que le rendement d'une machine thermique est une fonction de la différence de température (dans l'échelle absolue) entre le commencement et la fin de chaque cycle d'opérations. Et il est exact que cette expression a effectivement été déduite d'un raisonnement présenté par Sadi, le fils de Carnot, dans son seul mémoire publié, les célèbres *Réflexions sur la puissance motrice du feu* (1824). Le nom de Carnot évoque également un autre principe, plus axiomatique en apparence, relatif aux machines de tous genres ; la condition de rendement maximum est l'élimination des chocs ou des turbulences (dans le cas des machines hydrauliques) dans la transmission de la puissance ; l'expression même « perte de mouvement » provient de considérations introduites par Carnot. Ce principe, que l'on élève parfois au rang de théorème ou de loi, et que l'on énonce de diverses manières, portait encore le nom de Carnot au milieu du XIXe siècle, mais cette appellation est rarement employée aujourd'hui. Les raisons pour lesquelles cette filiation a été progressivement oubliée sont difficiles à préciser. Peut-être cet oubli résulte-t-il de la généralité même de ce principe qui apparaît comme une conséquence immédiate de la conservation de l'énergie (c'était en un sens l'un des nombreux premiers cas particuliers de cette loi pressentie, mais non énoncée).

Peut-être la réputation scientifique de Lazare Carnot a-t-elle aussi souffert, par comparaison avec celle de son fils, du prestige acquis par la thermodynamique aux dépens de la mécanique, science dont elle est issue — attrait rehaussé par le caractère pathétique de la si brève carrière de Sadi. Enfin, peut-être que les succès politiques et militaires de Lazare Carnot, tout en ayant facilité sa carrière scientifique, l'ont également éclipsée. Quoi qu'il en soit, c'est bien lui qui énonça le principe de continuité dans la transmission de la puissance dans un petit traité publié pour la première fois en 1783 à Dijon, capitale de sa Bourgogne natale, sous le titre *Essai sur les machines en général*.

Cet ouvrage est intéressant à plus d'un titre. Alors que, jusque-là, la science des machines était étudiée, soit comme une application de l'analyse mathématique, soit comme une question purement pratique, l'ouvrage de Carnot, dans sa conception même, qui est l'application de la science du mouvement à la détermination des principes généraux du fonctionnement des machines, traite surtout du développement de la mécanique comme une science d'ingénieurs. Parmi les principes élémentaires de la mécanique, Carnot choisit le principe de la conservation des forces vives (*vis viva*, ou énergie cinétique dans la terminologie ultérieure) comme point de départ à partir duquel les propositions de la science des machines peuvent se déduire de la façon la plus naturelle. Délaissant ainsi les disputes métaphysiques qui avaient discrédité ce principe quelques décennies plus tôt, il le sortit du rang de principe auxiliaire, utilisé surtout en hydrodynamique et occasionnellement en mécanique céleste, où il était demeuré, et accéléra une évolution qui, cinquante ans plus tard, devait en faire la loi de la conservation de l'énergie. En déduisant du principe des forces vives son propre principe de continuité, Carnot admit que le produit des dimensions de la force multipliée par la distance était une quantité physique que la mécanique pourrait employer pour évaluer le rendement des machines. Carnot appela cette quantité « moment d'activité », et c'est Coriolis qui, en 1829, proposa le nom définitif de « travail ». Il y a deux autres caractéristiques de la pensée de Carnot qui, sans pouvoir être considérées aussi explicitement comme des contributions ou des découvertes, laissent entrevoir le cours qu'allait prendre l'analyse mécanique des problèmes de travail et de puissance. Carnot utilisa des expressions trigonométriques pour représenter les projections d'une force orientée ou d'une vitesse le long d'une autre direction, et pour combiner analytiquement plutôt que par décomposition géométrique ce qui devait plus tard devenir des quantités vectorielles. Un outil analytique plus intéressant, celui qu'il appela « mouvement géométrique » et qui appartient lui aussi à la préhistoire de l'analyse vectorielle, devait par ailleurs suggérer l'idée de processus réversible et cyclique, utilisée ultérieurement par son fils Sadi.

Compte tenu du caractère fondamental et élémentaire de ces découvertes, on pourrait s'étonner que, en dépit d'une seconde édition (Dijon-Paris, 1786), la communauté scientifique ait pu ignorer l'*Essai sur les machines,* jusqu'au jour où son auteur devint une personnalité célèbre de la Révolution et entra à l'Institut. Carnot publia ultérieurement d'autres travaux (sur le calcul infinitésimal, la mécanique et la géométrie) qui tous requièrent l'attention. Si leur étude demeure intéressante, ce n'est pas seulement afin de permettre de rétablir, par simple souci de justice, la véritable origine d'importants principes de mécanique (bien que ces principes aient été énoncés par Carnot, il est certain que leur formulation devait de toute façon intervenir). Ce n'est pas non plus pour le spectacle pathétique du génie méconnu retrouvant finalement son dû, car notre analyse montrera que ces travaux révèlent plus de naïveté que de génie. Ce qui est intéressant, c'est de montrer, d'une part, la genèse d'un problème qui se fait jour en quelque sorte dans l'esprit d'un jeune ingénieur ambitieux, peu subtil et sans complexe ; d'autre part, la perspective offerte de l'interaction, à un moment critique de l'histoire de la science, entre les progrès réalisés en mécanique, en physique et en mathématiques, progrès qui sont impossibles à comprendre en dehors du cadre institutionnel, social, et même politique, dans lequel évoluait la profession d'ingénieur. Il sera donc bon, avant d'examiner en détail l'œuvre scientifique de Carnot, de revoir les circonstances dans lesquelles ses travaux ont été conçus.

Lazare-Nicolas-Marguerite Carnot naquit le 13 mai 1753 dans une famille de la bourgeoisie bourguignonne qui occupait une position importante dans sa localité. Claude Carnot, le père de Lazare, était avocat et notaire à Nolay, bourg situé sur le versant rocheux du relief dont un côté porte les vignobles de Côte-d'Or. La ville la plus proche est Beaune. Le manoir où naquit Lazare existe encore et se trouve toujours en la possession de la famille Carnot. C'est la propriété privée la plus importante du pays, mais ses chambres, donnant par-dessus une terrasse en ruine sur un petit jardin, ne sont plus habitées.

Le père de Lazare pourvut lui-même à l'éducation de ses trois enfants aînés, lesquels aidèrent ensuite leurs frères cadets en leur servant de tuteurs et de précepteurs. Des six enfants, deux montrèrent une aptitude précoce pour les mathématiques et les questions techniques : Lazare, le deuxième fils, et son frère cadet, Claude-Marie, appelé habituellement Carnot de Feulint, qui le suivit dans le Corps royal du génie. Feulint se lança également dans la politique au cours de la Révolution ; sa carrière, similaire à celle de son frère aîné, risqua même de surpasser celle-ci au début.

Il était courant, au XVIIIe siècle, de faire appel à un ecclésiastique ou à un précepteur familial pour assurer les premières bases de l'éducation. On suivait ensuite des études classiques ou « humanités » dans un pensionnat ou un collège, après quoi les chemins divergeaient pour conduire soit à l'Université (pour les études de droit, de médecine ou de théologie), soit aux écoles militaires ou navales. Le Corps royal du génie et, à un moindre degré, l'artillerie, qui nécessitaient des compétences techniques, étaient de ce fait considérés comme les « armes savantes ». Carnot fit ses humanités au collège d'Autun qui, depuis le départ des jésuites, était dirigé par des oratoriens et où, dix ans plus tard, Napoléon Bonaparte fut placé par son père. Carnot y termina ses études à l'âge normal de seize ans. Les mémoires d'Hippolyte nous rapportent à ce sujet une anecdote : lors de la soutenance de sa thèse, Carnot refusa la présence traditionnelle d'un professeur pour l'aider au cas où sa connaisance de la langue latine faillirait et répondit seul aux questions posées [1].

La voie normale eut été alors pour lui de s'inscrire à l'une des écoles où était organisée une préparation intensive en mathématiques et en mécanique en vue de l'examen d'entrée aux écoles des « armes savantes » [2]. Désireux d'épargner l'argent de ses parents, Carnot préféra préparer seul l'examen d'entrée à l'École du génie de Mézières. Mais, le sérieux échec qu'il subit lors de la session de fin 1769 décida son père à l'envoyer à Paris poursuivre les études nécessaires. Ayant obtenu la protection du duc d'Aumont, dont dépendait la seigneurie de Nolay, il inscrivit Lazare au plus célèbre des trois établissements parisiens de ce type : l'école dirigée par Louis-Siméon de Longpré, rue Culture Sainte-Catherine, dans le Marais [3].

1. Hippolyte CARNOT, *Mémoires sur Carnot*, 2 vol. (Paris, 1861-1863), I, p. 82.

2. On trouvera un aperçu des possibilités techniques de l'éducation militaire et navale dans deux chapitres que Roger Hahn a écrits pour le volume collectif *Enseignement et diffusion des sciences en France au XVIIIe siècle*, publié sous la direction de R. TATON, vol. XI de la collection « Histoire de la pensée » (École Pratique des Hautes Études, Paris, 1964), p. 511-558. Ce même ouvrage contient un chapitre de René Taton sur « L'École royale du génie de Mézières », p. 559-615.

3. Les deux autres établissements étaient celui de Bouffet et celui de Berthaud (TATON, *op. cit.*, p. 593 n ; M. REINHARD, *Le Grand Carnot*, 2 vol., Paris, 1950-1952, I, p. 23-24).

Dès cette période scolaire, Carnot eut l'occasion de rencontrer Bossut et d'Alembert, deux des personnages qui devaient influencer sa façon d'envisager les problèmes de mécanique. L'abbé Charles Bossut, qui dirigeait les examens de Mézières, avait publié, en 1763, la première édition d'un manuel de mécanique très populaire [4]. Longpré pouvait se réclamer de son amitié, ce qui renforçait le prestige de son institution. Paternaliste et aimant à suivre les jeunes gens doués, d'Alembert, déjà âgé, était lui aussi un ami de Longpré et lors de visites familières, il réunissait des élèves autour de lui et leur posait des problèmes de mathématiques. Dans sa vieillesse, Carnot se plaisait à raconter comment ce grand homme remarqua la façon dont il résolut quelques questions difficiles et lui prédit une brillante carrière [5].

Ayant réussi au concours suivant, Carnot entra à l'École du génie de Mézières en janvier 1771 pour y suivre les deux années de formation qui parachevaient l'éducation réglementaire des futurs ingénieurs du génie. Le régime de l'école exigeait des candidats une preuve d'appartenance à la noblesse ou, à défaut, à une famille « vivant noblement », c'est-à-dire n'ayant aucune occupation dégradante. En fait, la grande majorité des élèves du génie était d'origine bourgeoise, et la famille de Carnot n'eut aucune difficulté à obtenir le certificat nécessaire ; et ce dernier rappelait même que Carnot avait des oncles et des cousins putatifs éloignés qui s'étaient distingués dans la carrière des armes. Cette pratique paraissait alors moins choquante qu'aujourd'hui, où elle serait jugée selon les critères démocratiques de la bienséance sociale et professionnelle.

Il est naturel toutefois que la génération révolutionnaire et les historiens ultérieurs, jugeant selon ces conventions, aient été impressionnés par un affront mémorable infligé au plus brillant talent qui ait été associé à l'École de Mézières : celui de Gaspard Monge. Monge était issu d'une famille de Beaune dont la condition était des plus modestes, ce qui l'empêcha d'être admis comme élève. Ayant toutefois été engagé à l'école comme répétiteur, grâce à la révélation de ses remarquables qualités intellectuelles et pédagogiques, il fut bientôt nommé professeur et enseigna d'abord les mathématiques, puis aussi la physique aux élèves du rang desquels il avait été écarté. Cette situation apparaît elle aussi moins paradoxale si l'on remarque que le professeur d'une école militaire n'avait aucune autorité hors de la classe et que son poste était en quelque sorte analogue à celui d'un précepteur dans un établissement collectif. Les

Hippolyte Carnot ne mentionne que l'établissement de Berthaud et celui de Longpré ; il donne quelques détails sur le régime de ce dernier, qui devait devenir de plus en plus prospère et à la mode, entre les années 1775 et 1789. A ce propos, il est intéressant de remarquer qu'Hippolyte (I, p. 85), se basant sur des notes ou des souvenirs de son père, attribue à tort à ces écoles la fonction qui était effectivement celle de Mézières, à savoir qu'elles « tenaient la place si glorieusement prise plus tard par l'École polytechnique. Elles ont, l'une et l'autre, formé des ingénieurs éminents ».

4. *Traité élémentaire de mechanique et de dinamique appliqué principalement aux mouvemens des machines* (Charleville, 1763). Ce traité fut réédité plusieurs fois ; Bossut publia aussi des ouvrages analogues en algèbre, en géométrie et en arithmétique. Voir Taton, *op. cit.*, p. 584, n. 2.

5. H. Carnot, *op. cit.*, I, p. 85-86.

prédécesseurs de Monge en physique et mathématiques, Nollet et Bossut, étaient tous deux ecclésiastiques[6].

Compte tenu du rôle de « Figaro » de la géométrie joué par Monge, certains historiens, Reinhard en particulier, ont voulu voir dans l'ensemble du Corps du génie, qu'il avait contribué à former, un groupe de techniciens frustrés et humiliés, une intelligentsia des forces armées, qui aurait profité de la Révolution pour se venger[7]. Si la participation de Monge et celle de son entourage immédiat dans la politique de la gauche jacobine est manifeste, il faut noter qu'un seul membre de ce groupe, Meusnier, était un élève de Monge. Par ailleurs, seule une fraction insignifiante des autres anciens élèves de Mézières a exercé un rôle prédominant dans la Révolution : Carnot, son frère Feulint, Prieur de la Côte-d'Or et, à un moindre degré, Bénézech de Saint-Honoré et Bureaux de Pusy. Les activités de ces quelques hommes ne suffisent pas à démontrer une plus grande affinité pour la Révolution parmi les officiers du Génie que dans une autre classe cultivée du Tiers-État, et il se peut que Reinhard ait trop accentué l'importance du milieu social du Corps du génie sur la carrière politique de Carnot. Il n'y a pas en effet de raison pour chercher là plutôt que dans un autre aspect du régime de la France de cette époque une explication de son républicanisme ardent et de sa fidélité à la tradition d'intégrité personnelle et de probité professionnelle dans laquelle il avait été élevé.

Quoi qu'il en soit, Hippolyte parle peu de Mézières, et l'on peut alors se demander si, en dépit de la filiation apparente de leurs mathématiques, Monge et Lazare Carnot ont été réellement proches l'un de l'autre[8]. Le premier indice qui porte à repousser cette hypothèse, c'est qu'ils n'ont jamais fait allusion l'un à l'autre, alors que les disciples de Monge ont décerné à ce dernier des éloges parfois exagérés. Rien n'indique non plus que Monge ait pris le moindre intérêt aux travaux de Carnot en mécanique ou en mathématiques, ou qu'il ait fait quoi que ce soit pour étendre leur audience. Les différences des tempéraments de ces deux hommes nous permettent de supposer une autre raison. Monge était un mathématicien et un pédagogue qui, lorsqu'il s'occupa d'affaires publiques, révéla un esprit théorique, émotif, incapable de prendre des décisions, manquant de sûreté dans son jugement et inattentif aux détails. Carnot en revanche était un ingénieur aux idées extrêmement concrètes, habile dans la conception et dans l'exécution, et doté de cette uniformité de caractère qui préfère juger d'un esprit pratique et adapté aux circonstances, plutôt que d'insister sur des principes moraux absolus.

A vrai dire, Carnot a fait une fois une grave erreur de jugement, mais c'était dans une affaire de cœur et non dans une affaire d'État. Vers 1780, Carnot profitait de ses congés réguliers pour faire de nombreux séjours à Dijon où il fréquentait la famille d'un certain chevalier de

6. Sur la carrière ecclésiastique de Bossut, on pourra consulter Thomas F. MULCRONE « A note on the mathematician abbé Charles Bossut », *Bulletin of the American Association of Jesuit Scientists*, 42 (1965), p. 16-19.

7. REINHARD, *op. cit.*, I, p. 61-66, 148-160.

8. On consultera, sur la carrière de Monge, l'étude classique de R. TATON, *L'œuvre scientifique de Monge* (Paris, 1951).

Bouillet, avec qui son père avait depuis longtemps des relations d'affaires et qui était d'autant plus fier de son titre qu'il l'avait acquis depuis peu. Carnot tomba amoureux de sa fille, Ursule, qui devint sa maîtresse. Il avait certainement l'intention de l'épouser dès que les circonstances l'auraient permis, mais la mère d'Ursule, ayant des vues plus ambitieuses, arrangea, à l'insu de Carnot, le mariage de sa fille avec un certain chevalier de Duesme. Carnot n'eut vent de l'affaire que par son frère Joseph, qui avait été informé de la publication des bans, une semaine avant le mariage projeté. Carnot quitta en hâte Nolay et arriva à Dijon la veille de la cérémonie. Ursule lui fit savoir que les choses en étaient arrivées à un point de non-retour. Furieux de ce refus, il s'introduisit auprès de Duesme, lui apprit la vraie nature de ses relations avec Ursule, dont il montra les lettres comme preuve à l'appui. Il réussit, par ce scandale, à rompre le mariage, mais il fut bientôt emprisonné, car, comme on pouvait s'y attendre, Bouillet l'avait accusé auprès de ses supérieurs de conduite indigne d'un officier et d'un gentilhomme. C'est ainsi que Carnot était emprisonné à Béthune — à vrai dire il ne le fut que pour deux mois — lorsque la Révolution commença en avril 1789 avec la réunion des états généraux à Versailles. Il fut libéré le 29 mai par ordre du chef du Corps du génie [9].

La vie professionnelle de Carnot au cours des seize années qui précédèrent cet épisode n'avait pas été en général très intéressante pour lui. Sorti de Mézières le 1er janvier 1773 et nommé lieutenant, il avait servi dans diverses garnisons, à Calais d'abord, puis, successivement, au Havre, à Béthune, à Arras et à Aire. Ce n'est qu'à Arras qu'il rencontra une société cultivée. Là, au cours des années 1780, il fut admis à la Société des Rosati, groupe de beaux esprits, demeurés célèbres beaucoup plus pour avoir compté parmi eux Carnot et Robespierre (qui, à en croire Hippolyte, ne furent jamais tout à fait des leurs), que pour leur contribution à la culture. Carnot lui-même avait quelque don pour la poésie, don qu'il cultiva un peu plus souvent peut-être que son inspiration ne le justifiait. Il ne faudrait pas croire pour autant qu'il manquait d'occasions de mettre à profit sa formation technique. C'est ainsi qu'au cours de son séjour, il participa à la remise en état, à Calais, des fortifications du port. Plus tard, il fut détaché du Havre pour trois ans afin de participer à la construction du port de Cherbourg, projet technique le plus considérable et le plus élaboré qui ait été mené à bien par l'administration militaire française dans la dernière partie du siècle. Au cours de ces missions, il se forgea la réputation d'un jeune officier solide, sûr et entreprenant et son dossier contient nombre d'éloges de la part de ses supérieurs.

Néanmoins, cette vie n'était pas de nature à absorber tout le talent d'un homme capable et instruit, ni à satisfaire ses ambitions. Dans un mémoire publié en 1776, Coulomb, l'un de ses collègues du Génie, beaucoup plus célèbre que lui sur le plan scientifique, eut l'occasion de témoigner de cette situation : « un jeune sujet studieux qui sortait de l'École n'avait d'autre parti à prendre, pour supporter l'ennui et la monotonie de ses

9. Sur cet épisode, voir REINHARD, I, p. 66-70, 137-147.

occupations, que de se livrer à quelque branche de science ou de littérature absolument étrangère à son état »[10]. Carnot lui-même devait se décrire plus tard comme ayant été « négligé, solitaire, distrait, préoccupé, ce qu'on appelait une espèce de philosophe, c'est-à-dire une espèce d'original », entre l'année 1773, où, à l'âge de vingt ans, il reçut sa première nomination, et 1784, où il remporta un concours proposé par l'Académie de Dijon avec un essai sur Vauban[11]. Si l'on tient compte du sujet de cet *Éloge de Vauban* ainsi que de la discussion qui en résulta, ce mémoire apparaît comme le premier épisode de sa carrière politique et militaire[12].

Notre étude montrera que, s'il n'est pas possible de donner un compte rendu détaillé des travaux de Carnot au cours de cette période, l'originalité de son œuvre scientifique ultérieure révèle toutefois qu'il y avait sans doute poursuivi une étude de la mécanique et des mathématiques qui lui fit atteindre un niveau bien supérieur à celui des élèves de Mézières. Cette dernière formation, que les élèves achevaient en moyenne à l'âge de vingt ans, n'équivalait pas à celle qui sera assurée plus tard au cours des deux premières années des écoles d'ingénieurs. En 1772, le programme des études scientifiques comprenait d'une part les quatre tomes de Camus (arithmétique, géométrie et statique) et les traités de Bossut sur la dynamique et l'hydrodynamique et, d'autre part, les cours annuels de dessin industriel, de perspective ou de géométrie descriptive, et de physique expérimentale[13]. C'est probablement dans l'isolement de sa vie de garnison que Carnot se mit à lire et à relire d'Alembert, Bossut, Bélidor, la mécanique d'Euler et l'hydrodynamique de Daniel Bernoulli. Si ses premiers travaux témoignent d'une bonne connaissance du sujet, c'est plutôt d'une connaissance d'autodidacte qu'il s'agit. Contrairement à Coulomb et à Meusnier, deux de ses condisciples du Génie qui avaient acquis une brillante réputation scientifique et qui effectuaient de longs séjours à Paris, Carnot n'avait aucun contact avec le milieu scientifique de la capitale. Il passait ses longues et fréquentes permissions soit chez lui à Nolay, soit à Dijon.

Que Carnot ait poursuivi des études personnelles en mécanique durant les dix premières années de sa carrière est une hypothèse plus que vraisemblable : nous savons en fait qu'il en fut bien ainsi. En effet, alors qu'il venait de quitter l'École du génie et qu'il était encore à Calais, son père envoya son jeune frère Feulint habiter avec lui pour se préparer au concours d'entrée de Mézières[14] (il y réussit du premier coup à la fin

10. Cité par Reinhard, *op. cit.*, I, p. 44, d'après un document des Archives historiques du ministère de la Guerre. Le mémoire d'où est tirée cette citation est publié intégralement dans l'appendice C de la monographie de S. Gillmor, *Coulomb and the evolution of physics and engineering in eighteenth-century France*, Princeton, 1971, p. 255-261. Coulomb écrivit ce mémoire alors qu'il était à La Hougue, près de Cherbourg ; il le data du 1er septembre 1776.

11. H. Carnot, I, p. 93.

12. Le prix devait être attribué en 1783 mais, en l'absence de contributions dignes d'être retenues, le concours fut reporté à l'année suivante. Voir Reinhard, I, p. 99-117.

13. En ce qui concerne les programmes et la bibliographie complète des diverses éditions de ces cours complémentaires, on pourra consulter Taton, « L'École royale du génie de Mézières », *loc. cit.*, en particulier les pages 575, n. 2 ; 584, n. 2 ; 593-594.

14. H. Carnot, I, p. 94-95.

de 1773). Plus important encore est le fait que la première publication de Carnot ne fut pas son *Éloge de Vauban* de 1784 mais un *Essai sur les machines en général,* édité anonymement en 1783. Dans le prochain chapitre, nous analyserons en détail cet ouvrage qui, tout en marquant le point de départ de la tradition française de la science des machines envisagée du point de vue de l'ingénieur, contient l'essentiel des contributions de Carnot à la mécanique. A partir des documents des archives de l'Académie des sciences de Paris et de la Deutsche Akademie der Wissenschaften der D.D.R. à Berlin, ainsi que des manuscrits en possession de la famille Carnot à Nolay, on peut déterminer avec précision les circonstances dans lesquelles Carnot écrivit ses premières œuvres officielles en mécanique et en mathématiques.

Comme pour l'*Éloge de Vauban,* ces travaux furent rédigés en vue de concours proposés par des sociétés savantes. C'est à l'occasion d'un concours proposé en 1777 par l'Académie de Paris pour l'année 1779, concours qui fut reporté ensuite à l'année 1781 (le jury n'ayant été satisfait par aucun des mémoires soumis la première fois), que Carnot rédigea deux avant-projets de l'*Essai sur les machines* ; il termina le premier à Cherbourg en mars 1778 et le second en juillet 1780 à Béthune. C'est un mémoire de Coulomb qui, la seconde fois, remporta le prix, celui de Carnot recevant une mention honorable. L'analyse du contenu de ces essais préliminaires de Carnot ainsi que l'examen de la question de savoir s'ils correspondaient aux desiderata de l'Académie seront abordés plus loin, à la suite de l'*Essai* imprimé.

Quant à l'intérêt complémentaire porté par Carnot aux fondements des mathématiques, il est à noter que ses *Réflexions sur la métaphysique du calcul infinitésimal* constituent le développement d'un mémoire qu'il soumit à l'Académie royale de Prusse en 1785, mémoire que nous reproduisons dans l'appendice A. C'est après avoir vu pour la première fois, avec l'*Éloge de Vauban,* ses efforts être récompensés, que Carnot participa à ce concours. Il est possible d'ailleurs que ce soit la présence du prince Henri de Prusse à la séance publique de l'Académie de Dijon, présidée par le prince de Condé et à laquelle il lut son *Éloge,* qui ait amené Carnot à se tourner vers Berlin. Selon Hippolyte, le prince Henri aurait demandé à ce que l'auteur lui fût présenté et lui aurait proposé, au cours de la conversation, un poste dans l'armée prussienne. Quoi qu'il en soit, Carnot a certainement fait preuve, tout au long de sa vie, d'une forte sympathie pour tout ce qui était allemand.

Peu avant d'être connu pour son *Éloge de Vauban,* Carnot avait fait une autre tentative pour gagner l'approbation de l'Académie des sciences. Celle-ci, ayant invité toutes les personnes intéressées à lui communiquer les réflexions que leur inspirait le premier vol humain, Carnot lui adressa, le 17 janvier 1784, une « Lettre sur les aérostats ». Le 5 juin 1783, les frères Montgolfier avaient fait sensation en envoyant un ballon gonflé d'air chaud à une altitude de 1 800 m au-dessus de la ville d'Annonay. Leur exploit souleva immédiatement des problèmes techniques de locomotion et de stabilité du vol. Les études suscitées ne furent certainement pas toutes stériles : un mémoire de Meusnier contient le principe qui, beaucoup plus tard, régira le contrôle du poids spécifique dans un sous-marin [15]. Carnot s'attaqua plutôt au problème du « dirigeable » et proposa le projet assez fantastique d'un propulseur qui, se déplaçant à la manière d'une méduse, devait fonctionner selon un mouvement de systole et de diastole créé dans le ballon lui-même par la dissipation de la chaleur. Ce qu'il est passionnant de voir, rétrospectivement, c'est la discussion au sujet de la chaleur et des fluides, ainsi que des possibilités ultérieures de la machine à vapeur. « Remarquez en passant, messieurs, combien de bras on épargnera dans les manufactures, lorsqu'on connaîtra mieux la mécanique du feu », et encore, « la machine à feu fournit un principe moteur très puissant, et l'on peut aussi facilement appliquer ce principe à mouvoir des rames et des roues que des balanciers et des pistons » [16]. Et, en effet, Carnot devait conserver tout au long de sa vie un vif intérêt pour le processus même de l'invention mécanique — un intérêt qui, toutefois, se portait plus vers des questions de principe que vers une réalisation effective : il ne semble pas qu'il ait lui-même eu des dons d'invention pratique.

C'est seulement par ses mémoires militaires que Carnot se fit connaître. Les biographes et les historiens qui ont voulu étudier l'œuvre de Carnot comme organisateur de la guerre et comme membre du Comité de Salut Public ont naturellement recherché dans ses premiers écrits les indices de l'avenir de leur héros [17]. En bon philosophe, Carnot invoqua l'exemple de Vauban afin d'exprimer ses propres sentiments d'homme du XVIIIe siècle sur l'égalité naturelle de la valeur des hommes et l'injustice de l'ordre social. L'objet essentiel de son essai était cependant d'ordre stratégique. Dans un style déclamatoire, adapté aux cérémonies solennelles, il glorifiait le sens géométrique et l'esprit humanitaire qui poussèrent Vauban, le fondateur de la profession d'ingénieur militaire, à replacer l'art de la guerre dans l'esprit civique de la défense d'une civilisation plutôt que dans la conception barbare de destruction d'un ennemi.

Certains historiens ont parfois émis des critiques à l'égard de Carnot, lui reprochant d'avoir préconisé la conception humanitaire de la guerre de position lorsqu'il était jeune officier, alors qu'une fois doté de responsabilités effectives au cours de la Révolution, il adopta la stratégie opposée de mobilité, de masse, d'offensive et de conquête. Mais l'on ne doit pas perdre de vue que les circonstances étaient différentes. Dans les années 1780, Carnot était un jeune officier du Génie, écrivant dans la tradition spécialisée de son Corps afin de soutenir sa mission de conception et de construction d'ouvrages conventionnels de siège et de fortifications

15. Jean-Baptiste MEUSNIER de LA PLACE, « Mémoire sur l'équilibre des machines aérostatiques... » (3 déc. 1783). Ce mémoire est reproduit dans les *Mémoires et travaux de Meusnier relatifs à l'aérostation*, édités par G. Darboux (Paris, 1910). La préface de Darboux donne un magnifique aperçu de l'histoire des premières tentatives de vol.

16. H. CARNOT, I, p. 122-123.

17. L'Académie de Dijon, tenant compte de l'expérience malheureuse qu'elle avait eue avec le plus célèbre de ses lauréats, Jean-Jacques Rousseau, prit soin, par la suite, de revoir les textes couronnés avant de les publier. C'est ainsi que la version de l'*Éloge* qu'elle publia est plus modérée que celle que Carnot avait effectivement lue. Son contenu original a été reconstitué de façon très vraisemblable par G. DUTHURON, « Un éloge de Vauban », *Annales historiques de la Révolution française*, 17, mai-juin 1940, p. 152-165.

défensives. Il lui était alors nécessaire de désapprouver l'importance attachée dans les armées au combat, à la bravoure, à la mobilité et à l'action sous le feu, car par leurs prétentions chevaleresques, les officiers de ligne participaient au mouvement de renaissance de l'aristocratie. Or, lorsque Carnot fut au pouvoir, à partir de 1792, il ne disposait pas d'armées professionnelles, disciplinées, formées techniquement et prudentes qu'une telle stratégie conservatrice supposait. Les forces qu'il commandait ne relevaient pas d'une grande unité : les unes composées d'engagés par patriotisme, d'autres avaient été recrutées par la voie de la conscription. Le premier groupe donnait de la fougue au commandement, le second lui apportait une masse de manœuvre, mais leur comportement était très différent de celui des armées de Louis XIV et du XVIIIe siècle.

On a parfois voulu tracer à tout prix un parallèle entre la pensée politico-militaire de Carnot et sa manière d'étudier la science de la mécanique. Ces tentatives tirent pour la plupart leur origine du langage trop emphatique d'Arago [18]. C'est ainsi qu'Hippolyte, dont les mémoires ont tendance à minimiser les sentiments révolutionnaires de son père, se base sur une « remarque fort ingénieuse » d'Arago relative à « l'analogie que l'on pourrait presque toujours signaler entre les théories scientifiques et les règles de conduite de leurs auteurs. Il est certain que Carnot, s'efforçant de démontrer le danger des changements brusques en mécanique, est bien le même Carnot, peu partisan des perturbations violentes en politique, et n'ayant recours au mode révolutionnaire que quand la voie réformatrice lui semble tout à fait impraticable » [19]. Il est singulier que Reinhard, dont le dessein, tout à fait opposé, était de montrer en Carnot un révolutionnaire de talent plutôt qu'un artisan de la victoire dépourvu d'idées politiques, ait cru bon de citer la même analogie. Il le fait en se basant sur une prétendue tendance de Carnot à « passer du général au concret, en appliquant les lois mécaniques à la société » [20] et nous apprend que ce penchant pour l'abstrait l'empêcha de découvrir la turbine, par extension de son principe de continuité. Ce même penchant aurait empêché ses engagements politiques de s'élever au niveau de l'action d'un véritable homme d'État. Dans les quelques paragraphes que Reinhard consacre à la mécanique de Carnot, il estime que sa critique des principes de cette science dans l'*Essai*

18. F. ARAGO, « Carnot », dans les *Œuvres complètes* (Paris, 1854), t. I, « Notices biographiques », p. 511-638. L'*Éloge* fut lu devant l'Académie le 21 août 1837.

19. H. CARNOT, I, p. 120. « Dans ma jeunesse, encouragé par la bienveillance, par l'amitié dont Carnot voulait bien m'honorer, je prenais quelquefois la liberté de reporter ses souvenirs sur ces grandes époques de nos annales révolutionnaires où les partis, dans leurs convulsions frénétiques, furent anéantis, vaincus, ou seulement apaisés par des mesures brusques, violentes, par de véritables coups d'État. Je demandais alors à notre confrère comment, seul entre tous, il avait constamment espéré d'arriver au but sans secousses, et sans porter atteinte aux lois ; sa réponse, toujours la même, s'était profondément gravée dans ma mémoire ; mais quelle ne fut ma surprise lorsque, sortant un jour du cercle d'études qu'un jeune astronome doit toujours s'imposer, je retrouvai textuellement la réponse constante dont il vient d'être question dans l'énoncé d'un théorème de mécanique ; lorsque je vis que notre confrère m'avait toujours entretenu de l'organisation politique de la société, précisément comme dans son ouvrage il parle d'une machine où des changements brusques entraînent nécessairement de grandes déperditions de force, et tôt ou tard amènent la dislocation complète du système ! » (ARAGO, *Œuvres complètes*, « Carnot », I, p. 539-540).

20. REINHARD, I, p. 103.

sur les machines est une preuve d'orgueil intellectuel et n'est qu'un exemple parmi d'autres où Carnot désirait montrer les erreurs des autres, non seulement celles du vulgaire dans ses préjugés, mais aussi celles de Descartes et même d'Archimède en mécanique.

En fait, et nous aurons l'occasion de le voir, ces jugements sur la mécanique de Carnot sont tous sans fondement. D'autre part, ce n'est pas par des analogies de ce genre, littérales ou métaphoriques, que l'on peut espérer mettre en lumière les profondes interactions existant entre la science et la politique. Tout ce que l'on peut raisonnablement conclure de l'*Essai sur les machines* est que Carnot, encore jeune officier, fut sans doute déçu de l'accueil réservé à ses essais scientifiques, lorsque, au cours des cinq dernières années précédant la Révolution, il entreprit de lutter contre la routine, l'isolement et l'obscurité par ses écrits sur la doctrine et la stratégie militaires. Le succès de son *Éloge de Vauban* le lança au milieu de la bataille de pamphlets que les divers éléments des armées françaises livraient alors, bataille dans laquelle les intérêts politiques des différentes armes étaient inextricablement mêlés aux théories les plus opposées sur l'art de la guerre. Carnot fut en effet immédiatement attaqué par un jeune officier d'artillerie dont les publications d'ordre non militaire étaient d'une nature toute différente de celle de sa mécanique (tout en n'étant peut-être pas sans rapport avec sa vie privée) : il s'agit de Choderlos de Laclos, l'auteur des *Liaisons dangereuses*[21]. Laclos adressa une « Lettre à MM. de l'Académie française », ridiculisant le style, l'argumentation et l'érudition de l'*Éloge* de Carnot[22]. Une attaque encore plus destructrice fut lancée presque en même temps : il s'agissait d'une édition pirate de l'*Éloge*, accompagnée d'un odieux étalage de notes injurieuses destinées à détruire entièrement l'ouvrage. C'était là l'œuvre du marquis de Montalembert, l'un des principaux protagonistes du débat stratégique en cours, et dont Choderlos de Laclos était un disciple et un protégé.

L'histoire est très compliquée et, en elle-même, vaut à peine l'espace nécessaire pour expliquer clairement les malentendus qui l'accompagnèrent. Montalembert, qui appartenait auparavant à la cavalerie, avait conçu un nouveau système de fortifications, qu'il appelait perpendiculaire[23]. Ce qu'il proposait en fait était de remplacer le système complexe de fortifications en profondeur de Vauban par des redoutes verticales creusées çà et là de casemates permettant l'accumulation de nombreux canons et l'écrasement des forces adverses sous une masse de feu. Il fut autorisé à effectuer des démonstrations expérimentales de sa construction au cours d'essais menés à l'Ile d'Aix en 1780 et il fut sévèrement critiqué, non seulement par les partisans de la guerre offensive, mais aussi par les officiers supérieurs du Corps du génie, dont il partageait la doctrine défensive mais dont il

21. Quatre tomes, Amsterdam et Paris, 1782.

22. *Lettre à MM. de l'Académie française sur l'éloge de M. le Maréchal de Vauban* (Amsterdam et Paris, 1786).

23. *La fortification perpendiculaire ou l'art défensif supérieur à l'art offensif*, 5 vol., Paris, 1776-1784. Cinq volumes supplémentaires et plusieurs écrits auxiliaires furent publiés au cours des dix années suivantes. On pourra consulter à ce sujet R. S. Quimby, *The background of Napoleonic Warfare: the theory of military tactics in 18th-century France*, New York, Columbia University Press, 1941.

voulait ainsi supplanter les conceptions et les méthodes. Furieux devant les critiques de ces derniers, Montalembert crut que l'*Éloge de Vauban* avait été écrit par un jeune officier sous l'inspiration de ses supérieurs afin de discréditer ses propositions. En fait, cette conclusion était sans fondement : lorsqu'il écrivait l'*Éloge,* Carnot n'avait jamais lu Montalembert ainsi qu'il devait lui-même le reconnaître dans une lettre insérée dans un recueil d'essais sur la fortification perpendiculaire, lettre dans laquelle il reconnaissait l'intérêt et l'importance des idées de Montalembert dans la perspective de leur croyance commune en la valeur de la guerre défensive. On sait d'ailleurs que Laclos et Montalembert collaborèrent plus tard avec Carnot dans le cadre de l'effort militaire de l'an II, mais ce fut plus pour le développement de nouvelles armes et de nouvelles tactiques que pour le perfectionnement de la défense.

Les supérieurs de Carnot, par contre, interprétèrent plutôt son ouverture d'esprit dans cette discussion et son alliance ultérieure avec Montalembert comme une trahison que comme une simple affaire d'érudition militaire, d'autant plus qu'ils s'étaient associés (en particulier le directeur des fortifications, Charles-René de Fourcroy de Ramecourt, à ne pas confondre avec le chimiste Antoine-François de Fourcroy) à sa défense contre les attaques de Laclos [24]. Il est vrai que l'adversaire que Fourcroy avait en vue appartenait bien au camp opposé : il s'agissait du comte de Guibert, partisan de la doctrine de l'offensive, disciple de Frédéric le Grand et apôtre du concept moderne de guerre totale. Guibert méprisait le Corps du génie. Il lui rappela que son nom dérivait étymologiquement d' « engin » et non de « génie » [25] et lança une campagne en vue de la démolition du système de fortifications du XVIIIe siècle, afin de fonder l'ordre de bataille sur une armée mobile conçue sur le modèle de l'armée prussienne. Comme dans tout système de retranchement militaire, il y avait effectivement de nombreuses installations superflues. Afin de préserver celles qui étaient essentielles, Fourcroy admit ce fait dans une publication dont l'inspiration venait, d'après lui, de Vauban lui-même [26].

Non content d'avoir semblé rejeter l'appui que Fourcroy lui apportait contre Laclos et l'artillerie, Carnot s'en prit alors à ce recueil d'essais qu'il considéra comme une falsification. Son propre mémoire est une ardente défense des fortifications en général [27]. Il est vrai que sa conduite semble avoir été guidée par ce caractère émotif et fougueux qui devait conférer tant d'efficacité à son action révolutionnaire. Il n'est pas étonnant que, de par sa coïncidence avec les dernières semaines de l'Ancien Régime, son bref emprisonnement ait souvent été attribué à la

24. C.-F. FOURCROY de RAMECOURT, *Mémoire sur la fortification perpendiculaire, par plusieurs officiers du Corps royal du génie...,* Nyon et Paris, 1786.

25. H. CARNOT, I, 128. Le plus important traité écrit par Guibert est l'*Essai général de tactique,* 2 vol., Londres et Paris, 1772. Sur Guibert, voir R. R. PALMER, « Frederick the Great, Guibert, Bulow », *Makers of modern strategy,* éd. Edward Mead Earle, Princeton, 1943, p. 49-74.

26. *Recueil de quelques mémoires sur la trop grande quantité de places fortes qui subsistent en France,* Paris, 1788.

27. L. CARNOT, *Mémoire à présenter au conseil de la guerre au sujet des places fortes qui doivent être démolies ou abandonnées,* Paris, 1789. L'ouvrage avait été écrit en 1788.

disgrâce professionnelle dans laquelle il serait tombé auprès de ses supérieurs plutôt qu'à l'imbroglio personnel de son histoire de cœur. Telle fut effectivement la version des faits qu'il fit lui-même circuler et qu'il trouva sans doute naturel de faire admettre pour la satisfaction de son amour propre[28].

Les événements extraordinaires et inattendus qui ont marqué la vie de certaines personnes entraînées dans le courant inéluctable qui emportait alors la société ont contribué à rehausser l'aspect dramatique de la Révolution. Il est inutile de retracer en détail la carrière politique de Carnot : Reinhard l'a fort bien fait dans les deux tomes qu'il lui a consacrés. Il suffit d'évoquer le contexte dans lequel Carnot a vu reconnaître à travers les événements révolutionnaires son originalité scientifique et sa grande autorité politique, alors qu'il apparaissait jusqu'alors comme un officier du Génie exprimant ses frustrations personnelles et professionnelles dans des écrits de plus en plus catégoriques et virulents. Cette dernière tendance de l'esprit de Carnot s'était d'ailleurs atténuée au cours de la première phase de la Révolution, époque de l'Assemblée constituante, et sa satisfaction venait principalement des nouvelles possibilités dont il disposait pour exprimer ses griefs et proposer des changements.

Il n'avait pas au départ l'intention d'aller au-delà de questions professionnelles, mais son esprit était celui de la Révolution. Que l'armée devait maintenant décider des promotions selon les mérites et non selon le statut social, que le Corps du génie devait être traité avec équité et dignité, qu'il y aurait le plus grand avantage à le réunir avec l'artillerie pour en faire un seul corps, entraîné scientifiquement et dirigé par un conseil élu plutôt que par un chef unique, que la guerre devait elle-même être limitée et rendue plus humaine par l'adoption de la formule prônée par Montalembert d'une combinaison de puissance de feu et de fortifications, c'étaient là des idées qui n'étaient pas seulement celles de Carnot, mais aussi celles de plusieurs de ses collègues. Ce qui distinguait surtout le plaidoyer de Carnot, c'était son ton impérieux et le fait que, comme nombre de ses concitoyens, mais comme peu de ses collègues, il s'adressait directement à l'Assemblée nationale plutôt qu'à l'administration militaire[29].

La voie de la politique elle-même s'ouvrit à Carnot à la suite de sa mutation dans le Nord, à Aire, dans la région de Calais. Avec son frère, Feulint, il s'implanta dans la société de la région et s'y fit des amis. Il y suivit pendant quelque temps la voie frayée par son jeune frère, qui avait un caractère plus ouvert. Il le fit personnellement en se mariant dans la même famille que Feulint, et politiquement, en s'inscrivant avec Feulint, en septembre 1791, comme candidat à un poste de député du Pas-de-Calais à l'Assemblée législative. Feulint, qui avait participé à divers conseils locaux et à plusieurs délégations à l'Assemblée constituante, était plus connu dans la région et fut élu au premier siège lors du deuxième tour de scrutin.

28. Reinhard, I, p. 155-157.

29. *Réclamation adressée à l'Assemblée nationale contre le régime oppressif sous lequel est gouverné le Corps royal du génie...* Un exemplaire manuscrit se trouve encore dans les archives de la famille Carnot à Nolay. On consultera à ce sujet les chapitres 11 et 12 de Reinhard (I, p. 148-176).

Lazare, dont la seule activité politique était son inscription à la Société des Amis de la Constitution à Aire — sa ville de garnison — société dont il fut président pendant quelque temps, ne fut élu qu'au neuvième siège, et au second tour seulement.

On peut s'étonner qu'une expérience politique aussi limitée que celle de Feulint et, plus encore, que celle de Lazare, leur ait permis de remporter une élection de représentant du peuple ; mais ce fait apparaîtra moins surprenant si l'on se rappelle que l'Assemblée constituante sortante avait stipulé qu'aucun de ses membres ne pourrait être réélu. Le peuple français ayant été jusque-là tenu complètement à l'écart de ses propres affaires, il n'existait en 1791 aucune communauté au sein de laquelle aurait pu se fonder une expérience politique plus vaste que celle des Carnot. Selon Reinhard, Carnot, maintenant marié dans une famille aisée, pouvait remplir ses fonctions législatives avec un esprit beaucoup plus calme que lorsque la Révolution débutante avait renversé l'aristocratie et supprimé les entraves à l'avancement et à la dignité, source de l'indignation de sa jeunesse. Comme la plupart de ses collègues de l'Assemblée législative, Carnot considérait que la Révolution était terminée et il désirait maintenant participer au régime constitutionnel qui lui succéderait. Rien ne lui permettait donc de penser qu'il aurait lui-même à exercer le pouvoir à des postes de haute responsabilité.

Il en vint à le faire parce que le nouveau régime, au sein duquel des hommes comme lui, issus d'une bourgeoisie habile et compétente, pouvaient se sentir à l'aise, reposait sur des bases très instables. En fait, la Révolution venait à peine de commencer lorsqu'en octobre 1791, l'Assemblée législative ouvrit sa session. Par la suite, la compétence de Carnot en matière militaire jointe à son talent d'ingénieur pour concevoir des projets et organiser leur réalisation pratique se révélèrent très précieux, tant pour lui-même que pour la République. Les imperfections essentielles des structures politiques étaient précisément celles qui pouvaient rendre plus efficaces ses propres qualités. Tout au long des six premiers mois de sa carrière législative, tout espoir de pouvoir combiner monarchie et constitutionnalisme se dissipa du fait qu'il était impossible de faire confiance au roi lui-même et à plusieurs de ses ministres, ce qui raffermit encore Carnot dans un certain républicanisme latent. Après que la guerre eut été déclarée en avril, l'absence croissante de confiance envers le commandement militaire ainsi que les échecs subis au cours des premières campagnes obligèrent à recourir aux services de tout député patriote pourvu de quelque compétence militaire.

Les interventions que Carnot fit à l'Assemblée étaient maladroites : il ne fut d'ailleurs jamais un grand orateur. Et cependant, lorsqu'on songe à la façon dont il se conduira face aux pressions qu'il devait subir, on peut comprendre aisément comment ses traits de caractère ont pu se révéler dans le climat d'émotivité de ces jours d'activité intense et fébrile où la monarchie se révélait profondément dépassée et où personne n'osait envisager ouvertement ce qui pourrait la remplacer. Rien n'était alors observé de plus près que le caractère et c'est dans cet effort d'appréciation mutuelle que la personnalité de Carnot commença à émerger. Ses contemporains sentirent chez lui la présence d'une intelligence, d'une probité et d'un sens des réalités qui lui permettait de juger de la valeur du républicanisme (Carnot ne fut en effet jamais un démocrate et ne sympathisa à aucun moment avec les idolâtres de l'humanité et les démagogues) ; ils décelèrent en lui un pouvoir de concentration sur le travail immédiat ; une réserve d'impassibilité envers ce qu'il était incapable de changer (plus tard la terreur et la guillotine), aussi longtemps qu'il n'était pas lui-même atteint dans sa propre fierté ; un désintéressement pour les choses matérielles chez un homme toujours prêt à défendre sa dignité ; une passion de s'imposer par des réponses pertinentes ; un refus de compromettre ses principes joint à une certaine insensibilité à l'égard de ceux des autres qui pouvaient s'y opposer.

Reinhard croit déceler dans l'esprit de Carnot un certain dogmatisme mathématique [30], mais il n'est pas nécessaire d'interpréter ainsi sa personnalité. En fait, Carnot ne fut pas un grand mathématicien et c'est dans un esprit diamétralement opposé au dogmatisme que se situe son œuvre scientifique. Peut-être est-il préférable d'attribuer une certaine raideur de son comportement à une probité fondamentale, évidente dans l'attitude politique qu'il adopta, attitude par laquelle il apparaît rétrospectivement d'autant plus sympathique qu'il était un peu malhabile, son ardeur ne convenant pas toujours à la question en jeu mais s'adaptant parfaitement aux circonstances. Par un comportement plus réticent, son frère se révéla, par contre, peu à peu comme un homme de l'ancienne école, insuffisamment tempéré par un opportunisme occasionnel. Au départ le moins populaire des deux frères, Lazare, à la suite du renversement de la monarchie le 10 août 1792, fut aussi le seul d'entre eux à être envoyé à la Convention le mois suivant par le département du Pas-de-Calais.

Parmi les centaines de députés de la Convention, c'est Carnot qui sut mettre en œuvre de la façon la plus efficace la fonction de représentant en mission grâce à laquelle la nouvelle souveraineté du peuple put se concrétiser par des actions spécifiques dans l'ensemble de la nation. Au lendemain du 10 août 1792, l'Assemblée nationale désigna des commissaires chargés d'informer les diverses armées du remplacement de la Monarchie par la République et de s'assurer de leur fidélité au nouveau régime. Carnot fut dépêché auprès de l'Armée du Rhin à la tête d'une mission qui comprenait également Prieur de la Côte-d'Or et Coustard. Arrivés à Phalsbourg le 14, les commissaires convoquèrent le commandant en exercice, l'ex-duc de Biron et de Lauzun (le commandant titulaire, Lückner était un vieux général allemand) avec son état-major et ses principaux officiers et leur demandèrent de répondre sur le champ, l'un après l'autre, à la question suivante : « Vous soumettez-vous purement et simplement aux décrets de l'Assemblée nationale, oui ou non ? ». Tous acceptèrent à l'exception d'un seul, qui fut immédiatement destitué. Passant ensuite dans les rangs, d'unité en unité, ils expliquèrent la portée des événements de Paris et firent une entrée triomphale à Strasbourg comme représentants de la République souveraine. Écartant le feuillant Dietrich, le maire de la ville, ils épurèrent l'administration départementale de ceux qui partageaient ses

30. Reinhard, I, p. 187.

idées, remplacèrent en Alsace plusieurs représentants municipaux suspects, entamèrent des négociations diplomatiques avec la Suisse sur les problèmes frontaliers et retournèrent triomphalement à Paris le 4 septembre pour assurer l'Assemblée que l'Armée du Rhin était loyale et que les départements de l'Est étaient fidèlement attachés à la Révolution [31].

Entre son élection à la Convention, quelques semaines plus tard, et sa nomination au Comité de Salut Public en août 1793, Carnot s'absenta souvent de Paris pour effectuer d'autres missions de ce genre : il visita l'Armée des Pyrénées lorsque l'Espagne entra en guerre, se rendit dans le Pas-de-Calais et dans le Nord quand les premières victoires remportées en Belgique dégénérèrent en défaite et en désordre et visita l'Armée du Nord elle-même lorsque son commandant Dumouriez déserta et partit pour l'Autriche, emmenant captifs le ministre de la Guerre et plusieurs collègues de Carnot. Devant cette humiliation et ce comble de la malchance militaire, Carnot décida par-dessus l'autorité du successeur démoralisé de Dumouriez, d'organiser la défense selon ses propres idées.

Ses opinions politiques n'étaient pas moins fermes. Il vota la mort de Louis XVI, présenta le décret d'annexion de Monaco et de la Belgique et proposa la conscription de tous les hommes âgés de vingt à vingt-cinq ans (« tout citoyen est né soldat »). Son action était fidèle à un principe qu'il proposa comme base d'une déclaration des droits, à savoir que « le salut du peuple est la suprême loi » et encore que « toute mesure politique est légitime dès qu'elle est commandée par le salut de l'État » [32]. Carnot ne fut jamais un démagogue, un idéologue ni un zélateur ; il ne fut jamais un véritable démocrate. Sa volonté était celle d'un républicain intransigeant et sa réputation celle d'un patriote digne de toute confiance (pour ne pas dire impitoyable). C'est vers la fin de l'été 1793, rempli d'alarme, de bruits de défaite, de guerre civile et de trahison que les hommes politiques éminents qui constituaient déjà le Comité de Salut Public firent appel à lui ainsi qu'à son compatriote et collègue plus jeune, l'ingénieur Prieur de la Côte-d'Or.

La perspective historique de la Révolution tend à être dominée par les événements critiques de l'an II de la République. Les buts que nous poursuivons dans cette monographie n'impliquent pas que nous ayons à porter un jugement moral sur l'action de Carnot pendant la Terreur, ni à apprécier si son rôle a été d'exécution ou de simple acquiescement. Peut-être cependant est-il nécessaire de préciser certains points.

D'une part, en effet, on ne peut pas nier qu'il ait été impitoyable ; c'est ainsi qu'il encouragea Turreau, député en mission en Vendée, à réprimer une tentative contre-révolutionnaire et à « exterminer les brigands jusqu'au dernier » ; il signa aussi le décret ordonnant que la rébellion de la ville de Lyon soit combattue « la torche à la main et la baïonnette au bout du fusil » ; de même Toulon (qui s'était également révoltée) devait être complètement ravagée par des bombardements « à boulets rouges » [33].

31. On pourra consulter sur cet épisode REINHARD, chap. 18 (I, p. 254-287) et sur le gouvernement du Comité de Salut Public, R. R. PALMER, *Twelve who ruled*, Princeton, 1941.

32. REINHARD, II, p. 27, 34.

33. REINHARD, II, p. 86-87.

Mais il y a aussi une part de vérité dans l'opinion exprimée d'abord par Hippolyte — si ce n'est par Carnot lui-même — qui tente de dissocier son action de l'ardeur zélatrice d'un Robespierre, d'un Saint-Just ou d'un Couthon, lesquels voulaient faire de la Révolution une croisade morale pour la régénération de l'humanité ; et malheur à celui qui, dans la République de la Vertu, aurait failli ou ne se serait pas montré à la hauteur des événements. Il faut également distinguer Carnot de ses collègues qui paraissent avoir été plus des aventuriers et des mécontents que les croisés d'une grande cause. Ce n'est pas en la compagnie de fanatiques, de sadiques, ni de démagogues comme Collot d'Herbois, Hérault de Séchelles, Billaud-Varenne ou Barère, qu'il se sentait à l'aise mais plutôt auprès des deux Prieur, l'un avocat, l'autre ingénieur (sans aucun lien de parenté l'un avec l'autre), de Jeanbon Saint-André, ancien pasteur protestant et capitaine de vaisseau, et de Robert Lindet, l'aîné du groupe, prudent et actif [34].

Carnot se consacra à la direction suprême de la guerre avec l'assistance de Prieur pour les questions de ravitaillement et de la production révolutionnaire de la poudre à canon et du matériel de guerre. Encore n'écartait-il ainsi ni la politique — l'histoire de l'Europe n'ayant connu aucune guerre plus politique que celle-ci —, ni les hommes politiques, qui n'ont jamais été aussi bellicistes ni impliqués aussi directement eux-mêmes dans l'organisation des campagnes militaires : que l'on pense par exemple au jeune et sanguinaire Saint-Just. Il reste que la réorganisation des armées et leur conduite au cours de l'automne et de l'hiver 1793 furent principalement l'œuvre de Carnot, et il en est de même de la stratégie de l'offensive à trois branches contre la Belgique au cours du printemps de 1794. Les armées françaises purent ainsi reprendre l'attaque que, passant d'un régime à l'autre, elles soutinrent contre l'Europe entière pendant la majeure partie des vingt années suivantes. Robespierre, qui n'avait aucun goût pour les affaires militaires, se hasarda de moins en moins à signer les décrets du Comité relatifs à la poursuite de la guerre tandis que Carnot s'efforçait de ne plus s'occuper des affaires intérieures de police et de justice révolutionnaires [35]. La Terreur était toutefois intimement liée à l'effort de guerre, ce qui permit de justifier alors la manière forte par des raisons de sécurité militaire, justification qui a souvent été acceptée depuis par les historiens. Il est plus important pour nous de noter que c'est certainement la victoire militaire du printemps 1794 qui rendit la Terreur inutile et finalement intolérable aux Français. Ces derniers ne craignaient plus d'invasion étrangère et pouvaient par contre exporter leurs pratiques despotiques dans les territoires étrangers occupés par leurs armées.

C'est là sans nul doute la raison pour laquelle Carnot fut le seul parmi ses anciens collègues à être épargné par la réaction qui suivit immédiatement le 9 Thermidor et à rester en fonction (bien que de manière intermittente) pendant le Directoire. La célèbre formule, « Carnot a organisé la victoire », fut émise pour la première fois par une voix anonyme

34. H. Carnot, I, p. 510-537. Pour plus de détails sur les membres et les factions du Comité, on pourra se reporter à l'ouvrage de Palmer déjà cité, n. 31 *pass.*

35. Reinhard, II, p. 89.

le 20 mai 1795 au cours d'une séance tumultueuse de la Convention, où il avait été accusé d'être un ancien terroriste [36]. En novembre, Carnot fut élu membre du Directoire et, durant son mandat, qui dura près de deux ans, il fut le personnage principal du gouvernement de ce régime malchanceux, paralysé par l'absence d'un pouvoir stable et fort, par l'irréconciliabilité entre le radicalisme qui survivait à gauche et le royalisme qui renaissait à droite.

C'est la gauche qui, pour Carnot, semblait au début faire peser la plus grande menace sur la République. Aussi est-ce d'une main très ferme qu'il se chargea d'étouffer le complot des Égaux organisé par un journaliste obscur, Babeuf, complot dans lequel les historiens des révolutions voient l'embryon d'une révolution prolétarienne s'efforçant de naître de la faillite de la révolution bourgeoise. Regroupant ses armées après le désarroi de Thermidor et les dirigeant à travers les Alpes et le Rhin, Carnot sembla d'abord tenir l'administration militaire avec son ancienne maîtrise. Mais il avait choisi là une arme à double tranchant : c'est très certainement lui qui décida de confier l'Armée d'Italie au jeune général Bonaparte, avec qui il entretint une correspondance rappelant à ses débuts, mais en apparence seulement, des relations de patron à protégé, de professeur à élève, telles que celles d'Aristote avec Alexandre.

Au printemps 1797, les élections législatives virent la résurrection du royalisme. Ne pouvant accepter la défaite de la Révolution, la gauche se prépara à rejeter le verdict des élections et à éliminer les membres réactionnaires des deux assemblées. Le coup d'État eut lieu le 18 Fructidor (4 septembre). Carnot était convaincu qu'il n'était pas possible de préserver la Constitution en violant ses clauses et il refusa de se prêter à cette action. Averti de l'intention qu'avaient ses collègues du Directoire de le faire arrêter, il quitta en hâte sa demeure du Luxembourg pendant que son frère s'entretenait avec ceux qui étaient venus l'arrêter ; après s'être caché à Paris pendant quelques semaines, il s'enfuit en Suisse. Ainsi s'achevait la partie décisive d'une carrière politique au cours de laquelle Carnot participa au pouvoir suprême (sans jamais toutefois être seul à en tenir les rênes), pendant une période plus longue — d'août 1793 à septembre 1797 — qu'aucun autre révolutionnaire avant Bonaparte, exception faite de l'opportuniste Barras, qui resta membre du Directoire pendant les quatre années de ce régime. A aucun moment d'ailleurs dans l'histoire de la France, on ne peut juger comme étant de faible durée une période presque ininterrompue de quatre années de pouvoir.

Ayant maintenant dépassé le cap de la cinquantaine, Carnot reprit les recherches en mécanique et en mathématiques qu'il avait abordées avec l'ambition d'un jeune ingénieur de l'Ancien Régime. Selon Hippolyte, c'est avec soulagement que son père aurait retrouvé la vie calme d'un savant poursuivant ses recherches. C'était « alors sa consolation dans l'asile intérieur où il se réfugiait pour respirer un air pur et détourner ses yeux d'un spectacle pénible » [37]. Une telle attitude confirmerait le mythe du désintéressement vis-à-vis des affaires publiques qui caractériserait le véri-

36. Reinhard, II, p. 158.
37. H. Carnot, II, p. 86.

table savant. La conduite de Carnot pendant la Révolution peut s'expliquer par le triomphe de son sens désintéressé du devoir civique sur son peu d'empressement à entrer dans la lutte. Sa première publication en exil fut un plaidoyer passionné sur sa conduite personnelle avant Fructidor [38]. Mais à propos de cette rédaction de circonstance, il est plus intéressant de remarquer qu'après avoir mené la vie fiévreuse d'un dirigeant national au cours de l'une des crises les plus graves de l'Histoire, Carnot se révéla capable de s'intéresser à nouveau à ses études scientifiques. Il le fit avec un enthousiasme qui, loin d'être diminué, semblait au contraire accru ; et il témoigna d'une certaine magnanimité de caractère (magnanimité dont sa vie offre d'autres exemples) puisqu'il ne formula jamais l'ombre d'un reproche concernant le fait que lorsqu'il était jeune, son œuvre avait été ignorée de la communauté scientifique.

Une remarque plus proche de notre propos général, c'est que, bien que portant sur des questions tout à fait différentes, deux des aspects essentiels de sa vie, la mécanique et la politique, exigèrent cependant de lui, compte tenu de la conjoncture historique, des qualités similaires. La soif d'action qui animait la profession d'ingénieur était analogue à celle qui était à la base des grandes idées politiques de la Révolution et elle en était en fait une manifestation. Dans les hautes sphères de la politique, les hommes agissaient avec la conviction qu'en prenant en main leurs propres affaires, ils affirmeraient leur position. Dans le monde particulier des ingénieurs, les pratiques sur lesquelles on s'appuyait pour travailler et construire posaient des problèmes qui, transposés dans le domaine de la science, alimentaient la mécanique analytique, contribuant à transformer cette discipline en une science physique moderne.

Le but de la présente étude est d'ailleurs d'analyser avec suffisamment de détails le contenu réel et l'importance véritable de l'œuvre scientifique de Carnot afin de pouvoir justifier cette assertion. Et ce chapitre introductif a pour objet essentiel d'en esquisser le cadre et les circonstances. Si les *Réflexions sur la métaphysique du calcul infinitésimal* ont été publiées en 1797, alors que Carnot était membre du Directoire, d'après Hippolyte et d'après la préface même de Lazare, cet ouvrage était alors rédigé depuis quelques années déjà [39]. C'est donc certainement avant son entrée au Comité de Salut Public et, très vraisemblablement, avant même la Révolution, que Carnot le mit au point. Comme le montre très clairement le Pr Youschkevitch dans l'essai qu'il a écrit pour le présent ouvrage, l'édition publiée diffère sur des points essentiels du mémoire que Carnot avait soumis en 1785 pour le concours de Berlin (voir l'appendice C). Avec la prise du pouvoir par Bonaparte en décembre 1799 (le 18 Brumaire), Carnot revint en France dans le cadre d'une amnistie générale en faveur des victimes de Fructidor, mais il n'est pas exact que Bonaparte l'ait fait

38. *Réponse de L.-N.-M. Carnot, citoyen français, l'un des fondateurs de la République et membre constitutionnel du Directoire exécutif... au rapport fait... par J.-Ch. Bailleul.* Ce pamphlet, qui est peut-être l'œuvre la plus simple et la plus éloquente que Carnot ait jamais écrite, fut conçu en mai 1798 dans le village de Lutzelburg près d'Augsbourg, où Carnot s'était réfugié. Il a également été édité en allemand (Nuremberg, 1799) et en anglais (Londres, 1799).

39. H. CARNOT, II, p. 86.

mander sur le champ pour le nommer ministre de la Guerre du Consulat, ainsi que le veut une certaine légende. En fait, c'est un poste sans importance qu'on lui attribua d'abord, avant de le nommer ministre de la Guerre le 2 avril 1800. Carnot abandonna ce poste après cinq mois de démêlés avec un régime qui l'empêchait de diriger effectivement ses propres services et dont il ressentait l'hostilité profonde envers la République. Ses autres ouvrages techniques se succédèrent très rapidement après son départ du gouvernement. Vers la fin de l'année parut la *Lettre au citoyen Bossut contenant des vues nouvelles sur la trigonométrie* (1800) ; en 1801, Carnot publia *De la corrélation des figures de géométrie* ; en 1803, il donna une édition revue de son *Essai sur les machines* (sous le titre de *Principes de l'équilibre et du mouvement*) ainsi que la *Géométrie de position,* ouvrage qu'il considérait comme son chef-d'œuvre ; en 1806, il publia son *Mémoire sur la relation qui existe entre les distances respectives de cinq points quelconques pris dans l'espace, suivi d'un essai sur la théorie des transversales.*

Ses deux fils, Sadi et Hippolyte, naquirent respectivement en 1796 et en 1801. Selon Hippolyte, c'est Lazare Carnot qui, avec son jeune concitoyen, collègue politique et camarade de promotion à Mézières, Prieur de la Côte-d'Or, eut le premier l'idée de la plus célèbre création de la Révolution dans le domaine de l'enseignement technique, l'*École polytechnique* (ou, comme elle s'appela tout d'abord, l'*École centrale des travaux publics*) fondée en 1795 par l'une des dernières décisions de la Convention. De Monge, qui en est généralement considéré comme le fondateur, Hippolyte dit, en se basant sur des souvenirs de Prieur, qu'il « s'en empara (de l'idée) avec sa pétulance habituelle »[40]. Que Carnot ait été favorable à la création de l'École polytechnique n'est pas invraisemblable : le but principal de cette école était d'associer le génie militaire et le génie civil pour en faire une profession unique. Ceci devait permettre de faire profiter le génie civil de l'impulsion donnée par le Comité de Salut Public aux productions de guerre et d'étendre la possibilité de recevoir une formation scientifico-technique semblable à celle — au demeurant de niveau assez élémentaire — qui, pour Carnot, Prieur et leurs collègues, n'avait eu pour seul but que des applications militaires. Néanmoins, on peut douter que Carnot ait pris une part véritable à la première organisation de l'école et, bien que son fils Sadi ait été admis comme élève dans la promotion de 1812, rien ne prouve en fait de manière convaincante qu'il ait joué un rôle important dans cette voie[41]. Il est vrai que, un an après que Sadi fut entré à l'école, il fut désigné, avec Berthollet et Laplace, comme représentant de l'Institut de France au Conseil de Perfectionnement de l'École polytechnique[42], mais tous trois étaient alors des personnages éminents.

C'est plutôt en tant que membre de l'Institut lui-même que Carnot participa au nouvel ordre scientifique qui naquit de la Révolution. Le 8 août

40. H. CARNOT, I, p. 554.

41. Voir les documents reproduits dans le recueil édité par James GUILLAUME, *Procès-verbaux du comité d'instruction publique de la Convention,* V, 1904, p. 653.

42. Institut de France, Académie des sciences, *Procès-verbaux des séances...,* 23 août 1813, V, p. 241. Ils furent tous trois réélus pour un second mandat le 17 octobre 1814. Voir p. 407.

1793, aux premiers temps de ce qui devait devenir plus tard la Terreur, l'Académie des sciences, en même temps que les autres académies savantes de l'Ancien Régime, avait été abolie, étant considérée comme un organisme fondé sur les privilèges et inadapté à l'esprit d'une République. Ce n'est que le 7 août que Carnot devint membre du Comité de Salut Public et on ne peut pas lui imputer, plus qu'à un autre membre de la Convention jacobine, la responsabilité de cette décision. Par ailleurs, quelle qu'ait été sa déception dans ses espoirs d'acquérir une renommée scientifique, il est certain qu'il n'a pas non plus participé à la campagne de dénigrement de l'Académie à laquelle se livrèrent, dans les derniers mois précédant sa chute, certaines personnes qui avaient brigué en vain sa faveur. Le plus intéressant, cependant, c'est qu'il fut rapidement élu membre de l'Institut. Les fonctions de cette nouvelle institution continuaient en fait celles de l'ancienne Académie, bien qu'on ait voulu lui donner un régime et un principe différents ; elle devait être ouverte au mérite plutôt qu'au privilège et devait unifier les arts, les lettres et la science, branches d'une même culture, considérées comme le meilleur ornement de la République.

En sa qualité de membre du Directoire, Carnot ne voulut pas être membre fondateur de l'Institut et attendit qu'une place devint vacante pour présenter sa candidature. Il fut élu le 1er août au siège laissé vacant par la mort de Vandermonde (section de mécanique)[43]. Bien qu'on ne puisse pas dire que ses rivaux, Breguet et Janvier, aient laissé un nom plus prestigieux en mécanique, il est néanmoins difficile d'imaginer que son œuvre scientifique, limitée alors à son *Essai sur les machines* qui, publié treize ans auparavant, n'avait laissé aucune impression véritable, lui aurait permis de remporter une élection à l'Académie sous l'Ancien Régime. La part que peut jouer, dans une République, pour la consécration d'une gloire scientifique, une réputation acquise dans un domaine tout à fait différent apparaîtra d'une manière plus frappante si l'on songe que celui qui prit la place de Carnot à la section de mécanique, lorsqu'il fut radié de l'Institut pendant les événements de Fructidor, fut le général Napoléon Bonaparte, qui devait d'ailleurs fréquemment arguer de son titre de « Membre de l'Institut ».

A son retour d'exil, en 1800, Carnot fut réélu le 26 mars à l'Institut. Celui-ci devint, avec sa famille, l'essentiel de ses préoccupations. Il fut nommé vice-président de la Première Classe (section scientifique) en 1804 (30 ventôse an II) et en devint président l'année suivante[44]. Tout comme l'Académie qui la précéda, la Première Classe de l'Institut avait deux fonctions principales. D'une part, elle veillait au progrès de la science en publiant des mémoires et en recommandant l'édition d'ouvrages qui lui étaient soumis et qu'elle jugeait dignes d'être diffusés. D'autre part, elle donnait aux autorités officielles et au public son avis sur certaines questions technologiques en étudiant la conception et les mérites de nouvelles machines, de processus industriels ou agronomiques que des inventeurs et des constructeurs lui soumettaient avec l'espoir de se faire délivrer des brevets ou d'obtenir des primes, subventions ou autres avantages.

43. *Ibid.*, 21 prairial an IV, I, p. 61.
44. *Procès-verbaux*, II, p. 638 ; III, p. 3.

Pendant tout le XVIIIe siècle, alors que l'ancienne Académie connaissait ses jours les plus brillants, ses principaux membres considéraient avec faveur la première de ces fonctions et ne témoignaient pour la seconde qu'une impatience mal dissimulée. La structure profonde de la science est certainement pour quelque chose dans cette double attitude, et ce serait simplifier les choses outre mesure que de croire que le caractère utilitaire et humanitaire de la Révolution entraîna un renversement de cette situation. Quoiqu'il en soit, l'Institut se consacra avec plus d'intérêt, en particulier dans ses publications, à diverses branches des sciences appliquées ou du génie civil. De fait, les problèmes du génie prirent une place éminente dans les préoccupations des savants ou, mieux encore, dans leur considération. C'était là certainement le domaine que Carnot préférait. C'est de ce monde des ingénieurs qu'il venait lorsqu'il entra à l'Institut, et il s'y trouva sans doute plus à l'aise qu'il ne l'aurait jamais été dans l'ancienne Académie, car la Révolution avait eu pour effet de légitimer et d'accélérer ce changement, sans pour autant le créer [45]. Une fois que ses propres ouvrages (déjà cités) eurent été publiés (ce qui n'eut aucune influence immédiate directement observable sur la science, quelle qu'ait été leur importance dans le développement ultérieur de celle-ci), Carnot consacra son temps, son énergie et ses intérêts aux travaux de diverses commissions chargées d'examiner les mérites de certaines des nombreuses inventions mécaniques qui témoignent de la fertilité de l'imagination technique française au début du XIXe siècle.

Ces tâches outrepassaient les simples distractions occasionnelles d'un retraité. En moyenne, Carnot siégeait chaque année dans douze à quinze commissions de ce genre, le plus souvent avec Bossut, Charles, Coulomb et Prony lorsqu'il s'agissait de la technologie des machines, avec Guyton de Morveau quand il était question de technologie militaire, et avec Bossut et Legendre (et parfois Laplace, Lagrange et Monge) quand le sujet était d'ordre mathématique. Il était souvent chargé de rédiger les conclusions de la commission, et nombre de ses rapports sont de véritables mémoires faisant le point non seulement sur le projet mais aussi sur l'état du sujet dans son ensemble [46]. Tel est le cas de son rapport sur un système de notations d'algèbre descriptive proposé par un certain Samson Michel, qui est l'occasion pour Carnot de faire une mise au point sur le développement de ce qu'on appelle maintenant l'*analysis situs,* depuis sa création par Leibniz jusqu'à ses propres applications à la géométrie et à l'algèbre, en passant par les travaux dc d'Alembert et d'Euler [47].

A plusieurs reprises, il participa à l'appréciation des premiers travaux de jeunes chercheurs qui allaient bientôt devenir célèbres : Poinsot par

45. Pour une étude de la naissance de la science de l'ingénieur à partir du cas particulier antérieur de l'œuvre de Coulomb, on consultera l'ouvrage déjà cité de GILLMOR, chap. I et II.

46. Les tomes III à V des *Procès-Verbaux,* qui renferment les actes de la Première Classe de l'Institut de 1804 à 1815, montrent que Carnot a pris part aux travaux de cette Classe de manière personnelle et régulière. Voici les rapports dont il porte la responsabilité totale ou partielle (premier nombre), puis les commissions dans lesquelles il siégea (second nombre) : volume II (1804-1807), 15, 37 ; volume IV (1808-1811), 16, 38 ; volume V (1812-1815), 17, 39.

47. *Procès-verbaux,* 22 nivôse an II, II, p. 611-613.

exemple, et Cauchy, le cas le plus remarquable, dont la théorie des limites, publiée en 1821 devait montrer que la métaphysique du calcul infinitésimal de Carnot ne permettait pas d'élucider les fondements des mathématiques [48]. Le fait qu'en 1807 une commission dans laquelle siégeaient Carnot ainsi que Laplace, Lagrange, Legendre et Lacroix, ait choisi pour sujet du concours de mathématiques le thème de la théorie mathématique de la double réfraction et sa vérification expérimentale est un indice de la direction que prenait à l'époque l'ensemble des sciences physiques [49]. Mais, en général, Carnot examinait des inventions de nature plus pratique : une péniche pour le moissonnage des berges (sans intérêt), un nouveau genre de métier à tisser (intéressant), une nouvelle pompe foulante dont il approuva le principe, un moteur actionné par la combustion de l'hydrogène (absolument irréalisable), un sous-marin de 9 m capable de transporter neuf personnes (le problème de l'approvisionnement en oxygène n'était pas résolu).

De ces nombreuses inventions, rêveries et réalisations, on peut en retenir quelques-unes, surtout dans le domaine des machines et des moteurs, qui furent d'un intérêt plus durable dans l'histoire de la technologie. Par exemple, Carnot était membre de la commission que Robert Fulton invita à remonter la Seine dans son bateau à vapeur [50]. Un modèle plus curieux encore, parce que moins connu, est celui d'un moteur à combustion interne appelé Pyréolophore par ses inventeurs, les frères Niepce, Claude et Joseph-Nicéphore, ce dernier devant plus tard se faire connaître par son invention de la photographie sur ferrotype et pour son association avec Daguerre dans les premiers développements de la photographie. Le moteur de Niepce, dit Carnot dans un rapport enthousiaste, était le premier moyen jamais imaginé pour produire de la force motrice à partir de la force d'expansion de l'air chauffé, ou, pour reprendre les termes mêmes de Carnot, de l'air combiné au calorique. Contrairement à la machine à vapeur, qui consommait une importante quantité de calorique pour chauffer et vaporiser l'eau avant d'utiliser l'expansibilité de la vapeur, un moteur à air présentait en principe l'avantage de n'utiliser le combustible que pour produire l'expansion d'où résultait la force motrice. Ainsi que le montrera l'analyse détaillée de sa théorie des machines, donnée dans le chapitre suivant, c'est par des considérations de ce type que Carnot contribua à l'étude de ce sujet dans son ensemble et finalement ce fut le problème particulier des moteurs thermiques que Sadi — alors jeune garçon de dix ans quand, en 1806, son père étudia le fonctionnement de la machine de Niepce — poursuivit après lui [51].

48. *Procès-verbaux,* 16 oct. 1809, IV, p. 263-266 : Rapport sur le Mémoire de Poinsot sur les polygones et les polyèdres ; 12 avril 1813 (V, p. 198-199) : Rapport sur le Mémoire de Cauchy sur les fonctions symétriques.

49. *Procès-verbaux,* 21 déc. 1807, III, p. 632. Ce prix est à l'origine de la découverte de la polarisation de la lumière par Malus en 1809.

50. *Procès-verbaux,* 20 thermidor an II, II, p. 690.

51. *Procès-verbaux,* 15 déc. 1806, III, p. 465-467. Berthollet était le second membre de cette commission. Le moteur de Niepce était essentiellement un moteur à cylindre unique. Il comprenait un récipient de cuivre auquel étaient ajustés un cylindre avec un piston et un tuyau étroit par lequel on pouvait injecter de l'air à l'aide d'un soufflet. Le tuyau était percé de deux ouvertures entre le soufflet et la chambre. La flamme d'une veilleuse brûlait au-dessous de l'ouverture pratiquée près de la chambre. Un combustible était introduit

En 1809, Carnot fit à l'Institut un rapport sur un autre modèle de moteur thermique, imaginé et conçu par un inventeur prolifique, Cagniard de Latour [52]. On a récemment pu dire, de façon convaincante, que le moteur de Cagniard avait dû suffisamment frapper l'attention de Sadi pour que ce dernier en ait repris plus tard l'étude [53]. Comme dans la machine de Niepce, le fluide expansible était encore l'air, mais il était employé de manière beaucoup plus subtile. Le principe était d'introduire dans le fond d'une bassine d'eau chaude de l'air à température ambiante et d'extraire la puissance engendrée par son expansion thermique au cours de sa montée. Cagniard imagina pour cela une vis d'Archimède inversée qui emprisonnait les bulles d'air à la surface de l'eau et conduisait l'air au fond du réservoir dans un tuyau qui les menait à un baquet d'eau chaude d'où il s'échappait. Les bulles d'air se dilatant en remontant étaient prises dans les godets inversés d'une roue à palettes, de manière à faire tourner cette dernière : leur dilatation sous l'effet de la chaleur permettait à la roue de fournir cinq fois la puissance nécessaire pour faire tourner la vis et produisait ainsi la force motrice [54]. Les caractéristiques que les moteurs de Niepce et de Cagniard ont en commun avec celui que devait imaginer Sadi — à savoir qu'ils tirent leur force motrice de la chaleur et dépendent de la propriété d'expansibilité commune à tous les gaz, y compris l'air, plutôt que de la vapeur seulement — rendent ces appareils plus intéressants, comme maillons possibles entre l'œuvre du père et celle du fils, par rapport à d'autres, peut-être tout aussi ingénieux, sur lesquels Lazare fit aussi des rapports. Nous pensons ici en particulier à la pompe refoulante, inventée par un certain Lingois [55], qui fonctionnait à l'air comprimé, à un certain

par l'autre orifice. Le meilleur combustible eut été la poudre de lycopode mais comme elle était très chère, les frères Niepce employèrent un mélange de charbon en poudre et d'une petite quantité de résine. A chaque coup de soufflet, le combustible était injecté à travers la flamme et pénétrait dans le récipient où il brûlait en engendrant une force explosive suffisante pour actionner le piston. Le problème principal était de dégager la chambre et de renouveler l'air, ce que firent les frères Niepce par un système de valves et par un diaphragme actionné par le piston qui balayait la chambre à chaque coup. Le moteur des frères Niepce n'était pas un jouet : la capacité de réceptacle était de 21 pouces cubiques et la surface du piston était de 3 pouces carrés. Il développait une pression suffisante pour équilibrer un poids de 114 livres et, adapté à un bateau déplaçant 5 quintaux, il put vaincre le courant de la Saône. Il fonctionnait alors à une allure de 12 ou 13 cycles, et brûlait 120 grains de combustibles par minute.

52. *Procès-verbaux,* 8 mai 1809, IV, p. 200-202.

53. Thomas S. Kuhn, « Sadi Carnot and the Cagnard engine », *Isis,* 52, 1961, p. 567-574.

54. Th. S. Kuhn a remarqué que le moteur de Cagniard (le nom est habituellement écrit avec un « i ») présente certaines caractéristiques que Sadi idéalisa plus tard dans ses *Réflexions sur la puissance motrice du feu,* à savoir : 1. Le mouvement engendré uniquement par un transfert de chaleur à partir d'un réservoir à haute température ; 2. Le parallélisme entre l'écoulement de la chaleur et l'écoulement de l'eau ; 3. Un couplage de deux moteurs travaillant en sens opposé, permis par l'excès de travail fourni par l'un d'entre eux (bien que cette notion de couplage de moteurs n'existât pas en fait dans le Mémoire de Sadi, elle lui fut ultérieurement attribuée). Th. S. Kuhn remarque que le moteur de Cagniard et celui de Sadi différaient par le fait que le second faisait intervenir un cylindre et un piston idéalisés. Selon Kuhn, le seul élément de l'analyse de Sadi que n'avait pas annoncé le moteur de Cagniard était la réversibilité. Ainsi qu'on le verra dans les chapitres suivants, cette notion apparaît comme l'application de la construction des mouvements géométriques de Lazare Carnot.

55. *Procès-verbaux,* 13 juill. 1812, V, p. 72-75.

nombre de machines hydrauliques construites et exploitées par un industriel assez célèbre, Mannoury d'Ectot [56], et à un mémoire de Dupin sur la stabilité des corps flottants, datant de 1814 [57].

Telles furent entre 1804 et 1814 les occupations de Carnot alors dans la cinquantaine, tandis que ses fils étaient encore des enfants. Hippolyte se rappelait que le cercle de leurs familiers était d'orientation technique. Il ne mentionne toutefois pas les chefs de file de l'Institut, Laplace, Berthollet ou Monge vieillissant, mais plutôt Prieur ainsi que deux vieux survivants de l'Ancien Régime, l'explorateur Bougainville et l'économiste Dupont de Nemours, l'ingénieur Girard, le chimiste Adet, le professeur et auteur d'ouvrages de mathématiques Lacroix, les botanistes Palissot de Beauvois, et les frères Thouin. Au moment où certaines spéculations financières tournèrent mal pour lui, Carnot accepta une pension offerte par Napoléon. Il n'abandonna jamais son goût pour la stratégie militaire ni son rôle de défenseur de la Révolution et, en 1810, publia un traité méthodique sur ses premiers centres d'intérêt, la guerre défensive et l'emploi des fortifications [58].

Alors que s'effondrait le système napoléonien, il voulut défendre son pays et offrit ses services à l'Empereur au moment où la retraite, partie de Moscou, atteignait le Rhin. Dans cette situation critique, Napoléon le nomma gouverneur d'Anvers. Ce fut le seul commandement réel de sa carrière et il réussit à maintenir la ville sous le contrôle de la France même après la première abdication de Napoléon. Il s'accommoda du premier retour des Bourbons et adressa même à Louis XVIII un mémoire au sujet des réalisations des vingt-cinq dernières années que le roi devait respecter s'il voulait stabiliser son trône [59].

Cependant, Carnot se rallia à Napoléon après le retour de l'île d'Elbe et fut ministre de l'Intérieur dans le gouvernement des Cent Jours. Plutôt que le fait d'avoir voté la mort de Louis XVI, c'est cette action qui, confirmant la permanence de ses anciennes idées révolutionnaires, ne lui fut pas pardonnée par une monarchie restaurée à deux reprises, d'autant plus que, dans la Commision gouvernementale intérimaire, Carnot avait tenté assez désespérément d'assurer l'accession au pouvoir de Napoléon II. Sa femme étant morte et Sadi étant sorti de l'École polytechnique, Carnot emmena son fils cadet, Hippolyte, avec lui en exil. Après avoir traversé Bruxelles, Munich, Vienne et Cracovie, ils arrivèrent à Varsovie, où Carnot comptait bien s'établir. Mais il ne put y demeurer car, sous la domination du grand-duc Constantin, le coût de la vie y montait rapidement tandis que les conditions politiques y devenaient moins favorables. Interdit de séjour en Rhénanie, trop proche de la France, il s'installa à Magdebourg avec Hippolyte. De là, il correspondit avec des collègues allemands, publia quelques recueils de vers et éleva son fils cadet, qui devait devenir un saint-simonien marquant. Il mourut dans cette ville le 2 août 1823.

56. *Ibid.*, 28 déc. 1812, V, p. 133-137, et 21 juin 1813, V, p. 221-224.
57. *Ibid.*, 30 août 1814, V, p. 392-395.
58. *De la défense des places fortes*, Paris, 1810.
59. Une version déformée de ce qui était censé être une communication privée fut publiée par des éditeurs, apparemment dans le but de discréditer Carnot et les derniers jacobins : *Mémoire adressé à S. M. Louis XVIII, roi de France*, Bruxelles, 1814.

CHAPITRE II

LA SCIENCE DES MACHINES

Les événements importants auxquels Carnot fut mêlé et dont il détermina le cours ne le détournèrent jamais du problème de l'application de la science de la mécanique à la science des machines. Ce problème l'avait intéressé depuis l'époque où il était encore un jeune ingénieur inconnu. Heureusement pour l'historien, les documents accessibles permettent de retracer l'évolution des idées de Carnot, depuis leur genèse dans le mémoire préparé pour le concours de prix proposé par l'Académie des sciences en avril 1777, jusqu'à leur développement, de son vivant, en une nouvelle branche de la science, au cours des années 1820. Carnot ayant exposé ses idées dans leur forme la plus originale et la plus simple dans son premier ouvrage, l'*Essai sur les machines en général* de 1783, le mieux sera de les présenter à travers l'analyse détaillée de ce livre. C'est ce que nous ferons dans le présent chapitre, avant de jeter ensemble un coup d'œil sur les travaux antérieurs, puis postérieurs. Les premières étapes de la formulation des théories de Carnot peuvent être étudiées dans les mémoires soumis à l'Académie en 1778 et en 1780. Vingt ans plus tard, retiré officiellement des affaires publiques, Carnot généralisa et développa le sujet dans ses *Principes fondamentaux de l'équilibre et du mouvement*. Un autre but de cette monographie sera de montrer que les *Réflexions sur la puissance motrice du feu*, publiées par Sadi Carnot en 1824, un an après la mort de son père, peuvent être effectivement considérées, non seulement comme la base de la thermodynamique, mais aussi comme le point culminant de la série méthodologiquement et conceptuellement cohérente des mémoires que les deux Carnot ont consacrés à la science des machines. Après avoir examiné d'une façon un peu plus précise la bibliographie de ce sujet, il sera utile, enfin, d'étudier le rapport des écrits mathématiques de Carnot avec sa mécanique et ses autres travaux scientifiques.

A. — *SOMMAIRE DE L' « ESSAI SUR LES MACHINES EN GÉNÉRAL »*

On n'a pas de mal à comprendre pourquoi, dans les années 1780, la communauté scientifique n'a pas remarqué l'intérêt de l'*Essai sur les machines en général.* En fait, ce livre n'est pas conçu sur le modèle des ouvrages de mécanique rationnelle du XVIIIe siècle. En effet, depuis longtemps déjà, on avait pris l'habitude de rédiger les traités de mécanique destinés au public professionnel dans le langage de l'analyse mathématique. Bien que les raisonnements de Carnot ne soient pas moins rigoureux que ceux de ses contemporains mathématiciens, la forme de son exposé est verbale et les expressions mathématiques auxquelles il recourt sont présentées dans un esprit plus géométrique ou trigonométrique qu'algébrique et les formules se trouvent habituellement expliquées par des phrases. Une telle présentation est à première vue d'un niveau nettement inférieur à celui des travaux de d'Alembert, de Lagrange, d'Euler et des Bernoulli. A n'en juger que par le style, prolixe et naïf, le lecteur contemporain pouvait facilement confondre l'ouvrage avec l'un des nombreux livres sans intérêt qui, pour un motif quelconque, exposaient la mécanique élémentaire.

Cependant, cet essai, en dépit de son titre, n'aurait jamais pu servir de manuel pratique pour construire ou utiliser de véritables machines. Carnot part d'une définition extrêmement abstraite d'une machine, à savoir un corps intermédiaire servant à transmettre un mouvement entre deux ou plusieurs corps qui n'agissent pas directement les uns sur les autres. Et il expose d'emblée ses objections contre les méthodes existant en mécanique. Puisque les problèmes de cette science se limitaient essentiellement à l'analyse des actions réciproques des différentes parties d'un système de corps, on avait tacitement pris l'habitude de faire abstraction de la masse de la machine elle-même, comme si celle-ci n'avait aucune inertie. Tout en simplifiant les problèmes, cette méthode, empruntée à la géométrisation des machines simples couramment utilisées en statique, compliquait l'étude dynamique des machines. Il était classique de dériver des lois de la mécanique les lois particulières de l'équilibre et du mouvement dans chaque classe de machines simples, c'est-à-dire les cordes, le levier, la manivelle, la poulie, le coin, la vis et le plan incliné. Il n'existait, cependant, aucun principe général susceptible de maîtriser les conditions de l'équilibre et du mouvement de toutes les machines. Pour être en mesure de déterminer ce principe, le mécanicien avait besoin de traiter les machines comme d'autres corps et de prendre leur masse en considération. Alors seulement la science des machines en général pouvait prendre forme et être ramenée au problème suivant :

« Connaissant le mouvement virtuel d'un système quelconque de corps, (c'est-à-dire celui que prendrait chacun de ces corps, s'il était libre), trouver le mouvement réel qui aura lieu l'instant suivant, à cause de l'action réciproque des corps, en les considérant tels qu'ils existent dans la nature, c'est-à-dire comme doués de l'inertie commune à toutes les parties de la matière »[1].

On voit tout de suite que, même si son argument était présenté en style courant, l'*Essai sur les machines* n'en présupposait pas moins chez le lecteur une formation spéciale. Il présupposait la compétence de personnes

1. Lazare CARNOT, *Essai sur les machines*, § X, p. 21.

ayant reçu une éducation scientifique mais n'était pas rédigé dans un style susceptible de les intéresser. L'*Essai* aurait été, en d'autres termes, accessible à des ingénieurs déjà formés, et, comme l'auteur appartenait lui-même à leur première génération, la difficulté venait de ce qu'il ne pouvait être apprécié que par un corps de professionnels qui commençait à peine à exister.

Une difficulté intrinsèque s'ajoutait donc à la difficulté formelle. L'*Essai sur les machines,* en effet, mêlait l'originalité de son point de vue avec les aspects les plus élémentaires de la mécanique, au point qu'il est difficile d'y faire rétrospectivement la part entre le nouveau et l'évident. En vérité, étudier la carrière scientifique de Carnot comme inventeur serait assez vain. Ses innovations, certes, sont évidentes et elles sont loin d'être négligeables. Mais elles ne se situaient pas à l'avant-garde des problèmes ouverts de la mécanique ; elles se trouvaient plutôt en deçà des premières lignes. Aussi, plutôt que de considérer Carnot comme un chercheur et un découvreur au sens scientifique traditionnel du terme, est-il préférable d'aborder son œuvre comme un critique ferait de celle d'un écrivain qui aurait introduit un nouvel idiome en littérature afin d'utiliser à de nouvelles fins les ressources existantes, mais restées ignorées. L'apport de Carnot à la mécanique vient, dans une large mesure, de l'emploi qu'il envisage pour cette science.

Avant d'aborder la pensée de Carnot, on doit rappeler au lecteur certaines conventions physiques d'alors sur la structure de la matière. Dès les premières pages de l'*Essai sur les machines,* on rencontre, en effet, la distinction entre corps durs et corps élastiques que le XVIIe siècle avait introduite en mécanique avec les débuts de la théorie du choc et que le XIXe siècle devait voir disparaître dans la théorie de l'élasticité. C'est peu après le milieu de cette évolution que l'œuvre de Carnot s'inscrit, adoptant les hypothèses proposées par Maupertuis [2] : les corps parfaitement durs sont indéformables et les corps parfaitement élastiques contiennent des forces capables de leur redonner leur forme et leur volume initiaux après compression ou choc. Pour être complète, la théorie aurait dû tenir compte d'une troisième catégorie de corps, déformables, mais non élastiques. Au XVIIe siècle, John Wallis avait consacré l'un des mémoires classiques amorçant ces études au problème du comportement des corps non élastiques dans un choc [3] et, bien qu'il n'ait considéré que les corps durs, les corps mous, assez paradoxalement, obéissaient aux mêmes lois lors d'un choc puisqu'ils ne rebondissaient pas. La résilience et l'absence de résilience étant les deux alternatives essentielles, la distinction entre élasticité et dureté s'avérait suffisante pour un modèle idéal. La polarité n'était toutefois pas symétrique, puisqu'il n'existait pas de degré de dureté, alors qu'on pouvait attribuer les degrés d'élasticité à un complément de mollesse.

En prenant modèle sur la nature elle-même, les corps solides étaient

2. Un bon exposé est donné par W. L. SCOTT, « The significance of 'hard bodies' in the history of scientific thought », *Isis,* 50 (1959), p. 199-210.

3. J. WALLIS, « A Summary account of the general laws of motion », *Philosophical transactions,* III, 26 nov. 1668, p. 864-866.

les éléments fondamentaux et leurs propriétés une manifestation de l'impénétrabilité de la matière inhérente aux corpuscules élémentaires. Dans les corps réels, l'état solide était conçu comme formé de corpuscules élémentaires reliés les uns aux autres soit par des bâtonnets ou tiges rigides, inextensibles et incompressibles (dans le cas des corps durs), soit par des ressorts (dans le cas des corps élastiques). Il importe, pour bien suivre la pensée de Carnot, de comprendre comment les autres états physiques se situent vis-à-vis de ce modèle, car ce n'est pas selon la progression usuelle du solide au liquide, puis au gaz. Au contraire, les liquides avaient certaines de leurs propriétés mécaniques analogues à celles des corps durs, puisqu'ils étaient incompressibles bien que déformables, et les gaz avaient certaines propriétés mécaniques analogues à celles des corps élastiques, du fait de leur malléabilité et de leur résilience.

Ces distinctions entraînèrent pour Carnot des difficultés de nature dynamique susceptibles d'impatienter un lecteur moderne. Historiquement, cependant, elles ne peuvent être considérées comme de faux problèmes : en effet, c'est précisément leur étude qui mit Carnot sur la voie de la physique du travail, de la puissance et, finalement, de l'énergie, à partir de laquelle ces distinctions devinrent elles-mêmes effectivement désuètes. La confusion provenait de la grande question que se posait la dynamique du XVIIIe siècle : devait-on prendre le moment (MV) ou la « force vive » (MV^2) pour la quantité fondamentale, conservée au cours des échanges de mouvements successifs ? Faisant abstraction des aspects métaphysiques (ce qui est légitime pour notre discussion), on doit dire que le principe des forces vives était limité du fait que, même si de par la théorie des chocs du XVIIe siècle, la quantité de mouvement était conservée lors du choc de deux corps parfaitement élastiques, la conservation de MV^2, dans le cas le plus fondamental, celui des corps durs, n'était vérifiée que si le mouvement était communiqué continûment (« par degrés insensibles », comme on le disait à l'époque), et non lors de chocs ou collisions.

Rétrospectivement, on peut comprendre qu'un traité dans lequel la quantité appelée aujourd'hui travail (force × distance) était choisie pour mesurer le produit d'une machine, devait, en un certain sens, admettre l'équivalence de cette quantité avec l'énergie cinétique ($\frac{1}{2}mv^2$). La façon dont Carnot avait prévu la nécessité de rechercher cette convertibilité reste pour nous une conjecture. Du point de vue dimensionnel, cette équivalence fait une conséquence de celle entre « mgh» et « $\frac{1}{2}mv^2$ » dans la loi de la chute des graves, connue, depuis Galilée, comme moyen d'égaler la vitesse engendrée par un corps tombant d'une certaine altitude avec la force nécessaire pour remonter ce corps. Bien plus, cette relation correspondait à son désir de considérer les machines comme des corps réels en fonctionnement, et non pas uniquement comme de simples auxiliaires rigides assurant le transfert géométrique du mouvement d'inertie, c'est-à-dire, plus simplement, elle se rattachait à son métier d'ingénieur. On peut assurer aussi que son idée était d'emprunter à l'hydrodynamique le principe de la conservation des forces vives pour l'appliquer au problème, selon lui plus fondamental, du choc des corps durs.

Après la publication du célèbre ouvrage de Daniel Bernoulli[4], en 1738, l'hydrodynamique constituait le domaine où le principe des forces vives était fondamental et indispensable à la résolution des problèmes des ingénieurs. On voit dans tous les écrits de Carnot sur la mécanique que l'application de ses principes et de ses conclusions à l'hydraulique, bien que constituant sans nul doute un simple cas particulier, tient une place importante, sinon primordiale, dans sa recherche[5]. Il était, au départ, assez satisfaisant, bien que cela ne fut pas tout à fait correct, de penser d'abord au mouvement communiqué par les liquides conformément au principe de continuité et, compte tenu de la propriété commune d'incompressibilité des liquides et des corps durs, il paraissait ensuite utile de considérer le principe de conservation des forces vives comme principe gouvernant ces derniers types d'interaction, les plus importants dans la nature.

De toutes manières, pour ces raisons ou pour d'autres, la stratégie de Carnot dans son *Essai sur les machines* lui fut imposée par la nécessité de surmonter l'écart existant entre les changements continus et discontinus de mouvement dans les chocs de corps durs et de préciser dans quel sens le principe des forces vives pourrait s'appliquer indifféremment aux changements continus ou discontinus de mouvement entre des corps élastiques ou non. Dans ce but, Carnot tacitement ménagea des distinctions qui, dépassant son propos, devaient aboutir à la différence entre énergie potentielle et énergie cinétique, travail et puissance, consommation et production, quantité scalaire et quantité vectorielle, processus réversibles et processus irréversibles.

Délibérément, Carnot admit franchement que l'ingénieur n'était pas qualifié pour faire de la métaphysique. De tout temps, il le reconnut, il y avait eu deux modes différents d'aborder la mécanique, l'expérimental et le rationnel. Le premier point de vue, le sien, repose sur ces notions de base que donne une expérience directe de la nature, et que nous appelons corps, puissance, équilibre et mouvement. Ces concepts ne sont pas définissables et n'ont pas besoin de l'être. Ce sont des notions primaires dont dérivent d'autres concepts, tels ceux de vitesse et les divers types de forces servant à formuler les lois du mouvement. Selon le second point de vue, la mécanique est une science purement rationnelle. Les théoriciens, partant d'hypothèses, déduisent des lois qui seraient celles des corps en mouvement, si leurs hypothèses étaient correctes, et les comparent ensuite aux phénomènes. On gagne ainsi en élégance, mais c'est au prix de difficultés incomparablement plus grandes, rien n'étant plus embarrassant dans les sciences exactes, et particulièrement en mécanique, que d'essayer de formuler des définitions entièrement dépourvues d'ambiguïté. C'était là

4. D. Bernoulli, *Hydrodynamica* (Strasbourg, 1738).

5. On a souvent cité l'analogie entre l'écoulement des fluides et l'écoulement de la chaleur en étudiant l'influence de l'œuvre de Lazare sur celle de Sadi. Comme nous le verrons, il existe toutefois une bien plus grande continuité entre l'œuvre du père et celle du fils, voir ci-après, p. 76, 108-117, 164-165.

une tâche à laquelle Carnot n'aurait pas voulu s'essayer, ce dont il n'avait d'ailleurs pas besoin[6].

Le peu d'empressement mis par Carnot à définir les termes utilisés rend l'*Essai sur les machines* difficile à saisir pour un lecteur formé à la terminologie du XIXe ou du XXe siècle. Seul l'usage qu'il fait des mots peut suggérer à un lecteur moderne le sens qu'ils avaient pour lui. Peut-être cette ambiguïté avait-elle déjà été perçue de son temps, car, lorsqu'il remania son texte vingt ans plus tard pour les *Principes de l'équilibre et du mouvement*[7], il y ajouta un index terminologique. Même les termes qui correspondent en dimensions à certaines notions actuelles, ne portaient pas chez lui tout le sens que devait leur conférer l'usage ultérieur. Par exemple, le terme si simple de « vitesse » prête chez lui souvent à confusion car Carnot ne disposait d'aucune convention pour combiner en une seule expression l'intensité et la direction d'une telle grandeur et se voyait obligé de préciser, dans chaque cas, le sens dans lequel on devait évaluer une vitesse ou une force. Le mot « force » signifiait pour lui quantité de mouvement (momentum) d'un corps en mouvement. Compte tenu de ce point de vue, la force newtonienne, à savoir le produit de la masse

6. CARNOT, *Essai sur les machines*, p. 105-106. Carnot n'opposa pas les deux écoles aussi nettement que le laisse entendre Jouguet — à savoir que ce qui les distingue est que l'une prend la masse pour notion primitive et la force pour notion dérivée, alors que la seconde part de la force pour déduire les lois du mouvement et du choc. Certes, sous une forme plus catégorique, cela revient peut-être à la distinction qu'il faisait lui-même, mais sans l'expliciter ; d'ailleurs, Jouguet, comme d'autres commentateurs de sa mécanique, confondent l'*Essai sur les machines* de 1783 avec les *Principes* de 1803. Voir JOUGUET, *Lectures de mécanique*, 2 vol. (Paris, 1924), II, p. 72.

7. Il est peut-être utile de reproduire ici le dictionnaire de Carnot dans les *Principes fondamentaux de l'équilibre et du mouvement*, § 18, p. 13. Si m représente une masse, e un espace, ou quantité linéaire, t un temps,

« Toute quantité de la forme, ou réductible à la forme $\frac{e}{t}$ s'appelle vitesse.

Toute quantité de cette forme $m\frac{e}{t}$ s'appelle quantité de mouvement.

Toute quantité de cette forme $\frac{e}{t^2}$ s'appelle force accélératrice retardatrice.

Toute quantité de cette forme $m\frac{e}{t^2}$ s'appelle force motrice.

Toute quantité de cette forme $m\frac{e}{t}$ ou de celle-ci $m\frac{e}{t^2}$ s'appelle simplement force ou puissance ».

L'ambiguïté reflète ici la situation historique. Bien que le concept de puissance en tant que degré de changement du travail ou de l'énergie par rapport au temps soit implicite dans l'analyse de Carnot, il paraît aussi utiliser ce mot comme synonyme de force, quelquefois aussi l'implication de force latente comme capacité d'exercer un effort :

« Toute quantité de cette forme $m\frac{e^2}{t^2}$ se nomme force vive, moment de force motrice, ou moment d'activité.

Enfin toute quantité de cette forme $m\frac{e^2}{t}$ se nomme quantité de mouvement, ou quantité d'action ».

La signification pour Carnot de ces deux dernières quantités apparaîtra dans ce qui suit.

par l'accélération, était pour lui secondaire. Quand il devait s'y référer, il faisait ordinairement usage de l'expression « force motrice », courante au XVIIIe siècle, et qui est dimensionnellement identique à la « force morte » ou pression statique.

Parmi les principes fondamentaux de la mécanique proprement dite, Carnot en choisit deux pour en faire une critique préliminaire qui lui permet également de définir son point de vue personnel. Le premier principe est celui qui assigne pour loi générale de l'équilibre, dans les machines mues par la pesanteur, que le centre de gravité du système soit au point le plus bas possible. Le second principe, que Carnot appelle « la fameuse loi d'équilibre de Descartes » n'est en fait connu sous ce nom ni de ceux qui étudient la mécanique moderne, ni des spécialistes de Descartes qui, en réalité, n'en fait pas état. Selon ce principe, deux forces en équilibre sont toujours en raison inverse de leurs « vitesse » (c'est-à-dire, pour Carnot, des mouvements qu'elles suscitent) au moment où l'une des deux vient à l'emporter de façon infinitésimale sur l'autre, ce qui entraîne la naissance d'un « petit » mouvement.

Carnot préfère s'appuyer sur le principe du centre de gravité. A dire vrai, ce principe était sujet à certaines réserves. Tout d'abord, il ne semblait s'appliquer qu'aux machines animées par la pesanteur. Mais Carnot montre comment cet inconvénient n'est en fait qu'apparent. On peut, en effet, ramener toujours le rôle des autres forces en substituant à leur action théorique un poids agissant par l'intermédiaire d'une poulie de renvoi. Cette transformation imaginaire du système peut, de prime abord, agacer le lecteur moderne, qui peut y voir un moyen quelque peu simpliste de fuir la difficulté ; il est toutefois plus juste d'y voir le style d'un ingénieur formulant un problème abstrait dans son propre langage. Quiconque est sorti d'une école d'ingénieurs a tendance à recourir à des méthodes semblables, mais il est facile d'en donner une meilleure explication en rappelant quelque peu le rôle analytique de l'expérience et de la manipulation des poids dans la mécanique d'Archimède, de Stevin ou de Galilée. Même Lagrange n'a pas dépassé ce niveau.

La seconde objection était plus sérieuse. Il y a des exceptions au principe selon lequel l'équilibre exige que le centre de gravité soit au point le plus bas, comme il y en a dans tous les problèmes de maximum et de minimum. Il peut y avoir équilibre provisoire ou temporaire pour d'autres états du système. Pour parer à cette difficulté, Carnot utilise un type de raisonnement que son lecteur reconnaîtra bientôt comme caractéristique. Il donne un nouvel énoncé du principe en faisant intervenir une machine idéale. La forme en est arbitraire, mais on n'y applique pas d'autres forces que des poids et aucun mouvement n'y est imprimé au départ. Au repos, la somme des résistances des supports fixes, estimées verticalement dans le sens contraire à celui de la pesanteur, doit être égal au poids du système. Supposons maintenant qu'un « petit » mouvement s'amorce : une partie du poids doit être employée à le produire, et ce n'est qu'avec le surplus que les supports fixes se trouvent chargés. La différence entre le poids du système et la charge sur les supports fixes sera la force abaissant le centre de gravité avec un degré (ici, Carnot utilise le mot

« vitesse », alors qu'il aurait dû dire accélération — terme qu'il emploie rarement) égal à cette différence divisée par la masse du système. On en conclut que si le centre de gravité ne descendait pas, il y aurait équilibre :

> « Pour s'assurer que plusieurs poids appliqués à une Machine quelconque doivent se faire mutuellement équilibre, il suffit de prouver que si l'on abandonne cette Machine à elle-même, le centre de gravité du système ne descendra pas » [8].

Ce qui est remarquable, c'est ce mode de raisonnement qui allie l'idéal à l'opérationnel et le fait de manière négative et restrictive. Dans un traité soi-disant fondé sur l'expérience, on aurait pu s'attendre à ce que les démonstrations fussent établies à partir d'expériences. Loin d'en être ainsi, elles consistent à éliminer, par une expérience de pensée idéale et irréalisable, ce qui, ainsi que nous le savons par notre connaissance empirique, ne peut intervenir dans le comportement des objets physiques. Rien de nouveau au point de vue du schéma par lequel Stevin, déduisant la loi du plan incliné de l'impossibilité du mouvement perpétuel, avait adapté à la physique la démonstration géométrique par l'absurde : une proposition est correcte si sa négation entraîne des conséquences physiquement inimaginables. Le modèle non plus n'avait rien de nouveau : depuis longtemps déjà les mouvements des systèmes de points matériels avaient été l'objet d'analyses qui avaient idéalisé les corps et transformé la mécanique rationnelle en une branche des mathématiques. Mais, comme en d'autres aspects de l'œuvre de Carnot, la différence venait de l'usage répété de raisonnements de ce type, qui devinrent ensuite la marque caractéristique de la science du mouvement des machines.

Quant au principe dit de Descartes, Carnot lui trouve des défauts qui le ruinent. Tout d'abord, il est moins général que le principe du centre de gravité modifié (cf. ci-dessus), d'où il peut être déduit par conversion de ses forces en poids agissant par des poulies. Il s'applique uniquement aux systèmes ne faisant pas intervenir plus de deux forces. Défaut plus grave : ce principe ne porte que sur les valeurs relatives des forces en équilibre, alors que le principe du centre de gravité, en faisant intervenir leurs projections verticales, spécifie aussi la direction de ces forces. C'est précisément dans des passages de ce genre que l'on peut commencer à apprécier la façon dont Carnot entreprend d'analyser la manière par laquelle des forces transmises par des axes, des cordes et des poulies peuvent agir sur des points et les déplacer à l'intérieur de systèmes composés de parties rigides. Quelque peu obscures que semblent ces élaborations, elles n'en appartiennent pas moins à la préhistoire de l'analyse vectorielle en montrant la prise de conscience du fait que la valeur d'une force comporte aussi bien sa direction que son intensité.

Rien, même dans le principe de Descartes, n'exige que deux forces, pour être en équilibre, soient de sens opposés ; il ne peut donc pas préciser en quoi consiste cette opposition. En évoquant ce problème, Carnot préparait l'une des clarifications dont il devait rester le plus fier : la différence

8. *Essai sur les machines,* § II, p. 14.

entre ce qu'il appelle « forces sollicitantes » et « forces résistantes ». Ce n'est pas par une distinction métaphysique entre cause et effet que nous pouvons le comprendre, mais simplement par la géométrie du système. Comme l'indique le schéma ci-dessous, c'est le fait que l'angle de la force et de la direction du mouvement soit aigu ou obtus qui indique que la force est sollicitante ou résistante.

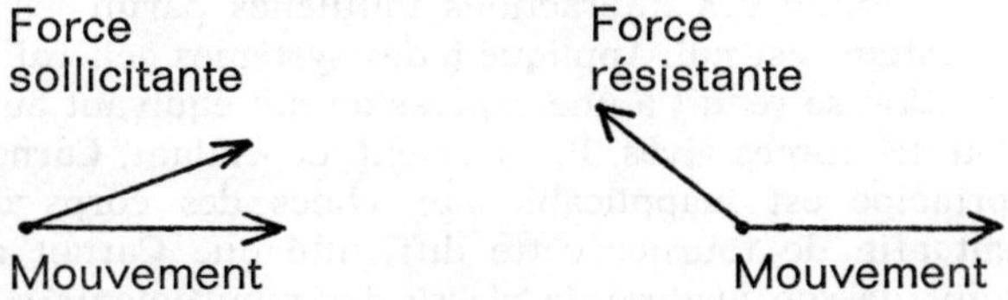

Enfin, Carnot formule encore un autre reproche contre le principe de Descartes et contre les autres principes qui font appel à un « petit » mouvement (c'est-à-dire à un mouvement infinitésimal). Il avait ici en vue le principe des vitesses virtuelles, bien qu'il ne le désignât pas par son nom : ce principe n'indique jamais ce qui détermine le mouvement infinitésimal. S'il faut pour cela avoir recours à quelque nouveau principe mécanique, le principe primitif ne convient pas. Si, d'autre part, pour déterminer le mouvement naissant, la géométrie du système suffit, quel est son mode d'action ? Une objection identique porte contre les analyses qui considèrent deux machines dans deux états infiniment proches l'un de l'autre. Pour spécifier comment se meut la machine pour passer d'un état à l'autre, ou bien il faut invoquer un nouveau principe, ou bien admettre que cette détermination repose sur la géométrie du système et, dans ce dernier cas, le principe révèle un défaut en ne mettant pas en évidence les conditions géométriques de tels mouvements. En fait, cependant, ces mouvements sont soumis à certaines conditions dont la définition va permettre à Carnot de proposer pour l'ensemble de leur classe le nom de *mouvements géométriques*. Comme on le verra, ces mouvements géométriques diffèrent des vitesses virtuelles en ce sens qu'ils sont finis et équivalent à des mouvements possibles ou réels au cours desquels aucun travail interne n'est produit et aucune énergie n'est dépensée à l'intérieur du système.

Les principes précédents se bornent l'un et l'autre au cas de l'équilibre et, bien que Carnot en appelle ensuite au principe de d'Alembert, pour étendre leur application au mouvement, il ne fait de ce principe aucun usage véritable, préférant en pratique raisonner à partir du principe de la conservation des forces vives. Parmi les lois du mouvement et de l'équilibre elles-mêmes, Carnot en choisit deux pour axiomes. La première est l'égalité mais en sens opposés de l'action et de la réaction, qu'il n'identifie pas à l'action ; Carnot, ici, se réfère à la troisième loi du mouvement de Newton, qu'il applique à tous les corps sans exception. La seconde loi s'applique seulement aux corps durs et affirme que, dans leurs interactions, soit par choc, soit par pression, leur vitesse relative, à l'instant immédiatement ultérieur, est nulle. Ces deux lois entraînent deux corollaires : premièrement, l'intensité des interactions entre deux corps dépend seulement de leur mouvement relatif, l'un par rapport à l'autre, et, deuxièmement, la force qu'ils exercent l'un sur l'autre, lors d'un choc, est toujours dirigée perpendiculairement à leur surface commune au point de contact.

Carnot aborde le dernier point en dérivant de ces principes fondamentaux une équation exprimant que, dans le mouvement d'un système de corps durs, le bilan des interactions mutuelles parmi les corpuscules composant le système est nul. Appliqué à des systèmes généralisés de corps durs, cette équation se réduit à une expression qui équivaut au principe de la conservation des forces vives. Précisément, cependant, Carnot remarque ici que ce principe est inapplicable aux chocs des corps durs. C'était principalement afin de tourner cette difficulté que Carnot avait défini, pour les besoins de son analyse, la classe des mouvements géométriques, c'est-à-dire des déplacements dont la possibilité dépend uniquement de la géométrie d'un système, et non des lois de la dynamique fondées sur la physique. Pour de tels mouvements, Carnot pouvait ne pas tenir compte de la perte supposée de force vive dans un choc non élastique. Les évoquer lui permit de transformer son équation fondamentale en une équation indéterminée d'application générale dans laquelle des valeurs arbitraires déterminant les mouvements peuvent être introduites dans la solution de cas particuliers.

En d'autres termes, cette analyse revient à déduire la conservation du « moment de la quantité de mouvement » (ou moment de torsion) de la conservation de l'énergie ou du travail. Puisque ce que Carnot attendait d'une théorie des machines était précisément la possibilité de ne pas tenir compte des contraintes internes et des interactions des systèmes de corps et de forces, il fit de la conservation du « moment de la quantité de mouvement », pour reprendre ses propres termes, le principe fondamental de la mécanique en général. Il en déduit alors le principe de moindre action et une nouvelle version du principe de la conservation des forces vives sous une forme modifiée exprimant que ce que les machines transmettent est de la puissance plutôt que du mouvement. De fait, l'apport essentiel de Carnot à la mécanique a été la transformation tacite de l'analyse du mouvement en analyse de la puissance.

Dans la seconde partie de l'*Essai sur les machines*, Carnot applique sa version des principes de la mécanique au fonctionnement des machines elles-mêmes. La définition la plus importante est celle de la quantité qu'on appelle maintenant travail. Carnot l'appela « moment d'activité » et y reconnut clairement la base d'une mesure de la différence entre la consommation et la production d'une machine en fonctionnement. Revenant au principe du « moment de la quantité de mouvement », Carnot en déduit la plus originale de ses propositions : à savoir que « dans une Machine dont le mouvement change par degrés insensibles, le moment d'activité consommé dans un temps donné par les forces sollicitantes est égal au moment d'activité exercé en même temps par les forces résistantes ». Le principe, qui porte, depuis, le nom de Carnot, en découle directement : fait caractéristique, il le concevait et le présentait comme limite au fait que le travail effectué par un système de parties en mouvement n'était égal au travail reçu par lui que dans le cas où les percussions ou la turbulence étaient éliminées dans la transmission du mouvement (ou puissance). Carnot conclut par un scholie fustigeant la chimère du mouvement perpétuel, traitant des facteurs d'amélioration mécanique, développant les conditions d'une conception plus efficace de la structure des machines (spécialement dans le cas des machines hydrauliques) et établissant la distinction déjà citée entre les conceptions expérimentales et rationnelles dans l'étude de la science de la mécanique.

Tels étaient les principaux résultats et découvertes contenus dans la première publication de Carnot. Les lecteurs principalement intéressés par un résumé qualitatif de son travail pourront juger ce résumé suffisant et préféreront passer directement au chapitre III, qui traite du cadre dans lequel s'insère l'*Essai sur les machines* et le développement ultérieur de la science des machines. Les lecteurs plus particulièrement concernés par tout ce qui touche à la mécanique du XVIIIe siècle elle-même voudront peut-être suivre le précis plus détaillé et l'analyse des raisonnements qui sont donnés dans la suite du présent chapitre.

B. — *MOUVEMENTS GÉOMÉTRIQUES*

Imaginons, dit Carnot à ses lecteurs, un système quelconque de corps durs dans lequel le mouvement virtuel est transformé en quelque autre mouvement à la suite de contraintes internes et des interactions entre ces corps. Carnot pensait ici, sans le dire explicitement, au cas des pièces d'une machine. Le problème général de la mécanique était de déterminer ce mouvement résultant, et Carnot commence sa résolution en additionnant les interactions des corpuscules contigus, m' et m''. Ses deux axiomes fondamentaux (égalité de l'action et de la réaction et mouvement relatif nul consécutif à une collision) lui permettent d'obtenir l'équation [9] :

$$\int \mathrm{F'}\,\mathrm{V'} \cos q' + \int \mathrm{F''}\,\mathrm{V''} \cos q'' = 0,$$

9. Il est peut-être utile de reproduire ici la justification donnée par Carnot de cette méthode de représentation de la projection d'une force ou de toute autre quantité orientée sur une autre à partir des propriétés trigonométriques élémentaires d'un triangle rectangle.

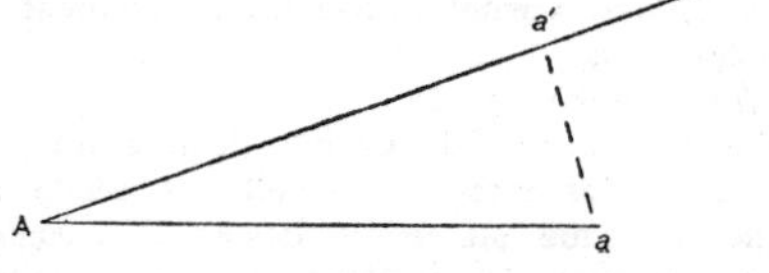

$\overline{Aa}$ représente la quantité initiale et $\overline{AB}$ la direction dans laquelle elle doit être « évaluée ». Ainsi, la projection $\overline{Aa'}$ de la force $\overline{Aa}$ évaluée dans la direction $\overline{AB}$ est égale à $\overline{Aa} \cos \widehat{aAB}$. Cette explication est tirée des *Principes fondamentaux de l'équilibre et du mouvement,* 1803, § 26, p. 16. Dans l'*Essai sur les machines,* Carnot utilise ces résultats élémentaires sans se soucier de les démontrer (l'intérêt de ces considérations vient principalement du fait qu'elles constituent un exemple de l'esprit géométrique et trigonométrique dans lequel il se représentait ces relations). Ce fait apparaît d'abord dans son mémoire

la somme étant prise sur l'ensemble des couples de corpuscules adjacents m' et m'',

F′ étant l'action de m'' sur m', c'est-à-dire la « force » (quantité de mouvement) que m'' imprime à m' ;

F″ la réaction de m' sur m'' ;

V′ et V″ leurs vitesses respectives immédiatement après le choc ;

q' et q'' les angles formés respectivement par les directions de V′ et de F′, et par celles de V″ et de F″.

Selon son habitude, Carnot explicite aussi cette loi sans formule :

> « la somme des produits des quantités de mouvement que s'impriment réciproquement les corpuscules séparés par chacun des petits fils inextensibles, ou des petites verges incompressibles... multipliées chacune par la vitesse du corpuscule auquel elle est imprimée, estimée dans le sens de cette force, est égale à zéro » [10].

Carnot considère ensuite le système en mouvement dans son ensemble, afin d'analyser les interactions internes de ses parties constituantes, et il adopte alors une terminologie à laquelle il devait se tenir une fois pour toutes par la suite. Il appelle :

la masse de chacun des corpuscules .... m

sa vitesse virtuelle, c'est-à-dire celle qu'il prendrait s'il était libre .... W

sa vitesse réelle V

la vitesse qu'il perd [11], de sorte que W est la résultante de V et de cette vitesse .... U

présenté en 1778 à l'Académie des sciences (voir l'appendice A, en particulier les § 52-60). Dans l'équation du texte ci-dessus, la vitesse communiquée à m' par la force F′, calculée dans la direction de F′, est égale à V′ cos q'. F′ et F″ représentant des quantités de mouvement, cette équation s'écrirait de nos jours

$$\sum M' V'^2 + \sum M'' V''^2 = 0.$$

Dans l'*Essai sur les machines*, Carnot utilise indifféremment le signe $\sum$ pour indiquer une sommation ou une intégration.

10. *Essai sur les machines*, § XV, p. 26.

11. Une des principales conventions de Carnot postule que, dans un système mis en mouvement, la différence entre les vitesses virtuelle et réelle d'une quelconque de ses parties est, selon le signe « perdue au profit des » ou « gagnée par les » interactions réciproques ou contraintes internes du système. Cet usage vient de la mécanique de d'Alembert. Carnot emploie ces expressions dans l'*Essai sur les machines* de 1783, et les définit dans les *Principes* de 1803 (§ 41-43, p. 24-26, et Pl. I, fig. 4) de la manière suivante : si un corps M tendant à se mouvoir avec une vitesse virtuelle représentée par $\overline{MW}$ est forcé tout à coup de prendre une autre vitesse représentée par $\overline{MV}$, et qu'on forme le parallélogramme des vitesses MVWU, on pourra décomposer la vitesse première $\overline{MW}$ en deux autres $\overline{MV}$, $\overline{MU}$, dont l'une MV sera la vitesse effective ou restante et l'autre vitesse MU pourra être appelée vitesse « perdue » par le corps M.

la force ou quantité de mouvement qu'imprime à *m* chacun des corpuscules contigus, et par l'entremise desquels il reçoit évidemment tout le mouvement qui lui est transmis des différentes parties du système .... F
l'angle des directions de W et V X
l'angle des directions de W et U .... Y
l'angle des directions de V et U .... Z
l'angle des directions de V et F .... *q*

Par des considérations d'algèbre élémentaire, Carnot déduit de son équation précédente une expression qu'il appelle sa première équation fondamentale (E) :

$$\int m\,V\,U \cos Z = 0 \qquad (E)$$

Ce n'est que plus loin dans son raisonnement qu'il remarque que cette équation est formellement identique à la conservation des forces vives (comme $U \cos Z = V$, cette expression se réduit à $\int m\,V^2 = 0$). Il ne pouvait toutefois invoquer directement ce principe, puisqu'il avait admis que ce dernier ne pouvait s'appliquer aux chocs de corps durs. Limité par le degré de généralisation qu'il avait lui-même imposé au problème, Carnot était obligé de transformer cette expression en une autre, applicable aux interactions d'un corps élastique et d'un corps dur (d'autant plus que les corps durs étaient généralement pris comme une norme naturelle de comparaison), que ce mouvement fût communiqué par un choc ou par degrés insensibles.

Dans ce but, Carnot introduit ici, à ce tournant de son raisonnement, la notion qu'il devait toujours considérer comme son apport le plus important, aussi bien aux mathématiques qu'à la mécanique : la notion de mouvement géométrique, c'est-à-dire de déplacements dont la possibilité ne dépend que de la géométrie du système, tout à fait indépendamment de tout recours à la dynamique. Les mouvements géométriques de Carnot devaient devenir les déplacements virtuels de la mécanique ultérieure. De ce fait, l'idée apparaît donc intéressante, et elle devait jouer un rôle important dans sa propre analyse ; d'une façon plus significative que tout autre élément, elle montre que c'est par une sorte d'économie opérationnelle que la pensée de Carnot se distinguait de la méthode classique de la mécanique analytique.

Si l'on prolonge UM au-delà du point M jusqu'en U et qu'on fasse M'U' = MU, MWVU' sera évidemment un nouveau parallélogramme, et cette construction nous donne la vitesse MU' « gagnée » par M.

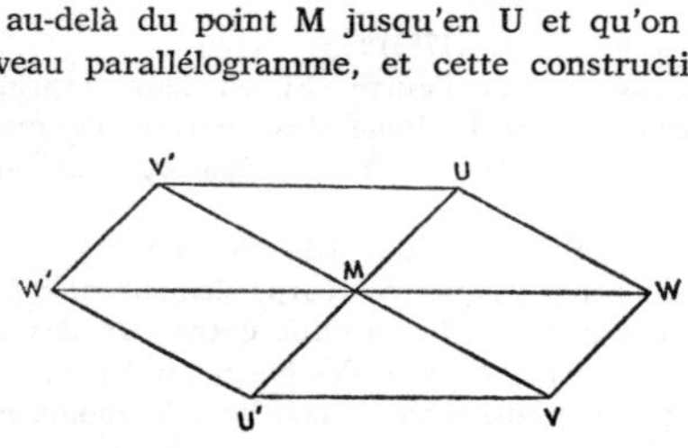

Imaginons maintenant, demande Carnot, au sujet d'un système généralisé de corps durs, qu'au moment où ce système est considéré, son mouvement actuel soit interrompu et qu'on lui fasse prendre à la place successivement deux mouvements arbitraires dans leur nature, mais soumis à la condition d'être égaux en vitesse absolue et opposés en direction. La configuration du système étant donnée, il est clair qu'un tel effet peut être obtenu d'une infinité de manières différentes et (ce qui est essentiel) par des opérations purement géométriques.

Dans l'*Essai sur les machines*, Carnot n'arriva pas du premier coup à une définition de cette classe de mouvements à la fois simple et bien adaptée à l'usage qu'il voulait en faire (bien qu'il eût, nous le verrons, des idées très claires quant à cet usage lui-même). Ainsi, il postula d'abord que des mouvements sont géométriques s'ils n'introduisent aucun déplacement relatif entre les corps constituants d'un système. La réciproque était toutefois incorrecte car certains mouvements, comportant des changements de position, pouvaient être géométriques. Par exemple, dans le cas d'une machine composée de deux poids en équilibre attachés à la roue et au cylindre d'un treuil, un mouvement consistant en la descente du poids attaché à la roue d'une hauteur égale à la circonférence de celle-ci et en l'élévation de l'autre poids d'une hauteur égale à la circonférence du cylindre, serait géométrique, puisqu'un mouvement égal et opposé pourrait survenir. Cependant, le but poursuivi par Carnot lui imposait l'extension ultérieure de cette conception afin d'y inclure les mouvements d'un système soumis à une condition de réversibilité, en vertu de l'élimination de la considération des composantes qui (comme on le dirait aujourd'hui) ne travaillent pas. Peut-être, par conséquent, est-il ici légitime, par souci de clarté, de donner la définition à laquelle il aboutit lorsqu'en 1803 il réétudia cette question pour mettre au point ses *Principes fondamentaux de l'équilibre et du mouvement*. Dans cette nouvelle version de son travail, il supprima les allusions à ces mouvements imaginaires et réversibles et posa la définition suivante :

> « Tout mouvement, qui, imprimé à un système de corps ne change rien à l'intensité de l'action qu'ils exercent ou pourraient exercer les uns sur les autres si on leur imprimait d'autres mouvements quelconques, sera nommé mouvement géométrique. La vitesse que prend alors chaque mobile, sera nommée sa vitesse géométrique »[12].

12. *Principes*, § 136, p. 108. Les exemples suivants aideront à comprendre les deux étapes de sa pensée.

a) Dans l'*Essai sur les machines* (1783) :

1) Deux globes se poussent l'un l'autre. Si on leur imprime des vitesses égales et dirigées dans le même sens suivant la ligne des centres, ce mouvement est géométrique, alors que des mouvements qui tendraient à les séparer, tout en étant dirigés suivant la ligne des centres, ne le sont pas.

2) Plusieurs corps étant reliés par des fils flexibles mais inextensibles à un centre commun, tout mouvement au cours duquel ces corps demeurent tous à une distance constante de ce centre est géométrique, même s'il introduit entre eux des déplacements ; par contre, tout mouvement modifiant la distance de l'un des corps au centre ne sera pas géométrique.

3) « Si un corps se meut sur une surface courbe... le mouvement sera géométrique tant

Dans l'*Essai sur les machines* toutefois, lorsqu'il est question des interactions internes dans un système, Carnot pense en premier lieu en termes de corps et de déplacements et ce n'est qu'indirectement qu'il aboutit à d'autres termes, immédiatement traduisibles en travail et énergie. Appliquant la notion de mouvement géométrique à un système généralisé de corps durs, il remarque que, par définition, la vitesse relative de corpuscules adjacents est nulle au premier instant d'un tel mouvement. Si l'on désigne par :

u la vitesse absolue du corpuscule *m* dans le premier instant d'un mouvement géométrique,

U comme précédemment la vitesse « perdue » par les interactions internes,

z l'angle compris entre *u* et U,

alors, puisque les corpuscules *m* du système ne tendront pas à se déplacer les uns par rapport aux autres en vertu de la seule vitesse *u*, les interactions mutuelles à l'intérieur du système devront être les mêmes que chaque corpuscule *m* soit animé par la seule vitesse perdue U ou par les vitesses combinées U et *u*. Mais si tous les corpuscules étaient animés par la seule vitesse U, l'équilibre serait nécessairement obtenu. Par conséquent, la vitesse réelle après interaction doit être *u* et, par un raisonnement similaire à celui qui l'avait conduit à sa première équation fondamentale,

$$\int m \mathrm{V} \mathrm{U} \cos \mathrm{Z} = 0, \qquad \text{(E)}$$

Carnot obtient sa seconde équation fondamentale,

$$\int m u \mathrm{U} \cos z = 0, \qquad \text{(F)}$$

dans laquelle il a remplacé la vitesse réelle, physique V par une vitesse idéalisée, géométrique, *u*.

Résumons donc, plus explicitement que Carnot ne le fait lui-même au milieu des embûches de son raisonnement, ce qu'il pensait précisément avoir gagné en transposant son problème en termes de mouvements géométriques. Tout d'abord, cette étape lui permettait de généraliser le principe de la conservation des forces vives aux interactions des corps durs, que ces dernières soient soudaines ou continues, et c'est ainsi qu'il

que le corps se mouvra tangentiellement à la surface, mais s'il s'en écarte, le mouvement cessera d'être géométrique. »

Dans chacun de ces exemples, la justification vient du fait que le mouvement égal et opposé est possible dans le premier cas et non dans le second (p. 28-30 n).

b) Dans les *Principes* de 1803 : Deux corps, A et B, sont attachés aux extrémités d'un levier mobile autour d'un point fixe C. Chacun d'eux possède une vitesse angulaire proportionnelle respectivement à AC et BC ; puisqu'aucune de ces vitesses n'influence l'action de l'un des corps sur l'autre, soit par gravité, soit de quelque autre manière, la rotation du levier est un mouvement géométrique.

interprète l'équation (F). Comme il le remarqua plus tard, dans les *Principes fondamentaux*, la notion de mouvement géométrique s'applique à tous les corps, qu'ils soient durs, mous ou élastiques, solides ou fluides, puisque, par définition, ces mouvements n'ont aucun effet sur les interactions des corps et sont entièrement indépendants de ces distinctions dynamiques [13]. L'équation (F) s'étend donc aux interactions des corps durs et, comme elle comprend l'équation (E) comme cas particulier qui est elle-même une formulation du principe de conservation des forces vives, elle permettait à Carnot de considérer ce principe comme fondamental dans le domaine des mouvements géométriques. Et, en second lieu, c'était là tout ce dont il avait besoin, puisque, parmi les mouvements géométriques dont ce système était capable, il y avait le mouvement réel qu'il prendrait sous l'effet d'une quelconque impulsion réelle. En troisième lieu donc, l'équation (F) représente la solution du problème initialement posé : étant donné le mouvement virtuel d'un système quelconque de corps durs, déterminer son mouvement réel sous l'action de forces externes.

Il serait bon de préciser ici ce que Carnot entend par une solution. Puisque l'équation (F) est indéterminée, elle a lieu quelle que soit la valeur de u. Tant que le mouvement est géométrique, on peut attribuer aux indéterminées des valeurs particulières et des directions arbitraires selon le problème considéré, et il est alors toujours possible de formuler des équations entre les inconnues. Carnot donne comme exemple le problème d'un assemblage de corps dont toutes les parties sont forcées de conserver toujours leurs mêmes positions respectives, et pour lequel il n'y a aucun point fixe ou obstacle extérieur. On peut alors déduire la solution à partir de l'équation (F), en supposant arbitrairement que tous les points du système sont soumis à un mouvement géométrique tel que leurs vitesses u soient parallèles à une ligne droite donnée. Puisque u est alors constant, l'équation (F) devient :

$$\int m \mathrm{U} \cos z = 0,$$

ce qui montre que la somme des composantes des forces « perdues » par l'action réciproque des corps dans la direction arbitraire de u est nulle et que, de ce fait, la force résultante est la même que si chaque corps avait été libre. C'était là un « principe très connu », nota Carnot, sans pour autant l'identifier.

Un second exemple considère le même système tournant autour d'un axe donné de sorte que chacun de ses points décrive une circonférence dans un plan perpendiculaire de cet axe. Le mouvement étant géométrique, R désignant le rayon de m et A une quantité constante pour tous les points, il était clair que :

$$u = \mathrm{A}\,\mathrm{R}$$

et l'équation (F) devenait :

$$\int m \mathrm{R}\,\mathrm{U} \cos z = 0$$

13. *Principes*, § 144, p. 114-115.

En d'autres termes, la somme des moments relatifs à un axe quelconque des forces « perdues » par l'action réciproque est nulle — « autre principe très connu », écrivait Carnot, ne précisant pas ici qu'il s'agissait du principe de conservation du moment angulaire ou du moment de moment [14]. De ce principe, auquel il devait faire appel d'une manière fondamentale, nous en dirons plus dans la prochaine section. Ce qu'il faut noter ici de caractéristique, c'est que de tels résultats aient été ce que Carnot considérait comme des solutions au problème. Contrairement à ce qu'on aurait pu attendre d'un jeune ingénieur, il n'y a aucun problème numérique ni aucune solution de ce type dans l'*Essai sur les machines*, de même qu'il n'y a aucun énoncé susceptible d'être appliqué généralement à un quelconque type de machine.

C. — *MOMENT DE LA QUANTITÉ DE MOUVEMENT*

Ayant obtenu une solution générale de son problème fondamental de la mécanique, Carnot avait maintenant besoin de la présenter sous une forme permettant d'en tirer des conséquences pour la théorie des machines. A cette fin, il se proposa d'en démontrer l'équivalence avec la loi ultérieurement connue sous le nom de loi du moment de la quantité de mouvement qui, pour lui, impliquait beaucoup plus que l'exemple que nous venons de citer concernant des moments de forces relatifs à différents axes de rotation. Carnot appelle ce principe « moment de la quantité de mouvement ». Le formulant en termes de ses mouvements géométriques, il l'emploie aux mêmes fins (selon Truesdell) que les physiciens le faisaient ordinairement, afin d'obvier à la nécessité « de préciser les forces mutuelles entre les particules d'un corps rigide ou déformable » [15].

Soit encore un système généralisé de corps en mouvement, m étant la masse de chacun des corps, V sa vitesse. Supposons qu'on imprime au système un mouvement géométrique de vitesse u, qui dans sa direction fait l'angle y avec la direction de la vitesse V. La quantité

$$m\,u\,\mathrm{V}\cos y$$

est alors le moment de la quantité de mouvement m V à l'égard du mouvement géométrique u, et la somme de toutes ces quantités $\Sigma\, m\,u\,\mathrm{V}\cos y$ est le moment de la quantité de mouvement du système à l'égard du mouvement géométrique qui lui a été imprimé. Conservant les dénominations précédentes, et représentant par $\int m\,u\,\mathrm{W}\cos x$, le moment de la quantité de mouvement avant le choc, par $\int m\,u\,\mathrm{V}\cos y$, le moment de la quantité de mouvement après le choc, et par $\int m\,u\,\mathrm{U}\cos z$, le moment

14. *Essai sur les machines*, § XVII, p. 33.

15. Clifford A. TRUESDELL, « Whence the law of moment of momentum ? », *Essays in the history of mechanics* (New York, 1968), p. 243.

de la quantité de mouvement « perdue » dans le choc, Carnot démontre par un raisonnement trigonométrique simple que

$$\int m\, u\, \mathrm{U} \cos z = 0,$$

et donc que $\int m\, u\, \mathrm{W} \cos x = \int m\, u\, \mathrm{V} \cos y$.

Il pouvait donc énoncer la loi fondamentale suivante :

« Dans le choc des corps durs, soit que ce choc soit immédiat, ou qu'il se fasse par le moyen d'une Machine quelconque sans ressort, il est constant qu'à l'égard d'un mouvement quelconque géométrique :

1. le moment de la quantité de mouvement perdue par tout le système est égal à zéro ;

2. le moment de la quantité de mouvement perdue par une partie quelconque des corps du système est égal au moment de la quantité de mouvement gagnée par l'autre partie ;

3. le moment de la quantité de mouvement réelle du système général, immédiatement après le choc, est égal au moment de la quantité de mouvement du même système, immédiatement avant le choc » [16].

Ces trois propositions sont au fond identiques, n'étant que des manières équivalentes d'énoncer la solution donnée par l'équation fondamentale (F) de Carnot. Néanmoins, c'est la troisième qui était la plus importante pour Carnot, car c'est en considérant le problème sous cet angle que, plus loin au cours de son étude, il déduisit sa propre affirmation à la continuité dans la transmission de la puissance. Mais déjà, dans ce passage, ce principe lui apparaissait comme le plus précieux de toute la mécanique. Il en résulte en effet qu'une certaine quantité demeure vraiment inaltérée par le choc, que celui-ci soit direct ou indirect. Cette quantité n'est pas, ainsi que l'avait pensé Descartes, la somme des quantités de mouvement. Cette conservation se produit seulement pour des directions particulières et seulement lorsque le système est libre. Ce n'est pas non plus la somme des forces vives. Cette quantité est conservée seulement dans le cas d'une transmission progressive du mouvement. Il s'agit donc d'une autre quantité qui n'est modifiée ni par divers obstacles qui s'opposent aux mouvements du système, ni par les machines qui transmettent ces mouvements, ni, enfin, par les différentes percussions qui peuvent intervenir. C'est le moment de la quantité de mouvement du système en général à l'égard de chacun des mouvements géométriques dont il est susceptible. Ce principe, continue Carnot, renferme toutes les lois de l'équilibre et du mouvement des corps durs, et il montre un peu plus loin qu'il s'applique également aux autres corps, quelle que soit leur nature et leur degré d'élasticité.

16. *Essai sur les machines*, § XXII, p. 43-44.

Dans son étude citée, Truesdell montre que les spécialistes de la mécanique classique considèrent que leur discipline est fondée sur trois lois fondamentales : « la conservation ou l'équilibre des *forces*, du *moment de torsion* et du *travail*, ou, en d'autres termes, du *moment linéaire*, du *moment de moment* et de l'*énergie* » [17]. Ce serait fausser l'interprétation de la pensée de Carnot que d'affirmer qu'il voyait la science d'une manière aussi catégorique. Mais, ce n'est pas fausser l'analyse du contenu de ses raisonnements que de dire qu'il considérait que le premier principe n'avait que peu d'utilité et qu'il sentit qu'il pouvait admettre le troisième, tout en lui accordant plus d'importance qu'il n'en avait jusqu'alors ; quant au second principe, tout en ne cherchant pas à s'en attribuer la découverte, il croyait avoir donné des raisons nouvelles en faveur de ce principe dont la généralité et la profondeur étaient jusqu'alors loin d'être comprises et qu'il réclamait afin d'en tirer des conséquences qui lui seraient propres. Même alors, ce n'était pas sur sa propre originalité qu'il insistait, mais sur la conviction que ce raisonnement permettait une rationalisation de la mécanique pratique, impossible jusqu'alors. Carnot, en effet, était plus fier du sujet même de son étude qu'orgueilleux de ce qu'il y avait personnellement apporté.

Carnot justifie la grande importance qu'il attache à la conservation du moment de la quantité de mouvement par une suite de corollaires et de remarques qu'il déduit des principes qu'il avait admis et qu'il exprime dans une forme applicable au mouvement des machines. Dans le premier, il démontre que, parmi les mouvements géométriques dont est capable un système, celui qui se produit en réalité doit rendre minimale la somme des produits de chacune des masses par le carré de la vitesse perdue. Mais ce qu'il avait en vue, il se hâta de le souligner, c'était que la différentielle de cette somme devait être nulle

$$d \int m \mathrm{U}^2 = 0,$$

relation qui peut être également vraie dans le cas où cette somme est maximum ou même, sous certaines conditions, dans le cas d'une valeur qui n'est ni un maximum ni un minimum. Sans aucun doute, c'était à cette possibilité qu'il songeait, dès le début, en notant les exceptions auxquelles était astreinte la forme usuelle du principe du centre de gravité le plus bas possible [18]. Carnot reconnaît explicitement l'analogie de sa proposition avec le principe de la moindre action de Maupertuis. Cette remarque est révélatrice des influences subies par sa propre pensée, car, mis à part d'Alembert, Carnot, dans l'*Essai sur les machines,* ne cite aucun mécanicien postérieur à Descartes. S'écartant du point de vue de d'Alembert, suivant lequel les phénomènes fondamentaux sont ceux du mouvement inertiel, dont la quantité constitue selon lui la force, Carnot oriente son analyse vers la détermination de ce que les forces étaient capables de faire, c'est-à-dire de leur action (bien que, pour Carnot, ceci fût considéré comme une notion d'ingénieur et jamais comme un concept métaphysique).

17. Truesdell, *op. cit.*, p. 241-242.
18. *Essai sur les machines,* § II, p. 12.

Dans le second corollaire, Carnot considère les forces vives et établit que, dans le choc des corps durs, la somme des forces vives avant le choc est toujours égale à leur somme après le choc, augmentée de la somme des forces vives qui seraient obtenues si la vitesse restant à chacun des éléments mobiles était égale à celle qu'il avait perdue. La démonstration consiste en une simple et évidente transformation trigonométrique de la première équation fondamentale (E) de Carnot

$$\int m \mathrm{V} \mathrm{U} \cos \mathrm{Z} = 0,$$

en l'expression

$$\int m \mathrm{W}^2 = \int m \mathrm{V}^2 + \int m \mathrm{U}^2.$$

L'analogie, Carnot le souligne ici, entre son équation (E) et la conservation des forces vives équivaut ainsi virtuellement à une démonstration. Il en est de même de l'analogie de cette équation avec la même conservation dans un système de corps durs dont le mouvement change par degrés insensibles : « U » devient alors un infiniment petit et « U^2 » un infiniment petit du second ordre. Il expose et établit ces points dans les deux corollaires qui font suite.

Dans le troisième corollaire, Carnot tourne son attention vers un sujet qu'il n'avait pas encore abordé et que l'on peut dénommer force newtonienne, à condition toutefois de préciser tout de suite que ce n'était pas ainsi que Carnot la concevait. Pour Carnot, il s'agissait du cas qu'il venait de mentionner : celui d'un système de corps durs dans lequel le mouvement était communiqué par degrés insensibles. Comme un tel effet devait être engendré par l'action d'une force motrice, et que cette notion n'avait pas encore été considérée, Carnot dut introduire des notations complémentaires, d'après lesquelles :

la masse de chacun des corps est .... m
sa vitesse est V
sa force motrice est .... p
l'angle compris entre V et p est .... R
la vitesse du système dans un mouvement géométrique quelconque du système est .... u
l'angle formé par u et p est .... r
l'angle formé par V et u est .... y
l'élément du temps est .... dt

Carnot montre alors que les équations (E) et (F) peuvent prendre les formes respectives [19] :

19. La quantité $p\, dt \cos \mathrm{R} - d\mathrm{V}$ représente la vitesse perdue par m dans la direction de V en vertu des interactions des corps et remplace U cos Z dans l'équation (E). De même, $p\, dt \cos r - d\,(\mathrm{V} \cos y)$ représente la vitesse perdue par m dans la direction u et remplace U cos z dans l'équation (F).

$$\int m \mathrm{V}\, p\, dt \cos \mathrm{R} \;-\; \int m \mathrm{V} d\mathrm{V} = 0,$$
$$\int m u\, p\, dt \cos r \;-\; \int m u\, d(\mathrm{V} \cos y) = 0.$$

Considérant alors un corps qui parcourt librement une trajectoire, d'un mouvement uniformément accéléré, il intègre la première de ces équations par rapport au temps et à l'espace et obtient la conservation des forces vives sous la forme :

$$\int m \mathrm{V}^2 = \int m \mathrm{K}^2 + \int m \mathrm{V}'^2,$$

où V est la vitesse finale, K la vitesse initiale et V′ la vitesse acquise en un temps indéterminé t sous l'effet d'une force motrice constante.

Enfin, dans son quatrième corollaire, Carnot déduit de la conservation du moment de la quantité de mouvement une démonstration du fait que son équation indéterminée fondamentale

$$\int m u \mathrm{U} \cos z = 0$$

régit le mouvement et l'équilibre non seulement dans le cas des corps durs (ce qu'il avait déjà prouvé en la dérivant), mais qu'elle est une loi générale, valable pour tous les corps quels qu'ils soient. La démonstration étant une digression par rapport à la théorie des machines elle-même, il ne sera pas nécessaire de la suivre en détail. Elle repose sur la remarque que, dans le cas des corps durs, l'équation (E) devient l'une des déterminations de l'équation indéterminée (F), puisque, par définition, $u = \mathrm{V}$ dans ce cas (c'est-à-dire que le mouvement réel est géométrique). Pour les autres types de corps, des expressions déduites de leur nature sont nécessaires pour établir des valeurs déterminées. Par exemple, en ce qui concerne la force F que les corps exercent sur chacun des autres, si dans les autres corps elle était n fois ce qu'elle est pour les corps durs, alors il serait possible de mettre U/n au lieu de U et d'exprimer l'équation (E) sous la forme

$$\frac{n}{1-n} \int m \mathrm{V} \mathrm{U} \cos \mathrm{Z} = \int m \mathrm{U}^2.$$

Dans le cas de la parfaite élasticité, qui correspond par convention à $n = 2$, cette équation se réduit à

$$\int m \mathrm{W}^2 = \int m \mathrm{V}^2,$$

ce qui est précisément le principe de conservation des forces vives. Cette conservation était pour les chocs élastiques ce que l'équation (E) était aux corps durs, c'est-à-dire, le déterminant caractéristique, qui était justement ce qu'il avait entrepris de démontrer au départ.

Trois remarques complètent la présentation par Carnot des principes de l'équilibre et du mouvement eux-mêmes. La première a pour but d'écrire les expressions qu'il avait établies en coordonnées cartésiennes, les rendant ainsi plus simples. Désignant par un, deux et trois accents, les composantes des quantités considérées selon trois axes perpendiculaires deux à deux et tenant compte des conditions d'équilibre, l'équation (E) se réduit à $0 = 0$; l'équation fondamentale (F) devient

$$\int m u' W' + \int m u'' W'' + \int m u''' W''' = 0,$$

et l'équation indéterminée générale dans le cas des forces motrices devenait

$$\int m u' p' + \int m u'' p'' + \int m u''' p''' = 0.$$

La seconde remarque est plus révélatrice des caractères de la pensée de Carnot. Traditionnellement, la mécanique avait non seulement fait abstraction du poids des machines, mais avait traité les obstacles et les parties fixes, tels que le pivot d'appui d'un levier, soit comme immobiles, soit comme extérieurs au système. A proprement parler, toutefois, aucun objet dans la nature ne peut être considéré comme immobile et aucun corps n'est dépourvu de masse. Au lieu de limiter ainsi la portée de son analyse, Carnot proposait de voir les choses d'une manière différente, qui impliquait des approximations de la réalité matérielle. Il considère les obstacles et les éléments fixes affectant les mouvements d'un système comme des corps de masse (ou de densité) infiniment grande, bien qu'en principe ils soient mobiles et susceptibles de ce fait de mouvements géométriques. Il considère les corps qui ne font que communiquer le mouvement sans offrir aucune résistance aux changements de l'état du système comme des corps de masse (ou de densité) infiniment petite. De ces deux notions, la première paraît la plus importante, non pour une quelconque différence d'ordre pratique qu'elle introduirait en mécanique, mais parce que cette manière de tenir compte de la masse ressemble de façon frappante à celle par laquelle Sadi Carnot allait tenir compte de la chaleur dans son analyse d'une machine thermique tirant et rejetant de la chaleur dans des réservoirs et des déversoirs d'une capacité thermique infinie. Par ailleurs, à l'aide de l'autre notion, la théorie mathématique de chacun des types classiques de machines peut être déduite de l'équation (F).

Enfin, Carnot commence à orienter sa discussion vers l'objet ultime qu'il avait en vue, l'application à la théorie des machines des principes de l'équilibre et du mouvement sous la forme qu'il venait de leur donner. Dans cette perspective, il trouve le mot « puissance » plus naturel que « force » et il apparaît que la discussion de Carnot marque l'une des premières étapes du processus par lequel ce mot passe de son usage de la vie ordinaire au service des sciences exactes et des sciences de l'ingénieur. Rien ne pouvait être plus essentiel, évidemment, que l'existence de corps suscitant et modifiant les mouvements d'autres corps selon ces premiers principes. Il y avait toutefois des cas où il était plus commode de faire abstraction de la masse des corps afin de ne considérer que l'effort qu'ils faisaient — la traction d'une corde sur un poids, la poussée du vent sur une voile, le freinage d'un bateau par un courant, la résistance d'un corps à l'impulsion, le frottement entre les parties fixes et les parties mobiles. S'il est question de l'effet, la grandeur ou la nature de l'agent sont indifférents, que la source de la puissance soit l'homme, l'animal ou la machine, le vent, un courant ou un poids. Quant aux machines, elles étaient considérées comme des assemblages d'obstacles immatériels et de parties mobiles capables de transmettre une action, sans réaction interne. Carnot les considérait, en d'autres termes, comme des corps de densité et de masse infiniment petites auxquelles étaient appliquées des forces extérieures au système — en un mot, des puissances ; mais Carnot restait en accord avec son propre réalisme. Les machines, en fait, possèdent une masse et il n'allait pas la négliger. Il regarderait simplement son effet au même titre que les autres forces ou puissances exercées par des agents extérieurs au système. Toute force devait être prise comme une quantité de mouvement « perdue » par l'agent qui l'avait exercée, quel que fut cet agent.

Si donc cette force était désignée par F, sa grandeur était évidemment la même que celle qu'exprimait le produit m U dans toutes les discussions précédentes ; et si Z était l'angle compris entre la direction de cette force et une quelconque vitesse géométrique u, imprimée au système, alors l'équation fondamentale (F) peut être écrite

$$\int \mathrm{F}\, u \cos \mathrm{Z} = 0 \qquad \text{(AA)}$$

C'est sous cette forme que Carnot employa l'équation (F) dans l'étude des machines en général qui suit dans la Partie II ; dès lors, quand il parla de force, il pensait à ce qu'il appelait aussi puissance et prenait tacitement sa valeur par rapport au temps.

Il est évident qu'on atteint ici la forme cruciale que Carnot donna aux raisonnements de la mécanique classique qui concernaient les machines. Traditionnellement, les machines étaient considérées comme des agents de transmission du mouvement. La quantité de mouvement était une expression de la force et faisait intervenir la masse. Faisant abstraction de la masse des machines pour étudier les mouvements, les raisonnements de la mécanique ne tenaient pas compte des mouvements des machines elles-mêmes. Substituant à la notion de force celle de puissance, Carnot put remplacer la notion de machine par celle d'agents de transmission de puissance. Au lieu de négliger la masse des machines, il la considéra comme l'une des puissances affectant les mouvements. Le problème consistait, par conséquent, dans l'adaptation des lois du mouvement aux lois de la puissance et dans la détermination des conditions optimales de transmission de la puissance ; et c'était afin de préparer le terrain que Carnot avait introduit les notions de mouvements « perdus » et de mouvements « gagnés » dans le domaine des principes classiques de conservation et des modèles de structure de la matière.

D. — *MOMENT D'ACTIVITÉ - NOTION DE TRAVAIL*

Dans tout ce qui précède, qui forme la Partie I de l'*Essai sur les machines*, Carnot ne s'était pas proposé d'enrichir la science de la mécanique, mais de mettre en forme les principes de cette science et de les ordonner de manière à pouvoir les appliquer à la science des machines proprement dite qu'il allait étudier dans la Partie II. Là, le style va plus directement au fait, le ton devient plus méthodique et l'apport des propositions successives plus évident dans l'analyse qu'elles donnent de la transmission de la puissance.

Dans son analyse, Carnot commence par distinguer les forces appliquées à une machine en mouvement suivant que leur direction fait un angle aigu ou un angle obtus avec la direction du mouvement au point d'application. Dans le premier cas, les forces sont dites « mouvantes » ou « sollicitantes », le second qualificatif étant le plus souvent employé. Dans l'autre cas, il parle de forces « résistantes ». Dans la préface de son ouvrage, Carnot avait laissé entendre que ces définitions éviteraient toute dispute concernant le fait de savoir si l'on devait considérer les forces comme des causes ou comme des effets [20]. Il suffisait de remarquer ici que des forces sollicitantes pouvaient devenir résistantes et, vice-versa, si la direction du mouvement venait à changer et que, dans un système quelconque de puissances, chacune des forces serait sollicitante ou résistante à l'égard d'un mouvement géométrique donné suivant l'angle formé par les différentes directions.

Carnot avait besoin de ces définitions métaphysiquement neutres en elles-mêmes. Il avait également besoin de la distinction entre les deux genres de forces. Cette distinction joua en effet un rôle important dans la discussion de ce qui, rétrospectivement, apparaît comme sa plus importante contribution dans l'ensemble de ses écrits mécaniques et mathématiques, à savoir, la quantité appelée maintenant « travail » et qu'il appelle « moment d'activité ». Au premier abord, on pourrait croire qu'en étendant comme il le fit la distinction entre forces sollicitantes et forces résistantes à une autre entre moments d'activité « consommés » et « produits » par des forces appliquées à un système, il allait se trouver arrêté dès le seuil au lieu d'être en présence d'un concept unifié non distinguable en substance de celui de travail. Cependant, cela ne fut pas le cas ; par l'intermédiaire d'une formulation un peu compliquée, la distinction était simplement celle existant entre le travail effectué sur un système et celui effectué par ce dernier.

Soit une force P, dit Carnot, qui se meut avec une vitesse u (car, bien qu'il ne l'ait pas dit, un tel mouvement ne pouvait être que géométrique) ; soit z l'angle formé par P et u ; la quantité $P \cos z\, u\, dt$ (dt exprimant l'élément de temps) est ce que Carnot définit comme le *moment d'activité* consommé par la force P durant le temps dt. D'une façon assez caractéristique, Carnot songeait à la pesanteur comme exemple. Soit un poids qui descend d'une hauteur H en un temps t. On a alors $d\mathrm{H} = u \cos z\, dt$ et le moment d'activité consommé durant le temps dt est égal à $\mathrm{P} \int d\mathrm{H}$ ou $\mathrm{P\,H}$ — le produit de la force par le chemin décrit.

Or, s'il est vraiment difficile d'établir avec certitude des priorités dans l'histoire de la mécanique, il est également difficile de trouver en quelque

20. *Essai sur les machines*, p. iv.

sorte des spécialistes de la mécanique antérieurs à Carnot qui aient explicitement choisi la notion de moment d'activité pour mesurer ce que les forces et les puissances accomplissent et pour servir d'unité dans l'énoncé des principes fondamentaux de conservation. Il est également significatif que Carnot l'ait défini comme la somme des moments d'activité consommés pendant des instants successifs, c'est-à-dire, comme le résultat d'un processus qui se déroule dans le temps. C'est à la puissance qu'il pensait et pas seulement à son équivalent dimensionnel, le produit du déplacement par la force motrice.

De fait, il est clair qu'il avait conscience de ce qu'il était en train de faire. Considérant un système entier de forces appliqué à une machine en mouvement, le moment d'activité consommé par l'ensemble des forces est égal à la différence entre la somme des moments d'activité consommés par les forces sollicitantes et la somme des moments d'activité consommés par les forces résistantes. Du fait que les forces sollicitantes forment un angle aigu avec le sens du mouvement, et les forces résistantes un angle obtus avec celui-ci, les cosinus sont positifs dans le premier cas et négatifs dans le second. Le signe des moments d'activité des forces sollicitantes est donc positif et celui des forces résistantes négatif.

Voyons maintenant les choses du point de vue inverse, le moment d'activité *produit* par une force doit être compris comme le produit de la grandeur de cette force évaluée dans le sens *opposé* à celui de sa vitesse, multiplié par le chemin décrit par son point d'application dans un élément de temps. Il est alors évident que les moments d'activité *consommés* et *produits* sont des quantités égales mais de signe contraire, et que la différence qui existe entre eux est identique dans la terminologie de la puissance à celle qu'on trouve en mécanique proprement dite entre les moments de quantité de mouvement gagnée ou perdue par un corps en rapport avec un mouvement géométrique donné. Dans une dernière définition, Carnot regroupe ses deux classes de forces et, avec elles, ses deux classes de moment d'activité en une seule dénomination. Il appelle moment d'activité *exercé* par une force le moment d'activité *consommé* par elle, si elle est sollicitante, ou *produite* par elle, si elle est résistante. Comme il ne savait pas distinguer les unes des autres, il décida de prendre toujours en pratique le cosinus du plus petit des deux angles supplémentaires formés par les directions de la force et du mouvement du point d'application, de telle façon que le moment d'activité exercé par une force soit toujours une quantité positive.

Il est clair que cette notion contient tout ce qui se trouvera plus tard par l'emploi donné en physique à la notion de travail.

Ayant posé ces définitions pour la mécanique des machines, Carnot passe à l'énoncé de ce qu'il appelle son Théorème fondamental :

> « Quel que soit l'état de repos ou de mouvement où se trouve un système quelconque de forces appliquées à une Machine, si on lui fait prendre tout-à-coup un changement quelconque géométrique, sans rien changer à ces forces, la somme des produits de chacune d'elles, par la vitesse qu'aura dans le premier instant le point où elle est appliquée, estimée dans le sens de cette force, sera égale à zéro ».

En fait, cet énoncé (*Essai sur les machines*, § XXXIV, p. 68) est simplement une application à un système de forces ou puissances du principe de conservation de moment de la quantité de mouvement pour un système de corps en mouvement. Exprimé sous la forme suivante

$$\int F\, u \cos z = 0,$$

ce résultat est évidemment identique avec l'équation (AA), en laquelle Carnot avait transformé l'équation fondamentale indéterminée (F) en vue de l'appliquer à la transmission de la puissance[21]. A vrai dire, il était évident — et Carnot le remarqua immédiatement — qu'à proprement parler, ce théorème fondamental n'est rien d'autre que le principe de Descartes, une fois ses défauts corrigés : non seulement il renferme toutes les conditions de l'équilibre entre deux forces, mais encore toutes celles de l'équilibre et du mouvement, dans un système composé d'un nombre quelconque de puissances, quelles que soient leur direction et leur intensité.

Carnot déduit ensuite de son théorème fondamental une série de six corollaires. Les trois premiers traitent des conditions d'équilibre de systèmes de machines et de poids de diverses natures soumis à des mouvements géométriques ; le quatrième affirme l'équilibre des moments des différentes forces autour de chacun des trois axes quelconques mutuellement perpendiculaires le long desquels elles ont pu être décomposées. Si ce n'est en s'acquittant de la promesse, faite dans l'introduction, de donner une démonstration rigoureuse du principe original d'équilibre du centre de gravité placé le plus bas possible, Carnot ne semble pas avoir été très intéressé par ces propositions puisqu'il les énonça brièvement et surtout par souci d'être complet.

Il n'en est pas de même du cinquième corollaire, appelé « Loi particulière concernant les Machines dont le mouvement change par degrés insensibles ». Avec cette loi, Carnot obtient enfin un résultat qu'il dût certainement reconnaître comme étant son œuvre, sans insister pour autant sur son originalité. Cette loi s'énonce ainsi :

> *Dans une Machine dont le mouvement change par degrés insensibles*, le moment d'activité, consommé *dans un temps donné par les forces sollicitantes*, est égal au moment d'activité, exercé en *même temps par les forces résistantes*[22].

Pour le démontrer, il suffisait évidemment de montrer que le moment d'activité consommé par toutes les forces du système, pendant le temps donné, est égal à zéro. F exprimant chacune des forces, V sa vitesse et Z l'angle compris entre F et V, il fallait montrer que $\int F V \cos Z\, dt = 0$. Or, grâce au théorème fondamental, qui venait d'être établi, il était clair que $\int FV \cos Z = 0$. Le corollaire se déduisait alors à partir du principe général de l'équilibre dans les Machines.

21. *Ibid.*, § XX, p. 63.
22. *Ibid.*, § XLI, p. 75-76.

Ce n'est pas toutefois cette démonstration presque tautologique qui constitue la contribution la plus intéressante de Carnot, pas plus d'ailleurs que l'énoncé de la loi particulière, bien qu'il la reconnut comme « la loi la plus importante de toute la théorie du mouvement des machines proprement dites ». En effet, Carnot introduisit le principe de continuité dans la transmission de la puissance comme un exemple de l'application de cette loi particulière, et il en indiqua ensuite les conséquences dans le scholie qui termine l'*Essai sur les machines*[23].

Lorsqu'il développait ses propres pensées, Carnot préférait en général raisonner sur des poids et demandait au lecteur de supposer qu'ils étaient des puissances appliquées à une machine. Il désignait par :

m la masse de chacun des corps,
M la masse totale du système,
g la force de gravité,
V la vitesse actuelle du corps m,
K sa vitesse initiale,
t le temps écoulé depuis le commencement du mouvement,
H la hauteur dont est descendu le centre de gravité du système pendant le temps t,
W la vitesse acquise pour la hauteur H.

Deux sortes de forces étaient impliquées dans le fonctionnement de la machine : l'attraction de la pesanteur et la résistance inertielle des différents corps au changement de mouvement. Par définition, le moment d'activité *consommé* dans l'ensemble du système pendant le temps t, par l'action de la gravité est

$$\mathrm{M}g\mathrm{H},$$

qui est équivalent à

$$\frac{1}{2}\mathrm{M}\mathrm{W}^2.$$

Considérant maintenant les forces d'inertie, la vitesse de m étant V et devenant l'instant suivant $\mathrm{V} + d\mathrm{V}$, sa force d'inertie dans la direction de V doit être

$$\mathrm{m}\frac{d\mathrm{V}}{dt}.$$

Revenant à nouveau aux définitions, le moment d'activité *exercé* par les forces d'inertie pendant le temps dt est

$$m\frac{d\mathrm{V}}{dt}\,\mathrm{V}\,dt, \text{ soit } m\mathrm{V}\,d\mathrm{V}.$$

Le moment d'activité *consommé* par conséquent pendant le temps t par les forces d'inertie est

$$\int m\mathrm{V}\,d\mathrm{V}.$$

23. *Ibid.*, § XLIL-LXIV, p. 81-99.

En intégrant et complétant l'intégrale, il devient

$$\frac{1}{2}\, m\, V^2 - \frac{1}{2}\, m\, K^2.$$

(Carnot adoptait parfois l'expédient d'inclure la constante d'intégration dans le terme correspondant à la vitesse initiale). Le moment d'activité *consommé* dans le temps *t* par tous les corps du système est par conséquent égal à :

$$\frac{1}{2} \int m\, V^2 - \frac{1}{2} \int m\, K^2.$$

Or, d'après les conditions du problème, l'inertie est une force résistante et la pesanteur une force sollicitante. Ainsi, la proposition énoncée dans le corollaire mentionné à l'instant permet d'établir que

$$M\, W^2 = \int m\, V^2 - \int m\, K^2,$$
$$\text{ou } \int m\, V^2 = \int m\, K^2 + M\, W^2$$

Comme d'habitude, Carnot explicita verbalement son résultat :

> « Dans une Machine à poids, dont le mouvement change par degrés insensibles, la somme des forces vives du système, est après un temps quelconque donné, égale à la somme des forces vives initiales ; plus, la somme de force vive qui aurait lieu, si tous les corps du système étaient animés d'une vitesse commune, égale à celle qui est due à la hauteur dont est descendu le centre de gravité »[24].

Il en résulte immédiatement que : (*a*) dans une machine à poids en mouvement uniforme, le centre de gravité du système reste à une hauteur constante (puisqu'on a alors $V = K$, d'où $W^2 = 0$ et $H = 0$) ; (*b*) quelle que soit la manière par laquelle un poids est élevé à une certaine hauteur, les forces produisant cet effet doivent ainsi agir de façon à consommer un moment d'activité égal au produit du poids par la hauteur ; enfin, (*c*) pour faire naître un quelconque mouvement par degrés insensibles dans un système de corps, il faut que les forces (Carnot dit « les puissances ») destinées à produire cet effet consomment un moment d'activité égal à la moitié de l'accroissement de la somme des forces vives du système.

Ces deux dernières propositions montrent de plus que, pour élever un poids Mg initialement au repos à une hauteur H tout en lui imprimant une vitesse V, les forces employées à cette fin doivent consommer un moment d'activité égal à $M\, g\, H + \frac{1}{2}\, M\, V^2$.

Et il vaut la peine de suivre Carnot dans ces étapes élémentaires à partir de ce résultat avec cette expression qui, du point de vue dimensionnel et notationnel, est identique à un bilan énergétique. Certes, sa portée était conceptuellement très limitée, mais l'expression existait bien, et c'est une

24. *Ibid*, § XLII, p. 77-78.

généralisation et non une modification de ce type de raisonnement qui devait permettre d'en étendre le champ d'application. On peut dire, il est vrai, que la seule chose nouvelle était le point de vue adopté, puisque, tant sur le plan dimensionnel que sur le plan algébrique, l'équivalence de ces deux termes était une relation aussi vieille et élémentaire que les premières discussions de Leibniz sur la véritable mesure de la force. L'apport de Carnot consista en la formulation de ces relations dans le langage du fonctionnement des machines, de masses inertielles transmettant des puissances à distance ; cet apport consista aussi dans la conception de la force vive comme pouvoir de consommer les moments d'activité des machines en mouvement, ou, comme on devait le dire plus tard, de forces effectuant un travail dans l'espace et le temps.

De toute façon, nous arrivons ainsi à la conclusion qu'il s'agit d'une conception originale de Carnot tant par le fond que par son genre. Le raisonnement précédent suppose que le mouvement du système change par degrés insensibles. Admettons maintenant que survienne une certaine discontinuité, par suite de quelque collision ou choc. Soit :

h la hauteur de laquelle est descendu le centre de gravité au moment du choc,

X la somme des forces vives immédiatement avant le choc,

Y la somme des forces vives immédiatement après le choc,

Q le moment d'activité que les forces vives ont à consommer pendant tout le temps du mouvement,

q le moment d'activité que les forces vives ont avant le moment du choc.

Admettons enfin, pour plus de simplicité, que le système parte du repos et y revienne finalement. Il devient évident, d'après la relation qui vient d'être établie, que

$$q = \mathrm{M}gh + \frac{1}{2}\mathrm{X},$$

et, de même, que le moment d'activité qui serait à consommer après le choc serait

$$\mathrm{Q} = \mathrm{M}gh + \frac{1}{2}\mathrm{X} - \frac{1}{2}\mathrm{Y}.$$

Carnot fait alors appel au principe de conservation du moment de la quantité de mouvement, qu'il avait considéré comme étant la loi fondamentale de l'équilibre et du mouvement en mécanique, dans la Partie I de l'*Essai*[25] et plus précisément à son premier corollaire, selon lequel, parmi tous les mouvements dont un système est capable, celui qui se produit en fait est le mouvement géométrique pour lequel la somme des forces vives de chacune des masses est minimale[26]. Donc, puisque l'on a $\mathrm{X} > \mathrm{Y}$, le

25. *Ibid.*, § XXII, p. 43-45.

26. *Ibid.*, § XXIII, p. 45-48. C'est ce principe que Carnot avait rapproché du principe de moindre action de Maupertuis.

moment d'activité à consommer pour élever M à la hauteur H est plus grand que s'il n'y avait pas eu de choc puisque, dans ce cas, l'équation aurait été simplement :

$$Q = M g h.$$

Il s'ensuit que les mêmes forces sollicitantes peuvent élever le même poids à une plus grande hauteur, si l'on peut éviter qu'un choc se produise. Carnot réserva l'énoncé explicite de ce principe, son Principe, pour la conclusion finale : pour faire produire à une machine le plus grand effet possible, il faut faire en sorte que $q = Q$:

> « Or, pour remplir cette condition, je dis premièrement, qu'on doit éviter tout choc ou changement brusque quelconque ; car il est facile d'appliquer à tous les cas imaginables, le raisonnement qui a été fait (§ XLVII) sur les Machines à poids ; d'où il suit que toutes les fois qu'il y a choc, il y a en même temps perte de moment d'activité de la part des forces sollicitantes ; perte si réelle, que l'effet en est nécessairement diminué, comme nous l'avons fait voir par les Machines à poids, dans l'article qui vient d'être cité : c'est donc avec raison que nous avons avancé (§ LI), que pour faire produire aux Machines le plus grand effet possible, il faut nécessairement qu'elles ne changent jamais de mouvement, que par degrés insensibles ; il en faut seulement excepter celles qui, par leur nature même, sont sujettes à éprouver différentes percussions, comme sont la plupart des moulins ; mais dans ce cas-là, il est clair qu'on doit éviter tout changement subit, qui ne serait pas essentiel à la constitution de la Machine » [27].

Tel est le Principe de Carnot. Il est remarquable que Carnot l'ait déduit d'un exemple auquel il confère un caractère général sans l'avoir réellement démontré, et qu'il ait insisté par la suite sur son idée que, dans la pratique effective, la condition d'efficacité parfaite est un idéal qu'il faut chercher à approcher autant que la nature du processus le permet. Il ajouta à la démonstration un corollaire final relatif aux machines hydrauliques. Il remarqua simplement que puisqu'un fluide peut être considéré comme l'assemblage d'une infinité de corpuscules solides mais détachés les uns des autres, et puisqu'il avait d'autre part déjà démontré ce que l'on considérait habituellement comme une vérité expérimentale, à savoir la conservation des forces vives pour les fluides incompressibles dont le mouvement change par degrés insensibles (c'est-à-dire sans éclaboussure ou turbulence), tous les résultats qu'il avait établis pour les systèmes de corps durs demeuraient également vrais pour des masses comparées de fluides incompressibles [28]. Mais cette extension avait plus d'importance que ne semble l'indiquer la place, accordée après coup,

27. *Ibid.*, § LIX, p. 91-92.
28. *Ibid.*, § XLVIII, p. 80.

qu'elle occupe dans la structure de l'ouvrage. Il sera plus facile d'apprécier sa signification, et, de ce fait, la qualité des recherches de Carnot sur la mécanique des machines si nous le suivons dans le scholie où il s'étend d'une façon plus libre et plus naturelle sur ce qu'il espérait que son *Essai sur les machines* pourrait réaliser.

E. — *CONCLUSIONS PRATIQUES*

Dans la discussion finale, qui contient la présentation du Principe de Carnot cité ci-dessus, l'auteur écarte tout formalisme et donne libre cours à ses idées. On sait, d'après le corollaire V, que, dans une machine dont l'état de mouvement change par degrés insensibles, le moment d'activité consommé durant un temps donné par les forces sollicitantes est égal au moment d'activité exercé pendant la même durée par les forces résistantes. Carnot remarque que cette proposition renferme en fait la majeure partie de ce qui est applicable à la théorie des machines. En pratique, la plupart de ces machines sont mues par des agents (animaux, ressorts, poids) qui exercent une « force morte » de façon continue. De plus, la plupart des machines réelles, une fois mises en mouvement, atteignent un régime stable de fonctionnement, tel que les forces nécessaires pour maintenir ce processus soient en équilibre avec les éléments de résistance. Il apparaît maintenant de ce fait que ce corollaire n'a jamais cessé d'être le but de la discussion et ce ne serait pas en forcer le sens que de le considérer comme le principe du travail de Carnot. Ce ne serait d'ailleurs pas forcer beaucoup son langage puisque, dans l'un des exemples donnés de l'équivalence entre le moment d'activité consommé par des forces et l'effet produit par elles, il remarque, à propos d'un dispositif pour élever un poids à une certaine hauteur, qu'on ne peut inventer aucune machine par laquelle il soit possible, avec le même travail (c'est-à-dire la même force et la même vitesse que dans le premier cas), d'élever, dans le temps donné, le même poids à une plus grande hauteur [29].

Abordant maintenant le point de vue pratique, Carnot insiste sur la généralité de son étude. Désignant par Q l'effet produit (ou le moment d'activité consommé) par les forces sollicitantes et par q le travail exercé sur (ou exercé par) les forces résistantes, le corollaire V (le Principe du travail) permet d'écrire

$$Q = q.$$

Il en résulte qu'il y a deux séries de conditions pour obtenir le fonctionnement le plus efficace possible des machines. La première est que le rendement mécanique maximum soit obtenu et la seconde qu'aucun mouvement ne soit gaspillé. Afin de clarifier la première condition, on peut aussi exprimer la relation précédente sous la forme :

$$F V t = q,$$

29. *Ibid.*, § LIV, p. 85.

F étant la résultante de toutes les forces sollicitantes et V la résultante de leurs vitesses. Pour obtenir l'effet maximum, il faut donc faire varier ces trois facteurs. Il y avait *a priori* une quatrième variable dont il fallait tenir compte : la direction dans laquelle agissent les forces sollicitantes. Mais, bien que Carnot jugeât nécessaire de le démontrer dans une de ses digressions trigonométriques, il est évident que, pour obtenir les meilleurs résultats, cette puissance doit être dirigée dans le même sens que la vitesse. Quant à l'intensité de la force, la durée de l'application et la vitesse de l'action, aucune règle générale ne s'applique, et il faut s'en remettre à l'expérience. Carnot suppose par exemple qu'un homme agissant pendant huit heures par jour sur une manivelle d'un pied de diamètre peut faire un effort continuel de 25 livres en faisant un tour en deux secondes. Si cet homme travaillait plus vite, il diminuerait sa production puisqu'il ne serait plus en état de faire un effort de 25 livres. S'il tournait la manivelle plus lentement, F augmenterait proportionnellement moins que V et le moment d'activité diminuerait. Carnot conclut donc que chaque source de puissance doit avoir son propre maximum, dont on peut seulement dire qu'il est déterminé par sa nature ou sa constitution physique et que seule l'expérience permet de trouver.

Les machines n'ont donc aucune ressource cachée de puissance, et le rôle de la théorie est d'identifier les facteurs parmi lesquels l'économie doit permettre d'indiquer les meilleures propositions à observer. Si la durée n'est pas essentielle, on peut économiser la force à ses dépens. Mais, un lecteur peut penser avec quelque impatience qu'une discussion si laborieuse n'était pas nécessaire pour parvenir à l'ancienne maxime, selon laquelle ce que l'on gagne en force est perdu en temps ou en vitesse. Carnot transpose ce point dans une nouvelle terminologie, mais n'apporte rien de nouveau ; il est intéressant de voir qu'il pensait manifestement qu'une démonstration rigoureuse était utile et à cette fin s'exprimait lui-même avec la passion et la force persuasive de l'ingénieur. Ces considérations, pour évidentes qu'elles étaient pour lui, exigeaient la démonstration définitive qu'il était en train de leur donner. Comment expliquer autrement la persistance de tentatives chimériques menées, sous un prétexe quelconque, pour trouver le mouvement perpétuel ; pourquoi cette perte continuelle d'ingéniosité et d'argent ? Ce serait mal apprécier l'ouvrage de Carnot que de sous-estimer ce point, peut-être celui qu'il ressentait le plus profondément.

Cependant, les considérations nouvelles apportées par Carnot ont trait principalement à la seconde série de conditions de rendement maximum : celles destinées à éviter le gaspillage de mouvements. Au lieu de généraliser le raisonnement qui lui avait permis d'établir son Principe sur l'exemple des machines animées par des poids, afin de couvrir tous les cas possibles, Carnot décide de montrer l'importance de ce principe pour les machines hydrauliques, ce qu'il fait dans une série de paragraphes où la ressemblance de son raisonnement avec celui qu'employa Sadi dans ses *Réflexions sur la puissance motrice du feu*, à savoir la chaleur traitée comme un fluide en écoulement, est particulièrement frappante [30]. Consi-

30. Cette analogie a souvent été mentionnée, par exemple par Ch. BRUNOLD, *L'entropie* (Paris, 1930), p. 37-40.

dérant la roue hydraulique ordinaire d'un point de vue idéal, Carnot remarque que sa conception est entachée de deux défauts. Tout d'abord, l'eau est généralement amenée à tomber sur les aubes et, de ce fait, à transmettre le mouvement par percussion, ce qu'il paraissait essentiel d'éviter. Deuxième défaut : après avoir frappé les aubes, l'eau s'échappe avec une vitesse qui est entièrement perdue pour le but recherché. Pour rendre la machine hydraulique aussi efficace que possible, sa conception doit être telle que l'eau perd tout son mouvement par son action sur la machine et qu'elle le fasse sans turbulences ni remous. Il ne s'intéresse pas spécialement à la forme que la machine peut prendre. Comme toujours, Carnot considérait dans son analyse des machines idéales. Il reconnaît que, pour revenir à la réalité, il peut être nécessaire de s'écarter de ces conditions. Pour la simplicité de la construction, rien n'était sans doute meilleur que des roues mues par le choc de l'eau.

D'ailleurs, pratiquement, plus le modèle conçu s'efforce de satisfaire à la première condition, à savoir absorber dans la roue tout le mouvement de l'eau, plus le choc devient fort et plus la perte de puissance par percussion devient sensible. Au contraire, en voulant modérer le choc pour satisfaire à la deuxième condition, on réduit la proportion de la puissance de l'eau transférée à la roue. Un constructeur intelligent ne considérerait donc pas ces conditions comme des absolus à atteindre, mais plutôt comme des normes dont il faut se rapprocher dans la mesure où les circonstances rendent l'une économique ou l'autre relativement plus importante. En fait, il est une condition générale d'efficacité pour des machines de type quelconque, c'est de ne produire aucun mouvement étranger à son but et les lecteurs du mémoire de Sadi auront aussi reconnu sa similitude avec la condition qu'il impose à la machine thermique lorsqu'il exclut toute différence de température qui ne se manifesterait pas elle-même par un changement de volume du gaz renfermé dans un cylindre. Comme le montrait l'exemple choisi par son père, la pompe la plus efficace est celle qui déverse l'eau dans le réservoir avec une vitesse nulle.

Développant dans ses remarques finales la notion de moment d'activité, Carnot donne une dernière illustration de son utilité, montrant par là qu'il perçoit sa signification au-delà de l'étude des machines, dans le domaine de la physique générale. Supposons qu'on ait un système quelconque de corps s'attirant les uns les autres par des forces variant comme une puissance quelconque de leurs distances (ce n'est qu'à ce dernier stade qu'il raisonne dans une mécanique de modèle nettement newtonien et, même là, il ne s'agissait que de l'application d'une analyse conçue pour d'autres considérations et d'autres problèmes que ceux concernant les systèmes de forces centrales). Admettons qu'il soit question de faire passer le système d'une configuration donnée à une autre. Quel que soit alors l'ordre dans lequel les corps individuels sont déplacés, quelle que soit la route qu'on leur fait prendre (pourvu qu'il n'arrive aucun choc ou changement brusque), quelles que soient, enfin, les machines employées pour produire cet effet (et cela, indépendamment de tous moyens éventuels utilisés à cette fin), le moment d'activité que les agents extérieurs consomment sera toujours le même, pourvu que le système soit en repos à l'état initial et à l'état final.

Ces considérations peuvent ainsi être prises comme un modèle du genre d'analyse que les physiques du travail et de l'énergie ont considéré comme utile dès que ces concepts eurent été explicités dans les années 1820, 1830 et 1840. Leur descendance la plus évidente est, à nouveau, le cycle de la chaleur de Sadi Carnot, dans lequel on considère un système du point de vue de ce qu'il a subi ou effectué au cours de son passage d'un état initial à un état final. Cette ressemblance de type familial est particulièrement marquée dans le caractère abstrait du système, dans l'idée que le processus consiste en la transition entre des « états » successifs, dans la condition, imposée à cette transition, d'être graduelle et continue, dans l'exigence que tous les changements soient réversibles (ce qui, pour Lazare Carnot, revenait à dire que tous les mouvements soient géométriques), dans l'indifférence, sous ces conditions, aux divers détails (vitesse, chemin ou ordre des déplacements), dans l'importance que cette schématisation extrême revêtait pour les outils en fonctionnement, les appareils et les machines réels. De toute évidence, la relation entre la science des machines et la thermodynamique était semblable à celle qui liait Lazare et Sadi Carnot. C'était une relation de parenté.

CHAPITRE III

LE DÉVELOPPEMENT DES IDÉES DE CARNOT EN MÉCANIQUE

Les deux mémoires soumis par Carnot à l'Académie des sciences en 1778 et en 1780 sont fort heureusement encore accessibles dans les archives. Nous avons donc la possibilité de connaître la forme et le fond de ses idées sur la mécanique et la science des machines alors qu'il était encore un jeune officier plein de promesses, sorti de l'École cinq ou six ans auparavant. Nous retracerons dans ce chapitre le cheminement de sa pensée, depuis ces deux mémoires (qui en constituent les toutes premières expressions écrites) jusqu'à la publication, en 1803, de ses *Principes fondamentaux de l'équilibre et du mouvement*. Pour cela, nous comparerons ces versions de sa doctrine, les unes antérieures, la dernière postérieure à *l'Essai sur les machines* et nous ferons l'analyse de l'ouvrage de Sadi sur la puissance motrice du feu (1824) afin de faire ressortir comment la filiation naturelle de l'auteur s'étend sur le plan intellectuel. Nous avons, dans les appendices A et B reproduit les sections théoriques des deux premiers mémoires qui nous intéressent seules ici. Le lecteur aura ainsi la possibilité de se reporter aux textes originaux.

A. — *ARGUMENT DU MÉMOIRE DE 1778 SUR LA THÉORIE DES MACHINES*

Une note sur la page de garde du premier manuscrit de Carnot nous apprend que celui-ci prit connaissance du sujet proposé par l'Académie par la *Gazette de France* du 18 avril 1777. Le texte du sujet était :

« La théorie des machines simples en ayant égard au frottement et à la roideur des cordages, mais elle [l'Académie] exige que les lois du frottement et l'examen de l'effet résultant de la roideur des cordages soient déterminés d'après des expériences nouvelles et faites en grand ; elle exige de plus que ces expériences soient applicables aux machines usitées dans la marine telles que la poulie, le cabestan, le plan incliné. »

Une autre note nous apprend que l'Académie reçut le mémoire envoyé par Carnot le 28 mars 1778. En admettant que Carnot se soit mis tout de suite au travail, il lui fallut donc un peu moins d'un an pour concevoir et effectuer ses expériences, ainsi que pour mettre sur pied son raisonnement. Il prit pour devise un vers de Lucrèce, qu'il cita incorrectement : « Videndum/ Qua ratione fiant et qua vi quaeque gerantur. Lucr. » [1]. En annonçant le concours, les membres de l'Académie ne pensaient sans doute pas que les articles que ce concours allait susciter, ou que les auteurs qu'il allait attirer, apporteraient des contributions importantes à la mécanique elle-même. L'accent était mis sur les applications navales et l'Académie souhaitait manifestement obtenir des contributions à l'étude du frottement. Aucun des mémoires n'ayant satisfait les juges, ceux-ci proposèrent le même sujet au concours de 1781. Le prix fut décerné alors à Coulomb, dont les recherches répondaient parfaitement à ce qui était demandé et qui méritait certainement cette distinction. Son mémoire demeure l'un des plus importants de la théorie des frottements [2].

Les goûts de Carnot, quant à eux, correspondaient principalement à la première partie du sujet, et il intitula son article « Mémoire sur la théorie des machines ». Le mémoire se divise en deux parties, l'une expérimentale, l'autre théorique. Comme on le verra, le plan de la deuxième partie accuse déjà l'esprit dans lequel la pensée de Carnot devait évoluer au cours de sa vie. Se pliant aux desiderata de l'Académie, Carnot chercha consciencieusement à déterminer les lois expérimentales du frottement et de la raideur des cordes. La première partie, longue d'une vingtaine de pages, rendait compte des résultats obtenus. La description de ces expériences n'est d'aucune utilité pour apprécier l'influence qu'a finalement exercée l'œuvre de Carnot sur la mécanique, mais le lecteur sera peut-être

1. L'avant-dernier feuillet du mémoire manuscrit porte au recto la note : « On est prié de ne point voir le nom de l'auteur à moins que son mémoire n'ait mérité le suffrage de l'Académie », et au verso la devise, suivie de la mention : « Carnot lieutenant au corps royal du génie en résidence au havre de grace ». A. Birembaut, que nous remercions pour l'attention qu'il a attirée sur ce dernier point, souligne que, contrairement à ce qu'a affirmé Marcel Reinhard (*Le grand Carnot*, Paris, 1950, p. 54), Lazare Carnot ne résidait pas à Cherbourg à cette époque.

Se fiant sans doute à sa mémoire alors qu'il travaillait au Havre, Carnot pensait au vers 129 de *De rerum natura,* Livre I, mais en détruisit la scansion en changeant l'ordre des mots ; il déplaça également le gérondif qui était à la fin de la ligne 131. Voici le passage intégral :

« Qua propter bene cum superis de rebus habenda
nobis est ratio, solis lunaeque meatus
qua fiant ratione, et qua vi quaeque gerantur
in terris, tum cum primis ratione sagaci
unde anima atque animi constet natura videndum,
et quae res nobis vigilantibus obvia mentis
terrificet morbo adfectis somnoque sepultis,
cernere uti videamur eos audireque coram,
morte obita quorum tellus amplectitur ossa. »

Les vers choisis par Carnot pourraient être traduits par : « Voyons comment toutes les choses viennent à passer, et quelles sont les forces qui les gouvernent ».

2. C.-A. Coulomb, « Théorie des machines simples, en ayant égard au frottement de leurs parties et à la raideur du cordage », *Mémoires de mathématique et de physique présentés à l'Académie royale des sciences par divers savans,* X (1785), p. 161-332. Le chapitre IV du livre déjà cité, de C. S. Gillmor, contient une description du concours centrée autour du mémoire de Coulomb et de l'importance qu'ont eue les travaux de ce dernier pour la théorie du frottement.

curieux de savoir ce que Carnot entreprit. Avec l'aide d'un assistant, il fit des efforts considérables pour réaliser deux séries de déterminations, l'une relative au frottement, l'autre au cordage. Pour l'étude de la première série, Carnot fit construire l'appareil représenté ci-dessous [3].

L'appareil fonctionnait assez simplement pour permettre la détermination des valeurs du frottement entre des surfaces qui, dans ce que l'on appelle frottement de première espèce, glissent l'une sur l'autre et qui, dans le frottement dit de seconde espèce, roulent l'une sur l'autre. Le principe de la machine était que le moment statique d'un poids Q juste suffisant pour amorcer la rotation permettait de mesurer la force de frottement (avec laquelle le poids était à la limite de l'équilibre) entre les surfaces des hémisphères et les semelles de fer *srtq* et *zuxy*. Les circonférences internes des anneaux A et B, ainsi que l'arête supérieure de l'essieu HH' étaient tranchantes. Les butées de fer polies et verticales *op* et *o'p'* étant en place, l'essieu ne pouvait que tourner sans avancer. Avec un poids Q suffisamment fort, les roues amorcent une rotation sur les semelles, ce qui permet de mesurer le frottement de première espèce. Les butées *op* et *o'p'* étant retirées, l'essieu peut alors se déplacer, et un poids Q suffisant pour faire rouler les roues sur leurs appuis, permet alors de mesurer le frottement de seconde espèce. Carnot détermina également le rapport de l'adhérence à la pression. La mesure du frottement de première espèce donnait en effet, si l'on permettait à l'appareil de reposer sur les semelles pendant un certain temps, des valeurs toujours très supérieures à celles obtenues lorsqu'on effectuait des mesures à l'instant où il était chargé à l'aide du poids P. En revanche, l'adhérence ne parut entrer en rien dans les frottements de seconde espèce.

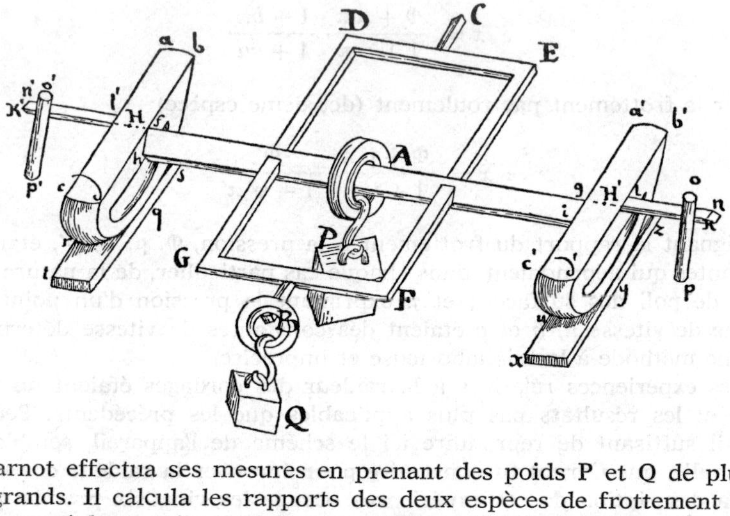

Carnot effectua ses mesures en prenant des poids P et Q de plus en plus grands. Il calcula les rapports des deux espèces de frottement et de l'adhérence à la pression en faisant varier le poids total de la partie mobile

3. Cette figure se trouve en fait dans le mémoire de 1780, mais le contexte indique clairement qu'il s'agit du même appareil dont la figure a été retirée du mémoire de 1778.

de 100 à 2 000 livres. Dans chancun des deux cas, le rapport du frottement à la pression diminuait au fur et à mesure que ce poids total augmentait. En bon ingénieur, Carnot essaya d'exprimer ses résultats à l'aide de formules qui ne sortent pas d'une autre inspiration que celle dont on use d'ordinaire dans une perspective empirique. Il supposa que le rapport x du frottement de première espèce à la pression est de la forme

$$x = \frac{A + Bp + Cp^2 + ...}{1 + bp + cp^2 + ...}$$

Carnot était bien conscient de ce que cette supposition pouvait avoir d'arbitraire ; il remarqua qu'il aurait pu prendre plus simplement

$$x = A + Bp + Cp^2 + ...$$

mais que, alors, x augmenterait avec p, ce qui était contraire à l'expérience. D'autre part, on tomberait également dans l'erreur en faisant

$$x = A + Bp^{-1} + Cp^{-2} + ...$$

parce que x ne diminue pas systématiquement quand p augmente. La meilleure raison qu'il put donner de sa formule fut de dire que c'était celle qui paraissait tenir le milieu entre les deux formules extrêmes. D'autres expériences, entreprises dans le but de déterminer l'influence de la vitesse sur les deux espèces de frottement, amenèrent Carnot à écrire des formules encore plus empiriques en apparence. Pour le frottement par glissement (première espèce)

$$x = \frac{\Phi + \mu\pi}{1 + \omega\pi} \cdot \frac{1 + bu}{1 + cu}$$

et pour le frottement par roulement (deuxième espèce)

$$x = \frac{\Phi + \mu\pi}{1 + \omega\pi} \cdot \frac{\Phi'}{1 + \omega'\pi'}$$

x désignant le rapport du frottement à la pression, Φ, μ, ω, Φ', étant des constantes qui dépendaient, dans chaque cas particulier, de la nature et du degré de poli des surfaces ; et π exprimant la pression d'un point quelconque de vitesse u, b et c étaient des constantes de vitesse déterminées par une méthode à la fois laborieuse et imprécise.

Les expériences relatives à la raideur des cordages étaient du même genre et les résultats pas plus applicables que les précédents. Peut-être sera-t-il suffisant de reproduire ici le schéma de l'appareil, semblable à une poulie, que Carnot fit construire pour éprouver la raideur des cordes.

La description de ces expériences occupe les vingt-six premiers paragraphes du mémoire, soit seize pages d'un texte qui en comportait en tout soixante-quatre. Carnot promet dans l'introduction de faire, dans la seconde partie, l'application de ses expériences aux machines. En fait, la deuxième partie comporte trois sections. La première (seize pages) contient une étude du principe « des machines en général » (paragraphes 27 à 50) ; les deux autres (paragraphes 51 à 84) appliquent ces principes respectivement à l'équilibre et au mouvement des sept types de machines simples. C'est la première section de la deuxième partie qui présente le plus d'intérêt pour l'histoire des sciences, car c'est l'un des rares documents qui nous permettent d'assister à la genèse d'une approche qui devait plus tard devenir caractéristique d'une manière entièrement nouvelle de concevoir et de développer une science.

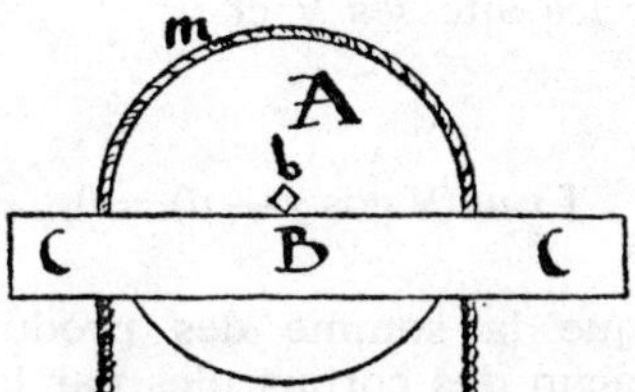

Mais Carnot exagérait en prétendant qu'il s'agissait là d'une application de ses expériences. En réalité, il est difficile d'établir un rapport quelconque entre ces expériences et l'étude théorique des machines en général, mais on sent bien que c'est dans ces expériences que Carnot trouvait une excuse pour soumettre son mémoire au concours de l'Académie. Excuse qui était cependant d'autant plus artificielle que Carnot n'eut pas le temps, ou le souci, de compléter ses tables de données. On ne trouve aucune mention de ces expériences dans les écrits ultérieurs qu'il publia et, bien que la mécanique fût pour lui une science expérimentale, la nécessité des références de ce genre ne semble pas s'être imposée à lui. Le mieux qu'on puisse dire, et qui doit l'être du fait que c'est très probablement ce qui s'est passé, c'est que les instruments qu'il fit construire pour mesurer le frottement ont très bien pu l'amener à poser les problèmes en termes de moment de torsion et moment de rotation autour d'un axe, et à concevoir l'importance du principe du moment de la quantité de mouvement qu'il utilise dans son *Essai sur les machines*.

Quoi qu'il en soit, la partie théorique, qui constitue le cœur du mémoire, indique clairement l'angle sous lequel Carnot allait s'attaquer au sujet. Il ne fit aucun énoncé préalable des principes fondamentaux de la mécanique. Il imagina plutôt une composition interne des corps durs et tout un système de « verges incompressibles », de « fils inextensibles », sorte de mini-leviers, de mini-poulies, c'est-à-dire encore de micro-machines transmettant le mouvement de corpuscule à corpuscule. Les interactions correspondantes, une fois précisées, deviendraient les interactions intervenant idéalement dans le fonctionnement de n'importe quelle machine. Il étudia donc tout d'abord l'action d'un corpuscule sur un autre dans un système de corps durs. Un mouvement étant imprimé au système, les actions réciproques des corpuscules transformaient ce mouvement en un autre qu'il s'agissait de trouver. Soit :

m la masse de l'un quelconque de ces corpuscules,

V sa vitesse virtuelle (« la vitesse qu'il aurait prise s'il était libre, c'est-à-dire sans la réaction qu'il éprouve des autres parties du système »),

u la vitesse qu'il a réellement prise,

y l'angle formé par les vitesses V et *u*.

On a alors :

$$\int mu\,(V \cos y - u) = 0,$$

relation qui exprime que la somme des produits de la quantité de mouvement (*mu*) de chacun des corpuscules par la vitesse qu'il a perdue, estimée dans le sens de celle qu'il a prise ($V \cos y - u$), est égale à zéro [4]. C'est le terme entre parenthèses qui devait jouer le plus grand rôle dans la pensée de Carnot. Il montre bien que Carnot pensait aux actions réciproques d'un système en termes de vitesses gagnées ou perdues par ses parties constituantes, dans le style de d'Alembert, et que la force vive (qui devait plus tard être considérée comme l'énergie intervenant dans de telles actions réciproques) était pour lui le produit du moment par une vitesse ou un mouvement ainsi « gagné » ou « perdu ». La démonstration elle-même reposait sur la physique du choc des corps durs et l'égalité de l'action et de la réaction pour des paires de molécules contiguës : en règle générale, l'égalité de l'action et de la réaction était toujours la loi fondamentale de la mécanique pour Carnot.

Dans le mémoire dont il est ici question, Carnot plaça la relation ci-dessus au rang de théorème fondamental. Elle lui servit à établir plus tard toutes les variantes qu'il devait développer dans l'*Essai sur les machines* : son équation déterminée (E) [5] pour le cas général, l'équation indéterminée (F) [6] obtenue en transformant (E) par des mouvements géométriques, la conservation du moment de la quantité de mouvement par rapport à un mouvement géométrique arbitraire qu'il dériva de l'équation (E), l'équation (AA) [7] qu'il en déduisit et qui avait trait aux forces appliquées à un système, enfin son principe général de l'équilibre et du mouvement des machines [8] en termes de l'égalité des moments d'activité consommés et exercés par les forces sollicitantes et les forces résistantes. Pour apporter toutes ces précisions à son problème, Carnot utilisa alors la science générale de la mécanique. Mais son premier mémoire ne faisait qu'annoncer ces précisions dans une suite de dix-sept remarques et corol-

4. App. A, § 29.
5. Voir p. 55 du chap. II.
6. Voir p. 57 du chap. II.
7. Voir p. 65 du chap. II.
8. Voir p. 68 du chap. II.

laires. La plupart d'entre eux étaient si élémentaires ou évidents, que personne ne s'y serait attardé. De plus, Carnot n'insista sur aucun de ceux qui devaient jouer un rôle important dans son œuvre ultérieure et d'où devaient émerger plus tard ses idées directrices. La méthode la plus utile à suivre est donc d'indiquer dans quelle mesure les résultats de ce mémoire laissent entrevoir les résultats ultérieurs et quelles sont les différences perceptibles.

La différence essentielle de point de vue est que, lorsque Carnot étudie la force dans son premier mémoire, il commence par examiner l'effet de la force motrice ou accélératrice sur le mouvement. On sait que, dans l'*Essai*, la force accélératrice reste implicite presque jusqu'à la fin, jusqu'à ce qu'elle apparaisse comme l'un des facteurs des moments d'activité, c'est-à-dire comme la force qui agit dans un espace durant un certain temps. Dans le mémoire de 1778, en revanche, le premier corollaire est relatif à la force motrice. La vitesse (virtuelle) V y est définie comme résultant de la force motrice du corpuscule m en un instant donné et de sa vitesse u' à l'instant précédent. On avait donc évidemment :

$$V \cos y = u' \cos z + p\,dt \cos x$$

(dans ce mémoire, Carnot ne prit pas toujours la peine de définir ses notations ; s'il précisa que z était l'angle compris entre u' et u, il négligea de dire que p désignait la « force motrice » et que x était l'angle compris entre les directions de p et de u). L'équation fondamentale devenait alors :

$$\int m\,u\,(u' \cos z - u') - \int m\,u\,p\,dt \cos x = 0.$$

Carnot remit à un paragraphe ultérieur [9] la démonstration du fait que la résultante multipliée par le cosinus de l'angle qu'elle fait avec une ligne quelconque est égale à la somme des forces composantes multipliées chacune par le cosinus de l'angle qu'elle fait avec cette même ligne. C'est toutefois au cours de cette discussion qu'il emploie pour la première fois cette manière de représenter et de combiner ces quantités orientées qu'on devait appeler plus tard des quantités vectorielles en mécanique.

Dans le second corollaire [10], Carnot montre comment, dans le cas d'un choc, le terme $p\,dt$ devient négligeable en comparaison de u, de sorte que l'on a :

$$\int mu\,(u' \cos z - u) = 0$$

Carnot remarque qu'il aurait pu tirer facilement de cette équation toutes les lois du choc des corps, mais il préfère ne pas s'écarter de son objet principal. Ce qui pour nous présente le plus grand intérêt, c'est surtout le fait que Carnot trouve naturel de prendre pour point de départ des forces accélératrices agissant dans l'espace et le temps. Rien n'indique qu'un nouveau concept ait été introduit pour définir ce point de vue ; c'est la

9. App. A, § 53.
10. App. A, § 31.

formulation originale du problème et ce qu'elle contenait qui sont intéressantes.

Il est notable qu'un corollaire relatif à ce qui devait devenir plus tard les mouvements géométriques est lui aussi formulé en termes de force et d'activité plutôt qu'en termes de déplacements imaginaires d'un système. La formulation est plus proche du point de vue dynamique que Carnot adopta finalement dans ses *Principes fondamentaux,* que du point de vue cinématique de l'*Essai sur les machines.* Il semblerait, en fait, que sa façon de voir les problèmes se fit d'abord en termes de notions conventionnelles de force, puis qu'après avoir fait intervenir le concept de moment, elle évolua finalement en analyse de la puissance. L'idée suivait une voie subsidiaire par rapport à l'équilibre. Son équation fondamentale lui avait permis de déduire la conséquence suivante [11] pour le cas où le mouvement varie par degrés insensibles (Carnot disait que u différait infiniment peu de u') :

$$\int mp\, ds \cos x - \int mu\, du = 0$$

(puisque $u' - u = - du$, et supposant que $ds = udt$) ou

$$\int mup\, dt \cos x - \int mu\, du = 0$$

Si le système proposé, dans lequel les forces p se « détruisent » mutuellement, est en équilibre, cette équation se réduit à $0 = 0$ et n'apprend donc rien. Il est toutefois possible d'en tirer quand même parti [12]. On peut imaginer pour cela qu'on imprime à toutes les parties d'un système en équilibre des mouvements tels qu'il n'en résulte aucun changement dans l'action réciproque des différentes parties du système. De tels mouvements doivent être reçus « sans altération » par les corps auxquels ils sont imprimés et les forces p continueront de se faire mutuellement équilibre. Ainsi l'on est ramené au cas d'un système qui, tout en changeant par degrés insensibles, passe par une position où les forces se détruisent et sont alors sans effet sur le mouvement « acquis » ; c'est-à-dire que dans l'instantané du passage tout doit être, pour le mouvement acquis, comme si les forces étaient nulles, d'où $\int mu\, du = 0$. Et il en résulte que, dans le même instant, avec les forces p telles qu'elles sont, on doit avoir $\int mp\, ds \cos x = 0$. Équation qui n'est pas une simple identité.

Bien qu'ils ne soient pas nommés comme tels, ce sont les « mouvements géométriques » qui prennent naissance ici, et en fonction de la tendance de Carnot à penser l'équilibre comme état résultant d'actions opposées. Et il est très caractéristique que le concept de travail est en arrière-plan — mais, curieusement, pour le cas où les forces n'effectuent aucun travail, ou du moins n'en effectuent que de manière putative.

Grâce à cette équation, Carnot démontre dans les corollaires suivants un résultat essentiellement équivalent à la conservation du moment linéaire, à la conservation du moment de quantité de mouvement, au principe de

11. App. A, § 32, Cor. 3.
12. App. A, § 34, Cor. 5.

Descartes et à la conservation des forces vives dans le cas d'un corps en équilibre interne. Carnot n'indique pas lesquels de ces corollaires sont les plus importants, et les deux premiers ne sont même pas appelés du nom que nous venons de leur donner. Deux brefs corollaires généralisent les résultats aux corps élastiques (à condition de faire entrer la force de l'élasticité dans la valeur de p [13]) et, ce qui est plus intéressant, aux fluides (qu'on peut regarder comme un amas de corps durs ou élastiques [14]). Dans une longue digression [15], Carnot déduit de son équation le principe hydrostatique d'égalité de pression dans les fluides pour aboutir finalement à ce qui l'intéresse toujours : le fonctionnement des machines soulevant des poids. Après tout, c'était là le but de presque toutes les machines de l'époque [16].

On voit immédiatement que ce sont ces considérations qui rendent original le point de vue de Carnot. Soit :

M la masse totale du système,

H la hauteur dont est descendu le centre de gravité pendant le temps t,

V la vitesse due à la hauteur H,

h la distance dont la molécule m est descendue dans le même temps,

K la vitesse initiale de la molécule m (ce que Carnot oublia de préciser).

Comme $ds \cos x = dh$, les expressions fondamentales deviennent

$$\int mp\, ds \cos x = \int mp\, dh = \mathrm{M}p\, d\mathrm{H}$$

(la première somme étant effectuée sur l'ensemble des molécules).

Ainsi $$2 \int\int mp\, ds \cos x = 2 \int \mathrm{M}p\, d\mathrm{H} = 2\, \mathrm{M}p\mathrm{H}$$

(la deuxième somme étant prise sur l'ensemble des éléments de chemin)

Or $$2\, \mathrm{M}p\mathrm{H} = \mathrm{MV}^2,$$

et donc $$\int mu^2 = m\mathrm{K}^2 + \mathrm{MV}^2.$$ [17]

Cet enchaînement élémentaire illustre très simplement la raison arithmétique qui, cinquante ans plus tard, a amené Coriolis à égaler la nouvelle quantité appelée travail à la moitié de la force vive, de sorte que, plus tard encore, l'énergie cinétique fut définie comme la moitié du produit de la masse par le carré de la vitesse.

Sur ce, Carnot déduit en passant le principe qu'il devait prendre comme axiome fondamental dans *l'Essai sur les machines* : pour prouver que plusieurs poids appliqués à une machine doivent se faire mutuellement

13. App. A, § 40, Cor. 11.
14. App. A, § 41, Cor. 12.
15. App. A, § 42.
16. App. A, § 43, Cor. 13.
17. App. A, § 43, Cor. 13.

équilibre, il suffit de prouver que le centre de gravité ne descendra pas. Vient ensuite la remarque que ce principe s'applique à chaque machine, même lorsque les puissances ne sont pas des poids, pour la raison qu'on peut substituer un poids à une force quelconque par le moyen d'une poulie de renvoi. Si l'on suppose que, outre les poids appliqués à la machine, il y a d'autres puissances pour les mouvoir, comme des hommes ou des animaux, l'équation générale est alors :

$$\int mu^2 = \int m\mathrm{K}^2 + 2 \int\int mp\, ds \cos x.$$

Ce dernier terme se décomposant lui-même en deux parties, dont l'une est MV^2 et l'autre le double de la somme des produits de chacune des forces mouvantes (c'est-à-dire des forces additionnelles) multipliée par l'élément du chemin qu'elle décrit dans le sens de cette force ; on a alors, F étant l'une de ces forces et u sa vitesse :

$$\int mu^2 = \int m\mathrm{K}^2 + \mathrm{MV}^2 + 2 \int\int \mathrm{F}u\, dt.$$

Ici donc se trouve l'origine de la notion de travail avec, en même temps, celle d'un processus généralisé. Admettons que tous les corps du système soient en repos au commencement et à la fin du mouvement, c'est-à-dire que $u = 0$ et $\mathrm{K} = 0$; l'équation devient :

$$2 \int\int \mathrm{F}\, u\, dt + \mathrm{MV}^2 = 0.$$

H étant la hauteur à laquelle est monté le centre de gravité du système, la relation peut s'écrire

$$\int\int \mathrm{F}\, u\, dt = \mathrm{M}p\mathrm{H},$$

ce qui montre que, pour élever le centre de gravité d'un système de corps à une hauteur quelconque, il est nécessaire que la quantité $\int\int \mathrm{F}\, u\, dt$ soit toujours la même, quel que soit le chemin choisi, quelle que soit la machine employée, que le système soit élevé par parties ou tout à la fois et que l'on emploie une force unique ou plusieurs ensemble [18].

Dans un dernier paragraphe [19], Carnot montre que les facteurs F, u et t jouaient des rôles variés dans la recherche de la manière la plus avantageuse pour profiter du moteur. Il donne des exemples de processus où il est prudent d'économiser un facteur aux dépens d'un autre. Il remarque qu'on économise la force si, à la fin du mouvement, la vitesse de chaque partie du système devient nulle ou, du moins, aussi petite que possible.

Les deuxième et troisième sections (comprenant les paragraphes 51 à 85 de la partie théorique du mémoire) étudient l'équilibre et le mouvement des sept machines simples. En fait, ainsi que Carnot le remarque immédiatement, les cordes et le levier sont les seules machines vraiment simples et l'on peut même ramener assez facilement l'une à l'autre. Il y avait toutefois

18. App. A, § 47, Cor. 17. Il serait parfaitement possible de voir ici le principe de continuité, mais rien ne montre que Carnot en était conscient.

19. App. A, § 49.

sept machines auxquelles on donnait ordinairement le nom de machine simple : les cordes, le levier, la poulie, le treuil, le plan incliné, la vis et le coin. Carnot applique son équation $\int mp\,ds \cos x = 0$ successivement aux caractéristiques de chacune de ces machines afin d'en déduire sa loi d'équilibre, « tout en ayant égard, dit-il, autant que je le pourrai au frottement et à la roideur des cordes »[20].

L'expression était artificielle et l'argument forcé ; peut-être en est-ce là le trait le plus frappant puisque le but principal de l'*Essai sur les machines,* publié quelques années plus tard, a été précisément de développer une science générale des machines qui permette d'éviter de traiter des lois de l'équilibre et du mouvement pour chaque type particulier de machines. La troisième section, consacrée au mouvement, est plus sommaire mais n'est pas plus claire. Carnot la termine en disant que toutes les questions relatives aux machines peuvent se réduire à des problèmes d'analyse en combinant son principe avec celui de d'Alembert.

Certains aspects de cette première étude de Carnot ont joué toutefois un rôle important dans ses travaux ultérieurs. Carnot étudie de la manière la plus complète la loi d'équilibre dans le cas de la « machine funiculaire ». C'est à ce propos qu'il introduit sa convention pour projeter les forces (il ne considérait pas d'autres sortes de grandeurs) dans des directions diverses grâce au cosinus de l'angle ; qu'il égale la somme des moments des forces qui tendent à faire tourner dans un sens à la somme des moments des forces qui tendent à faire tourner en sens contraire ; et que, enfin, il utilise la projection du système des forces sur un plan afin de se ramener au cas bidimensionnel (ces considérations occupent une place si centrale dans l'œuvre de Carnot que nous les avons reproduites dans l'appendice A, avec la partie théorique du Mémoire de 1778[21]. C'est probablement la représentation mentale que Carnot se faisait de la distribution et de la transmission des forces par les cordes actionnant les machines, qui le fit penser aux quantités vectorielles).

En résumé, on peut donc dire que Carnot avait réussi à réunir, dans ce premier mémoire, les éléments de ses principales idées, mais que celles-ci ne se distinguaient pas encore d'un principe fondamental d'équilibre et ne constituaient pas des concepts en elles-mêmes. Ce n'est qu'en passant que Carnot fait alors allusion aux principes fondamentaux de la mécanique (tels que la conservation du moment et la conservation des forces vives) et il ne précise pas lesquels de ces principes sont susceptibles de lui être plus utiles pour ses recherches. Si l'on devait dire quelle était la notion qui, à ce stade, lui paraissait la plus fondamentale, ce serait la force, dans le sens de force motrice ou pression — mais seulement tacitement : lorsqu'il parlait de force, il n'avait pas à l'esprit autre chose que cela. Mais on ne trouve pas encore (sinon sous forme d'indices vagues et contestables) deux traits saillants qui apparaissent dans l'*Essai sur les machines,* à savoir, d'une part, la distinction entre forces sollicitantes et forces résistantes, d'autre part, la notion de science générale des machines telle qu'on peut la dégager de l'application des lois de la mécanique à

20. App. A, § 51.
21. App. A, § 52-60.

chacune des catégories de machines prises l'une après l'autre. Cette notion est absente du mémoire et plus encore la constatation préalable que, pour y parvenir, il faudrait considérer les machines comme douées d'inertie par leur masse (c'est cette constatation qui émerge dans l'*Essai sur les machines* et oblige Carnot à introduire alors les notions de déplacement et de travail). Il serait peut-être exagéré, mais néanmoins possible de dire que l'une des discussions où Carnot prend en considération le poids des cordes dans une machine funiculaire constitue le premier pas dans la direction que nous venons d'indiquer [22]. On peut plus raisonnablement penser que c'est le fait d'étudier la théorie des machines en tenant systématiquement compte du frottement (au lieu d'en faire abstraction) qui l'a conduit à considérer que le frottement (comme le poids de la machine) fait résistance ou force contre laquelle les forces motrices ont à lutter. A la fin de la première section de la partie théorique, Carnot dit explicitement que la force de frottement et les autres résistances peuvent être considérées comme des forces « actives » [23].

B. — *ARGUMENT DU MÉMOIRE DE 1780*

En proposant à nouveau le même sujet pour le prix qu'elle devait adjuger en 1781, l'Académie reprit sa formulation du problème, sauf qu'elle demanda alors que l'on étudie « les machines simples en ayant égard au frottement de leurs parties et à la raideur des cordages ». Une note manuscrite de Carnot sur la couverture de son mémoire indique que celui-ci fut achevé à Béthune le 15 juillet 1780. En soumettant ce nouveau mémoire, anonymement comme il était d'usage avec l'Académie, Carnot le désigna à l'aide de la même devise de Lucrèce et remarqua dans une note : « ...l'Académie en ayant fait une mention honorable [du premier mémoire] je le présente ici de nouveau après en avoir diminué autant que j'ai pu les imperfections » [24].

En réalité, le texte avait été remanié et augmenté. Sous plus d'un rapport, et non des moindres, il constitue une première version de l'*Essai sur les machines* : plusieurs passages centraux furent en effet textuellement repris. La comparaison des deux mémoires soumis à l'Académie montre même ceci : bien que la genèse de la pensée de Carnot en mécanique remonte à son éducation et à ses années de Calais et de Cherbourg, la période qui s'étend entre la première fois où il faillit remporter le prix (l'annonce fut faite à Pâques 1779) et la rédaction de sa nouvelle version, en juillet 1780, est celle où cette pensée s'est réellement formée. Durant cette période, peu de choses à part la théorie des machines ont dû occuper l'esprit de Carnot.

Certes, l'auteur était toujours astreint aux conditions de l'Académie et le nouveau mémoire est conçu selon le même plan que le mémoire

22. App. A, § 60.
23. App. A, § 50.
24. « Mémoire sur la théorie des machines », 1780, f° 1, App. B. *infra.*

antérieur. Il se compose encore de deux parties. Dans la première sont décrites des expériences qui, dans la seconde, devaient soi-disant être appliquées à la pratique. Cette seconde partie comporte à nouveau deux sections, l'une sur les « machines en général », l'autre résumant les lois de l'équilibre et du mouvement pour chaque machine simple. Pour se conformer sans doute aux préférences de l'Académie, Carnot avait élaboré et complété ses expériences. Il les fait précéder dans le Mémoire par une étude d'ensemble sur le frottement en général et, cette fois-ci, classe les expériences selon que les corps se touchent par des points isolés, par une ligne ou par une étendue superficielle. Il a conçu de nouvelles expériences, il améliore l'exposé des anciennes et supprime la formule la plus compliquée, qui décrivait la variation du frottement avec la vitesse. Il la remplace par une table des coefficients de frottement pour différents corps : le fer, la rosette, le cuivre jaune, le chêne, le gayac, le hêtre, l'if et l'orme. On n'imagine guère, néanmoins, que l'un de ces résultats ou de ceux relatifs aux cordages ait pu connaître un meilleur sort que le mémoire lui-même, lequel, comme tout porte à le croire, ne fut sans doute jamais relu jusqu'à la date de notre étude présente. Carnot lui-même ne se fit aucune illusion sur sa tentative et il dit lui-même, dans la conclusion de la partie expérimentale :

« Je ne me dissimule donc pas qu'il y aurait encore bien des choses à faire pour ne rien laisser à désirer tant sur le frottement que sur la roideur des cordes : si quelqu'un a rempli convenablement les indications que je viens de parcourir, il a rendu un grand service à la mécanique pratique et certainement un travail aussi pénible ne peut être dignement récompensé que par le suffrage de l'Académie »[25].

Comme on peut donc s'y attendre, c'est à nouveau dans la première section de la deuxième partie que réside l'intérêt du mémoire. Cette section constitue la deuxième version de la théorie des machines de Carnot. Quoique plus longue que dans le premier mémoire (elle comprend ici soixante paragraphes totalisant quarante pages), l'étude est quand même brève en comparaison avec l'*Essai sur les machines*. Carnot y améliore considérablement la clarification de certains points et l'énoncé des principes et des définitions des quantités. Surtout, il modifie notablement son articulation de ce qu'on peut maintenant reconnaître comme une nouvelle méthode dans la science de la mécanique et non plus seulement comme le tâtonnement d'un jeune ingénieur aux intérêts plutôt spécialisés et dont la vision reste encore vague. En fait, sans qu'on ait besoin de parler nécessairement de découvertes dans le sens d'idées ou de relations entièrement nouvelles et inconnues, c'est avec raison qu'on peut voir dans ce texte l'endroit le plus sûr où trouver les aspects de l'œuvre de Carnot qui lui étaient vraiment propres. L'année où Carnot rédigea son second mémoire n'était pas suffisante pour lui permettre de se documenter substantiellement ou de faire des expériences compliquées. Il put néanmoins mieux saisir ses problèmes, sentir leur généralité et développer son point de vue

25. *Ibid.*, App. B, § 100.

en une suite cohérente de propositions. Soumettant à nouveau son mémoire à un jury de l'Académie, il allait clairement y inclure ce qui pouvait rendre plus évidente sa capacité de contribuer au sujet. D'autre part, il n'écrivait pas, comme il essaya de le faire quelques années plus tard avec l'*Essai sur les machines*, pour un public non spécialisé. Il fut obligé dans ce cas-là d'exposer ses découvertes dans le cadre d'un exposé élémentaire des vérités générales et fondamentales de la mécanique même.

En admettant donc que le mémoire de 1780 soit essentiellement une œuvre originale, voyons sous quelle forme il se présente. Carnot précise tout d'abord qu'il s'agit ici des propriétés communes à toutes les machines et commence son étude non *in medias res* comme dans le premier mémoire, mais en rendant opérationnel le principe du centre de gravité pour une machine quelconque. C'est ce qui, dans l'*Essai sur les machines*, devait lui permettre de rectifier la formulation traditionnelle de ce principe [26]. Quant au principe dit de Descartes, Carnot l'énonce ici en passant comme une conséquence, mais sans lui donner de nom. Il montre ensuite la généralité du principe du centre de gravité en remarquant que s'il entre dans le système d'autres forces que des poids, on peut aisément ramener ce cas au premier en substituant un poids à chacune des forces à l'aide d'une poulie de renvoi.

Carnot analyse ensuite clairement et brièvement les difficultés qu'il y a pour aboutir à une science des machines tant que l'on fait abstraction de leur masse comme c'est le cas en Mécanique Rationnelle. Qu'on tienne compte de la force d'inertie des machines, la science des machines en général se réduit alors, ainsi que toute la mécanique, à la question suivante : « Connaissant le mouvement virtuel d'un système de corps, c'est-à-dire celui que prendrait chacun des corps s'il était libre, trouver le mouvement réel qu'il aura l'instant suivant à cause de l'action réciproque des corps... » [27]. Posé aussi simplement et aussi directement, le problème est facilement résoluble. La première hypothèse (que Carnot ne fait pas explicitement) est relative à la constitution similaire des corps durs et des corps élastiques. La seconde est la seule que Carnot ait toujours jugée nécessaire pour permettre la résolution de ce problème : l'égalité dans leur opposition de l'action et de la réaction ; une loi simple, incontestable et universelle [28].

Sur cette seule base, Carnot démontre alors les deux équations fondamentales (E) et (F) de l'*Essai sur les machines* [29], démonstration qu'il devait reprendre textuellement dans ce dernier ouvrage, sauf que l'équation (F) est dite « arbitraire » dans le mémoire et « indéterminée » dans l'*Essai*. Carnot explique cette correction ultérieure en disant que ce sont les valeurs à donner aux mouvements géométriques *u* qui sont arbitraires et non la relation elle-même. Mais certains passages annonçant la notion de mouvements géométriques, passages repris textuellement dans l'*Essai*, sont encore plus frappants. Leur rôle, secondaire, est ici de permettre la dérivation de

26. Voir ci-dessus, p. 48-50.
27. App. B, § 109.
28. App. B, § 111.
29. Voir ci-dessus, p. 55 et 57.

l'équation générale indéterminée (F) en utilisant l'équation déterminée (E) appliquée aux chocs élastiques. Seule manque la réflexion que Carnot fit après coup dans l'*Essai* et par laquelle il inclut parmi les mouvements géométriques les mouvements qui, tout en ne causant pas de déplacement virtuel, ne fournissent aucun travail [30]. Il est surprenant, à première vue, que Carnot n'ait pas d'abord pressenti le besoin d'introduire ce type de mouvements. Il est, semble-t-il, plus proche du point de vue dynamique sous-jacent à la notion de mouvement géométrique dans le mémoire de 1778 [31] que du point de vue cinématique par lequel ce type de mouvements est introduit ici et dans l'*Essai*. Néanmoins, la façon dont Carnot développe finalement cette idée dans les *Principes fondamentaux* est protoénergétique. Il est donc possible que ces présentations successives des mouvements géométriques témoignent de trois étapes dans sa manière de voir l'ensemble du sujet : dans le mémoire de 1778, c'est la notion de force motrice qui est au premier rang ; dans le mémoire de 1780 et dans une bonne partie de la première moitié de l'*Essai*, c'est la notion de déplacement qui est primordiale ; dans la dernière partie de l'*Essai* (qui a trait aux machines) et dans les *Principes fondamentaux*, la première place est tenue par la notion de puissance ou sa manifestation en moment d'activité ou travail.

Telle a certainement dû être l'évolution de la science des machines chez Carnot. Si, en effet, l'on compare point par point le mémoire de 1780 à l'*Essai sur les machines*, on voit que, dans cette seconde version, Carnot a ajouté ses considérations théoriques sur le travail aux arguments du mémoire sans revoir ces derniers ou sans leur donner une autre forme. Ce contraste est particulièrement frappant du fait de l'absence dans le mémoire d'une des notions essentielles que Carnot introduisit dans l'*Essai sur les machines* et sur laquelle il insista alors beaucoup : la conservation du moment de la quantité de mouvement. On se rappelle que ce principe est assez curieusement introduit à deux reprises dans l'ouvrage. La conservation du moment angulaire y apparaît d'abord, sans porter de nom, comme exemple de solution au problème résolu par l'équation indéterminée (F). Il est raisonnable de penser que, sous cette forme, le principe représente la forme première de la pensée de Carnot. Il y a ensuite dans l'*Essai sur les machines* la remarque déjà citée et dans laquelle sont inclus, parmi les mouvements géométriques, les mouvements n'effectuant aucun travail. C'est à l'occasion de cette digression (absente du mémoire de 1780) que Carnot revient à la conservation du moment de la quantité de mouvement, principe généralisé et élevé maintenant au rang de loi fondamentale de conservation. On se souvient également que, après l'avoir formulée de trois manières différentes, Carnot en déduit des lois bien connues de la mécanique, ainsi que sa propre équation (AA) [32] :

$$\int \mathrm{F}u \cos \mathrm{Z} = 0$$

30. Voir p. 55 du chap. II.
31. Voir ci-dessus, p. 84.
32. Voir p. 59-60 du chap. II.

dans laquelle F, qui représente la force au sens de la puissance motrice, remplace en fait le produit mU, la quantité de mouvement perdue par les actions réciproques internes, dans l'équation fondamentale (F) :

$$\int mu\, \mathrm{U} \cos z = 0$$

Le mémoire de 1780, en revanche, ne mentionne pas le moment de la quantité de mouvement. Ayant défini ses mouvements géométriques uniquement en termes de déplacements, Carnot obtient simplement l'équation (F) pour solution générale et l'exprime de diverses manières, selon ses différents besoins. Dans une première proposition, Carnot met cette équation sous forme cartésienne ; dans une seconde, il met en évidence son analogie avec la conservation des forces vives dans les chocs de corps durs et inclut un terme pour tenir compte de sa perte dans le choc. Une troisième proposition traite le cas des mouvements changeant par degrés insensibles et utilise une équation déjà obtenue dans le mémoire de 1777 :

$$\int mup\, dt \cos z = \int mu\, d\, (\mathrm{V} \cos y).$$

Une quatrième proposition étudie le cas où u est égal à la vitesse réelle V pour conclure à la conservation des forces vives. Mais toutes ces conséquences sont obtenues incidemment ; Carnot n'accorde, dans le mémoire de 1780, aucune importance aux principes de la mécanique et encore moins au fait, noté plus tard, que les mouvements géométriques permettent de généraliser la conservation des forces vives dans les corps élastiques aux actions réciproques des corps durs. Ces considérations apparaissent ici davantage comme une suite de problèmes que comme un enchaînement déductif de principes. Il est, en effet, caractéristique de l'évolution des idées chez Carnot que des résultats qu'il a tout d'abord établis en réponse à des problèmes devaient plus tard être présentés sous forme de principes.

L'analyse de la puissance qui, dans l'*Essai sur les machines,* sépare la première partie, relative aux principes de la mécanique, de la seconde, sur le sujet propre de Carnot — les machines « proprement dites » — est également absente du mémoire de 1780. Cette omission se comprend, puisque c'était afin de préparer l'étude de ces considérations que Carnot a introduit, entre 1780 et 1783, le moment de la quantité de mouvement dans l'*Essai sur les machines.* Toutes ces différences témoignent donc de la limitation de sa pensée à l'époque où il écrivit le mémoire de 1780 : là, au point où il devait plus tard introduire le concept de puisance et de travail, il se contente de la notion traditionnelle de force morte [33]. Il remarque que, lorsqu'il y a des forces vives appliquées aux machines, leur théorie se réduit au cas du choc des corps, ce qui est suffisant pour résoudre ces problèmes. Mais la théorie des machines, telle qu'on la concevait à l'époque, ne concernait que les forces employées pour les mouvoir, c'est-à-dire soit les forces mortes telles que les poids, soit la force des animaux, le vent ou l'eau. C'est ce qui explique qu'il se soit limité à ces forces dans la suite de la partie théorique de son mémoire.

33. App. B, § 128.

Néanmoins, pour si limitée que la vision de Carnot ait été à cette époque, il est intéressant de voir qu'il y a une connexion entre ces problèmes conventionnels et les notions ultérieures, plus élaborées, qui lui ont permis de déboucher sur le concept de travail. Ce concept, s'il n'était pas entièrement dégagé en 1780, n'était pas non plus entièrement absent. La quantité que Carnot devait appeler moment d'activité en 1783 dans son *Essai,* existait sous le nom de quantité d'action dans le mémoire de 1780. Elle y apparaît toujours en rapport avec les forces sollicitantes ou les forces résistantes (et ces termes furent eux aussi introduits à cette occasion) et elle représente la quantité que ces forces produisent ou consomment. Carnot ne la mentionne jamais sans cette réserve et met explicitement le lecteur en garde de ne pas confondre *sa quantité d'action produite ou consommée* avec ce que les mathématiciens connaissaient depuis Maupertuis sous le nom de *quantité d'action d'un système,* et il prévient qu'il ne fera aucun usage de cette dernière notion dans son mémoire [34]. C'est sans doute pour obvier à cet inconvénient manifeste qu'il modifia la terminologie dans son *Essai sur les machines.* Peut-être aussi la place accordée dans cet ouvrage aux moments en général et, plus particulièrement au moment de la quantité de mouvement, était-elle suffisamment importante pour qu'il prenne la décision de donner à sa quantité fondamentale le nom nouveau de « moment d'activité » et pour qu'il décide aussi de lui donner toute sa généralité sans la limiter à la mesure des forces sollicitantes ou résistantes et à la consommation ou production correspondante.

N'ayant réussi à dégager complètement ni la notion de puissance ou de travail, ni le principe de conservation qui permettrait de la déduire, Carnot énonce ses propositions sur les machines de manière plus sporadique dans le mémoire de 1780 que dans *l'Essai sur les machines.* Quant au principe de continuité qui lui devint propre, il apparaît seulement sous forme d'un impératif pratique dans des passages du mémoire qui donnèrent plus tard un scholie de *l'Essai.* On se souviendra que, dans cet ouvrage, Carnot n'énonce qu'un théorème sur les machines :

> « Quel que soit l'état de repos ou de mouvement où se trouve un système quelconque de forces appliquées à une Machine, si on lui fait prendre tout-à-coup un mouvement quelconque géométrique, sans rien changer à ces forces, la somme des produits de chacune d'elles, par la vitesse qu'aura dans le premier instant le point où elle est appliquée, estimée dans le sens de cette force, sera égale à zéro » [35].

En d'autres termes,

$$\int Fu \cos z = 0,$$

relation d'où Carnot déduisit tous les corollaires formant la science des machines « proprement dites ». Le cinquième de ces corollaires est celui que nous avons appelé le corollaire du travail et que nous avons déjà énoncé :

34. App. B, § 132.
35. Voir p. 67 du chap. II.

Dans une machine dont le mouvement change par degrés insensibles, le moment d'activité, consommé *dans un temps donné par les forces sollicitantes,* est égal au moment d'activité, exercé *en même temps par les forces résistantes* [36].

Dans le mémoire de 1780, Carnot n'était pas encore parvenu à l'unification de son point de vue. Ne disposant pas de la conservation du moment de la quantité de mouvement ni, par conséquent, de la conservation du travail, il énonce dans ce mémoire deux théorèmes parallèles sur les machines, l'un relatif à l'équilibre, l'autre au mouvement. Selon le premier :

> « Lorsqu'une machine est en équilibre si on vient à lui faire prendre un mouvement géométrique arbitraire sans rien changer d'ailleurs aux forces qui lui sont appliquées, la quantité d'action produite alors au premier instant par les forces sollicitantes sera égale à la quantité de mouvement produite dans le même temps par les forces résistantes. » [37]

Carnot formule cette proposition de diverses façons, l'une d'entre elles étant pratiquement identique au théorème de l'*Essai* qu'on vient de citer (sauf qu'il ne s'agit pas de machine en mouvement) et il en déduit plusieurs corollaires. Ceux qui sont relatifs aux machines à poids font un emploi constant de l'équivalence entre $M g H$ et $1/2\ M V^2$.

L'énoncé du théorème correspondant relatif aux machines en mouvement est moins élégant :

> « Si l'on vient à changer subitement le mouvement actuel d'une machine en un autre mouvement quelconque géométrique et qu'on abandonne aussitôt la machine à elle-même, la conservation des forces vives aura lieu ensuite à chaque instant du mouvement qu'elle prendra quelque changement qu'il arrive d'ailleurs aux forces motrices. » [38]

Les conséquences que Carnot déduit de cette proposition sont toutes correctes. La seconde, qui est essentiellement équivalente au principe du travail, exprime que :

> « Lorsqu'une machine se meut uniformément (c'est-à-dire que chaque point du système a une vitesse constante) la quantité d'action produite dans un temps donné par les forces sollicitantes est égale à la quantité d'action produite en même temps par les forces résistantes. » [39]

Cet énoncé est moins fort que celui de *l'Essai sur les machines* mais Carnot y reconnaît déjà la proposition la plus utile de toutes dans la

36. Voir p. 68 du chap. II.
37. App. B, § 133.
38. App. B, § 140.
39. App. B, § 143.

théorie des machines. La question qui se pose alors est de savoir quelles étaient les dernières difficultés qui l'empêchaient de combiner l'équilibre et le mouvement en un seul principe, alors qu'il le fit tout naturellement dans l'*Essai*.

Plusieurs hypothèses viennent à l'esprit. La première est que, n'ayant pas défini la notion de moment de quantité de mouvement et pensant en termes de déplacements, Carnot n'avait pas tiré tout le parti que ses mouvements géométriques lui offraient en lui permettant de négliger les forces internes du système. Cela expliquerait la justification — autrement inutile — qui suit la démonstration de son théorème : la conservation des forces vives ayant lieu dans tout système dont le mouvement change par degrés insensibles, et la substitution d'un mouvement géométrique à un mouvement réel ne causant aucun changement dans les interactions mutuelles du système, le mouvement devait encore varier par degrés insensibles au moins pendant quelque temps et cela quelles que soient les forces motrices qu'on ait substituées à celles qui animent réellement les différentes parties du système.

Une autre possibilité est que Carnot lui-même n'avait pas tout à fait réussi à généraliser les résultats qu'il avait obtenus sur le comportement des corps sous l'action de la pesanteur. Cela expliquerait que les corollaires soient plus clairs que l'énoncé ou le développement du théorème lui-même. Cela est particulièrement vrai du premier, relatif aux machines à poids :

> « Si l'on vient à changer subitement le mouvement actuel d'une machine à poids en un autre mouvement quelconque géométrique et qu'on abandonne aussitôt le système à ses propres forces, la somme des forces vives qui aura lieu ensuite à chaque instant du mouvement qu'il prendra est égale à la somme des forces vives initiales (c'est-à-dire immédiatement après le changement) plus la somme des forces vives qui aurait lieu si chaque point du système avait une vitesse égale à celle qui est due à la hauteur dont est descendu le centre de gravité depuis le changement. » [40]

Il se peut enfin que la nécessité d'appliquer ces considérations au frottement lui ait caché tout l'avantage qu'il y avait à démontrer le principe du travail simultanément pour l'équilibre et pour le mouvement. La raison qu'il donne dans le mémoire de 1780 pour considérer le théorème comme le plus important de la théorie des machines est que la plupart des machines, telles que la poulie, la vis et le cabestan parviennent ordinairement très vite à l'uniformité de mouvement. Un corollaire final étend le théorème à toutes les machines en général, le frottement étant compté parmi les forces résistantes, c'est-à-dire parmi les forces qui sont exercées dans un sens contraire aux vitesses réelles des points où elles sont appliquées.

On aurait tort toutefois d'insister sur ces imperfections formelles de l'argumentation. Il est beaucoup plus intéressant de remarquer que ce que Carnot ne reconnaissait pas absolument comme un principe en 1780

40. App. B, § 142.

était néanmoins déjà pour lui une règle. Les derniers paragraphes du mémoire de 1780 sont très similaires et même identiques par endroits au scholie qui conclut l'*Essai sur les machines.* Un passage intéressant montre le caractère latent de son point de vue. Reprenant le cas des machines dont le mouvement change par degrés insensibles, Carnot montre que, tout comme pour les machines assujetties à des retours périodiques (c'est-à-dire les pendules) il y a conservation des forces vives et que, pendant un certain temps, la quantité d'action produite par les forces sollicitantes est égale à la quantité d'action produite par les forces résistantes. Plus remarquable encore, la moitié de l'augmentation de la somme des forces vives n'est autre chose que la quantité d'action produite par la force d'inertie du système. Il s'ensuit que :

> « En ayant égard à toutes les forces soit actives soit passives appliquées à une machine en mouvement et même à l'inertie de la matière considérée comme une force réelle qui résiste au changement d'état des corps, la quantité d'action produite par les forces sollicitantes dans un temps donné sera toujours, quel que soit le mouvement de la machine, égale à la quantité d'action produite en même temps par les forces résistantes. » [41]

C'est donc ici qu'est énoncée en passant la remarque qui, dans l'*Essai sur les machines,* devait devenir un théorème et permettre d'unifier la théorie. Carnot affirme même qu'on peut réduire à cette seule proposition toute la théorie des machines soit en repos soit en mouvement. Qu'il ne réalise pas dans le mémoire cette réduction, montre que ce ne sont pas tellement les résultats qui lui font alors défaut, mais plutôt le fil directeur permettant de les relier.

Quant à son propre principe de continuité, il apparaît à la suite d'une discussion relative au meilleur avantage qu'on peut tirer des machines en variant les facteurs temps, force et vitesse. Carnot établit une distinction entre « le travail absolu ou la peine de l'agent » et « ce que j'appelle ici le travail de la force mouvante ou sollicitante », la différence résidant dans la force supplémentaire consommée par l'inertie de la machine [42]. Les machines auxquelles Carnot pensait dans ces remarques étaient les machines simples classiques et leurs variantes utilisées à bord des navires. C'est pour cela, dit-il, qu'il traita seulement des machines dont le mouvement change par degrés insensibles ; lorsqu'en effet le but est de faire produire à une machine le plus grand effet possible, il y a un avantage « décidé » à ce qu'il n'y ait jamais aucun choc ni changement brusque dans le mouvement. Carnot montre ensuite comment la production d'un choc cause nécessairement une perte correspondante de la quantité d'action. Le raisonnement devait être repris presque textuellement dans l'*Essai sur les machines,* mais est davantage présenté dans le mémoire de 1780 comme une explication que comme une démonstration [43]. Une des caractéristiques

41. App. B, § 148.
42. App. B, § 153, notes.
43. App. B, § 157.

les plus significatives et les plus révélatrices de ce mémoire est justement le fait que cette remarque, qui devait plus tard constituer l'apport principal de la mécanique de Carnot, n'est pas présenté d'abord comme la découverte d'une vérité nouvelle. Ce résultat, qu'on nomma plus tard du nom de son auteur, a d'abord été introduit par Carnot pour justifier le fait qu'il se soit limité aux machines qui le vérifiaient.

Pour le reste, le mémoire de 1780 ne présente que peu d'intérêt. Comme celui de 1778, il se termine par une section où Carnot prétend appliquer ses résultats expérimentaux à chaque type de machine simple. L'exposé est plus simple que dans le mémoire précédent, puisqu'il traite simultanément l'équilibre et le mouvement pour chaque machine. Il est donc d'autant plus surprenant que Carnot n'en ait pas fait de même dans la partie théorique qui précéda, étudiant chaque machine simple, d'une part pour l'équilibre et, d'autre part, pour le mouvement. Carnot reconnaît que sa présentation a pour effet de séparer l'étude théorique des machines en général de leur étude pratique. Bien qu'il ne fasse pas de doute que ce soit le concours de l'Académie qui l'ait poussé à étudier chaque cas séparément dans la partie pratique, il ne semble pas qu'il ait eu l'intention d'élaborer une science des machines qui le dispenserait de spécifier les lois particulières d'équilibre et de mouvement caractéristiques de chaque classe de machines, du point de vue de la pratique. Et il remarque :

> « Cette séparation de la théorie et de la pratique nous a parue nécessaire pour éviter la confusion qui naîtrait nécessairement de leur mélange. »[44]

Carnot avait donc obtenu toutes les relations et tous les théorèmes qui allaient former cette science. Il ne lui restait plus qu'à penser en termes de puissance plutôt qu'en termes de force et à se servir de la conservation du moment de quantité de mouvement pour tirer au maximum parti de sa notion de mouvement géométrique. Cette notion devait permettre à Carnot de faire abstraction des actions réciproques du système et de dominer la différence qui séparait corps durs et corps élastiques, pression et choc, force morte et force vive. D'une façon peut-être secondaire conceptuellement mais qui, en réalité, était plus importante, on peut dire qu'il restait encore à Carnot à dépasser le stade de la manipulation des poids (charges ou puissances) et à appliquer son raisonnement à tous les processus faisant intervenir le travail.

Telle était, du moins, la forme que Carnot donna à son sujet entre 1781, date à laquelle son second mémoire manqua encore de remporter le prix, et 1783, date à laquelle fut publié l'*Essai sur les machines*. Dans cet ouvrage, toutes les parties expérimentales et tous les résultats particuliers sont supprimés, et la théorie des machines y apparaît seule comme application de la science mécanique elle-même. C'est donc durant cette période que Carnot repensa sans doute cette science telle qu'on la connaissait alors. Mais il est difficile de savoir ce qui l'amena à exploiter les possibilités

44. App. B, § 191.

unificatrices du moment de la quantité de mouvement et quels étaient les travaux où il puisait son inspiration. Du reste, le développement de sa conception propre n'est que latent dans les deux mémoires.

C. — *ARGUMENT DES « PRINCIPES FONDAMENTAUX DE L'ÉQUILIBRE ET DU MOUVEMENT »* (1803)

Nous terminerons notre étude de la science des machines de Carnot en examinant son développement et l'influence immédiate qu'elle exerça. Commençons tout d'abord par les révisions que Carnot lui-même apporta à ce sujet dans ses *Principes fondamentaux de l'équilibre et du mouvement,* publiés exactement vingt ans après l'*Essai sur les machines,* l'année même où paraissait sa *Géométrie de position.* La plupart des auteurs ultérieurs qui ont fait allusion à la mécanique de Carnot ont cité les *Principes fondamentaux* plutôt que l'*Essai.* Cet ouvrage, qui est le premier dans le temps, est non seulement rarement mentionné, mais il est aussi confondu parfois avec la seconde version, plus célèbre [45]. Par ailleurs, l'École française de mécanique rationnelle du XVIIIe siècle avait atteint son apogée avec la *Mécanique analytique* de Lagrange, ouvrage qui s'imposa immédiatement comme le chef-d'œuvre mathématique du sujet. L'ouvrage de Lagrange n'était pas un monument isolé : une intense activité de formalisation de la mécanique avait eu lieu dans les deux dernières décennies du XVIIIe siècle. Carnot reconnaît lui-même dans la préface de ses *Principes fondamentaux* que, depuis l'*Essai sur les machines,* « il a paru sur toutes les parties de la mécanique, de si beaux et de si étendus [ouvrages], qu'à peine doit-il rester quelque souvenir du mien » [46].

Autant que l'on puisse dire, sa modestie était justifiée : nous n'avons rencontré aucune allusion à l'*Essai sur les machines* dans les ouvrages de l'époque, et rien n'indique que cet *Essai* ait jamais été lu. Qu'est-ce qui justifiait donc une seconde version ? L'*Essai sur les machines,* dit Carnot, contenait des idées qui étaient nouvelles au temps de sa parution et, en tout cas, il est toujours utile d'envisager les vérités fondamentales des sciences sous les divers points de vue dont elles sont susceptibles. De la nouvelle édition, Carnot dit : « Plusieurs savants m'ont fortement engagé à la donner » [47], mais nous ne savons malheureusement pas de qui il s'agit. Ces savants l'ont-ils fait parce que Carnot était maintenant un homme d'État très en vue, récemment sorti de l'oubli et exerçant une certaine influence à l'Institut ? Il serait naïf de croire que de tels facteurs n'ont pas pu entrer en ligne de compte, mais nous ne sommes pas non plus obligés de voir seulement flagornerie et flatterie chez ceux qui le conseillèrent.

45. Voir, par exemple, Ch. BRUNOLD, *L'entropie, son rôle dans le développement historique de la thermodynamique,* Paris, 1930, p. 37-38 ; D. S. L. CARDWELL, « Some factors in the early development of the concepts of power, work, and energy », *The British Journal for the History of Science,* 3 (juin 1967), p. 209-224 ; R. DUGAS, *Histoire de la mécanique,* Neufchâtel, 1950, p. 309-317 ; E. JOUGUET, *Lectures de mécanique,* Paris, 1922, 2e volume, p. 72.

46. *Principes fondamentaux,* p. v.

47. *Ibid.,* p. v.

Bien que devenu maintenant un homme d'État célèbre, Carnot, grâce à ses écrits mathématiques, avait acquis une certaine réputation scientifique. Son ouvrage sur le calcul infinitésimal avait vu le jour en 1797, et son premier livre de géométrie en 1801.

Faudrait-il plutôt supposer que l'importance grandissante de la formation de l'ingénieur dans l'enseignement technique ait créé une audience pour un ouvrage de mécanique écrit du point de vue d'un ancien ingénieur devenu célèbre ? C'est là certainement ce que devait penser Carnot car, contrairement à l'*Essai sur les machines,* les *Principes fondamentaux* sont à la fois un manuel et un traité dans la tradition de l'École polytechnique. Le fait qu'il s'agisse d'un manuel rend le style déjà simple de Carnot encore plus plat et l'ouvrage est éclipsé par ceux de Lagrange et de son école, lesquels brillent par leur élégance formelle. En tout cas, il paraît très probable que c'est une combinaison de telles raisons, tant personnelles qu'institutionnelles, qui a conduit Carnot à revoir sa science des machines, et non le fait que sa théorie résolvait la problématique de la science même de la mécanique. Comme on le verra en effet, si son œuvre était désormais connue, une vingtaine d'années devaient s'écouler encore avant que ce type de préoccupation entre en ligne de compte.

Nous analyserons d'abord les *Principes fondamentaux* en tant que manuel, puisque Carnot avait entièrement remanié sa présentation du sujet. La division en principes fondamentaux de la mécanique et théorie des machines « proprement dites » a disparu. L'ouvrage comporte bien encore deux parties, mais c'est entre les aspects empiriques et rationnels que la différence est maintenant introduite. La première partie est presque un lexique de mécanique. Elle comprend principalement les définitions ainsi que les lois élémentaires de la statique et de la dynamique, que Carnot justifie par l'expérience. La deuxième partie, en revanche, contient des propositions qu'on peut déduire des premiers principes, simplement par une démarche logique. Nous les étudierons en plus grand détail puisque ce sont elles qui sont vraiment propres à Carnot, soit dans leur conception, soit dans l'usage qui en est fait.

En observant que la première partie se lit maintenant comme un manuel, notre intention n'est pas de la dénigrer. Nous sommes là en présence d'une bonne introduction. Aucune autre source ne nous indique plus clairement ce que signifiaient réellement à la fin du XVIIIe siècle les notions de base de la mécanique telles que celles de force, de mouvement, d'action, de vitesse, d'accélération, etc. [47 bis]. Comme il en est de la plupart des notions simples que l'on prend généralement pour acquises, ces notions ne se prêtent que malaisément à une relation historique précise. Du point de vue d'une telle relation, on peut noter que les *Principes fondamentaux* marquent un progrès dans la clarté par rapport à l'*Essai sur les machines* où le lecteur moderne ne dispose guère que de l'usage de l'auteur pour apprécier ce que Carnot met sous les termes et quelles dimensions il leur donne. Dans les *Principes,* on trouve au contraire, par exemple, une discussion explicite des notions de projection

47 *bis*. Voir ci-dessus, p. 48.

et de combinaison de quantités dirigées. Mais il est extrêmement curieux que, ce faisant, Carnot semble, pour ces considérations protovectorielles[48], revenir à son tout premier mémoire de 1778. Est-ce l'œuvre géométrique réalisée entre-temps qui lui a fait découvrir l'intérêt d'une représentation qu'il avait prise d'abord comme suffisamment acquise en mécanique ? C'est possible.

Quoi qu'il en soit, Carnot suggère la notation suivante pour représenter la projection A*a'* d'une vitesse A*a* sur une droite AB

$$\overline{\mathrm{A}a'} = \overline{\mathrm{A}a} \cos \widehat{\overline{\mathrm{A}a}\ \overline{\mathrm{AB}}}.$$

Notation dans laquelle la représentation de l'angle, tout en étant obvie, est trop peu commode pour être adoptée de manière générale. Voici, par exemple, comment s'écrit la relation entre la vitesse initiale MW d'un corps, sa nouvelle vitesse MV et la vitesse MU perdue quand le corps est contraint de changer de mouvement.

$$\overline{\mathrm{MW}} = \overline{\mathrm{MV}} \cos \widehat{\overline{\mathrm{MW}}\ \overline{\mathrm{MV}}} + \overline{\mathrm{MU}} \cos \widehat{\overline{\mathrm{MW}}\ \overline{\mathrm{MU}}}. \text{[49]}$$

En écrivant sur les moments, Carnot voit que le moment d'une force motrice, étant le produit de la force par une ligne, « peut toujours se résoudre en une force vive » ; que le moment d'une quantité de mouvement « peut toujours se résoudre en une force vive multipliée par un temps ». Ce qui rend clair que ce dernier moment mérite bien le nom de quantité d'action de la masse. Ce qui allait devenir le concept de travail restait encore moment d'activité, mais la manière dont Carnot considère ces deux notions semble témoigner d'une certaine évolution dans la distinction entre la future énergie (force vive) et le futur travail (moment d'activité). Il fait une différence entre moment d'activité « consommé » et moment d'activité « absorbé » (au lieu de « consommé » et « produit »). Le moment d'activité consommé par une force motrice reste « le produit de cette force par le chemin décrit par le point où elle est appliquée, et estimé dans le sens de cette force », mais le moment d'activité absorbé est défini maintenant comme « le produit de cette force par la vitesse[50] du point où elle est appliquée, estimée dans le sens opposé à cette force ».

De même que dans l'*Essai sur les machines*, les deux quantités sont présentées comme identiques en valeur absolue, numérique, mais comme devant être prises dans des sens opposés puisque correspondant à deux angles supplémentaires. Toutefois, il y a dans les *Principes* une distinction plus nette entre travail exercé *sur* un système et travail exercé *par* un système, et plus proche de la distinction qui devait devenir classique[50 bis].

48. On pourra se rapporter aux § 52-54 de l'appendice A. Les figures manquantes au mémoire de 1778 peuvent être reconstruites d'après les figures 2, 3, 4 de la planche I des *Principes fondamentaux* qui s'accordent avec l'argument du mémoire de 1778.

49. *Principes fondamentaux,* § 43, p. 26.

50. *Ibid.*, p. 39, 2e paragraphe, ligne 3 : Carnot emploie le mot « vitesse » là où, conformément à l'introduction du paragraphe 61, on s'attendrait à retrouver « chemin ».

50 *bis. Ibid.*, § 60-61, p. 38-39.

C'est en effet ainsi que commencent à se distinguer deux notions qui, au cours des cinquante années suivantes, ont lentement débouché sur les concepts d'énergie cinétique et d'énergie potentielle.

Définissant la force vive « proprement dite » par une expression de dimensions MV^2 (comme nous l'écrivons aujourd'hui), Carnot remarque que le produit d'une force motrice par une ligne (PH ou, comme nous l'écrivons aujourd'hui, mgh) peut être considéré comme une « force vive latente ». Et il est exact que, dans ce cas, il y a identité dimensionnelle avec le moment d'activité (ou travail). Il est cependant intéressant de noter que Carnot établit une distinction conceptuelle entre les deux notions. Pour un système de corps dans lequel les forces agissent pendant un certain temps, l'expression

$$mp.\, u\, dt \cos k$$

représente le moment d'activité consommé pendant le temps dt par la force mp à l'égard de la vitesse u (k étant l'angle compris entre les directions de u et de p). Le moment d'activité consommé pendant la durée entière du mouvement par le système total est alors

$$\Sigma \int mp\,.\, u\, dt \cos k$$

(on doit noter que Carnot avait commencé par reconnaître une distinction entre la sommation S et l'intégration $\int$, et qu'il reprend ici son ancienne notation). Cette expression étant une force vive latente, elle peut se résoudre en une quantité de la forme MV^2 : « ...d'où il est aisé de sentir, que la notion que nous venons de donner des moments d'activité, doit se rencontrer fréquemment dans la théorie de l'équilibre et du mouvement ; soit sous la forme des forces vives proprement dites, soit sous celle des forces vives latentes » [51].

Ces définitions posées, Carnot résume alors « les hypothèses qui peuvent être admises comme lois générales de l'équilibre et du mouvement ». Ces hypothèses qui, selon lui, se justifient par l'expérience et le raisonnement ne sont en fait que les lois classiques de la statique et de la dynamique. Nous n'énoncerons pas ces propositions car elles ne nous apprennent rien que nous ne sachions déjà de la pensée de Carnot, mais on peut faire ici deux remarques intéressantes. Carnot attribue à Galilée le principe des vitesses virtuelles, l'appelant même « principe de Galilée », et à Torricelli le principe du centre de gravité, qu'il cite comme conséquence du premier avant de le rectifier et de le rendre opérationnel. Si c'est bien à Torricelli que l'on doit le second principe, Galilée ne peut pas être considéré comme l'auteur du premier. On a l'impression, en fait, que Carnot a été influencé par l'exemple de Lagrange en ce qui concerne la manière de traiter l'historique des concepts. La seconde remarque est que Carnot termine son étude des éléments en déduisant de la conservation des forces vives les relations dont il avait besoin pour les différents cas de changement de mouvement. Désignant, comme d'habitude, la vitesse avant le choc par

51. *Ibid.*, § 64, p. 41.

W, la vitesse après le choc par V et la vitesse perdue dans le choc par U, on doit avoir :

$$\int MW^2 = \int MV^2 + \int MU^2$$

pour tout système de corps durs, quelle que soit la nature du choc. Dans le cas où le mouvement change par degrés insensibles, U est infiniment petite et l'on a

$$\int MW^2 = \int MV^2.$$

Dans le cas où les corps sont parfaitement élastiques, Carnot part de la relation

$$\int MV^2 = \int MW^2 - \int MU^2$$

et remarque qu'elle se réduit à

$$\int MV^2 = \int MW^2$$

puisque la vitesse U absorbée par le choc est restituée par les ressorts. Ces énoncés ne sont remarquables que parce qu'on peut maintenant les écrire simplement l'un à la suite de l'autre [52].

La seconde partie des *Principes fondamentaux* est consacrée à une étude formelle des soi-disant hypothèses considérées comme des lois de la nature, mais il est difficile, dans l'ensemble, de trouver la présentation heureuse. Carnot voulait manifestement formuler analytiquement ces lois, et son désir (apparent) d'imiter dans une certaine mesure le style de Lagrange, voile l'originalité qu'il a apportée à la mécanique en valorisant l'étude des machines. La séquence des théorèmes qu'il énonce et qui sont si loin de la théorie des machines n'aboutit pas à une élaboration satisfaisante, puisque même son apogée, généralisation du principe de la moindre action, est quelque peu étrangère à la question.

Mais il serait injuste de sous-estimer l'aspect théorique d'ensemble des *Principes fondamentaux* sous prétexte que cette seconde partie ne présente qu'un demi-succès ou que les principaux résultats se trouvent déjà dans l'*Essai sur les machines.* Par rapport à l'*Essai,* il y a progrès de clarté, surtout en ce qui concerne les mouvements géométriques :

« Tout mouvement, qui imprimé à un système de corps ne change rien à l'intensité de l'action qu'ils exercent ou pourraient exercer les uns sur les autres si on leur imprimait d'autres mouvements quelconques, sera nommé mouvement géométrique [53]. »

Cette définition est évidemment nouvelle car elle caractérise entièrement les mouvements géométriques par leurs propriétés. Formulée ainsi, on y reconnaît plus facilement la notion qu'on devait plus tard appeler déplacement virtuel. Dans le mémoire de 1780 et dans l'*Essai sur les machines,* Carnot n'avait pas conçu ses mouvements géométriques à partir du principe des vitesses virtuelles. Dans les *Principes fondamentaux,* en revanche, il reconnaît l'analogie entre l'usage de ces mouvements et le

52. *Ibid.,* § 131-132, p. 104-105.
53. *Ibid.,* § 136, p. 108.

principe des vitesses virtuelles mis en avant par Lagrange. La différence réside dans le fait que les vitesses virtuelles, étant « infiniment petites », ne s'appliquent pas « sans modification au choc des corps », alors que les mouvements géométriques, étant finis, généralisent ce principe à tous les cas, que le mouvement change brusquement ou par degrés insensibles et que les corps soient durs, élastiques ou fluides [54].

Ce sont ces considérations qui nous permettent de considérer le concept de mouvement géométrique comme le précurseur, sinon l'ancêtre commun, et des processus réversibles et de l'analyse vectorielle. D'une part, en effet, la réversibilité est le critère permettant de reconnaître l'indépendance de tels mouvements par rapport aux règles de la dynamique ; et, d'autre part, ces mouvements sont déterminés par la seule géométrie du système. Carnot nourrissait des espérances prophétiques, sinon toujours réalistes, quant à l'avenir d'une science qui serait « intermédiaire entre la géométrie ordinaire et la mécanique ». Il exprime dans les *Principes fondamentaux* et dans la *Géométrie de position*, l'espoir de voir créée cette science qui réunirait la mécanique et la géométrie. Les grandes difficultés analytiques rencontrées en mécanique venaient principalement du fait que la théorie des mouvements géométriques n'était pas encore élaborée. Carnot signale que cela est particulièrement vrai en « hydraulique » [55]. Cette remarque tend à confirmer que les mouvements géométriques sont à l'origine des processus réversibles puisque c'est en rapport avec le modèle du fluide pour le débit de la chaleur que Sadi a introduit le concept de réversibilité.

C'est dans la perspective d'une telle théorie des mouvements géométriques que Carnot commence la partie « rationnelle » de ses *Principes fondamentaux* par une série de neuf théorèmes relatifs aux propriétés des mouvements géométriques dans le cas des corps durs. Ces théorèmes intrigueront un lecteur non averti de ses intentions en mécanique. Quand Carnot en vint finalement à préciser sa pensée, il le fit de manière différente de celle de l'*Essai sur les machines*. Dans les deux ouvrages, c'est sur la nullité de l'effet total des actions réciproques des parties que l'auteur se base pour appliquer la mécanique aux machines. Mais on se souvient que, dans l'*Essai sur les machines*, Carnot présente ce résultat comme solution générale du problème suivant : « Connaissant le mouvement virtuel d'un système quelconque de corps ... trouver le mouvement réel qui aura lieu l'instant suivant » [56]. Il exprime la solution par l'équation (F)

$$\int mu \, \mathrm{U} \cos z = 0$$

obtenue en transformant une expression équivalente à la conservation des forces vives grâce à la notion auxiliaire de mouvement géométrique. Dans les *Principes fondamentaux*, en revanche, Carnot développe cette notion dans une série de propositions et énonce ce même résultat comme étant un théorème :

54. *Ibid.*, p. ix-x, 115 (§ 144).
55. *Ibid.*, § 145, p. 116.
56. *Essai sur les machines*, § XX, p. 40. Voir plus haut, p. 44.

« Dans le choc des corps durs ... la somme des produits de la quantité de mouvement perdue par chacun de ces corps, multipliée par sa vitesse après le choc, estimée dans le sens de cette quantité de mouvement perdue, est égale à zéro. »[57]

La relation, quant à elle, est reléguée au rang de corollaire :

$$\int MUV \cos \widetilde{UV} = 0.$$ [58]

Il y a ainsi, entre les deux ouvrages, une différence dans la forme qui est significative : les *Principes fondamentaux* constituent l'exposé didactique des résultats qui sont dans l'*Essai sur les machines* obtenus comme solutions de divers problèmes. D'où plus de clarté méthodique aux dépens de ce qui constituait l'origine des démarches. D'autre part, les *Principes* manifestent l'influence de l'œuvre de Lagrange, mais au prix d'une certaine régression du point de vue théorique propre à l'auteur. Carnot, en effet, tend maintenant à revenir au principe de moindre action pour signifier ses concepts de travail au lieu de raisonner en termes d'énergie, ce qui aurait constitué un progrès. Qu'il ait procédé ainsi n'est pas pour surprendre car il ne prétendit jamais être un novateur, mais il nous faudra voir les choses en plus grand détail pour nous en rendre compte.

Le théorème que nous venons de citer est suivi d'une autre proposition : dans le choc des corps durs, la somme des forces vives avant le choc est égale à la somme des forces vives après le choc, plus la somme des forces vives qui auraient lieu, si chacun des corps se mouvait librement avec la seule vitesse qu'il a perdue par le choc :

$$\int MW^2 = \int MV^2 + \int MU^2.$$ [59]

Le point sur lequel nous voudrions attirer ici l'attention est que, dans l'esprit de Carnot, la notion de force vive n'était pas clairement équivalente à celle d'énergie cinétique. La perte subie par un corps dur dans un choc était tantôt de la vitesse ou du mouvement, tantôt de la force vive elle-même, comme dans un corollaire où il était démontré que la somme des forces vives après le choc est nécessairement plus petite qu'avant — mais ce corollaire ne s'applique qu'aux corps durs. Carnot voyait clairement la possibilité de convertir en moment d'activité ou en force vive latente (travail ou énergie potentielle) les quantités exprimées dans les dimensions de la force vive (énergie cinétique), mais il pensait ces notions en termes de formule dimensionnelle davantage qu'en rigueur conceptuelle. Le concept de travail était le seul qu'il eût complètement développé, sans pour autant avoir utilisé systématiquement le mot. En ce qui concerne la notion d'énergie, il a été obligé d'incliner vers elle à propos des forces fonction de la distance (en général mais pas toujours

57. *Principes fondamentaux*, § 168, p. 139.
58. *Ibid.*, § 169, p. 143.
59. *Ibid.*, § 175, p. 145-146.

quand il s'agissait d'en mesurer l'effet), ou des forces fonction de la durée (en général mais encore pas toujours, quand il s'agissait du fonctionnement des machines). Cette nécessité peut expliquer pourquoi, petit à petit, le principe de la moindre action a occupé une place si centrale dans sa pensée.

Comme dans l'*Essai sur les machines,* Carnot se sert de ce principe pour déterminer le mouvement qui a réellement lieu parmi l'infinité de mouvements géométriques dont est susceptible un système de corps durs. Le mouvement est celui pour lequel la somme des produits de chacune des masses par le carré de la vitesse qu'elle perd est un minimum ou plus généralement, celui pour lequel

$$\delta \int MU^2 = 0$$

Carnot aimait beaucoup cette loi, et la considérait comme la loi fondamentale du choc des corps durs. Il la généralisa même au choc des corps parfaitement élastiques ou mêmes doués d'une élasticité quelconque. Elle s'écrit alors :

$$\delta \int MUX = 0$$

(X étant l'espace parcouru dans un temps *t* par un corps M de vitesse U). Carnot reconnaît en MUX la quantité que Maupertuis avait appelée quantité d'action. Mais il a de plus conscience d'être le premier à démontrer, dans l'*Essai sur les machines,* que ce principe s'applique dans le cas des changements brusques de mouvement qui se produisent dans le choc des corps durs. Maupertuis avait été si vague dans son étude qu'il n'avait même pas distingué le cas où le mouvement change de manière continue du cas où il change brusquement. Euler avait ensuite considéré distinctement le premier cas et en avait tiré, pour l'application aux mouvements dans l'action de forces centrales d'attraction, un principe rigoureux, encore qu'assorti d'une justification métaphysique[60]. Or, dans les *Principes fondamentaux,* Carnot se propose de montrer que les considérations métaphysiques sont superflues et que le principe est vraiment général. Il préfère toutefois le mettre sous la forme

$$\delta \int MU^2 = 0$$

et c'est ce que nous sommes vraiment tentés de lire comme un énoncé énergétique, avant la lettre bien entendu. Carnot, en effet, n'avait pas encore dégagé des propriétés des corps la forme d'équivalence de la force vive à une énergie : la force vive était perdue entièrement dans le choc des corps « durs », et partiellement dans le choc des corps imparfaitement élastiques et Carnot se fondait plus que jamais sur ses mouvements géométriques, dépourvus de travail, pour rendre compte des « déperditions ». Il accorda d'autre part une place plus centrale au principe du travail aux dépens de la notion de moment de quantité de mouvement. On se souvient que, dans l'*Essai sur les machines,* la conservation du

60. *Ibid.*, p. vi-ix, 163-164 (§ 188).

moment de la quantité de mouvement était le principe fondamental de la mécanique et qu'on pouvait en déduire toutes les lois possibles de l'équilibre et du mouvement [61]. Dans les *Principes fondamentaux,* Carnot utilise à sa place diverses propositions relatives aux moments de rotation et aux moments de chocs ainsi que le principe des aires de d'Arcy [62]. La quantité fondamentale qui est conservée devient « le moment d'activité du système général à l'égard de chacun des mouvements géométriques dont il est susceptible » [63], c'est-à-dire, en fait, le travail. Cela semble être toutefois le résultat d'une réflexion postérieure à la justification enthousiaste du principe de moindre action.

Dans une dernière section, intitulée « Considérations sur l'application des forces mouvantes aux machines » [63 bis], Carnot rassemble les remarques dispersées dont il avait eu l'occasion de se servir dans l'*Essai sur les machines* pour justifier ses raisonnements, et reprend en même temps son analyse de « l'avantage que procurent les machines » [63 ter] et les ardentes recommandations qu'il avait mises dans le Scholie final sur l'emploi de la puissance. Pour qui ne connaît que les *Principes fondamentaux,* cette section apparaît plutôt comme un appendice alors que les considérations qu'elle contient étaient en fait la motivation des versions antérieures. Aucune conclusion nouvelle ne s'ajoute aux résultats déjà établis concernant les différents facteurs susceptibles d'accroître l'avantage procuré par les machines ou le moyen de les varier pour tirer parti des facteurs économiques entrant en jeu. C'est là toutefois que l'on rencontre une des rares allusions que Carnot fit à l'œuvre d'un autre. Il refuse d'adopter l'hypothèse de Daniel Bernoulli selon laquelle on obtient à peu près les mêmes résultats que l'on augmente la force aux dépens de la vitesse ou vice versa. Dans le cas de la force des hommes ou des animaux, les expériences de Coulomb avaient contredit cette hypothèse, laquelle ne tenait pas compte de l'ennui ou de la fatigue [64]. Carnot attribue ensuite à Daniel Bernoulli « la maxime importante que, dans tout ouvrage qu'on se propose, il faut commencer par examiner quel est l'effet essentiellement et nécessairement attaché à cet ouvrage, effet qui soit inévitable par la

61. Voir p. 59-60 du chap. II.

62. On peut se demander dans quelle mesure l'œuvre du chevalier Patrick d'ARCY a pu influencer Carnot, mais c'est ici la seule allusion qu'il en fait (§ 195, p. 174). Les mémoires en question sont : « Problème de dynamique », *Mémoires de l'Académie royale des sciences, Année 1747,* Paris, 1752, p. 344-356, et son appendice, p. 356-361 : « Suite d'un mémoire de dynamique », *ibid., Année 1750,* Paris, 1754, 107-108 ; « Théorèmes de dynamique », *ibid., Année 1758,* Paris, 1763, p. 1-8.

63. *Principes fondamentaux,* § 197, p. 176.

63 *bis. Ibid.,* p. 227.

63 *ter. Ibid.,* p. 235.

64. Carnot cita le mémoire de COULOMB, « Résultat de plusieurs expériences destinées à déterminer la quantité d'action que les hommes peuvent fournir par leur travail journalier, suivant les différentes manières dont ils emploient leurs forces », *Mémoires de l'Institut,* II (Paris, An VII, 1799), p. 340-428. Carnot lut ce mémoire à l'Académie en 1778. Voir le chapitre II de l'ouvrage déjà cité de Gillmor. Carnot cita également un mémoire d'EULER, « De machinis in genere », (*Novi*) *Commentarii Academiae Imperialis Scientarum Petro-Politanae,* III (1751), p. 254.

nature même de l'ouvrage, et éviter ensuite, autant qu'il est possible, tout autre effet ». Carnot ne précise pas la référence mais il ajoute que « ce principe exige que l'on évite tout choc ou changement brusque quelconque qui ne serait pas essentiel à la constitution même de la machine, puisque toutes les fois qu'il y a choc, il y a déperdition de forces vives et, par conséquent, une partie du moment d'activité inutilement absorbée ». Le surprenant ici, c'est que le résultat, attribué à Daniel Bernoulli, et comme en passant, est généralement considéré comme propre à Carnot. Cela montre bien que le développement du génie mécanique dépendait moins de la connaissance des choses que de la formulation et articulation de principes plus ou moins inconsciemment reconnus par tous comme intervenant dans les processus.

L'analyse du fonctionnement des machines est en général plus concise et plus facile à suivre dans les *Principes fondamentaux* que dans l'*Essai* ou les mémoires antérieurs soumis à l'Académie. Nous voulons reproduire ici la conclusion de cet ouvrage puisqu'il témoigne lui aussi de la clarification graduelle des idées chez Carnot et qu'il représente une approche, inconsciente, à l'étude de l'énergie, approche basée sur la notion de travail. Après avoir remarqué que l'effet produit est toujours une force vive réelle ou latente comparable au produit PH du poids P par la hauteur H, ou encore le produit d'une force par une ligne, Carnot conclut que c'est le moment d'activité qu'il faut économiser pour obtenir le plus grand effet possible, qu'il s'agisse d'élever un poids, de faire tourner la meule d'un moulin, de faire un vide quelconque dans l'air, dans la mer ou dans un vase de figure donnée, qu'il soit question de faire naître un mouvement dans une machine, que l'on ait un système quelconque de corps s'attirant les uns les autres en raison d'une fonction quelconque de leurs distances, ou que l'on soit en présence de tout autre processus. Ce résultat reste valable quel que soit l'agent employé, qu'il s'agisse de poids, du vent, de l'eau, de l'homme ou d'animaux, ou d'une combinaison de ces agents. Carnot conclut alors ainsi :

> « Quel que soit le changement occasionné dans le système, le moment d'activité, consommé pendant un temps quelconque par les puissances extérieures, sera toujours égal à la moitié de la quantité dont la somme des forces vives aura augmenté pendant ce temps, dans le système des corps auxquels elles sont appliquées, moins la moitié de la quantité dont aurait augmenté cette même somme de forces vives, si chacun des corps s'était mû librement sur la courbe qu'il a décrite, en supposant qu'alors il eût éprouvé à chaque point de cette courbe, la même force motrice, que celle qu'il éprouve réellement : pourvu, toujours, que le mouvement change par degrés insensibles, et que si l'on emploie des machines à ressorts, on laisse ces ressorts dans le même état de tension où on les a pris. »[65]

65. *Principes fondamentaux,* § 293, p. 261-262.

D. — *RAPPORT AVEC L'ŒUVRE DE SADI CARNOT*

Examinons maintenant le mémoire que Sadi Carnot publia en 1824 sous le titre : *Réflexions sur la puissance motrice du feu et sur les machines propres à développer cette puissance*, l'année de la mort de son père et vingt-et-un ans après la parution des *Principes fondamentaux de l'équilibre et du mouvement*. On a souvent souligné la parenté entre les conclusions tirées par Lazare dans ce dernier ouvrage au sujet des machines hydrauliques et le modèle utilisé par Sadi pour attribuer une force motrice à un débit de chaleur considéré comme un véritable écoulement de fluide avec chute de température [66]. En fait, si on lit l'œuvre de Sadi tout de suite après les œuvres de Lazare, force est de constater que le fils doit beaucoup plus à son père que le simple choix d'un modèle hydraulique pour l'écoulement de la chaleur. En effet, la *Puissance motrice du feu* peut être considérée tant comme la pierre angulaire de la thermodynamique que comme le couronnement de la série de mémoires que Lazare Carnot consacra à la science des machines et qu'il avait inaugurée avec le mémoire de 1778. C'est ce point de vue qui nous intéresse ici.

Sadi, pensons-nous, n'aurait rien à objecter à notre interprétation, car nos raisons tiennent tant à sa propre biographie qu'au sujet en question. Sorti de Polytechnique en octobre 1814 (après avoir participé à la brève et vaine défense de Vincennes en mars), Sadi paracheva sa formation militaire par deux années d'études à l'École du génie militaire de Metz et mena jusqu'en 1819 la vie de garnison d'un sous-lieutenant. Il réussit ensuite à se faire mettre en disponibilité à Paris afin de se consacrer à l'étude et à la recherche technique. Son père et son frère cadet étaient alors en exil à Magdebourg et Sadi leur rendit une visite de quelques semaines en 1821.

C'est manifestement après cette visite que Sadi commença à s'intéresser aux principes des machines thermiques et, en premier lieu, à la machine à vapeur. Outre la *Puissance motrice du feu*, nous est parvenu de lui le manuscrit assez court d'une « Recherche d'une formule propre à représenter la puissance motrice de la vapeur d'eau » [67]. Diverses opinions ont été émises quant à la date de composition de ce mémoire, mais nous pensons qu'il a probablement été écrit quelque peu avant la *Puissance motrice*. Il appartient, en effet, à un genre assez courant dans les années 1820, et que nous aurons l'occasion de décrire brièvement dans le prochain chapitre. Sadi détermina, en fonction de la température, la puissance motrice d'un kilogramme de vapeur en employant la loi de Clément sur la pression de la vapeur d'eau ainsi que la table de Dalton pour les tensions de vapeur en fonction de la température. La discussion est claire et le raisonnement ingénieux. Pour plus de généralité, Sadi identifie à trois le

66. BRUNOLD, *op. cit.*, p. 37-40.

67. Publié par W. A. GABBEY et J. W. HERIVEL, « Un manuscrit inédit de Sadi Carnot », *Revue d'Histoire des Sciences* (1966), p. 151-166. Voir *infra* note 73, p. 112, pour la date probable de composition du mémoire.

nombre de périodes dans le fonctionnement d'une machine à vapeur : la vapeur se répand dans le vaisseau cylindrique, à température constante dans la première et adiabatiquement dans la seconde ; dans la troisième période, il y a compression isotherme dans le condensateur (étant bien entendu que ces différents termes n'avaient pas encore été introduits). Mais bien que l'on retrouve ici des éléments de l'analyse qui fait l'objet des *Réflexions,* la lecture de celles-ci montre que la schématisation du mémoire était incomplète : dans le mémoire, on trouve seulement l'achèvement du cycle par retour du piston à son point de départ et non pas avec retour de la température de la vapeur. Un reste de cette imperfection a d'ailleurs déparé le raisonnement du discours introductif de la *Puissance motrice du feu* elle-même. Il est probable que, en apprenant cette année-là la mort de son père, Sadi porta naturellement une attention particulière aux travaux de celui-ci. Et y trouva le moyen de vaincre la difficulté en rendant son raisonnement complètement général. Dans le mémoire qu'il écrivit sur Sadi, son frère Hippolyte nous raconte comment en revenant à Paris après la mort de Lazare, en 1823, il trouva Sadi travaillant à son manuscrit. Celui-ci lui fit lire les principaux passages et lui demanda s'il les jugeait suffisamment clairs pour le public général auquel il était destiné [68]. Il est inconcevable que Sadi et Hippolyte n'aient pas alors évoqué les travaux de leur père.

Même le terme « Réflexions » dans le titre choisi par Sadi n'est pas sans rappeler le style modeste et le propos philosophique des *Réflexions sur le calcul infinitésimal.* Et par son analyse et par son sujet, l'ouvrage de Sadi prend place parmi les livres de Lazare sur la science des machines. Tout comme l'*Essai sur les machines,* la *Puissance motrice du feu* est un traité rigoureux, quoique non formalisé et il est suffisamment général bien que ce soit une adaptation de la science aux principes de l'utilisation des machines. Sadi remarque, pour commencer, que, pour si satisfaisante que soit en gros dans la pratique la situation des machines à feu, il n'y a aucune théorie susceptible d'indiquer la voie dans laquelle on puisse chercher à les améliorer. Les perfectionnements possibles des machines à feu ont-ils d'ailleurs un terme assignable ? Question de pure rhétorique, qui laisse sous-entendre que Sadi ne doute pas de la réponse positive. Quelles étaient alors les meilleures conditions de construction et de fonctionnement des machines à feu ? N'existait-il pas des agents préférables à la vapeur d'eau pour développer la vapeur motrice du feu ? Sadi s'était certainement informé à cet égard. Il pense à l'air atmosphérique en particulier et il évoque assez souvent son utilisation pour qu'on puisse conclure qu'elle l'avait séduit, et que les modèles des machines à air de Niepce et de Cagniard, qui avaient tant enthousiasmé Lazare, durent, à un certain moment, le frapper particulièrement [69].

Or, Sadi est formel sur un point : la réponse positive au maximum de rendement n'a pas pu être donnée jusque-là parce que le phénomène de la

68. La biographie d'Hippolyte se trouve dans une édition des *Réflexions sur la puissance motrice du feu* publiée en 1878, à Paris. Les références que nous indiquons se rapportent au fac-similé de la première édition (1824), publié par Blanchard en 1953.

69. Voir p. 46-47 du chap. I.

production du mouvement par la chaleur n'a pas été considéré sous un point de vue assez général, mais seulement dans des machines particulières. Pour arriver à créer une théorie fondamentale, il faut concevoir le principe de la production du mouvement par la chaleur indépendamment de tout mécanisme et obtenir des résultats applicables quelle que soit la substance mise en œuvre et la manière dont on agit sur elle. La théorie ne doit se limiter ni aux machines à vapeur, ni même aux machines à fluide élastique, mais à toute machine à feu imaginable. Elle doit, d'autre part, s'inspirer de la théorie des machines classiques. Selon Sadi, en effet, c'est bien là une science qui a le caractère d'une théorie complète, puisqu'elle se base sur les principes de la mécanique elle-même. Ce n'est qu'en devenant suffisamment générale pour faire connaître à l'avance tous les effets de la chaleur agissant d'une manière déterminée sur un corps quelconque, que les lois de la physique permettront à la théorie des machines à feu d'atteindre un niveau aussi satisfaisant [70].

Comme l'ouvrage de Sadi a récemment été étudié, commenté et paraphrasé à fond, nous ne jugeons pas utile d'en résumer le contenu ou de nous étendre sur l'importance ultérieure qu'il a eue dans l'histoire de la thermodynamique. Nous nous contenterons d'indiquer les différentes parties de l'argument qui sont inspirées de l'œuvre de Lazare.

Sadi remarque d'abord que la production du mouvement dans les machines à vapeur s'accompagne toujours d'une certaine circonstance. Cette circonstance est le rétablissement d'équilibre dans le calorique : le calorique passe d'un corps où la température est plus ou moins élevée (la chaudière) à un autre où elle est plus basse (le condenseur). Sadi insiste sur le fait que la production de la force motrice est due non à une consommation réelle du calorique, mais à son transport d'un corps chaud à un corps froid. Et il base son analyse sur le principe que la production de puissance motrice présuppose un déséquilibre dans la distribution du calorique. Réciproquement, partout où il existe une différence de température, on peut théoriquement produire une puissance motrice à partir d'un transport de calorique qui restaurerait l'état d'équilibre. Tous les corps de la nature peuvent, en principe, être employés à cet usage. C'est ainsi qu'une barre métallique alternativement chauffée et refroidie augmente et diminue de longueur et peut mouvoir des corps fixés à ses extrémités. Le choix de l'agent est fonction de l'efficacité.

La question de savoir si la puissance motrice de la chaleur est immuable en quantité ou si elle varie avec l'agent utilisé pour la réaliser, que cet agent soit la vapeur, l'air, des barres métalliques ou un objet quelconque, ne peut être tranchée que pour une quantité de calorique donnée, la différence de température étant également donnée. Considérant par exemple un corps A maintenu à la température de 100° et un corps B, maintenu à la température de 0°, la question est de savoir quelle quantité de puissance motrice (ou de travail — le terme allait être adopté seulement cinq ans plus tard) peut naître par le transport d'une portion donnée de calorique du premier de ces corps au second. Cette quantité varie-t-elle

70. *Réflexions sur la puissance motrice du feu*, p. 6-9.

avec la substance employée à la réaliser ? Les fluides gazeux offrent l'avantage d'avoir une température qui s'élève par la compression et s'abaisse par la raréfaction, si bien qu'on peut rompre l'équilibre du calorique à volonté. De plus, et c'est ici que l'on devine pour la première fois le parti que Sadi allait bientôt tirer de l'idée de processus réversible, on peut toujours, théoriquement du moins, rompre l'équilibre du calorique en employant la vapeur d'eau d'une manière inverse de celle où on l'emploie dans les machines à vapeur. En d'autres termes, on peut transporter le calorique d'un corps à un autre de température plus élevée par une dépense de force motrice.

En décrivant ce processus pour la première fois, Sadi reprend les trois étapes qu'il y avait distinguées dans sa « Recherche » non publiée : 1) faire remplir au corps A la fonction d'un foyer produisant la vapeur à sa propre température (c'est-à-dire isothermiquement) ; 2) augmenter le volume de la vapeur (adiabatiquement) dans le cylindre la raréfaction étant poussée jusqu'au point où la température devient celle du corps B ; 3) condenser la vapeur en la mettant en contact avec le corps B et en exerçant en même temps sur elle une pression constante. Le corps B remplit ici le rôle de l'eau d'injection dans les machines ordinaires avec cette différence qu'il condense la vapeur sans se mêler avec elle et sans changer lui-même de température.

Ayant ainsi procédé à une certaine idéalisation et schématisation du fonctionnement de la machine à vapeur, un peu comme Lazare l'avait fait pour les machines ordinaires, Sadi remarque que ces opérations peuvent s'effectuer dans un sens et dans un ordre inverse. On peut tout aussi bien former la vapeur avec le calorique du corps B et, à la température de ce corps, la comprimer de manière à lui faire acquérir la température du corps A.

On peut enfin, dans un troisième temps, la condenser par son contact avec ce dernier corps. Dans un sens comme dans l'autre, la première et la troisième phase sont donc isothermes et l'étape intermédiaire adiabatique, bien qu'il faille préciser encore que ces termes n'existaient pas dans le langage de Sadi. Le premier processus produit de la puissance motrice (ou travail) et transporte le calorique (ou chaleur) du corps A au corps B (dont la température est moins élevée que celle de A). Le processus inverse dépense de la puissance motrice (ou travail) et fait repasser le calorique (ou chaleur) du corps B au corps A.

Mais « si l'on a agi de part et d'autre sur la même quantité de vapeur, s'il ne s'est fait aucune perte ni de puissance motrice ni de calorique, la quantité de puissance motrice produite dans le premier cas sera égale à celle qui aura été dépensée dans le second, et la quantité de calorique passée, dans le premier cas, du corps A au corps B sera égale à la quantité qui repasse, dans le second, du corps B au corps A, de sorte qu'on pourrait faire un nombre indéfini d'opérations alternatives de ce genre, sans qu'il y eût en somme ni puissance motrice produite, ni calorique passé d'un corps à l'autre » [71].

71. *Ibid.*, p. 20.

Ainsi, tout comme Lazare et pour la même raison que lui, c'est au début de son raisonnement que Sadi introduit l'idée de processus réversible : il en sentait le besoin pour pouvoir comparer l'état initial et l'état final d'un système sans tenir compte des changements internes de travail ou d'énergie. On se souvient que, dans l'*Essai sur les machines,* c'est en termes conformes à la notion de réversibilité que Lazare avait d'abord défini ses mouvements géométriques [72]. Si, comme il est probable, c'est avant la mort de son père que Sadi eut l'idée du cycle à trois temps [73], il est particulièrement intéressant qu'il n'ait adopté la notion de processus réversible que dans la *Puissance motrice du feu* dont il discuta le contenu avec Hippolyte quand ce dernier revint de Magdebourg.

La seconde comparaison n'est pas moins significative. Dans les *Principes fondamentaux,* Lazare a remarqué que la condition nécessaire pour faire produire à une machine hydraulique le plus grand effet est de faire en sorte que le fluide perde tout son mouvement par son action sur la machine puisque toute vitesse restante pourrait en principe être employée à produire encore un nouvel effet susceptible de s'ajouter au premier [74]. Quant à Sadi, il part de la notion de réversibilité dans les machines à vapeur idéales pour montrer que, s'il existait des moyens d'employer la chaleur préférables aux deux processus qu'il a décrits, il s'ensuivrait que le premier de ces processus produirait une plus grande quantité de force

72. Voir plus haut, p. 55-56 du chap. II.

73. Il est généralement convenu que Sadi Carnot écrivit le manuscrit de la « Recherche » entre novembre 1819 et mars 1827. Gabbey et Herivel, qui ont publié ce texte (voir note 67), estiment qu'il a été écrit antérieurement à 1824, date de publication de la *Puissance motrice du feu.* James Challey pense que 1823 est la date la plus probable, Sadi ayant adopté le « dynase » pour unité de puissance motrice, unité que Dupin avait introduite en avril de la même année dans un rapport à l'Académie (voir « Sadi Carnot », dans *Dictionary of scientific Biography,* III (1971), p. 83, n. 3). Pour les raisons que je donne dans ce paragraphe, cette hypothèse me paraît correcte, mais Robert Fox ne l'accepte pas. Il m'a communiqué les épreuves de son article, « Watt's expansive principle in the work of Sadi Carnot & Nicolas Clement », *Notes and records of the royal society,* 24 (1970), p. 233-253. Dans ce mémoire, il examine très minutieusement les relations entre Clément et Sadi Carnot. La conclusion à laquelle il arrive — admirablement d'ailleurs — est que la terminologie contemporaine de la puissance a eu une grande importance dans l'œuvre de Sadi. Il pense que Sadi écrivit sa « Recherche » en vue d'établir une formule pour la puissance motrice de la vapeur qui soit applicable à des machines réelles, le raisonnement très abstrait et irréaliste de la *Puissance motrice du feu* ne pouvant l'être. Robert Fox remarque, en particulier et très précisément, que, dans sa « Recherche », Carnot détermine la puissance motrice produite durant la phase de raréfaction adiabatique entre deux températures quelconques, au lieu de se limiter au cas non réaliste d'un écart de un degré. Robert Fox pourrait bien avoir raison, mais j'en doute. Je doute, pour le moins, de l'ensemble de son explication, parce que cela renverse le sens de l'évolution : tant chez Sadi que chez son père, en effet, l'évolution procède de l'analyse des machines vers la théorie, plutôt que le contraire. De plus, l'inclusion dans les premières pages de la *Puissance motrice du feu* du cycle à trois temps applicable à la vapeur seulement, reflète probablement davantage la persistance d'une étape imparfaite de son analyse dans le résultat final plutôt que le retour à une analyse imparfaite pour y trouver base à un calcul. Il est possible que nous ayons tous deux raison et que le mémoire manuscrit, qui a toute apparence d'achèvement, représente la forme finale que Sadi, après avoir publié la *Puissance motrice du feu,* donna alors à sa notion de cycle à trois temps qui avait servi de point de départ à sa démarche. S'il en est ainsi, il reste à expliquer qu'il ne l'ait pas publié. Comme la plupart de ses manucrits furent brûlés quand il mourut du choléra, il est douteux que cette question soit jamais résolue.

74. *Principes fondamentaux,* § 273, p. 248-249.

motrice. On pourrait alors utiliser une portion de cette puissance pour effectuer le processus inverse, c'est-à-dire pour faire remonter le calorique du corps B au corps A. Si cela était possible, on produirait ainsi de la force motrice indéfiniment sans consommer du calorique ou quelque agent que ce soit. On aurait ainsi obtenu le mouvement perpétuel. Une telle conclusion étant contraire aux lois de la mécanique et de la science physique, elle est inadmissible. Cette impossibilité permet alors à Sadi d'énoncer la première version de son « théorème fondamental » : « Le maximum de puissance motrice résultant de l'emploi de la vapeur est aussi le maximum de puissance motrice réalisable [à partir de la chaleur] par quelque moyen que ce soit ». Il est alors facile de voir que la condition nécessaire pour produire le maximum de force motrice en général est « qu'il ne se fasse dans les corps employés à réaliser la puissance motrice de la chaleur aucun changement de température qui ne soit dû à un changement de volume »[75].

Pour qui est familier avec le développement ultérieur de la thermodynamique, il est tout de suite évident que l'argument donné jusqu'ici est incomplet : il omet l'étape de la compression adiabatique lors du retour. Sadi ayant choisi d'employer la vapeur d'eau dans ce premier exemple, il n'aurait en aucun cas pu inclure une telle étape puisque la vaporisation de l'eau par compression sans apport de chaleur est physiquement inconcevable. Sadi reconnaît d'ailleurs lui-même la difficulté : lors de sa démonstration complète et rigoureuse, qui fait intervenir une machine à air, il reconnaît qu'il n'avait pas, dans la première ébauche, supposé que la vapeur avait entièrement été ramenée à son état initial à la fin de chaque cycle d'opérations[76]. T. S. Kuhn pense, au sujet de cette contradiction, que Sadi considéra d'abord une machine à vapeur parce que les lecteurs devaient être plus au fait de ce genre de machine[77].

Cela est fort possible, et on peut également croire que le cycle partiel était le résidu d'une étape antérieure dans la pensée de Sadi, étape où il n'avait pas encore dépassé son père. L'explication qu'il donne lui-même est étrangère au fait que la machine à vapeur était bien connue ; elle se base plutôt sur un principe de continuité qui rappelle le principe de Lazare selon lequel la force vive (ou travail) ne se conserve que dans le cas où le mouvement change par degrés insensibles. Ayant énoncé les conséquences de son principe de la puissance motrice maximale, Sadi justifie son raisonnement en affirmant qu'on peut supposer que la différence de température entre le corps A et le corps B est infiniment petite. Cela lui permet de dire que le processus inverse est possible et retransporte le calorique du corps B au corps A, tout en s'assurant que l'on n'a pas de corps de températures différentes en contact l'un avec l'autre (un sceptique peut remarquer qu'aucun travail ne serait fourni non plus et c'est là, bien sûr, que réside l'erreur dans cette première version du raisonnement). La

75. *Puissance motrice du feu*, p. 22-23.

76. *Ibid.*, p. 36-37.

77. « Sadi Carnot and the Cagnard Engine », *loc. cit.*, p. 571 n. Remarquons en passant que Sadi ne parle pas, comme on pourrait le croire, en lisant Kuhn, de processus réversibles en termes de deux machines idéales travaillant ensemble mais dans des directions opposées.

proposition se généralise alors facilement en supposant que le changement de température se fait par une suite d'étapes infinitésimales.

Il est permis de penser que ces raisonnements, ainsi que les conclusions auxquelles Sadi est arrivé jusque-là dans la théorie de la chaleur, reflètent l'influence directe de la science des machines de Lazare. Le fait que Sadi eut recours à un raisonnement infinitésimal est convaincant puisque la réversibilité joue le rôle des mouvements géométriques. Il en est de même du paragraphe suivant, dans lequel Sadi compare explicitement la puissance motrice de la chaleur à celle d'une chute d'eau. On cite souvent ce passage dans le but de démontrer la parenté de l'œuvre de Sadi à celle de Lazare. Nous ne voulons aucunement nier cette relation mais, au contraire, montrer qu'elle va bien au-delà de ce modèle et qu'elle s'applique tant au fond qu'à la forme même de l'analyse. C'est sans doute ici que Sadi manifeste comment il dépasse son père. La *Puissance motrice du feu* contient elle-même deux éléments qui tendent à confirmer cela. Tout d'abord, c'est ici que Sadi commence à citer les nombreuses déterminations expérimentales faites par sa propre génération relativement aux aspects thermiques de la physique et de la chimie des gaz. Il développe d'ailleurs lui-même ces questions dans la partie principale de son mémoire. En second lieu, c'est également à cet endroit précis qu'il donne une deuxième démonstration — entièrement générale cette fois — de la « proposition fondamentale » : Le maximum de puissance motrice résultant de l'emploi de la vapeur est aussi le maximum de puissance motrice réalisable par quelque moyen que ce soit. C'est cette démonstration (le cycle complet de Carnot), qui lui permit d'énoncer le théorème que l'on considère habituellement comme son résultat fondamental : « La puissance motrice de la chaleur est indépendante des agents mis en œuvre pour la réaliser ; sa quantité est fixée uniquement par les températures des corps entre lesquels se fait en dernier résultat le transport du calorique »[78].

Comme nous ne cherchons ici qu'à expliciter la relation liant l'œuvre de Sadi à celle de son père, nous n'étudierons pas l'importance du cycle de Carnot dans le développement ultérieur de la thermodynamique. Cette histoire a été maintes fois écrite et commentée et nous voulons simplement indiquer la façon dont Sadi voyait les choses. En effet, si l'on trouve bien chez lui les quatre étapes successives d'un gaz soumis d'abord à une raréfaction isotherme et à une raréfaction adiabatique, puis ramené à son état initial par une compression adiabatique et une compression isotherme, Sadi décompose le processus en six étapes. Le diagramme par lequel il représente son système idéal contient tous les éléments d'une machine thermique utilisant un fluide quelconque, bien qu'il précise ne prendre que l'exemple de l'air atmosphérique. Le corps A représente la chaudière, une source inépuisable de calorique. Le corps B représente le condenseur, bien que le terme « déversoir » eut été préférable dans le cas de l'air. A et B sont entretenus chacun à une température constante, celle de A étant plus élevée que celle de B. Le calorique va de A vers B en passant par le cylindre, et le gaz est renfermé dans un vaisseau

78. *Ibid.*, p. 38.

cylindrique muni d'un piston de masse négligeable et qui glisse sans frottement. Les opérations se déroulent de la manière suivante :

1) le calorique se transmet de A à l'air du cylindre ;

2) le piston s'élève de *cd* à *ef*, le contact ayant toujours lieu entre A et l'air (la raréfaction est donc isotherme) ;

3) A est éloigné et le piston passe de *ef* à *gh*, l'air continuant à se raréfier sans recevoir de calorique (raréfaction adiabatique) ; la température tombant à celle de B ;

4) l'air est comprimé par le retour du piston (de *gh* à *cd*), sa température restant constante à cause de son contact avec B auquel il cède son calorique (compression isotherme) ;

5) B est écarté et l'on continue la compression jusqu'à ce que l'air ait acquis la température du corps A. Le piston passe de la position *cd* à la position *ik* (compression adiabatique) ;

6) l'air est remis en contact avec A. Le piston retourne de la position *ik* à la position *ef* ; la température demeure invariable (raréfaction isotherme).

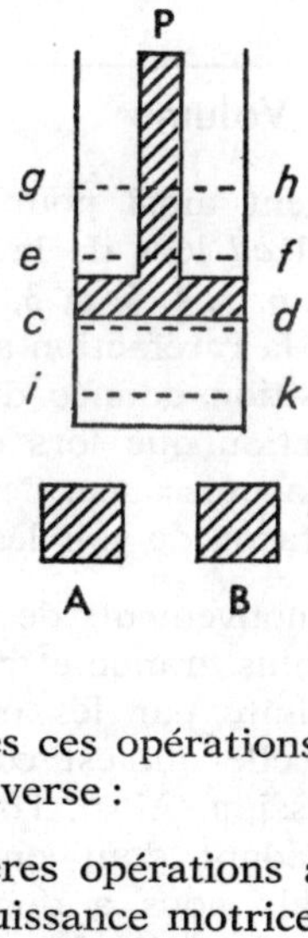

Sadi remarque que toutes ces opérations peuvent être exécutées dans un sens et dans un ordre inverse :

> « Le résultat des premières opérations avait été la production d'une certaine quantité de puissance motrice et le transport du calorique du corps A au corps B ; le résultat des opérations inverses est la consommation de la puissance motrice produite, et le retour du calorique du corps B au corps A : de sorte que ces deux suites d'opérations s'annulent, se neutralisent en quelque sorte l'une l'autre. » [79]

79. *Ibid.*, p. 36. Le diagramme ci-dessus résume schématiquement les diagrammes que Sadi présenta à la page 118 de son mémoire.

Néanmoins, bien que la notion de réversibilité corresponde en définitive à un cycle complet tant de l'air que du piston, Sadi ne voyait pas son cycle tout à fait de la même manière qu'on le représente aujourd'hui. De nos jours, un graphe tel que celui figuré ci-dessous représente une raréfaction isotherme suivie d'une raréfaction adiabatique, et le système est ramené à ses conditions initiales par une compression isotherme suivie d'une compression adiabatique.

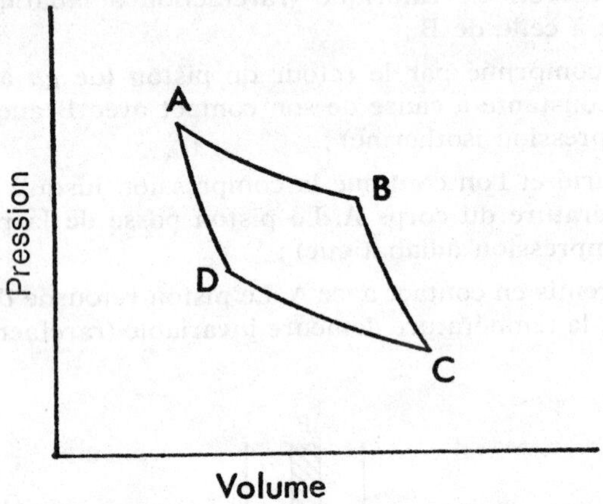

Il n'en est pas entièrement ainsi pour Sadi. Dans son modèle, le piston dépasse le point initial *cd* lors de la sixième étape et le cycle se répète alors dans l'ordre 4, 5, 6, 3, 4, 5, 6, 3, 4, 5, etc., en d'autres termes commençant chaque fois avec la raréfaction adiabatique. Ce qui l'intéresse est le fait que, pour une position donnée du piston, la température est plus élevée lors de la raréfaction que lors de la compression et que le cycle peut donc produire de la puissance. Cela revient au même, mais ce n'est pas tout à fait la même façon de voir les choses :

> « Pendant les premiers [mouvements de dilatation], la force élastique de l'air se trouve donc plus grande et par conséquent la quantité de puissance motrice produite par les mouvemens de dilatation est plus considérable que celle qui est consommée pour produire les mouvemens de compression. Ainsi, l'on obtiendra un excédant de puissance motrice, excédant dont on pourra disposer pour des usages quelconques. L'air nous a donc servi de machine à feu ; nous l'avons même employé de la manière la plus avantageuse possible, car il ne s'est fait aucun rétablissement inutile d'équilibre dans le calorique. » [80]

Tel est le point jusqu'où nous devons suivre Sadi pour préciser ce qu'il doit à son père. La transformation de l'idée de mouvement géomé-

80. *Ibid.*, p. 34-35.

trique en celle de processus réversible et son application à l'analyse des processus entièrement cycliques en sont incontestablement les principaux éléments. Il y a également le rejet du mouvement perpétuel (postulé chez Sadi, vérité tutélaire chez Lazare) ainsi que la généralisation de certaines lois de machines particulières en principes des machines en général, ce qui revenait à développer la physique à partir des réalités industrielles de l'époque. Citons également le genre restrictif de raisonnement par lequel Sadi détermine les possibilités maximales inhérentes aux opérations et, ensuite, les conditions de leur réalisation ; le mélange curieux de méthode quantitative et d'expression verbale qui fait que le raisonnement part du cas idéal de changements se produisant de façon continue et infinitésimale pour étudier ensuite la réalité physique des changements discontinus et irréversibles dans l'état d'un système. Citons, enfin, l'étude de la force en fonction de ce qu'elle peut accomplir, multipliée habituellement par la distance quand on veut la mesurer, et multipliée par le temps quand il est question de sa réalisation dans des processus mécaniques. Ni Lazare, ni Sadi n'ont poussé cette distinction tacite jusqu'à une différentiation entre les proto-concepts d'énergie et de travail. Il reste qu'ils ont tous deux postulé la conservation de la quantité mesurée par les dimensions de travail et d'énergie : Lazare parlant tantôt de moment d'activité produit, tantôt de moment d'activité consommé ou de force vive produite ; Sadi invoquant parfois la puissance motrice produite, parfois le calorique transporté.

Mais il faut aussi tenir compte de la longue attente qui était nécessaire pour qu'ils soient compris et reconnus ; l'état des connaissances de l'époque exigeait que les contemporains aillent jusqu'à prendre conscience de l'intérêt et de l'applicabilité des théories des deux Carnot, mais une fois ce stade atteint, en résultait-il l'obligation de se mettre à l'école de ces maîtres ? Cela ne nous paraît pas du tout évident. Le traité de Sadi resta essentiellement méconnu jusqu'à ce que Clapeyron le réexprime sous une forme mathématique en 1834 [81], et il ne retint l'attention des physiciens que vers les années 1840, quand Joule, Mayer et Thomson se penchèrent sur le problème d'un équivalent mécanique de la chaleur.

81. « Mémoire sur la puissance motrice du feu », *Journal de l'École polytechnique*, 14 (1834), p. 153.

CHAPITRE IV

LA MÉCANIQUE DE CARNOT ET LA MÉCANIQUE DES FORCES ET DU TRAVAIL ENTRE 1803 ET 1829

La manière dont l'œuvre de Lazare et celle de Sadi furent reçues offre une similitude qui est aussi intéressante que leur parenté réelle et leur ressemblance analytique et stylistique. Nous avons déjà vu que l'*Essai sur les machines* passa inaperçu à son époque. Les *Principes fondamentaux* attirèrent un peu plus d'attention lors de leur parution en 1803 mais tombèrent dans l'oubli pendant les quinze années qui suivirent. On cita bien, occasionnellement, l'ouvrage, mais ce fut davantage pour dire qu'il existait, que pour reconnaître son influence sur l'étude des problèmes. Lorsqu'on commença, à la même époque, à comprendre la mécanique des machines de Lazare, ce ne fut que pour voir dans son auteur le père de principes et d'applications qui allaient de soi. Il ne semble pas, en fait, que, parmi les ingénieurs mécaniciens de la génération suivante, Lazare ait eu un autre lecteur que son propre fils Sadi. Ce que ces ingénieurs attribuèrent à Lazare, ce fut, en effet, davantage leur propre version (très simplifiée) de ses résultats, plutôt que sa formulation originale.

On peut difficilement expliquer cette situation en disant que Sadi ou Lazare étaient des personnalités oubliées ou inconnues (exception faite de Lazare quand il était jeune). Il est donc permis de croire que l'intérêt porté aux machines, d'abord, et à la chaleur et la puissance, ensuite, se diffusa essentiellement par voie orale, pédagogique et pratique. Ces sujets constituaient une sorte de « génie mécanique » avant la lettre, où la formulation des problèmes, le choix tacite des principes et des quantités employées étaient un moyen d'obtenir des résultats. Il est par ailleurs probable que l'influence des deux Carnot sur cette évolution s'exerça davantage par leur action personnelle dans les relations humaines qu'à travers leurs livres. Lazare, dans sa vieillesse, fut un Nestor de la science des ingénieurs, rédigeant, pour l'Institut, des rapports sur les inventions de l'époque. Sadi resta en relation avec ses anciens camarades de Polytechnique. Il fut le contemporain de plusieurs auteurs qui, presque simultanément, commencèrent à reconnaître spontanément dans leurs écrits l'importance fondamentale de la mécanique de son père : Petit et

Navier, Coriolis et Poncelet, Clapeyron et Dupin, Chasles et Barré de Saint-Venant.

Ce point de vue semble être confirmé par le fait que la littérature de la première période du génie mécanique comporte bien davantage de rééditions et de commentaires d'ouvrages antérieurs que de mémoires de recherches ou de traités systématiques. Cette situation était d'ailleurs typique d'un domaine où les recherches expérimentales sur des phénomènes nouveaux, aussi bien que l'étude des solutions théoriques de problèmes particuliers, étaient bien plus rares qu'en science pure. Plus rares, mais pas inexistantes certes, et la littérature correspondante fut enrichie par l'apport de la première génération de polytechniciens. Néanmoins, la science de l'ingénieur proprement dite se développait principalement par la codification graduelle de pratiques anciennes reconsidérées dans le but de les commenter et de les formaliser. Il nous suffira ici de remonter aux ouvrages où Carnot apprit lui-même très certainement les éléments des constructions pratiques : *La science des ingénieurs* et l'*Architecture hydraulique* de Bélidor [1].

La carrière de Bernard Forest de Bélidor constitue un exemple pittoresque des possibilités offertes à un homme techniquement doué dans l'Ancien Régime.

Orphelin de bonne heure dans une famille de militaires, Bélidor devait devenir successivement professeur d'artillerie, expert du génie et, enfin, membre de l'Académie des sciences. Sa *Science des ingénieurs* est d'une moindre étendue que son titre le laisse entendre de nos jours, alors que le contraire est vrai de l'*Architecture hydraulique*. Le terme « génie » désignait principalement les fortifications et les travaux de siège, et, plus généralement, les ouvrages militaires, tandis que les usines hydrauliques jouaient un rôle important dans le transport et la fourniture d'énergie ainsi que dans l'embellissement et l'approvisionnement des villes, des châteaux et des jardins au XVIIIe siècle, problèmes qui devaient être plus tard du ressort du génie civil et du génie mécanique.

Bélidor commence par montrer comment peuvent s'appliquer les principes de la mécanique. C'est très probablement chez lui que Carnot connut le principe d'équilibre qu'il attribue à Descartes dans un contexte similaire [2]. Les ouvrages de Bélidor connurent une popularité constante au XVIIIe siècle. Quand les plaques de cuivre se furent usées au cours des rééditions successives, l'éditeur Firmin Didot décida d'en faire graver de nouvelles et de les republier tous les deux. Il s'assura le concours du jeune C.-L.-M.-H. Navier, l'un des ingénieurs théoriciens les plus prometteurs de l'époque, pour la mise à jour. L'histoire de cette édition est très révélatrice des rapports entre la construction pratique et la théorie en mécanique, puisque, en dépit du développement considérable de la mécanique ration-

1. Bernard Forest de BÉLIDOR, *Architecture hydraulique, ou l'Art de conduire, d'élever et de ménager les eaux pour les différens besoins de la vie*, 2 vol. (Paris, 1737-1739). [Cet ouvrage fut réédité ensuite sous divers formats. Navier en publia ensuite une nouvelle édition « avec des notes et des additions » (Paris, 1819)] ; *La science des ingénieurs dans la conduite des travaux de fortification et d'architecture civile* (Paris, 1729, édition de Navier, 1813).

2. Voir p. 49 du chap. II, et BÉLIDOR, *Architecture hydraulique*, p. 27-31.

nelle au cours des quatre-vingts années séparant la première édition de Bélidor de l'édition de Navier, on jugea prudent de n'apporter aucun changement au texte original de peur de perdre ainsi son audience.

Cette audience était celle des entrepreneurs et des constructeurs pour qui les ouvrages de Bélidor constituaient des guides susceptibles de fournir certaines précisions sur telle ou telle fondation, revêtement, encadrement de porte, chapiteau et autres constructions courantes. Non seulement on y trouvait les détails techniques, mais aussi la façon la plus efficace d'organiser le travail.

Pour ce qui est de la partie théorique de ses ouvrages, l'outil mathématique de Bélidor était insuffisant, même pour son temps, et l'aspect formel de la présentation exigeait une refonte totale. Navier entreprit ce travail en ajoutant à l'*Architecture hydraulique* des notes si considérables qu'on a l'impression de lire deux ouvrages parallèles. Ces notes corrigent, précisent et clarifient l'étude des fondements de Bélidor, sans pour cela le supplanter lui-même. En fait, on est tenté de paraphraser ici la célèbre remarque de J. T. Merz, reprise à son compte par L. J. Henderson, au sujet de la dette de la science à l'égard de la machine à vapeur. On peut se demander si la mécanique ne doit pas plus à Bélidor que Bélidor à la mécanique : c'est de son œuvre que se dégagea le génie mécanique, tandis que certains raffinements envisagés par les mécaniciens n'étaient pas suffisamment applicables pratiquement pour qu'on écrive à leur sujet.

Sorti de Polytechnique en 1804, et ensuite des Ponts et Chaussées, Navier, comme Carnot, était issu d'une famille bourguignonne. Son père, avocat et membre de l'Assemblée des Notables en 1787, mourut prématurément de « chagrin » (selon Prony) pendant la Révolution[3]. Navier fut élevé alors par un oncle ingénieur nommé Gauthey, dont il publia le *Traité des ponts*. L'œuvre de Navier proprement théorique appartient à l'histoire de l'élasticité et c'est l'une des premières à appliquer l'analyse de Fourier à la mécanique. Mais Navier fut aussi engagé dans la direction de grands travaux de construction : le pont de Choisy, le pont d'Argenteuil, le pont d'Asnières, le pont des Invalides et un pont suspendu construit dans le style du pont de Tweed et démoli en 1826, quand un réservoir de la Butte de Chaillot éclata et que l'inondation qui en résulta sapa l'un des piliers. Outre des mémoires particuliers relatifs à des problèmes théoriques, des constructions pratiques et des projets de chemin de fer, son œuvre est issue de Cours qu'il donna à l'École polytechnique et aux Ponts et Chaussées. De même qu'il édita d'autres œuvres que les siennes, de même, en mécanique proprement dite, d'autres le publièrent. C'est ainsi qu'un *Résumé des leçons d'analyse*, qui reprend les cours qu'il assura à Polytechnique pendant trois semestres consécutifs (1832, 1832-1833, 1835-1836) fut publié formellement sous la direction de J. Liouville, qui en réorganisa le contenu et qui lui ajouta ses propres notes[4]. Son cours de mécanique résumait à l'origine des cours donnés en 1831, 1832 et 1833, avant de devenir

3. Gaspard PRONY, « Notice biographique sur M. Navier », *Annales des Ponts et Chaussées*, 1837.

4. Paris, s.d. Une seconde édition « revue par M. Ernest Liouville » parut en 2 volumes en 1856.

un véritable traité en 1841 [5]. Enfin, un cours célèbre sur la science des machines, donné aux Ponts et Chaussées et publié pour la première fois en 1826, évolua pour devenir, en 1864, la troisième édition de son premier tome sous le titre *De la résistance des corps solides* [6]. Barré de Saint-Venant y avait ajouté des notes et des appendices considérables qui sont une source indispensable à qui s'intéresse à l'histoire de la mécanique, en particulier à l'élasticité et aux domaines qui s'y rattachent [7].

Avec Navier, Coriolis et Poncelet formaient le triumvirat régnant du génie mécanique de leur génération, une génération qui avait grandi dans une École polytechnique encore sous l'influence de ses fondateurs. Leurs ouvrages s'inscrivent dans la même tradition. Le plus important est le traité de Coriolis, *Du calcul de l'effet des machines* publié en 1829. C'est dans cet ouvrage que la notion de moment d'activité de Carnot reçoit le nom moderne de travail (nous reviendrons sur ce point tout à l'heure). Coriolis fit lithographier ensuite le cours de mécanique qu'il donna à l'École centrale en 1830-1831, ainsi que celui donné en 1836-1837 [8]. Il avait manifestement l'intention d'écrire un traité complet de mécanique appliquée où se trouveraient réunis la science des machines et un exposé moderne des principes fondamentaux de la mécanique. Il mourut avant de pouvoir achever cette synthèse et la publication posthume [9] qui eut lieu en 1844 réunit ce que l'état des manuscrits permettait d'ajouter au traité de 1829.

Quant à Poncelet, il fit lithographier son cours donné à l'École d'application de Metz à partir de 1826. Il a déclaré en 1829 que le contenu de son enseignement était identique à celui du *Calcul de l'effet des machines* de Coriolis, mais que des raisons de santé l'avaient empêché de publier plus tôt [10]. Le cours lui-même, ou peut-être les additions que Poncelet lui ajouta en 1827-1828, fut en effet préparé pour la reproduction par un capitaine du génie nommé Gosselin, et apparaît sous la forme dite à l'époque « autographiée » avec le titre de *Cours de mécanique industrielle* [11]. Ceci semble-t-il un peu avant la publication de Coriolis. Une seconde édition eut lieu en 1841 et une troisième (publiée cette fois par X. Kretz) en 1870. Poncelet jugea d'ailleurs utile de publier un compte rendu de ses mémoires épars dans un opuscule non daté mais écrit vraisemblablement aux environs

5. C.-L.-M.-H. NAVIER, *Résumé des leçons de mécanique* (Paris, 1841).

6. *Résumé des leçons données à l'École des Ponts et Chaussées sur l'application de la mécanique à l'établissement des constructions et des machines* (Paris, 1826).

7. *De la résistance des corps solides*, 3e éd. (Paris, 1864), avec des notes et des appendices par M. BARRÉ DE SAINT-VENANT.

8. G.-G. de CORIOLIS, *Leçons sur la mécanique, 1830-1831, 1836-1837* (s.l. n.d. ; 2 vol., [*Bibliothèque nationale* V. 14276-14277]).

9. *Id., Traité de la mécanique des corps solides et du calcul de l'effet des machines* (Paris, 1844).

10. J.-V. PONCELET, « Note sur quelques principes de mécanique relatifs à la science des machines », *Bulletin universel des Sciences*, oct. 1829, sect. I, p. 323-335.

11. Paris, s.d. (*Bibliothèque nationale :* [V. 5562]) ; et *Bulletin des Sciences mathématiques*, 12 (1829), p. 323, n. 1.

de 1835 [12]. Son *Cours de mécanique appliqué aux machines* en deux tomes [13] est accessible par l'édition que Kretz en donna en 1874-1876. Cet ouvrage contient en introduction un résumé utile de l'évolution de l'École de Metz tout entière. Monge, lui-même, qui fut le premier chef de l'École, avait du mal à écrire et à terminer ses propres ouvrages et, en fait, n'y réussit jamais complètement. Ce sont ses disciples immédiats qui préparèrent sa *Géométrie descriptive* [14].

L'ouvrage que Monge projetait sur la mécanique des machines fut laissé aux soins de Hachette, professeur adjoint qui prit la suppléance de Monge à Polytechnique lorsque celui-ci dut rejoindre l'équipe scientifique de Bonaparte en Égypte. L'ouvrage fut écrit, dit Hachette dans la dédicace, « aidé de vos conseils » [15].

En ces premières décennies du XIXe siècle, on peut distinguer grosso modo deux genres de traités de mécanique pratique en France. D'une part, les ouvrages que nous avons étudiés jusqu'ici, et qui ont en commun la tendance de leurs auteurs à ne jamais terminer ; ouvrages généralement théoriques qui poursuivaient sous une forme de plus en plus mathématique la même ligne de pensée que Lazare et Sadi Carnot : dégager de la science de la mécanique une théorie des machines et de la puissance qui soit à la fois générale et applicable. C'était là l'originalité d'un courant d'idées manifestement inspiré par le développement de la nouvelle technologie des machines. Parallèlement à cette littérature, continuaient à paraître des mémoires et des traités que l'on peut ranger dans la catégorie des manuels. La description des nouvelles machines y était ajoutée à celle des anciennes, tandis que les principes classiques étaient réexprimés dans le langage de la mécanique rationnelle et analytique. Quand la différence entre les deux traditions se situait sur un plan mathématique (ce qui n'était pas toujours le cas), elle ne résidait pas tant dans la présence ou l'absence de l'outil mathématique que dans la nature de cet outil, c'est-à-dire dans la manière de hiérarchiser géométrie et analyse.

Pour étudier le cadre dans lequel se développa le second courant, plus conventionnel, il suffira de reprendre l'histoire de la mécanique à partir de la publication en 1775 du *Traité élémentaire de méchanique* de l'abbé Bossut [16]. Bossut divise sa matière en statique et dynamique, la statique étudiant l'équilibre, lequel résulte de la destruction mutuelle des forces. Les sujets traités sont les principes généraux d'équilibre, la détermination des centres de gravité (appliquée à la détermination des conditions d'équilibre dans chaque machine prise séparément), et, finalement, le frottement.

12. *Notice analytique sur les travaux de M. Poncelet* (*Bibliothèque nationale* : [4° Ln27 16475]).

13. L'ouvrage avait d'abord été publié à Liège en deux tomes (1845). Il n'est pas certain qu'on ait demandé l'autorisation de Poncelet. « Cet ouvrage n'a jamais été publié en France ni en Belgique », lit-on sur la page de garde. Effectivement, la Bibliothèque nationale n'en possède aucun exemplaire.

14. G. MONGE, *Géométrie descriptive* (Paris, 1799) ; pour l'intérêt porté par Monge à la science des machines — intérêt qui remonte à ses années de Mézières — on pourra voir R. TATON, *L'œuvre scientifique de Monge* (Paris, 1951), p. 311-314.

15. J.-N.-P. HACHETTE, *Traité élémentaire des machines* (Paris, 1811).

16. Paris, 1775, et nombreuses éditions ultérieures.

La deuxième partie (sur le mouvement) étudie l'inertie, le mouvement uniforme, l'accélération, la chute des graves, le mouvement des centres de gravité et la théorie des chocs. L'ouvrage est un excellent manuel et donne une bonne idée de la présentation élémentaire du sujet, courante à l'époque où Lazare Carnot était étudiant à Mézières.

L'ouvrage qui a eu ensuite le plus de prétention dans le domaine du génie pratique et de la mécanique appliquée, a été la *Nouvelle architecture hydraulique* [17] de Prony. Il avait le but manifeste de supplanter Bélidor, mais n'y parvint pas. A cette époque (1790) Prony était inspecteur à l'École des Ponts et Chaussées. S'il devint l'un des ingénieurs les plus en vue de la période révolutionnaire, ce n'est pas à cet ouvrage qu'il doit la haute réputation dont il a joui sans doute à juste titre. L'ouvrage voulait être un traité général de mécanique applicable aux arts. En fait, non seulement l'exposé des questions usuelles de la mécanique est essentiellement obscur mais il est de plus continuellement entrecoupé de tables, de formules empiriques et de plans connus de pompes, de machines motrices, de voûtes de toiture et d'instruments en tous genres. Le second volume, consacré aux machines à vapeur, fait ressortir une autre caractéristique de cette école de mécanique pratique. Les moteurs y sont considérés comme le moyen de « vaincre la résistance » et Prony fait comme tous les auteurs qui se reportaient habituellement au mémoire de Coulomb sur le frottement (celui qui avait, en 1781, remporté le prix du concours auquel participait Carnot) [18] pour évaluer la résistance. Prony ne cite jamais les travaux de Lazare Carnot. Pour son cours de mécanique à Polytechnique, il s'inspire d'Euler, de Laplace et de Lagrange et, pour son cours d'hydrodynamique [19], de Bossut.

Avec le temps, Carnot devint célèbre et certains auteurs citèrent ses *Principes fondamentaux*. Ceux de la lignée des Coulomb et des Prony le firent simplement par politesse dans leurs préfaces ou leurs appendices. En 1810, André Guenyveau, un important ingénieur du Lyonnais, sorti de Polytechnique en 1800, publia un *Essai sur la science des machines* [20], mais le sujet qu'il y traitait n'était manifestement pas le même que celui de Carnot. Pour l'essentiel, l'ouvrage contient des calculs relatifs à l'état d'équilibre et des applications pratiques faites en se servant des résultats de Coulomb sur le frottement [21]. On y trouve également une remarque intéressante, imprimée en petits caractères : l'auteur constate qu'un mouvement peut être communiqué de deux façons : par choc ou par pression. Distinction qui lui permet de retrouver le principe que les transmissions continues donnent le meilleur rendement. Mais Guenyveau n'attribue pas le principe à Carnot, et se contente de le citer incidemment dans la préface, comme l'auteur d'un traité général des machines. Hachette accorde à Carnot une considération similaire dans la préface de son

17. Deux volumes, Paris, 1790 et 1796.
18. Voir p. 78 du chap. III, note 2.
19. Ce cours fut publié sous le titre de « Mécanique philosophique » dans le *Journal de l'École polytechnique*, t. III, cahiers 7 et 8 (Paris, an VIII, 1800), p. 1-477.
20. Lyon, 1810.
21. *Op. cit.*, p. 2-3.

Traité élémentaire des machines (1811), déjà cité[22], avec quelques éloges pour les *Principes fondamentaux*. Hachette remarque que, dans le dernier chapitre, Carnot traite en quelques pages toute la théorie des machines et des forces mouvantes qui leur sont appliquées. Cet ouvrage, dit-il, est l'œuvre du « savant le plus profond et de l'ingénieur le plus expérimenté »[23]. Mais on ne trouve nulle part, dans le corps même du texte, les résultats ou les idées de Carnot, ni même d'ailleurs ceux de Poisson. Le cours de Hachette n'est rien d'autre qu'un recueil de plans de machines particulières, un livre de recettes de machines, de pompes, d'engrenages, de poulies et de raccords divers.

Le mémoire « Sur l'emploi du principe des forces vives dans le calcul de l'effet des machines », publié par Petit en 1818, constitue un élément plus intéressant de cette littérature de la mécanique appliquée[24]. Loin d'être un quelconque ingénieur, Petit était un jeune physicien plein de promesses. C'est lui qui, avec Dulong, a établi la loi de Dulong et Petit, et il mourut sans avoir pu donner toute sa mesure. A lire rapidement son mémoire, on est tenté de le ranger dans la tradition instaurée par la mécanique des machines de Carnot, plutôt que dans la catégorie des manuels. L'ouvrage est précis, analytique. De toute les propriétés générales du mouvement, Petit considère la conservation des forces vives comme le principe le plus apte au « calcul des machines ». La force vive permet dans chaque cas particulier l'évaluation la plus naturelle du moteur et de l'effet produit, et l'équation exprimant la relation entre ces deux quantités peut fournir alors la solution directe au problème.

Petit remarque d'emblée que les « géomètres » ont reconnu depuis longtemps que le principe des forces vives est plus approprié qu'aucun autre au calcul des machines. Mais on reste surpris de lui voir déclarer ensuite : « La théorie des machines, envisagée sur ce point de vue, est presque entièrement à créer »[25]. Faut-il croire que, contrairement à Hachette, il n'était même pas au courant des travaux de Carnot ? Ou bien que, tout en les connaissant, il ne jugeait pas cette théorie des machines satisfaisante du point de vue des forces vives ? Était-ce enfin parce que, comme Sadi mais contrairement à Lazare, il commençait à utiliser le terme « machine » pour désigner un moteur ? La première hypothèse semble la plus probable, bien qu'il ne soit pas impossible qu'il faille chercher l'explication entre les deux autres. Comme on le verra en effet, Petit n'étudiait pas encore le problème du même point de vue que Lazare Carnot. Même s'il connaissait l'œuvre de ce dernier, il n'en voyait pas, contrairement à Sadi, son applicabilité aux machines thermiques.

Petit partageait surtout le sentiment de Prony et de Hachette, selon lequel la fonction fondamentale d'un moteur est de vaincre une résistance. Dans son mémoire, il se propose d'examiner divers cas particuliers de ce problème général. Si, pour une machine en équilibre, il suffit de s'en tenir à la considération de l'intensité des forces, pour une machine en

22. Voir plus haut, p. 123, note 15.
23. HACHETTE, *op. cit.*, p. xix.
24. *Annales de Chimie et de Physique*, 8 (1818), p. 287-305.
25. *Ibid.*, p. 287.

mouvement, en revanche, il faut de plus avoir égard à l'espace parcouru par les points d'application. Petit illustre l'applicabilité du principe des forces vives au calcul de l'effet produit par la machine grâce à l'équivalence en dimensions des quantités MgH et $\frac{1}{2}$ MV². Il cite d'abord l'exemple classique de la loi de la chute des corps. Si la résistance est un poids de masse M élevé à la hauteur H, l'effet produit par la machine l'élevant à cette hauteur est alors *g*MH. Or, comme la vitesse acquise par un corps grave qui tombe de la hauteur H est telle que $V^2 = 2\,gH$, l'effet MgH est égal à $\frac{1}{2}$ MV². Ainsi, quel que soit le genre de résistance, l'expression de l'effet produit par une machine peut toujours s'exprimer dans les dimensions d'une force vive, c'est-à-dire en un produit d'une masse par le carré de la vitesse. On peut donc toujours considérer qu'un moteur contient une certaine quantité de force vive. Ce qui est vrai de la résistance est vrai également du « moteur » : son expression peut, elle aussi, toujours se réduire à une force vive. Le calcul de toute espèce de machine se réduit en définitive à la détermination du rapport entre la force vive employée et la force vive communiquée à la résistance. On peut alors déterminer les conditions sous lesquelles le rendement est maximal : « La force vive communiquée à la résistance est égale à celle que possédait le moteur, diminuée et des forces vives perdues dans les changements brusques de vitesse, et de celle que le moteur conserve après avoir exercé son action »[26].

Or, bien que ce raisonnement et son corollaire offrent beaucoup de parenté avec le principe de continuité de Lazare Carnot, et permettent en fait de le déduire, Petit ne va pas jusqu'à un tel principe. Il ne lui serait sans doute pas venu à l'idée de le faire et, pour voir en quoi il y a chez lui une conception différente de celle de Carnot, nous devons reprendre les exemples auxquels Petit applique son principe. Si, en effet, les « moteurs » auxquels il fait allusion au départ sont bien traditionnels : chutes d'eau, ressorts et animaux, ceux dont il se sert pour illustrer son principe sont des moteurs ou des machines motrices, et l'essentiel du mémoire est consacré aux engins mus par la vapeur.

Dans ces moteurs, la force vive produite par le fluide n'est pas aussi directement calculable que si le fluide était incompressible, comme l'eau. Il faut ici imaginer le fluide renfermé dans un cylindre horizontal clos à l'une de ses extrémités et en contact avec un piston parfaitement mobile. *b* représente la section du tuyau, *a* sa longueur, *h* la hauteur d'une colonne d'eau dont le poids ferait équilibre à « l'élasticité » de ce fluide (Petit n'utilise pas le terme « pression ». Puisque la poussée du gaz communique au piston un mouvement accéléré, il est facile de former les équations de la force vive engendrée par la dilatation du gaz. Petit considère d'abord le cas où le piston ne supporte aucune pression extérieure.

1) *v* étant la vitesse acquise après un temps *t* et *x* la longueur du cylindre occupée au même instant par le fluide, « l'élasticité » du gaz se

26. *Ibid.*, p. 290.

réduit à $\frac{ha}{x}$ et la force motrice est égale à $g\,\frac{\delta\, hab}{x}$, g représentant la constante de la pesanteur et δ la densité de l'eau.

Or, la force motrice est représentée par $m\,\frac{dv}{dt}$ ou par $m\,\frac{v\,dv}{dx}$, m étant ici la masse du piston. On a donc :

$$mv\,dv = g\,\frac{\delta\, a\, b\, h}{x}\,dx.$$

Intégrant et déterminant la constante de sorte que v soit nulle quand $x = a$, Petit trouve

$$mv^2 = 2\,g\,\delta\, hab \log\frac{a}{x}.$$

En d'autres termes, si un fluide élastique occupant un volume a et exerçant une pression égale à celle d'une colonne d'eau dont la hauteur est h, se dilate sans résistance extérieure, la force vive développée lorsque son volume est devenu x est suffisante pour élever à la hauteur h le poids d'une masse d'eau de volume $a \log\frac{a}{x}$.

Pour ce qui est des deux autres cas, nous nous contenterons de citer les lois correspondantes sans les démontrer.

2) Dans le cas où une pression externe s'exerce et où le piston doit vaincre une pression extérieure constante équivalente au poids d'une colonne d'eau de hauteur h', la force vive développée en passant du volume a au volume x serait capable d'élever à la hauteur h le poids d'une masse d'eau dont le volume serait égal à $a \log\frac{a}{x} - \frac{h'}{h}(x - a)$.

3) Enfin, si le piston se trouve soumis à deux pressions constantes exercées en sens contraire par des gaz dont les élasticités font équilibre à des colonnes d'eau de hauteur h et h', la force vive communiquée au piston serait capable d'élever à la hauteur $(h - h')$ une masse d'eau dont le volume serait égal à celui que le piston a parcouru.

Pour illustrer l'applicabilité de ces lois, Petit se propose de comparer les forces vives que peut produire une quantité de chaleur en supposant qu'on l'emploie successivement à vaporiser l'eau et à échauffer de l'air. Dans le premier cas, on vaporisait à 100 °C 1 gramme d'eau pris à 0 degré. Cette quantité occuperait environ 1 700 cm³ sous forme de vapeur et exercerait une pression équivalente à celle d'une colonne d'eau de 10 m de hauteur. Si on la condensait complètement, la force vive produite serait capable d'élever à 1 m un poids de 17 kg. D'autre part, cette même quantité de chaleur pourrait être utilisée pour échauffer de 1 degré 666 g d'eau ou encore, le calorique spécifique de l'air étant 0,267 conformément aux expériences de Bérard-Laroche, pour communiquer le même échauffement à 2 500 g d'air sous la pression d'une colonne d'eau de 10 m. L'élasticité de cet air augmenterait de 0,0375 m et la force vive produite serait capable d'élever à 0,0375 m le poids d'un volume d'eau égal à celui qu'occupent les 2 500 g d'air. Ce volume est de 1 925 dm³. Si l'on convertit ce résultat dans les mêmes unités que la première expérience, on voit que la force vive cherchée est suffisante pour élever à 1 m de hauteur un poids de 72,2 kg, résultat qui est plus de quatre fois supérieur à celui obtenu dans le cas de la vapeur.

Le fait qu'un mémoire contenant ces résultats et écrit par l'un des physiciens les plus intelligents de son temps ait été publié précisément à cette date, présente un grand intérêt historique. Qu'indique en effet cette publication ?

Tout d'abord, il est évident que le mémoire de Petit représente un élément important du cadre dans lequel se développa la pensée de Sadi Carnot : c'est en effet le point de vue de Lazare Carnot qui permit à Sadi de corriger l'erreur de Petit en considérant les machines thermiques comme composées de processus réversibles plutôt que comme des appareils devant vaincre une résistance. L'un des premiers points soulevé par Sadi dans sa *Puissance motrice du feu* est de se demander si l'air atmosphérique ne serait pas un agent préférable à la vapeur d'eau. Il cite plus loin le mémoire de Petit après avoir démontré que l'agent mis en œuvre pour réaliser la puissance motrice est indifférent ; que l'on choisisse l'air atmosphérique, la vapeur d'eau ou la vapeur d'alcool, la puissance motrice d'une machine thermique ne dépend que de la différence de température. Sadi explique l'erreur de Petit par « sa méthode tout à fait incomplète de considérer l'action de la chaleur »[27], ce qui est exact. Mais cette déficience entraînait chez Petit une conclusion où il est impossible de ne pas remarquer le démenti à la loi qui était la raison d'être même de la démarche de Sadi.

> « Quoique je ne prétende déduire du rapprochement que je viens de faire aucune conséquence relative au meilleur moyen d'employer l'action de la chaleur comme force motrice, il est toutefois permis de croire qu'on retirerait quelque avantage du perfectionnement de celles des machines qui, comme le pyréolophore de MM. Niepce, ont pour moteur l'air subitement dilaté par la chaleur. »[28]

Que des confusions comme celles que nous venons d'évoquer aient pu se trouver dans un mémoire écrit par un physicien comme Petit, qui compte parmi les plus éminents de sa génération, est particulièrement instructif pour l'historien. Sans doute Petit comparaît-il l'énergie consommée dans la vaporisation de l'eau au travail effectué par un gaz en expansion, mais on voit bien à travers son mémoire à quel point il eût été nécessaire d'introduire un concept de travail qui ne puisse se confondre avec celui d'énergie. Petit avait certes saisi l'importance de la force vive pour l'évaluation du fonctionnement des machines, mais cette importance était reconnue de tous : « La force vive est celle qui se paie », avait dit Montgolfier[29]. Et Petit était encore très loin d'un concept d'énergie. Il

27. Sadi Carnot, *Puissance motrice du feu,* p. 86, note.

28. Petit, *op. cit.*, p. 294. Pour la machine de Niepce, voir plus haut, p. 40 du chap. I.

29. Cette citation est dans Hachette, *op. cit.*, p. xiv-xv. On pourra consulter D. S. L. Cardwell, « Power technologies and the advance of science », *Technology and culture,* 6 (1965), p. 188-207, pour l'usage répandu qu'on faisait des « engins à colonne d'eau » et pour leur importance dans l'analyse de Sadi.

confondait travail et énergie selon l'usage général de l'époque, usage que l'on peut commodément appeler la tradition agrégative en mécanique.

Depuis le début du XVIIIe siècle, on avait l'habitude d'évaluer la puissance d'une machine ou d'un moteur en fonction de la hauteur à laquelle on pouvait par leur moyen élever un certain poids. Les quantités MgH et $\frac{1}{2} Mv^2$ étant pratiquement équivalentes dans le fonctionnement de la plupart de ces machines, Petit, comme ses contemporains, en vint tacitement à les considérer comme des expressions de la même réalité : la force vive. Ce terme n'évoquait pour eux aucune différence entre énergie cinétique et travail. L'énergie cinétique était la capacité de produire du travail, et l'équivalence était plus une convertibilité qu'une identité fondamentale.

C'est dans la théorie des machines de Lazare Carnot qu'on trouve l'origine d'une distinction, puisque y est posée la différence entre force vive et moment d'activité. A vrai dire, la distinction n'est ni clairement ni systématiquement établie, mais, enfin, elle existe chez Lazare Carnot. Si Petit n'a pas su la voir, il faut reconnaître que Sadi a lui-même achoppé sur ce qui est implicite dans la convertibilité de la force vive en moment d'activité que son père avait considérée. La confusion faite par Sadi entre les notions de chaleur et d'énergie représente une autre forme de la confusion faite par Petit et d'autres auteurs entre le travail et l'énergie.

Navier a certainement apprécié le mémoire de Petit. Dans un numéro ultérieur des mêmes *Annales de chimie et de physique*, il a publié une note sur l'historique du principe des forces vives dans la théorie des machines [30]. Il s'agissait, d'après ses propres déclarations, de viser le même but que Petit : reprendre des notions très utiles aux progrès de la mécanique pratique (c'est-à-dire le génie), rappeler ce qui avait déjà été fait sur ce sujet et essayer de faire revivre des procédés et des résultats pratiquement oubliés. Et c'est précisément à la théorie des machines de Lazare Carnot que Navier pensait alors. Il est probable que c'est à cette note, et bien entendu surtout à la réédition par Navier de l'*Architecture hydraulique* de Bélidor, que l'œuvre de Carnot doit d'avoir finalement occupé une place centrale aux yeux d'une génération nouvelle, préparée par l'expérience et les circonstances, non seulement à la reconnaître, mais aussi à la développer en une véritable science du génie mécanique.

Navier résume tout d'abord brièvement l'histoire du principe des forces vives depuis son originc. C'est à Galilée qu'il attribue les premières conceptions précises sur l'effet des machines. Ce dernier avait en effet établi qu'une puissance donnée ne peut produire en un temps donné qu'un effet déterminé, et que cet effet a pour mesure le produit du poids et de la hauteur à laquelle il est élevé.

Ce produit d'une force par une distance suffisait pour estimer l'effet des machines parvenues à un régime uniforme. Dans le cas de mouvement varié, il fallait se servir d'un autre principe pour déterminer, d'après les

30. « Détails historiques sur l'emploi du principe des forces vives dans la théorie des machines et sur diverses roues hydrauliques », *Annales de Chimie et de Physique*, 9 (1818), p. 146-159.

variations survenues dans le mouvement, les puissances qui les avaient produites, et réciproquement. Le premier principe qu'on avait utilisé dans ce but était celui de la conservation des forces vives, attribué à Huygens, bien qu'il ne fut simplement que la généralisation à un système de corps d'une proposition de Galilée selon laquelle un corps pesant qui descend librement le long d'une courbe quelconque acquiert toujours la même vitesse que dans une chute verticale de même hauteur.

Le premier mémoire où l'on avait essayé d'évaluer l'effet des machines d'un point de vue tout à fait pratique était, selon Navier, un mémoire que Parent publia en 1704 sur les roues à aubes [31]. Parent s'était basé sur cette remarque simple que l'effet sur les aubes varie avec la vitesse relative de la roue par rapport à celle du courant. Il pensait qu'il devait donc y avoir une certaine relation entre ces vitesses correspondant au maximum d'effet. Le problème était justement de la déterminer. Parent avait émis l'hypothèse (assez arbitraire) que l'effort est proportionnel au carré de la vitesse relative et il avait trouvé que la vitesse de l'aube doit être alors le tiers de celle du courant. Il se trouve que l'hypothèse est relativement correcte, et le résultat assez bon. Néanmoins, la valeur absolue de l'effet maximal donnée par Parent est tout à fait inexacte, et l'on ne pouvait connaître cet effet maximal qu'en déterminant les quantités respectives de la force vive que le fluide perd contre la roue, et conserve après avoir agi sur elle.

Selon Navier, le premier ouvrage où s'est trouvé appliqué le principe des forces vives à la théorie des machines est l'*Hydrodynamique* de D. Bernoulli (1738). C'est là qu'est mis pour la première fois en lumière le lien entre l'hydrodynamique et le principe de la conservation des forces vives : Bernoulli y montre que, si l'on fait abstraction des frottements, le poids de l'eau élevée, multiplié par la somme de la hauteur à laquelle on l'élève et de la hauteur due à sa vitesse finale, est égal à la puissance employée à faire marcher la machine. Mais le point de vue de Bernoulli fut entièrement négligé dans les grands ouvrages de mécanique pratique (génie) de l'époque — la *Physique* [32] de Désaguliers et l'*Architecture hydraulique* de Bélidor. Les savants eux-mêmes ne lui prêtèrent guère attention : Euler n'en fit aucun usage dans ses mémoires sur la roue à réaction, la roue à force centrifuge ou la vis d'Archimède.

Ce n'est qu'avec un court mémoire de Borda [33], publié trente ans plus tard, que l'on retrouve l'application du principe des forces vives aux machines. Borda adopte l'approche de Bernoulli tout en l'améliorant sur un point : Bernoulli avait supposé la force vive perdue par l'effet du choc égal à $m\ (v^2 - v'^2)$, alors que selon Borda [34] elle doit être, d'après les lois du choc, $m\ (v - v')^2$. Quelques années plus tard, en 1781, Coulomb

31. A. Parent, « Sur la plus grande perfection possible des machines », *Mémoires de l'Académie royale des sciences ... année 1704* (1706), p. 323-338.

32. J.-T. Désaguliers, *Cours de physique expérimentale*, 2 vol. (Paris, 1751), trad. de *A course of experimental philosophy* (Londres, 1734).

33. J.-C. de Borda, « Mémoire sur les roues hydrauliques », *Mémoires de l'Académie royale des sciences ... 1767* (1770), p. 270-287.

34. Borda poursuivit ses recherches dans un second mémoire, publié l'année suivante : « Mémoire sur les pompes », *Mémoires de l'Académie ... 1768* (1770), p. 418-431.

publie un mémoire sur les moulins à vent. Il y utilise la même méthode pour évaluer l'effet des machines et calculer l'effet des chocs [35].

Pour Navier, donc, les mémoires de Borda et de Coulomb marquent un progrès sur l'*Hydrodynamique* de Bernoulli en manifestant que l'on possède maintenant le principe des forces vives, mais Navier ne précise pas à qui pourrait être rapportée une démonstration véritable. Il remarque d'ailleurs que Borda et Coulomb n'ont donné que des applications particulières du principe, et qu'après eux, il restait encore à créer une théorie générale au moyen de laquelle on puisse rattacher l'évaluation de l'efficacité des machines aux principes de la mécanique.

Navier pense que c'est dans l'*Essai sur les machines* de 1783 et les *Principes fondamentaux* de 1803 que le lien est établi. Mais il convient de préciser ici ce que Navier attribue exactement à Lazare Carnot (il ne fait aucune différence entre les apports des deux livres et les considère comme les versions successives d'un même ouvrage). Tout d'abord, est reconnue à Carnot la démonstration générale du théorème relatif à l'évaluation de la perte de force vive résultant des chocs entre corps non élastiques (ce terme remplace chez Navier celui de corps durs). Ce théorème n'avait été remarqué par Borda et Coulomb que dans un cas particulier. Carnot l'avait complété en posant dans les termes suivants les conditions à satisfaire dans la construction des machines hydrauliques pour obtenir le plus grand rendement : il faut : 1) que le fluide communique la totalité de son mouvement à la machine, ou, du moins, qu'il ne lui en reste que la quantité nécessaire pour s'échapper après son action ; 2) que l'échappement se fasse sans turbulence ni percussion dans les parties solides de la machine ; 3) que les « forces sollicitantes » ne fassent naître dans le système aucun mouvement inutile à l'objet qu'on se propose, c'est-à-dire, par exemple, que dans l'élévation d'une quantité d'eau, cette eau arrive à la hauteur donnée avec une vitesse nulle.

Personne n'était mieux placé que Navier pour apprécier les données que nous venons de citer et il n'est pas étonnant qu'elles aient retenu son attention, mais il est notable qu'il fut encore plus sensible à l'angle sous lequel Carnot étudiait les machines. Il est aussi extrêmement intéressant que Navier ait remarqué que Lagrange lui-même envisage les machines de la même manière dans la *Théorie des fonctions analytiques.* Dans cet ouvrage, Lagrange explique avec netteté et précision ce qui peut encore paraître naïf dans l'*Essai sur les machines* de Carnot, à savoir qu'on peut réduire à la gravité et aux ressorts presque toutes les forces [36]. L'évaluation de la force vive produite dans le premier cas est facile, elle est égale au produit du poids par la hauteur. Quant aux forces qui agissent à la manière des ressorts, Navier pense surtout à celles provenant de l'expansion et de la condensation alternatives des gaz, dont les lois étaient données par Petit dans l'article déjà cité.

35. COULOMB, « Observations théoriques et expérimentales sur l'effet des moulins à vent », *Mémoires de l'Académie ... 1781* (1784), p. 65-81.

36. LAGRANGE, *Théorie des fonctions analytiques, Œuvres de Lagrange,* publiées par J.-A. Serret, vol. IX (Paris, 1881), p. 409-410. L'éloge exprimé par Lagrange dans la deuxième édition à l'égard du théorème de Carnot se trouve p. 407.

Dans sa note des *Annales de Chimie et de Physique* que nous suivons ici, Navier informe ses lecteurs de son intention de soumettre à l'Académie, dans les mois à venir, les notes et les additions préparées pour la nouvelle édition de l'*Architecture hydraulique* de Bélidor. Il décrit son projet dans les mêmes termes qu'il avait utilisés pour souligner l'importance de l'*Essai sur les machines* : « J'ai tâché d'y rattacher ces considérations d'une manière tout à fait élémentaire aux premiers principes de la mécanique » [37]. Il est significatif qu'il n'ait pas tenté de réaliser entièrement son projet à l'occasion des notes et des corrections qu'il apporta à la réédition de la *Science des ingénieurs* de Bélidor en 1813, réédition qui aurait pourtant été une occasion également appropriée. Ce sont donc certainement des développements survenus après 1813 qui l'amenèrent à entreprendre le commentaire ambitieux et complet qui accompagne l'édition ultérieure et constitue presque une théorie analytique des machines.

Les remarques historiques faites par Navier dans sa note des *Annales* ayant pour but principal de rappeler au lecteur des considérations généralement oubliées (en particulier l'œuvre de Carnot sur la théorie des machines), il est raisonnable de penser que c'est le fait d'avoir amélioré sa propre estime qui l'amena à rééditer l'*Architecture hydraulique* à la lumière de la théorie des machines. Dans les notes qu'il a ajoutées à cet ouvrage, il démontre le principe de la conservation des forces vives pour une masse ponctuelle et généralise le résultat à un système de points par une application classique du principe de d'Alembert. L'étude est faite en termes de vitesses virtuelles. Navier déduit ensuite le théorème de Carnot à partir de la conservation des forces vives. Selon lui, ce théorème complète le principe de la conservation des forces vives dans le cas d'un changement discontinu et il le formule ainsi :

> « La somme des forces vives qui a lieu dans le système après le changement brusque est moindre que celle qui avait lieu auparavant et *le système a perdu une quantité de force vive égale à celle qui aurait lieu si les corps étaient animés des vitesses qu'ils ont perdues lors de ce changement.* » [38]

Bien avant cette formulation, Navier note — et c'est très utile, même pour l'historien d'aujourd'hui — l'évaluation par Carnot de la projection d'une quantité dirigée. Évaluation à l'aide du cosinus de l'écart angulaire des directions [39]. Ainsi Navier a compris l'importance de ce premier pas dans l'élaboration du calcul vectoriel, et on doit y prêter attention : la géométrie de Carnot a sans doute eu beaucoup d'importance dans le développement du sujet [40].

Notre but n'étant pas de faire dans le détail l'histoire de la mécanique mais seulement d'indiquer l'influence exercée par Lazare Carnot, nous ne nous attacherons qu'à ce qui nous paraît le plus essentiel dans les

37. Navier, *op. cit.*, p. 152.
38. Voir les notes de Navier dans l'*Architecture hydraulique* de Bélidor (édition de 1819), p. 111-113. Ce n'est pas nous qui soulignons, mais l'auteur.
39. *Ibid.*, p. 17-18.
40. Voir le chap. V.

événements ultérieurs. Le plus important est, en 1829, la publication de Coriolis : *Du calcul de l'effet des machines.* Cet ouvrage est généralement considéré comme la pierre angulaire des travaux de génie mécanique au XIXe siècle. Coriolis y a rassemblé toutes les considérations générales susceptibles d'éclairer les problèmes d'économie de force ou de puissance mécanique. Le passage qui présente le plus d'intérêt pour l'historien des sciences est celui dans lequel Coriolis donne à la quantité « travail » le nom sous lequel on la désigne depuis, en la distinguant en même temps de la force vive. Ce passage vaut la peine d'être paraphrasé car il montre l'origine et l'évolution de ce vocabulaire.

Coriolis appelle « travail » la quantité qu'on appelait puissance mécanique, quantité d'action ou effet dynamique. Ces termes étaient tous des variantes du « moment d'activité » de Carnot. Coriolis suggéra d'appeler « dynamode » l'unité de travail, mais ce terme ne fut pas retenu. Il apporte également une autre innovation qu'il qualifie de « mineure » bien qu'elle se soit avérée tout aussi importante. Il décide de désigner par force vive la moitié de ce que l'on désignait jusque-là par ce terme (produit de la masse par le carré de la vitesse). Les raisons données par Coriolis pour justifier son vocabulaire et expliquer les difficultés du vocabulaire antérieur sont particulièrement intéressantes.

Chargé de cours à Polytechnique, Coriolis a trouvé dans l'enseignement l'occasion d'une expérience : toute grandeur physique mal définie au point de vue des dimensions est très incommode pour les étudiants. Ceux-ci rencontraient continuellement dans leurs problèmes de génie mécanique la quantité $\frac{1}{2} M V^2$ en équivalence à $M g H$ et étaient constamment obligés de chercher à comprendre pourquoi le nom de force vive était réservé au double de la quantité la plus fréquente. L'inadéquation du vocabulaire provenait de la différence entre les traditions de la mécanique rationnelle et de la mécanique pratique. A l'origine, la mécanique rationnelle n'avait jamais utilisé le concept de travail et n'avait pas donné au terme de force vive le sens d'un produit force-vitesse. Néanmoins, il était devenu de plus en plus courant pour les ingénieurs praticiens d'employer le terme de force vive pour désigner le travail fourni en conséquence de la vitesse acquise par un corps. Coriolis reconnaît que le changement qu'il proposait n'était pas essentiel, mais il insiste sur le fait que sa nouvelle terminologie simplifie la théorie des machines. Néanmoins, cette initiative de langage montre bien quel était le concept qui s'était en fait alors imposé : trente ans plus tard le nouveau nom d'énergie cinétique achèvera de distinguer la force vive du travail.

Quant au terme « travail », Coriolis remarque qu'il est si naturel que Navier (dans ses notes pour Bélidor), et Prony (dans son mémoire sur une nouvelle machine) l'ont tous deux déjà utilisé dans le même sens. Coriolis aurait également pu mentionner Carnot[41]. Peu auparavant, l'Académie avait soulevé le problème des unités de puissance et de la théorie des machines. Une commission fut nommée et Laplace, qui en faisait partie,

41. Voir p. 66, et l'appendice A, § 27, note *c*.

fut d'avis qu'il serait plus sage pour l'Académie de ne pas choisir de nom. Son sentiment (se souvenait-il alors des commissions nommées pour le système métrique ?) était que l'Académie ne pouvait rien faire de plus que sanctionner un usage établi. Coriolis invoque l'avis de Laplace pour souligner que la voie est libre devant ceux qui cherchent à établir de meilleurs usages.

L'ouvrage de Coriolis est en lui-même un témoignage impressionnant du développement survenu dans la matière traitée. C'est un manuel complet de mécanique pratique où les problèmes soulevés par la construction et l'emploi des machines sont traités en termes théoriques. Coriolis y utilise librement les résultats de la mécanique et le calcul différentiel et intégral. Il encourage les lecteurs n'ayant pas de connaissances suffisantes à persévérer : il a, dit-il, fait tout son possible pour que l'accès aux principales notions de la théorie des machines soit suffisant sans trop de technique mathématique. Et il est vrai que Coriolis se sert de l'outil mathématique uniquement pour formuler les propositions, non pour les engendrer. Son ouvrage n'est pas purement mathématique contrairement aux produits de la mécanique rationnelle au XVIIIe siècle ou de la mécanique générale au début du XIXe siècle. Il est donc difficile de savoir si, en fait, un lecteur mal informé de l'ensemble des questions pouvait trouver son compte dans ce qui lui était ainsi proposé.

Le *Calcul de l'effet des machines* présente néanmoins en comparaison aux *Principes fondamentaux* de Carnot (pour ne rien dire de l'*Essai sur les machines*) un énorme progrès en complétude, en finesse et en langage. Les vingt-cinq années qui séparent ces deux ouvrages avaient vu s'établir les règles du sujet. Comme aucun traité n'avait, d'autre part, été publié qui eût pu contribuer à ce développement (mises à part les notes de Navier sur Bélidor) ce progrès doit donc s'expliquer par l'enseignement et à travers les cours donnés dans les écoles d'ingénieurs : Coriolis enseignait à Polytechnique, Navier aux Ponts et Chaussées, Poncelet à l'École d'artillerie et du génie de Metz, et la littérature du sujet était formée de cours lithographiés.

Le fait que plusieurs esprits éveillés travaillaient sous de pareilles contraintes dans des directions similaires devait inévitablement poser des problèmes de priorité. Ceux-ci n'ont pas passionné les principaux intéressés outre mesure, et l'historien doit aujourd'hui retenir surtout ceci : Navier, Coriolis et les autres se sont mutuellement informés et contrôlés, et ont tous manifesté combien ils reconnaissaient, en fait, le rôle de pionnier de Lazare Carnot. Coriolis atteste dans sa préface n'avoir connu que les ouvrages de Carnot et Guenyveau quand il s'intéressa au sujet. Et c'est à leur inspiration qu'il rapporte plusieurs idées qui lui parurent alors originales. Lorsqu'il rédigea en 1819 l'avant-projet de son traité de 1829, il le communiqua aux ingénieurs Mallet, Belanger et Drappier, ainsi qu'à plusieurs élèves. En 1820, il entra en contact avec Ampère sur le sujet, que Petit étudiait aussi, et, en 1824, avec Poncelet [42].

42. Dans une note de son mémoire (*loc. cit.*, p. 297-298), PETIT remarque qu'Ampère avait déjà étudié l'application du principe des forces vives à la théorie des machines et lui avait dit avoir trouvé certains de ses résultats.

Puis il constata que les travaux de Petit et de Navier enlevaient beaucoup d'originalité à son effort.

Ces échanges posèrent les conditions d'une dispute de priorité qui fut apaisée, sinon tout à fait évitée, par le bon sens et la modération de tous. En 1825, Poncelet donnait un cours de mécanique appliquée à l'École d'artillerie et du génie de Metz, cours dont il fit polycopier le contenu en 1826. Il en donna des exemplaires à ses élèves, ainsi qu'à quelques personnes intéressées à Paris. Arago et Dupin en firent un rapport en 1827 pour l'Académie [43]. Le propos et la forme de ce cours étaient en certains points importants très proches du traité de Coriolis.

Coriolis apprit que Poncelet était contrarié par sa publication en 1829 et fit insérer une note dans le *Bulletin des Sciences mathématiques* d'octobre 1829, s'excusant de ce que, par suite d'un malentendu entre Poncelet et lui-même, concernant les dates d'une correspondance antérieure, certains passages de sa préface pouvaient faire croire que Poncelet avait tiré profit de leur échange de lettres. Il demanda aux lecteurs déjà en possession du traité de remplacer les deux premières pages de la préface par deux autres pages qu'il mettait à leur disposition chez l'éditeur [44]. Pour Poncelet, la question était ailleurs. Il n'accusait pas Coriolis de s'être approprié ses résultats mais, dans une longue note datée du 8 octobre, il prit le rapport fait par Navier du traité de Coriolis à partie (Navier était le secrétaire de la commission chargée par l'Académie d'examiner l'ouvrage de Coriolis) [45]. Ce rapport était complet et enthousiaste. Poncelet ne discutait pas le mérite même de l'ouvrage et ne voulait pas s'étendre sur toutes les ressemblances qu'il avait avec le sien. Mais il reprochait à Navier d'avoir attribué à Coriolis l'originalité sur deux points qu'il avait lui-même traités dans son cours, et dont l'un avait été l'objet d'une note ultérieure de Cauchy [46].

Il s'agissait d'une expression générale de ce que Poncelet appelle « moment virtuel du frottement des engrenages » et que Coriolis appelle « travail consommé par le frottement des engrenages » [47]. L'étude de Poncelet présente un certain intérêt parce qu'elle constitue une critique à la fois du principe de d'Alembert et du théorème de Carnot : ni l'un ni l'autre de ces énoncés en effet ne tient compte des résistances tangentielles dans un système. Poncelet estime que d'Alembert et Carnot, ainsi que Poisson, Navier et Petit sont « nos meilleurs auteurs sur le choc des corps ». Et sa critique des théorèmes évoqués ne porte pas sur les hypothèses de structure interne des corps (avec la distinction entre les

43. Arago et Dupin, « Rapport sur un mémoire de M. Poncelet intitulé *Cours de mécanique appliquée aux machines, Procès-verbaux de l'Académie des sciences de l'Institut de France,* 8, 7 mai 1827, p. 527-531.

44. *Loc. cit.*, 12 (1829), p. 322-323.

45. Navier, « Rapport sur le mémoire de M. Coriolis, intitulé « Du calcul de l'effet des machines », *Procès-verbaux de l'Académie...*, 9, 22 juin 1829, p. 266-272. La commission, qui comprenait Navier, Prony et Girard, publia aussi son rapport dans le *Bulletin des Sciences mathématiques,* 12 (1829), p. 103-116.

46. Poncelet, « Note sur quelques principes de mécanique relatifs à la science des machines », *Bulletin des Sciences mathématiques,* 12 (1829), p. 323-325.

47. *Ibid.*, p. 324-335.

corps élastiques et les corps durs), elle porte sur la négligence, dans l'application aux machines, des percussions internes entre parties mouvantes d'où il y a lieu de remonter jusqu'à des interactions moléculaires.

L'analyse de Poncelet montrait comment évaluer en général les altérations globales de vitesse et les pertes de forces vives causées par les chocs entre les différents corps constituant la machine, premièrement en vertu de la réaction directe et réciproque de ces corps ; deuxièmement en vertu des résistances passives qui naissent de cette réaction à l'endroit des parties frottantes. Pour les effets du premier groupe, Poncelet détermine des équations différentielles du mouvement pour chaque partie de la machine et sa critique consiste à montrer que, quand on néglige les résistances tangentielles ou les frottements qui font naître les forces de compression normales et réciproques, ces équations exprimant les forces normales de compression et leurs réactions se réduisent à une seule équation linéaire. Des hypothèses simples permettent alors d'en déduire d'abord le principe de d'Alembert et ensuite le théorème de Carnot. Il considère ce dernier comme pratiquement inutile parce qu'il suppose que l'on a d'abord évalué les pertes ou les gains de vitesse éprouvés par chacun des corps d'après le principe de d'Alembert. Autrement dit, les deux principes se réduisent à des tautologies dans le cadre plus général et plus opérationnel adopté par Poncelet. Et il ne les voit même pas comme des étapes historiques vers son propre point de vue.

Le second reproche de Poncelet va plus loin. Dans le cas de chocs pour lesquels les résistances extérieures sont en quelque sorte une fonction des forces de compression à l'intérieur du système, un autre terme doit être introduit dans les expressions. Si, comme cela arrive souvent, la fonction n'est pas rationnelle, alors les équations finales cessent d'être linéaires et conduisent à des résultats différents de ceux obtenus par le principe de d'Alembert sur l'équilibre entre les variations totales des quantités de mouvement, envisagées comme de simples forces de pression ou de choc. Dans la pratique, bien entendu, le principe de d'Alembert fournit d'ordinaire une approximation suffisante, et le reste de la note de Poncelet est consacré à un nouveau principe d'analyse sur les fonctions « radicales » apparaissant alors dans les équations différentielles. Poncelet critique finalement le manque d'attention dont fit preuve Coriolis en ne tenant pas compte des effets du frottement et des résistances tangentielles ou passives.

Cauchy, pour sa part, considère la même difficulté mais d'un point de vue théorique[48]. Il attaque Carnot directement :

> « On enseigne dans les divers traités de mécanique qu'il y a perte de forces vives toutes les fois que les vitesses des corps éprouvent un changement brusque, et que cette perte de forces vives a pour mesure la somme des forces vives dues aux vitesses perdues. Mais

48. A. Cauchy, « Mémoire sur un nouveau principe de mécanique », *Bulletin des Sciences mathématiques*, 12 (1829), p. 116-122. Ce mémoire, qui précède l'échange Coriolis-Navier-Poncelet, fut lu par Cauchy le 21 juillet 1828 à l'Académie (*Procès-verbaux*, 9, p. 94).

cette proposition, que l'on a nommée Théorème de Carnot est évidemment inexacte ainsi que la proposition par laquelle on prétend l'établir. »[49]

Pour l'essentiel, la critique de Cauchy se réduit à une réfutation mathématique des distinctions faites par les physiciens et les ingénieurs entre changements de mouvement brusque et changement graduel et entre corps durs et corps élastiques.

— Un changement brusque de vitesse relative n'est qu'un changement qui s'opère dans un temps trop court à mesurer. De même, la seule différence entre les corps élastiques et les corps non élastiques est que, dans les premiers, les actions mutuelles des molécules dépendent uniquement des distances qui les séparent, tandis que, pour les corps non élastiques, elles dépendent et du temps et de la vitesse. A vrai dire, on aurait pu appeler changement de mouvement brusque ou instantané tout changement se produisant en un temps très court. Mais si l'on se permettait de parler ainsi, il y aurait changement brusque de vitesse dans le choc des corps élastiques — un cas auquel le théorème de Carnot ne s'applique pas. Les auteurs de mécanique avaient, pour parer cette difficulté, été forcés de dire que les vitesses variaient continûment quand les corps étaient élastiques et brusquement quand ils ne l'étaient pas. Cette distinction était cependant purement illusoire et il est donc faux que la perte de forces vives soit la somme des forces vives dues aux vitesses perdues toutes les fois qu'il y a changement brusque dans les vitesses. —

Poursuivant sa discussion en vue d'arriver à une proposition tout à fait générale, Cauchy énonce la proposition suivante, à son avis préférable :

« Lorsque, dans un système de points matériels les vitesses varient brusquement en vertu d'actions moléculaires développées par les chocs de quelques parties du système, la somme des moments virtuels des quantités de mouvement acquises ou perdues pendant le choc, est nulle toutes les fois que l'on considère un mouvement virtuel dans lequel les vitesses de deux molécules qui réagissent l'une sur l'autre sont égales entre elles. »[50]

Cauchy s'attache ensuite à l'expression analytique correspondante. Remarquons que, s'il voyait là la réfutation du théorème de Carnot et si Poncelet considérait à sa suite ledit théorème comme périmé, tous les deux, en fait, en imaginant des interactions de molécules dans un système, ont été amenés à se servir de la théorie des mouvements géométriques de Carnot. Poncelet utilise même l'expression « mouvement géométrique » :

« ... Je me suis contenté d'indiquer sommairement la marche des calculs et des raisonnemens, n'ayant d'autre intention que de justifier l'emploi que je prétendais faire de la méthode abrégée de

49. *Ibid.*, p. 116.
50. *Ibid.*, p. 119.

M. Poisson, pour le calcul des pertes d'effet résultant des changemens brusques de la vitesse dans les machines à percussion, lorsqu'on suppose les différentes pièces, privées de toute force de ressort, à l'instant de la plus grande compression, ou, plus généralement, lorsqu'on suppose qu'elles conservent un mouvement virtuel ou géométrique commun à la fin du choc. »[51]

Cauchy remarque que, si après le choc, tout point matériel ayant exercé une action moléculaire sur un autre point se réunit à lui, alors le principe posé ci-dessus fournit toutes les équations nécessaires pour déterminer, après le choc, les mouvements de toutes les molécules du système considéré. De plus, une de ces équations — très précisément celle qu'on obtient en prenant pour vitesses virtuelles les vitesses effectives après le choc — exprime que la perte des forces vives est la somme des forces vives dues aux autres vitesses perdues[52]. Poncelet, pour sa part, constate que cela justifie les principes de Carnot et de d'Alembert pour le cas improprement appelé choc des corps durs :

« ... en effet, la condition sous laquelle les mêmes conséquences ont lieu, et qui consiste en ce que les molécules voisines se réunissent ou reprennent des distances invariables, et que les vitesses virtuelles considérées soient égales et parallèles, cette condition revient exactement à celle qui, selon une autre manière d'envisager les choses, exige qu'à l'instant du choc dont il s'agit, les différentes molécules des corps aient acquis un mouvement commun géométrique ou virtuel tel qu'elles cessent désormais de réagir les unes sur les autres, et que leur système, pour chaque corps, ait pris la forme stable que permettent, à cet instant, les conditions ordinaires de la liaison. En un mot, elle suppose qu'après le choc, les corps ne se quittent pas, ou qu'ils cheminent de concert et sans posséder de vitesses relatives suivant les normales communes aux points de leur contact mutuel ; ce qui ramène les propositions de M. Cauchy précisément aux mêmes termes que celles que j'ai cherché à justifier, par des considérations directes, dans les §§ 138 et 139 de la lithographie de mes leçons de 1826. »[53]

Il nous paraît probable, en définitive, que ni Cauchy, ni Poncelet n'ont vraiment lu Lazare Carnot. Loin de le réfuter, ils n'ont fait que reproduire, dans le langage des mouvements virtuels, ce que Carnot avait réalisé avec ses mouvements géométriques, mais ils ne s'en sont pas pleinement rendu compte.

51. PONCELET, *op. cit.*, p. 332.
52. CAUCHY, *op. cit.*, p. 119.
53. PONCELET, *op. cit.*, p. 333.

CHAPITRE V

L'ALGÈBRE ET LE CALCUL INFINITÉSIMAL DU POINT DE VUE D'UN INGÉNIEUR

Le géomètre Michel Chasles, qui — comme d'autres savants du XIXe siècle — était dans son domaine, en même temps qu'un maître éminent, un excellent historien, situe les contributions de « l'illustre Carnot » entre la géométrie descriptive de Monge et la géométrie projective de Poncelet [1], dans la suite des travaux auxquels il attribue le regain d'intérêt que connurent les méthodes projectives de Desargues et de Pascal, ainsi que la renaissance des études géométriques qui succéda à une éclipse due à l'essor de l'analyse au XVIIIe siècle. Or, il est remarquable que tous ces géomètres dont Chasles souligne l'importance se sont distingués dans le domaine du génie mécanique et se sont consacrés tant à la science des machines qu'à la géométrie nouvelle. Par leur sujet et leur forme, les écrits mathématiques de Carnot sont aussi caractéristiques que son œuvre mécanique : ils révèlent en lui un auteur qui s'intéresse à des choses principalement dans le but d'apprendre à les utiliser correctement et d'une façon plus efficace. Les considérations qui amenèrent Carnot à l'étude de problèmes mathématiques étaient encore plus éloignées des grands débats contemporains que dans le cas de la mécanique. Les questions qu'il posa concernaient plus les fondements et la méthodologie que le contenu des mathématiques ; elles portaient surtout sur la nature des quantités infinitésimales et des quantités négatives, ainsi que sur leur signification dans la distinction entre analyse et synthèse. Il présenta ces questions avec la franche simplicité d'un ingénieur pour qui une expression mathématique n'a de valeur réelle que dans la mesure où elle représente une opération qu'on peut effectuer métriquement ou physiquement. Dans la *Géométrie de position* (1803), Carnot établit une distinction entre les mots « valeur » et « quantité », le premier se rattachant surtout aux fonctions algébriques : « Toute quantité est un objet réel que l'esprit peut saisir, ou du moins sa représentation dans le calcul d'une manière absolue » [2].

1. M. CHASLES, *Aperçu historique sur l'origine et le développement des méthodes en géométrie*, 2e édition (Paris, 1875), p. 210.
2. *Géométrie de position*, p. 7.

Les manuscrits scientifiques de Carnot qui sont encore conservés à Nolay montrent clairement que les problèmes qui l'occupaient à son retour d'exil en 1800 concernaient essentiellement la géométrie et la technologie. Ces archives familiales contiennent des notes relatives aux inventions que l'Institut lui demanda de juger (y compris les machines de Niepce et de Cagniard) ainsi que les manuscrits des rapports qu'il rédigea pour les Procès-verbaux de l'Académie. Elles contiennent également plusieurs brouillons qui révèlent la véritable origine de la plupart de ses écrits géométriques, les difficultés de la théorie des quantités négatives, ainsi qu'une partie de sa correspondance avec ses traducteurs allemands qui permet à l'historien de se faire une idée des buts que poursuivait Carnot ainsi que de la réputation mathématique dont il jouissait alors. Comme nous l'avons déjà dit dans la préface, c'est grâce à sa correspondance avec J. K. F. Hauff (à qui l'on doit la traduction allemande, parue en 1800, de la première édition (1797) des *Réflexions sur la métaphysique du calcul infinitésimal*) que nous savons que cet ouvrage a pour origine l'essai soumis par Carnot à l'Académie de Berlin pour son concours de 1785. Hauff raconte qu'il ne fut pas attiré par le titre de l'ouvrage quand il le vit chez un libraire. Bien qu'il ait été connu comme un technicien très distingué — « einer der vorzüglichsten Praktiker » —, Carnot n'avait alors acquis aucune réputation en mathématiques théoriques. Que ni Hauff, ni Hofräth Kästner, à qui Hauff signala l'ouvrage, n'aient manifesté un quelconque intérêt pour un ouvrage de géométrie écrit par un métaphysicien français n'est pas fait pour surprendre. C'est S.-F. Lacroix qui détourna Hauff de ses préventions initiales, l'assurant que, au contraire, la pensée mathématique de Carnot pouvait être prise au sérieux. Rassuré par le mathématicien contemporain le plus lu de l'époque, Hauff se mit à étudier les *Réflexions sur la métaphysique du calcul infinitésimal*, et à les traduire ensuite, cet ouvrage lui apparaissant comme unissant les éléments de base que le sujet pouvait exiger [3].

Nous possédons un témoignage plus élogieux encore sur la réputation acquise par Carnot à son époque dans le domaine de la géométrie. En 1810, H. G. Schumacher, qui était professeur à l'Université de Copenhague, publia une traduction allemande de la *Géométrie de position*. Il avait demandé à Gauss son opinion sur cet ouvrage et, dans la préface, remercie l'illustre mathématicien pour l'avis favorable qu'il reçut de lui — témoignage que Gauss, on doit le noter, ne donnait pas à la légère [4]. Nous avons déjà mentionné l'éloge de Chasles au début de ce chapitre, mais le grand géomètre ne fut pas le seul à juger cette œuvre et à l'admirer. En 1854, Giusto Bellavitis cita cet ouvrage comme étant à l'origine de sa théorie des équipollences et F. Klein, dans ses célèbres conférences publiées en

3. La traduction de HAUFF parut sous le titre *Betrachtungen über die Theorie der Infinitesimalrechnung von dem Burger Carnot* (Frankfurt-am-Main, 1800). Les documents relatifs à cette traduction sont classés dans le dossier 28 des archives familiales de Nolay.

4. *Geometrie der Stellung oder über die Anwendung der Analysis auf Geometrie*, 2 vol. (Altona, 1810), II, Vorrede.

1926, le qualifie d'ouvrage « remarquable »[5]. Il est donc étonnant que les œuvres mathématiques de Carnot soient tombées dans un tel oubli depuis le début de notre siècle que peu de mathématiciens peuvent dire quel en est le contenu.

Les écrits mathématiques de Carnot se répartissent en deux groupes dont le premier correspond à des travaux d'ordre géométrique et l'autre aux versions successives des *Réflexions sur la métaphysique du calcul infinitésimal.* Nous considérerons d'abord les écrits géométriques puisqu'ils présentent une parenté plus étroite, sans être nécessairement plus profonde, avec son œuvre mécanique. Nous donnerons ensuite un aperçu de sa justification du calcul infinitésimal, sujet de son premier travail d'ordre mathématique, la dissertation de Berlin, (1785), et aussi de son dernier effort à ce propos : la version définitive qu'il publia en 1813.

A. — *ANALYSE GÉOMÉTRIQUE ET PROBLÈME DES QUANTITÉS NÉGATIVES*

Carnot publia *De la corrélation des figures de géométrie* en 1801, un an après avoir quitté les fonctions ministérielles qu'il exerçait sous l'autorité du Premier Consul Bonaparte. L'ouvrage constitue le premier exposé des idées que Carnot avait en tête lorsqu'il reprit son œuvre scientifique après une interruption de dix ans due à son activité publique. Carnot remarqua d'abord qu'il existe entre les diverses parties de toute figure géométrique deux sortes de rapports, à savoir les rapports de grandeur et les rapports de position. Le sujet de ses recherches se limitait à ces derniers. Ainsi, il se proposait de déterminer si un certain point était situé au-dessus ou au-dessous d'une certaine droite, à droite ou à gauche d'un plan donné, à l'intérieur ou à l'extérieur d'une circonférence donnée ou d'une surface courbe, etc. La méthode consistait à comparer chaque figure qu'il voulait étudier à une autre figure de propriétés connues, à exprimer point par point les modifications qui les distinguent, à l'aide d'une notation systématique, et à « établir, ainsi, la corrélation des figures »[6].

Cette méthode est familière à qui connaît la mécanique de Carnot. Concevant un système quelconque de quantités variables, d'ordre géométrique ou non, Carnot considérait ce système dans deux états différents. Le premier, qu'il prenait pour terme de comparaison, s'appelait le système primitif, et l'autre le système transformé. Dans l'analyse de ce dernier, la différence entre deux quelconques des quantités était dite « directe »

5. E. CARRUCCIO, « Bellavitis », *Dictionary of Scientific Biography* (New York, 1970), I, p. 590-592. F. KLEIN, *Vorlesungen über die Entwicklung der Mathematik im 19. Jahrhundert* (Berlin, 1926), I, p. 79. Carnot introduisit le concept et le terme d' « équipollence » au § 82, p. 83-84. Il ne se rapportait pas uniquement à l'équivalence de grandeurs, mais aussi à celle de n'importe quels objets mathématiques (tels que des points ou des courbes) que l'on pouvait remplacer les uns par les autres.

6. *Op. cit.*, § 2, p. 1.

lorsqu'en les comparant à leurs correspondantes dans le système primitif, celle des deux qui était la plus grande dans l'un des systèmes correspondait à celle qui était aussi la plus grande dans l'autre. Dans le cas contraire, la différence de ces deux quantités était dite « inverse » (dans ces comparaisons, Carnot considère toujours des quantités réelles et non des valeurs fictives n'ayant qu'une signification algébrique).

Selon son habitude, Carnot illustra son point de vue par un exemple élémentaire : ABC était un triangle sur la base $\overline{BC}$ duquel était abaissée de l'angle opposé A une perpendiculaire $\overline{AD}$ que Carnot supposait tomber entre les points B et C. Telle était la figure primitive qui servait de terme de comparaison. Carnot prit pour système transformé cette même figure

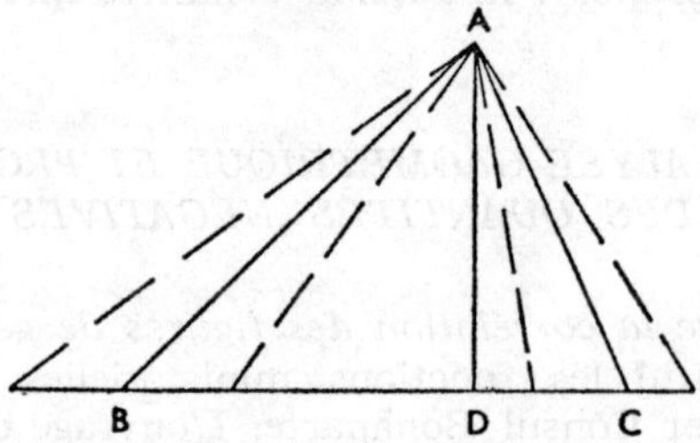

après déplacement du point C vers la gauche, vers le point D. En effet, la figure constituait un système dans lequel le segment $\overline{CD}$ était une variable et $\overline{BD}$ était une constante. Tant que C se rapprochait de D sans cependant l'atteindre, on avait toujours $\overline{BC} > \overline{BD}$, tant dans le système primitif que dans le système transformé. Leur différence, $\overline{CD}$, était directe et $\overline{BC}$ et $\overline{BD}$ étaient des quantités en ordre direct dans les deux systèmes. La corrélation était donc directe par définition. Toutefois, lorsque le point C passe à gauche du point D, il est clair que dans le système transformé, on a alors $\overline{BD} > \overline{BC}$. Leur différence $\overline{CD}$ est donc inverse, $\overline{BC}$ et $\overline{BD}$ sont des quantités en ordre inverse et la corrélation devient donc indirecte.

Plus généralement, Carnot appela systèmes corrélatifs tous ceux qu'on peut considérer comme des états différents d'un même système variable qui se transforme par degrés insensibles. Mais il est important de souligner qu'on ne se limitait pas à des élargissements ou à des réarrangements des parties : il n'était pas nécessaire, pour que deux systèmes soient corrélatifs, qu'ils aient été effectivement obtenus à partir d'un même système primitif. Il suffisait qu'ils fussent susceptibles d'être assimilés au système primitif au moyen de mutations que l'on pourrait imaginer s'opérer par degrés insensibles. Nous retrouvons ici le raisonnement préféré de Carnot : comparer deux systèmes dont le passage de l'un à l'autre pouvait se réaliser par une suite continue de changements. Tels étaient donc les systèmes corrélatifs, et les quantités qui leur correspondaient étaient dites corrélatives.

Quand la corrélation était directe, toute suite de raisonnements applicable au système primitif restait applicable au système corrélatif.

C'est ainsi que, dans le système primitif ABCD déjà considéré, nous savons que dans le triangle ABD,

$$\overline{AB}^2 = \overline{BD}^2 + \overline{AD}^2$$

et que le triangle rectangle ACD,

$$\overline{AC}^2 = \overline{CD}^2 + \overline{AD}^2.$$

Otant cette seconde équation de la première, on a

$$\overline{AB}^2 - \overline{AC}^2 = \overline{BD}^2 - \overline{CD}^2.$$

De plus, on a

$$\overline{BD} = \overline{BC} - \overline{CD}.$$

Substituant cette valeur de $\overline{BD}$ dans l'équation précédente, on aura

$$\overline{AB}^2 - \overline{AC}^2 = \overline{BC}^2 - 2\,\overline{BC} \cdot \overline{CD}.$$

Ce même raisonnement est valable pour tous les systèmes transformés lorsque C se déplace vers D, aussi longtemps que $\overline{CD}$ demeure une quantité directe. Une fois que C aura dépassé le point D, la quantité $\overline{CD}$ sera devenue inverse et la corrélation indirecte. L'équation finale sera alors

$$\overline{AB}^2 - \overline{AC}^2 = \overline{BC}^2 + 2\,\overline{BC} \cdot \overline{CD},$$

laquelle diffère de celle trouvée pour le système corrélatif par le signe qui affecte le second terme du second membre. D'une façon générale, la caractéristique des systèmes indirectement corrélatifs est que les formules du système primitif peuvent être appliquées au système transformé à condition d'y changer les signes de toutes les variables qui ont été inversés.

Réciproquement, la notion de corrélation pourrait s'avérer utile dans la solution de certains problèmes ; c'est pour cette raison que Carnot s'y intéressa et qu'il s'attacha à développer son application à l'analyse en général. Reprenant l'exemple initial du triangle ABC dont il supposa les trois côtés connus et tels que

$$\overline{AC} = \overline{BC} = 2/3\,\overline{AB},$$

Carnot se proposa de trouver le segment $\overline{CD}$. Ignorant si le point C devait se trouver placé entre B et D ou si c'était le point D qui devait se trouver entre B et C, Carnot adopta d'abord cette dernière hypothèse ; on avait dans ce cas

$$\overline{AB}^2 - \overline{AC}^2 = \overline{BD}^2 - \overline{CD}^2,$$

ce qui donnait

$$\overline{CD} = -1/12\,\overline{AB},$$

une valeur qui était négative, et donc inacceptable. Le signe — signifiait en fait que la formulation initiale était erronée et que C se trouvait ainsi entre B et D. En effet, en recommençant le calcul dans cette dernière hypothèse, on obtenait un résultat positif et, si le calcul était correct, cela confirmait l'exactitude du choix fait parmi les différentes conditions possibles du système [7].

7. *Ibid.*, § 33, p. 18-19.

Cet exemple tiré de la *Corrélation des figures,* suffira à montrer comment les difficultés causées par les quantités négatives amenèrent Carnot à aborder l'étude de la résolution des problèmes de géométrie, branche des mathématiques à laquelle, en tout cas, il était bien préparé par son tempérament et sa formation. Apparemment, les contemporains de Carnot eurent du mal à se former une idée claire des rapports de sa théorie des quantités négatives, avec tous les développements géométriques qui lui servaient d'arguments. En effet, dans la dernière de ses publications originales, l'*Essai* de 1806 sur la théorie des transversales, Carnot conclua par une brève « Digression sur la nature des quantités dites négatives »[8]. Il l'avait écrite, disait-il, parce que « plusieurs savans du premier ordre » — Lacroix était sans doute l'un d'eux — avaient pensé qu'il serait utile de réduire les détails excessifs et « d'écarter de la discussion de sa théorie des quantités négatives tout ce qui n'était pas entièrement élémentaire »[9]. En 1810, Schumacher adjoignit une traduction allemande de cette digression au premier tome de sa traduction de la *Géométrie de Position,* et cita une lettre dans laquelle Carnot disait que de multiples obligations et des raisons de santé l'avaient empêché de se consacrer de nouveau à ces sujets et que, en tout cas, il ne pouvait mieux faire[10]. Nous nous contenterons, comme Schumacher, de ce résumé de la théorie, étudiant ensuite d'autres aspects du plus important des ouvrages pour lequel il fut écrit, la *Géométrie de position.*

Les opérations de l'algèbre conduisent à chaque instant à des manipulations de valeurs négatives. Que signifient ces expressions ? Sans doute les signes + et — indiquent des opérations à réaliser, et les quantités positives n'introduisent aucune difficulté, $+ a$ pouvant toujours être regardé comme étant la même chose que $0 + a$ ou a. Quant aux quantités négatives, deux opinions s'étaient concrétisées au cours des nombreuses discussions que ce problème avait soulevées au XVIIIe siècle. L'une d'elles acceptait la notion de quantités moindres que 0. L'autre considérait que le signe moins signifiait qu'une quantité devait être évaluée dans un sens opposé à celui d'une quantité positive. Carnot jugea ces deux opinions insoutenables. Concernant la première, il affirma sommairement que la notion de quantité moindre que rien était absurde. C'est ici que Carnot introduit sa distinction entre une quantité proprement dite et une valeur algébrique, cette dernière n'étant qu'une entité fictive introduite à des fins de calcul. Si l'on est en droit de négliger dans un calcul les quantités nulles (comme c'est le cas), à plus forte raison devrait-il être à coup sûr légitime d'ignorer celles qui sont moindres que rien, s'il en existe de telles. Or, tout le monde sait qu'on commettrait des erreurs capitales en négligeant les termes négatifs. Par conséquent, quel que soit ce qu'ils signifient, ils ne peuvent représenter des quantités[11].

8. *Mémoire sur la relation qui existe entre les distances respectives de cinq points quelconques pris dans l'espace, suivi d'un essai sur la théorie des transversales* (Paris, 1806).

9. *Ibid.*, p. 96.

10. *Geometrie der Stellung,* I, Vorrede.

11. « Digression », *loc. cit.*, n. 8, p. 98.

Quant à ceux qui soutenaient le second point de vue, ils ne définissaient jamais, pour leur part, ce qu'ils entendaient en général par des quantités prises en sens contraire les unes des autres. Ils disaient parfois qu'une créance et une dette sont deux quantités prises en sens contraire l'une de l'autre, de même qu'une ordonnée prise à droite de l'axe des abscisses et une ordonnée prise à gauche, mais ce n'étaient là que des exemples particuliers et non des définitions. Les difficultés n'étaient toujours pas résolues. Pourquoi, par exemple, est-il impossible de prendre la racine carrée d'une quantité négative ? Il n'y a aucune difficulté à tirer la racine carrée d'une dette ou d'une abscisse à gauche. Pourquoi, d'autre part, les quantités négatives auraient-elles le privilège de donner leur signe à leur produit avec une quantité positive ? Ces règles avaient d'ailleurs des exceptions ; la sécante d'un arc de cercle situé dans le troisième quadrant se confond, tant par sa grandeur que par sa direction, avec la sécante de l'arc opposé situé dans le premier quadrant. Elle devrait donc être positive mais est en fait négative.

Carnot proposa de remplacer ces interprétations, dont aucune n'était satisfaisante, par deux acceptions possibles de la notion de quantité négative. Suivant la première, qui était aussi la plus évidente, une quantité négative signifiait simplement une quantité affectée du signe moins. A proprement parler, l'emploi de cette convention n'était correct que lorsque cette valeur était précédée d'une valeur positive de grandeur supérieure et était de ce fait d'une importance relativement triviale. Sa seconde acception était plus profonde et plus révélatrice : une quantité négative était une grandeur affectée d'un signe contraire à celui qu'elle devrait avoir. Ce que Carnot entendait par là peut être illustré par l'exemple du problème cité et dans lequel un résultat négatif indique que les hypothèses initiales sur la corrélation des figures planes étaient inexactes et que, dans les conditions du problème, BC était en fait plus petit que BD, alors qu'on l'avait supposé plus grand au départ [12].

Dans la « Digression », Carnot précisa la différence entre ces deux points de vue grâce à un exemple emprunté à la trigonométrie. Soit la formule

$$\cos (a + b) = \cos a \cdot \cos b - \sin a \cdot \sin b ... \qquad \text{(A)}$$

« Le dernier terme est négatif suivant la première acception. Tant que a, b et $a + b$ sont moindres chacun que le quart de circonférence, ce même terme reste au contraire positif, suivant la seconde acception, parce que le signe moins dont il est affecté est le vrai signe qu'il doit avoir en effet pour que l'équation soit exacte. Mais si l'angle $a + b$ par exemple devient plus grand que le quart de circonférence la formule sera pour lors fautive ; car en cherchant directement par synthèse la formule qui convient à ce nouveau cas, on trouve : »

$$\cos (a + b) = \sin a \cdot \sin b - \cos a \cdot \cos b ... \qquad \text{(B)}$$

Donc si l'on veut appliquer l'équation (A) à ce cas, il faudra y considérer

12. Voir ci-dessus, p. 142.

le premier terme cos $(a+b)$ comme portant un signe contraire à celui qu'il devrait avoir, puisqu'en effet, en changeant ce signe, on obtient

$$-\cos(a+b) = \cos a \cdot \cos b - \sin a \cdot \sin b...$$

ce qui revient à la formule (B). Ainsi, en étendant l'équation (A) au cas où $(a+b)$ est plus grand que le quart de circonférence, cos $(a+b)$ y est affecté du signe contraire à celui qu'il devrait avoir et se trouve être par conséquent une quantité négative selon la seconde acception. Ces deux sens de « négatif » étaient évidemment essentiellement différents et, dans la seconde acception, Carnot préféra nommer « quantités inverses » celles qui sont affectées d'un signe contraire à celui qu'elles devraient avoir, par opposition à celles dont le signe est tel qu'il doit être et qu'il nomma « quantités directes ». La terminologie est celle de la corrélation des figures géométriques, et devait souvent être le moyen d'établir si une quantité était positive ou négative, directe ou indirecte.

Comment ces inversions intervenaient-elles pratiquement dans le processus des calculs ? Carnot dit par erreur, par le genre de méprise, de malentendu que l'on commet en préjugeant faussement des données de base du problème (erreur illustrée par l'exemple de corrélation déjà cité). Si, dans un calcul, on prend une créance pour une dette, la quantité algébrique représentant la somme à payer ou à recevoir se trouvera affectée du signe contraire à celui qu'elle devrait avoir, et qu'elle aurait eu réellement si l'on ne s'était pas trompé. On reconnaîtra alors l'erreur pratiquement par la connaissance du fait que nous devons de l'argent ou qu'il nous est dû. De même, si l'on suppose par erreur qu'une ordonnée est à la droite de l'axe des abscisses, alors qu'elle est à gauche, le signe qui lui correspond sera contraire à celui qu'elle devrait avoir, ce qui apparaît du fait que la solution n'a pas de sens physiquement. En général, « toute quantité inverse peut être considérée comme la différence de deux quantités directes dont la plus grande a été prise pour la plus petite et réciproquement. »[13]

Mais on peut se demander, dit Carnot, à quoi bon introduire dans le calcul des quantités affectées d'un signe erroné. Il répondit en disant qu'on était souvent obligé de prendre ce risque afin de pouvoir formuler un problème en général. Si l'on veut chercher par exemple l'ordonnée d'une courbe sans connaître le quadrant dans laquelle elle se trouve, il faut alors commencer par faire une supposition à ce sujet et si l'on choisit une hypothèse inexacte, on trouve bien la valeur absolue de l'ordonnée en question, mais affectée du signe contraire à celui qu'elle devrait avoir. L'erreur se révèle ainsi par une absurdité dans le résultat, mais elle est facile à corriger, sans recommencer le calcul, en changeant simplement le signe. Cette méthode ne risque donc pas vraiment d'introduire une erreur dans le résultat final. Une valeur positive étant la seule à représenter une solution acceptable dans la résolution d'un problème réel, une solution négative indique seulement une contradiction entre les conditions initiales réelles et l'hypothèse qui a été adoptée lors de la conception des équations.

13. « Digression », *loc. cit.*, n. 8, p. 102.

Pour Carnot, la trigonométrie jouait en mathématiques le rôle qu'il avait accordé à l'hydrodynamique en mécanique : celui d'un domaine de la science d'où son esprit tirait les problèmes exemplaires qui le conduisaient à des conclusions générales [14]. Carnot invoqua le principe algébrique selon lequel toute quantité variable qui change de signe passe par zéro ou par l'infini, lorsqu'il eut à discuter du passage d'une quantité directe à une quantité inverse ou réciproquement. Ce point de vue concernait naturellement le cas du changement de signe des fonctions trigonométriques, et c'est probablement cet exemple qui en est à l'origine. Carnot pensait que ce phénomène était un argument décisif ruinant de façon définitive l'opinion de ceux pour qui les quantités négatives n'étaient autre chose que les quantités ordinaires prises en sens opposé à celles qu'on nomme positives. Pourquoi par exemple le cosinus d'un angle obtus devait-il être nécessairement une quantité inverse ? C'était uniquement parce que le système primitif, celui sur lequel les raisonnements trigonométriques ont été initialement fondés, est un système dans lequel tous les angles considérés sont aigus. L'outil le mieux adapté à l'analyse de telles relations était la géométrie de position et c'est pourquoi elle était la voie d'accès à la géométrie la plus appropriée pour clarifier son application à l'analyse et à l'algèbre en général.

La *Géométrie de position* fut publiée en 1803, la même année que les *Principes fondamentaux de l'équilibre et du mouvement*. C'est un ouvrage imposant et dont l'importance réside plus dans sa conception de la géométrie que dans les questions théoriques qu'il se proposait de démontrer. Bien qu'on ne puisse pas dire que sa théorie des quantités négatives ait été adoptée ultérieurement en mathématiques, la rédaction de la *Géométrie de position* amena Carnot bien au-delà du but qu'il s'était fixé au départ en entreprenant l'ouvrage. Son intention initiale était d'écrire une seconde édition, plus complète, de sa *Corrélation des figures* mais il fut amené à donner plus d'exemples et à étudier les lois de la corrélation d'une manière différente et plus étendue. Une période de deux ans semble courte pour la mise au point des développements nouveaux qu'il introduisit, mais certains passages du livre et divers brouillons de problèmes particuliers, conservés dans les archives familiales, semblent indiquer qu'il avait obtenu la plupart de ses résultats depuis longtemps déjà et qu'il avait eu beaucoup de mal à les mettre en ordre. Ne se limitant plus à des corrélations de systèmes géométriques particuliers, Carnot se propose

14. Il est intéressant de remarquer que la première publication de Carnot qui laisse entrevoir la corrélation des figures et qui semble être aussi le premier travail scientifique original auquel Carnot se soit consacré après la Révolution soit apparu sous la forme d'une « Lettre du cit. Carnot... au cit. Bossut, contenant quelques vues nouvelles sur la trigonométrie ». Cette lettre est reproduite en appendice dans le *Cours de mathématiques* de Bossut, t. II : *Géométrie et application de l'algèbre à la géométrie* (Paris, 1800, p. 401-421). Bossut raconte comment, juste au moment où son livre allait être imprimé, Carnot qui était alors ministre de la Guerre, l'informa de plusieurs idées ingénieuses et susceptibles d'encourager la recherche en géométrie. A l'instigation de Bossut, Carnot rédigea ses remarques sous une forme plus élémentaire. De toute façon, il ne put énoncer que les résultats, laissant le soin aux étudiants d'en fournir les démonstrations. Ces idées furent développées à fond dans la quatrième section de la *Géométrie de position*, qui traite de l'étude des relations linéaires dans un triangle et de l'élimination des quantités angulaires dans leur expression.

maintenant de comparer et d'unifier les deux principaux types de relations géométriques, ceci afin d'associer dans une étude unique les rapports de grandeur et les rapports de position [15].

Après une première section sur les quantités négatives et les quantités imaginaires, l'ouvrage aborde un nombre important de problèmes de géométrie et de trigonométrie. Aussi, comme toute mathématique effective et contrairement aux questions de principes, de méthode et de relations les sections ultérieures se prêtent mal à un résumé. La seconde section nous propose une notation et une technique pour représenter les changements qui interviennent dans les figures lorsqu'on modifie les positions relatives de leurs principaux éléments : points, côtés, angles, arcs, aires, etc. Soient par exemple les deux triangles corrélatifs ABC et A′B′C′ dans lesquels A et A′, B et B′, C et C′, ainsi que D et D′, pieds des perpendiculaires abaissées de A et A′ sur les côtés opposés, sont respectivement corrélatifs (il s'agit en principe des mêmes figures que dans l'ouvrage antérieur) : [16]

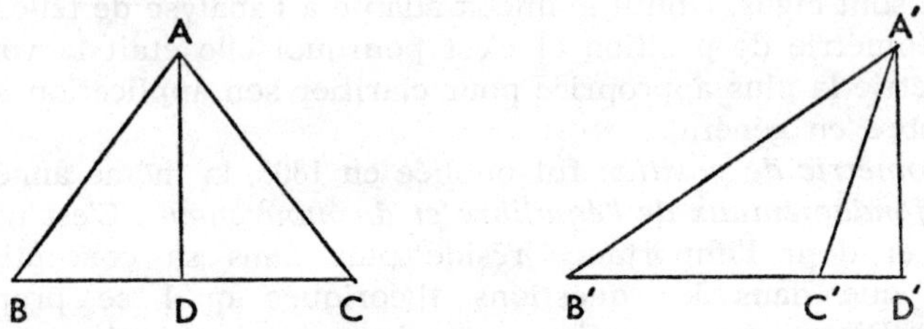

Deux types de corrélations sont importantes pour les points : corrélation de construction et corrélation de position. Les points qui se correspondent dans la corrélation de construction sont :

dans le premier système : ABCD
dans le second système : A′ B′ C′ D′

Par contre, dans la corrélation de position, les points correspondants sont :

dans le premier système : $\overline{\text{BDC}}$
dans le second système : $\overline{\text{B}'\ \text{C}'\ \text{D}'}$

(la barre indiquant que les points sont alignés).

Pour les droites, les angles, les arcs et les aires, entre les deux systèmes d'autres corrélations sont nécessaires pour permettre la comparaison : il s'agit plus précisément des corrélations des valeurs absolues et de signes. Dans l'exemple que nous avons pris, les corrélations des valeurs absolues peuvent être écrites directement :

15. *Géométrie de position*, p. 1. Dans une lettre à Lacroix, datée du 4 nivôse an 10 (25 déc. 1801), Carnot dit consacrer tout son temps libre au développement des idées contenues dans la *Corrélation des figures*. Ce dernier ouvrage ayant été écrit à la hâte, il avait l'intention d'en donner une nouvelle édition augmentée d'un chapitre sur les applications de l'algèbre à la géométrie et d'un autre chapitre sur la théorie des courbes. Ces deux chapitres ne devaient pas constituer un traité en eux-mêmes, mais devaient plutôt donner des applications de sa théorie des quantités positives et négatives et de sa théorie des transversales (Bibliothèque de l'Institut de France. Ms 2397).

16. Cet exemple est étudié en détail, *op. cit.*, p. 81-87.

$$\begin{array}{ll} \text{premier système :} & \left\{ \begin{array}{l} \overline{AB},\ \overline{AC},\ \overline{BC},\ \overline{BD},\ \overline{CD},\ \overline{AD},\ B\widehat{A}C, \\ \overline{A'B'},\ \overline{A'C'},\ \overline{B'C'},\ \overline{B'D'},\ \overline{C'D'},\ \overline{A'D'},\ B'\widehat{A'}C', \end{array} \right. \\ \text{second système :} & \end{array}$$

$$\left\{ \begin{array}{l} A\widehat{B}C,\ A\widehat{C}B,\ B\widehat{A}D,\ C\widehat{A}D,\ \overline{\overline{ABC}},\ \overline{\overline{ABD}},\ \overline{\overline{ACD}}. \\ A'\widehat{B'}C',\ A'\widehat{C'}B',\ B'\widehat{A'}D',\ C'\widehat{A'}D',\ \overline{\overline{A'B'C'}},\ \overline{\overline{A'B'D'}},\ \overline{\overline{A'C'D'}}, \end{array} \right.$$

(une double barre indiquant une surface ou aire et un accent circonflexe désignant un angle).

La corrélation des positions montre qu'il y a une inversion entre les points D, C et leurs corrélatifs D′, C′. Cette inversion nous donne la corrélation des signes, et le tableau général de la corrélation des deux systèmes devient :

$$\begin{array}{ll} \text{premier système :} & \left\{ \begin{array}{l} +\overline{AB},\ +\overline{AC},\ +\overline{BC},\ +\overline{BD},\ +\overline{CD},\ +\overline{AD},\ +B\widehat{A}C, \\ +\overline{A'B'},\ +\overline{A'C'},\ +\overline{B'C'},\ +\overline{B'D'},\ -\overline{C'D'},\ +\overline{A'D'},\ +B'\widehat{A'}C, \end{array} \right. \\ \text{deuxième système :} & \end{array}$$

$$\left\{ \begin{array}{l} +A\widehat{B}C,\ +A\widehat{C}B,\ +B\widehat{A}D,\ +C\widehat{A}D,\ +\overline{\overline{ABC}},\ +\overline{\overline{ABD}},\ +\overline{\overline{ACD}}. \\ +A'\widehat{B'}C',\ +A'\widehat{C'}B',\ +B'\widehat{A'}D',\ -C'\widehat{A'}D',\ +\overline{\overline{A'B'C'}},\ +\overline{\overline{A'B'D'}},\ -\overline{\overline{A'C'D'}}. \end{array} \right.$$

On voit tout de suite que le système primitif ABCD s'est transformé en A′B′C′D′ à la suite du déplacement du point C sur $\overline{CB}$, de telle façon qu'il est maintenant situé entre B et D. La table montre également qu'aucune des quantités $\overline{AB}$, $\overline{AC}$, $\overline{BC}$, $\overline{BD}$, $\overline{AD}$, ne passe ni par zéro, ni par l'infini ; et de ce fait, elles sont des quantités directes dans le système corrélatif et elles y portent un signe positif. Quant à $\overline{CD}$, au contraire, qui doit passer par zéro pour devenir $\overline{C'D'}$, elle devient donc inverse et porte (comme le montre la table) le signe moins. Il en est de même, s'il est besoin de le dire, de toutes les autres quantités dans les deux systèmes. Leurs relations et leurs signes peuvent être déterminés par la consultation de la table, qui montre immédiatement la transformation subie par n'importe quelle quantité du système primitif pour devenir la quantité corrélative.

Les tables de corrélation que Carnot établit dans le cas de systèmes plus compliqués occupent plusieurs pages de texte. Parmi les plus utiles d'entre elles, citons une table complète des corrélations, dans les quatre quadrants, de ce quc Carnot appelait les quantités linéo-angulaires (c'est-à-dire les sinus, les cosinus, les tangentes, etc.), table qui renferme la théorie entière des signes des fonctions trigonométriques. Carnot semble avoir songé à utiliser ces tables compliquées comme noyau d'une sorte de manuel d'ingénieur sur les systèmes géométriques, qui aurait permis de résoudre des problèmes en considérant les systèmes inconnus comme corrélatifs de l'ensemble des systèmes primitifs dont on connaîtrait les propriétés. Les formules exprimant les relations ne devaient contenir que des expressions réelles et intelligibles — à l'exclusion de toute quantité imaginaire ou inverse. La méthode consistait alors à déterminer pour un système corrélatif donné les transformations subies par le système primitif pour parvenir à son obtention. Ces transformations étaient supposées intervenir toujours de façon continue et ne pouvaient que modifier les positions relatives des éléments, non les bases de la construction initiale.

Pour l'essentiel, la *Géométrie de position* comporte des types variés de problèmes qui sont résolus par la technique de formation des tables de propriétés de position. Nous devons nous limiter ici à quelques-uns des très nombreux exemples. Ainsi, « Trois droites quelconques étant tracées dans un même plan et connaissant les angles que forment les directions de deux quelconques d'entre elles, chacune avec la direction de la troisième, trouver l'angle que forment entre elles les deux premières directions » [17].

C'est sur ce problème que s'ouvre une longue section consacrée aux techniques de détermination des relations entre des systèmes de droites sans recourir aux fonctions trigonométriques. Dans une section ultérieure, la méthode est appliquée à divers problèmes de géométrie élémentaire. Ainsi, par exemple, une circonférence et deux tangentes qui lui sont menées étant données, comment construire entre ces dernières une troisième tangente égale à une longueur donnée. Dans une dernière section, la corrélation des figures est appliquée à la résolution de problèmes par la transformation des coordonnées.

Le contenu de l'ouvrage consiste en des développements beaux et difficiles de géométrie abordés par voie algébrique. Avec le temps, ce fut cette suite de problèmes concrets et de théorèmes, plutôt que la théorie des quantités négatives qui l'inspirait, qui valut à Carnot d'être estimé comme l'un des fondateurs de la géométrie du XIXe siècle. Les propositions les plus originales concernent la théorie des transversales, à laquelle, quatre ans plus tard, Carnot consacra un autre petit traité qui devait être sa dernière publication [18]. Félix Klein appréciait particulièrement le théorème parfois dit de Carnot au XIXe siècle : « les trois côtés d'un triangle quelconque, prolongés s'il le faut, étant coupés par une même transversale, les six segments formés deux à deux sur chacun de ces côtés, entre chacun des angles qui le termine et la transversale, sont tels, que le produit de trois d'entre eux comme facteurs, est égal au produit des trois autres ; en prenant ces facteurs de manière qu'il n'en entre jamais deux dans le même produit, qui aient pour extrémités un même angle du triangle, ou un même point de la transversale » [19]. Par ailleurs, Klein se

17. *Ibid.*, § 189, p. 255, Problème XXIV.

18. Voir ci-dessus note 8.

19. Felix KLEIN, *Vorlesungen über die Entwicklung der Mathematik im 19. Jahrhundert* (Berlin, 1926), I, 79-80. Cette proposition est le théorème V de la *Géométrie de position* (§ 219, p. 276-278). Le triangle GBA étant coupé par la transversale CF,

$$\overline{AF} \cdot \overline{BD} \cdot \overline{GC} = \overline{AC} \cdot \overline{BF} \cdot \overline{GD}.$$

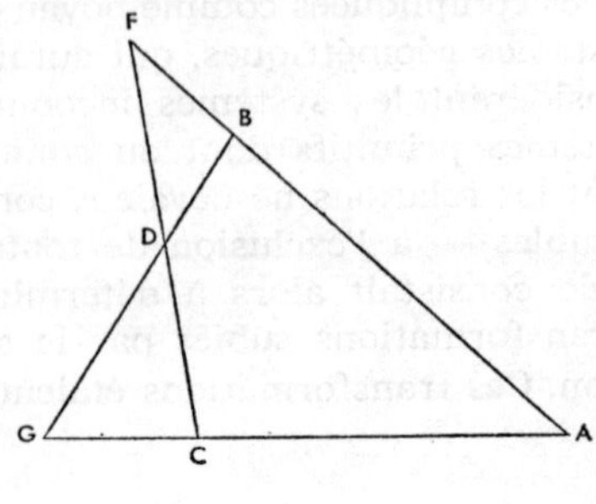

plaignait du caractère élémentaire atteignant presque à la trivialité de nombreuses de ces propositions, tout en reconnaissant que le livre était rempli de bonnes idées. Il était, Klein le dit avec beaucoup d'à-propos, un reflet de la personnalité de Carnot : honnêteté sans génie. Le jugement final de Chasles fut que l'œuvre de Carnot n'était formée que d'une série de puissantes inductions et qu'il ne put jamais obtenir une démonstration rigoureuse, absolue et fondamentale du principe de corrélation des figures [20].

Carnot reconnaissait lui-même l'affinité de sa méthode avec celle des porismes des anciens (car il connaissait bien l'histoire de la géométrie) [21]. Il admettait que la plupart des questions traitées dans son principal ouvrage appartenaient à la géométrie élémentaire mais considérait qu'il n'y avait pas là matière à excuses. Puisqu'elle avait été la seule géométrie connue par Néper, Viète, Fermat, Galilée et Huygens, et qu'elle avait été la mathématique préférée de Halley, Maclaurin et Newton, il fallait croire que cette géométrie offrait certains avantages. Bien qu'elle fût élémentaire quant au sujet dont elle s'occupait, elle ne l'était nullement quant à la difficulté et à la valeur intellectuelle. Il était par ailleurs important d'envisager cette discipline dans une perspective plus large et plus étendue. Il était absurde, par exemple, que la science des projections, la géométrie descriptive que Monge venait de renouveler, puisse former une discipline séparée des éléments de géométrie. Invoquer que ses problèmes sont de géométrie appliquée était une excuse tout à fait inadéquate, car il était impossible en fait de séparer catégoriquement les principes des applications. Les *Éléments* d'Euclide ne contiennent nulle part d'enseignement concernant les techniques de projection, lesquelles, bien que constituant des applications, n'en contiennent pas moins des principes tout aussi théoriques que les autres principes des *Éléments*. On pouvait en dire autant de l'étude des polygones et des polyèdres qui, bien qu'elle fut comprise dans la trigonométrie, l'était si implicitement que la dégager revenait à créer une nouvelle science.

En fait, la façon dont Carnot étudiait la géométrie reflète ce qui nous paraît être sa marque caractéristique : la réunion de résultats de niveau élémentaire, faite d'un point de vue à la fois général et opérationnel, et sa nouveauté réside dans cette combinaison de qualités. L'énoncé du problème de mécanique sur lequel s'ouvre l'*Essai sur les machines* [22] trouve son pendant dans la définition du problème dont l'étude constituait, pour Carnot, l'essence de la géométrie :

> *Dans un système quelconque de lignes droites, tracées ou non dans un même plan, quelques-unes d'elles, ou des angles qui résultent de leur assemblage, soit entre elles-mêmes, soit entre les plans qui les contiennent, étant donnés en nombre suffisant pour que toute la figure soit déterminée, trouver tout le reste* [23].

20. M. CHASLES, *Traité de géométrie projective* (Paris, 1852), p. V.
21. *Géométrie de position*, p. 483.
22. Voir ci-dessus, chap. II, p. 44.
23. *Géométrie de position*, p. XXXIII.

Ayant ainsi défini l'objet de son livre, Carnot se permit une des rares remarques catégoriques qui soit contenue dans ses écrits scientifiques. Il remarque que « il y a loin de ce qu'on appelle ordinairement éléments de géométrie, à ce problème général »[23 bis].

Le style n'est pas la seule caractéristique commune à son œuvre mécanique et à la vision que Carnot avait d'une géométrie renouvelée et plus vivante. Carnot établit au départ une distinction entre la « géométrie de position » et la « géométrie de situation » créée par Leibniz (bien qu'aucun ouvrage ne lui ait été jusqu'alors consacré) et qu'on appelle aujourd'hui topologie. Carnot jugea que le nom de « géométrie de transposition » eut été mieux approprié à cette branche de la géométrie puisque le mouvement ou la transposition des parties du système entre comme un élément essentiel dans tous ses problèmes. Bien que distinctes l'une de l'autre, Carnot imagina entre ces deux branches de la géométrie une relation potentielle : la géométrie de transposition devait être à la géométrie de position ce que le mouvement était au repos. Au surplus, cette géométrie n'était, elle-même, que la plus petite partie d'un sujet très étendu, très important et qui n'avait jamais été traité pour lui-même, la théorie générale du mouvement, considéré abstraction faite des forces qui le produisent ou le transmettent. En un mot, la nouvelle science devait être celle des mouvements géométriques[24].

Pour qui est familier avec l'*Essai sur les machines*, il est évident que Carnot avait ici en vue beaucoup plus que la pure cinématique ; et il est vrai qu'il était arrivé à sa notion favorite par un aspect complémentaire de celui de la mécanique. Il s'exprima plus explicitement sur ce qu'il avait dans l'esprit en conclusion d'une suite de théorèmes relatifs au centre des moyennes distances (point connu en mécanique comme centre de gravité). Il semblait à Carnot qu'il pourrait contribuer à la vitalité de la géométrie, si l'on pouvait libérer cette discipline de la mécanique. En effet, la géométrie s'était appauvrie en se limitant à l'étude de ses éléments traditionnels et à la détermination de conditions d'équilibre (c'est-à-dire la statique). Strictement parlant, c'est la géométrie qui aurait dû étudier les mouvements en eux-mêmes, la mécanique étant plutôt la science de la communication des mouvements. La notion de mouvement était, après tout, aussi simple que celle de dimension. Peut-être même en était-elle génétiquement inséparable. Pédagogiquement, une ligne était définie comme la trajectoire d'un point et était en fait tracée par un crayon en mouvement. Le mouvement d'une droite, quant à lui, permettait d'engendrer un plan, et le mouvement d'un plan un solide.

Pourquoi cette méthode ne serait-elle pas généralisée afin que la géométrie puisse considérer de manière abstraite le résultat du mouvement d'un solide dans l'espace ? La mécanique, en effet, ne s'intéressait pas du tout à cet aspect du mouvement. Elle se limitait à étudier ce qui se passe au cours des rencontres éventuelles avec d'autres corps le long de la trajectoire. On peut, d'une façon plus générale, imaginer trois catégories de

23 bis. *Géométrie de position*, p. xxxiii.
24. *Ibid.*, p. xxxvii.

relations spatiales entre des corps donnés. Dans la première, les corps sont entièrement séparés les uns des autres et c'est la géométrie traditionnelle qui étudie ces relations. Dans la seconde, ces corps peuvent entrer en contact les uns avec les autres par choc, pression ou traction : c'est le domaine propre de la mécanique. Enfin, ces corps peuvent être en contact les uns avec les autres en plusieurs points sans qu'il y ait quelque interaction : d'où la détermination de relations constituant la nouvelle science des mouvements géométriques, qui ferait la transition entre les deux autres. La détermination de ces conditions représentait un problème indépendant de la mécanique puisque, par définition, aucun mouvement n'était communiqué ou détruit à l'intérieur du système. Carnot rappela ici le critère qu'il avait donné en termes de réversibilité dans l'*Essai sur les machines* de 1783 : « Lorsqu'un pareil mouvement existe dans un système de corps, le mouvement contraire à chaque instant est toujours possible ; ce qui n'a pas lieu lorsque le mouvement n'est pas géométrique »[25].

Une fois que la théorie de ces mouvements aurait été vraiment comprise, on pourrait être sûr de pouvoir résoudre les difficultés analytiques de la mécanique et de l'hydrodynamique. En effet, il serait alors possible de baser entièrement ces deux sciences sur le principe de base le plus général de la communication du mouvement, savoir l'égalité, en sens inverse, de l'action et de la réaction (principe qui fut toujours le point de départ de l'analyse de Carnot). Ces espoirs montrent clairement que la publication dans la même année, de la *Géométrie de position* et des *Principes fondamentaux de l'équilibre et du mouvement* n'est ni le résultat d'une simple coïncidence ni le résultat d'un excès de travail. Dans l'introduction à sa *Géométrie de position,* Carnot promit de publier un autre ouvrage sur l'idée de mouvement géométrique « dont la théorie est le passage de la géométrie à la mécanique »[26]. Avec les *Principes fondamentaux,* Carnot tint cette promesse en remaniant l'ensemble de la théorie de la science des machines dans le langage des mouvements géométriques. Mais il ne se vanta pas pour autant d'avoir créé la science que toutes ces considérations semblaient appeler : ses résultats ne concernaient que les principales propriétés de ces mouvements hypothétiques[27].

B. — *LA COMPENSATION DES ERREURS DANS LE CALCUL INFINITÉSIMAL*

La dissertation de Berlin de 1785 montre que l'attention portée par Carnot aux principes de l'analyse infinitésimale anticipe de loin l'intérêt que nous lui connaissons pour l'étude du rôle des quantités négatives et imaginaires en analyse finie. Dans l'essai sur ce mémoire que le Pr A. P. Youschkevitch a écrit pour cet ouvrage, et qui complète la discussion de l'œuvre mathématique de Carnot, on trouvera l'analyse de ce mémoire ainsi que la comparaison entre cette première version et les

25. *Ibid.,* § 298, p. 338.
26. *Ibid.,* p. xxxv-xxxvi.
27. *Principes fondamentaux,* § 145, p. 116.

deux éditions des *Réflexions sur la métaphysique du calcul infinitésimal* (1797 et 1813) [28]. Carnot développa ses idées sur ce sujet concurremment avec ses préoccupations concernant la mécanique du fonctionnement des machines et bien que son étude n'ait jamais forcé l'attention des mathématiciens professionnels, sa traduction immédiate en plusieurs langues et les rééditions dont il fut l'objet de temps à autre pendant plus d'un siècle prouvent qu'il avait suscité l'intérêt de certains lecteurs qui, de par leur métier, s'intéressaient aux mathématiques. Le texte de la dernière version, celle de 1813, fut reproduit sans modification dans les réimpressions ultérieures et forme la base de notre analyse [29].

On peut facilement imaginer la réaction d'un lecteur de l'époque (dont la formation en calcul infinitésimal reposait, comme celle de la plupart des élèves ingénieurs, sur une sorte de présentation sommaire des progrès accomplis de L'Hôpital à Cauchy) lisant attentivement les premiers paragraphes des *Réflexions* de Carnot. Il aurait sans doute eu le réel plaisir de voir ici un auteur dire enfin tout haut ce que chacun pensait tout bas. Pour Carnot, il était évident qu'il n'y avait aucune découverte qui eût produit dans les sciences mathématiques une révolution aussi heureuse et aussi prompte que celle de l'analyse infinitésimale. En décomposant les corps jusque dans leurs éléments, elle semblait avoir donné accès à la structure interne et à la véritable organisation des choses (il est à noter que, comme dans son premier mémoire de mécanique, Carnot commence son analyse mathématique par l'idée instinctive que la texture de la réalité est corpusculaire) [30].

Cependant, ceux qui utilisaient cet outil pénétrant et puissant ne précisaient pas la nature réelle de ces éléments, de ces « espèces d'êtres singuliers, qui tantôt jouent le rôle de véritables quantités, tantôt doivent être traités comme absolument nuls, et semblent, par leurs propriétés équivoques, tenir le milieu entre la grandeur et le zéro, entre l'existence et le néant » [31]. Non pas que cette difficulté ait retardé les découvertes, puisque les mathématiciens avaient continué avec vigueur à employer les quantités infinitésimales sans approfondir le problème de leur nature ou dissiper son obscurité. Les philosophes, pour leur part, restaient divisés non seulement dans leurs opinions, mais même dans leur manière d'envisager le problème. Devant cette situation, Carnot se proposait de rapprocher les différents points de vue existants, d'en montrer les rapports et de justifier les méthodes de l'analyse infinitésimale. Selon l'usage courant au XVIIIe siècle, il commença par en rappeler les origines.

Pour Carnot, l'idée profonde du calcul infinitésimal était née pragmatiquement de la nécessité d'introduire des approximations dans les calculs. En effet, étant donné les difficultés constantes et la fréquente impossibilité d'exprimer exactement par des équations les différentes conditions d'un

28. Voir ci-dessous, p. 227-248.

29. Nos références concernent l'édition de 1921 (*Les maîtres de la pensée scientifique*, 2 vol., Paris, Gauthier-Villars, 1921). Les paragraphes portent toutefois le même numéro dans toutes les autres éditions françaises.

30. Voir ci-dessus, p. 81-82.

31. *Op. cit.*, § 1, I, p. 2.

problème, il était apparu naturel de négliger les quantités gênantes, lorsque celles-ci étaient si insignifiantes que l'on pouvait supposer que leur élimination n'introduirait qu'une erreur minime dans le résultat du calcul. C'est ainsi que les Anciens avaient étudié les courbes inaccessibles à une analyse directe en les considérant comme des lignes polygonales composées d'un très grand nombre de très petits côtés. Pour ne citer que l'exemple le plus connu, celui d'un polygone régulier inscrit dans un cercle, quand le nombre des côtés est devenu suffisamment grand, il devient possible, sans erreur sensible, d'attribuer au cercle les propriétés trouvées pour le polygone inscrit. On peut alors simplifier certains calculs en négligeant la longueur d'un de ces côtés devenus très petits, par comparaison avec celle d'une ligne donnée, telle que le rayon. Il pourrait s'avérer très utile de pouvoir substituer la longueur de ce dernier à la somme de ce rayon et du côté. Si ce dernier était suffisamment petit, l'erreur ne mériterait même pas d'être calculée.

Mais comment légitimer une telle simplification ?

En soutenant que la métaphysique du calcul infinitésimal dépendait de sa légitimité rigoureuse, Carnot poursuivit son élucidation. Soit proposé, par exemple, de construire une tangente au point donné M de la circonférence MBD de centre C et de rayon r (rayon que Carnot appelait a *). DCB étant l'axe des abscisses, D l'origine, les coordonnées de M sont donc $DP = x$ et $MP = y$, et TP est la sous-tangente cherchée.

Pour trouver celle-ci, considérons le cercle comme un polygone d'un très grand nombre de côtés. Soit MN un de ces côtés, prolongeons-le jusqu'à sa rencontre T′ avec l'axe. MN sera évidemment la tangente en question, puisque, par définition, elle ne doit pas pénétrer à l'intérieur du polygone. Abaissons de plus la perpendiculaire MO sur NQ, parallèle à MP ; nous aurons :

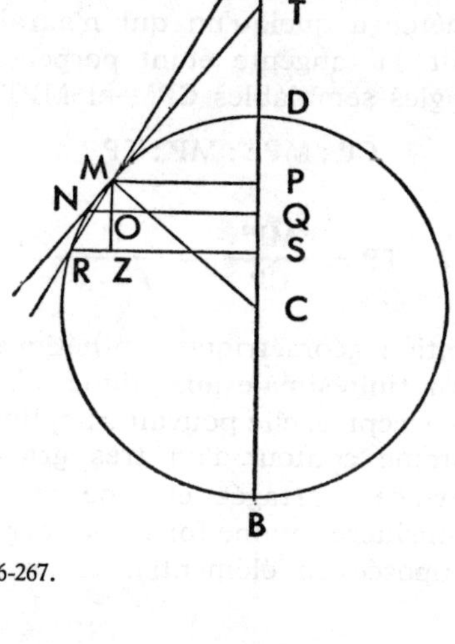

* Cf. ci-dessous, p. 266-267.

$$MO : NO :: TP : MP$$

ou encore

$$\frac{MO}{NO} = \frac{TP}{y}$$

D'autre part, l'équation de la courbe pour le point M étant

$$y^2 = 2x(r - x),$$

elle sera pour le point N,

$$(y + NO)^2 = 2r(x + MO) - (x + MO)^2;$$

ôtant de cette équation la première, et réduisant, on a

$$\frac{MO}{NO} = \frac{2y + NO}{2r - 2x - MO}$$

égalant donc cette valeur de $\frac{MO}{NO}$ à celle qui a été trouvée ci-dessus et multipliant par y, il vient

$$TP = \frac{y(2y + NO)}{2r - 2x - MO}$$

Si donc MO et NO étaient connues, on aurait la valeur cherchée de TP et la construction de la tangente. Or, en fait, ces quantités MO, NO sont moindres que le côté MN qui, par hypothèse, est très petit. Elles sont, de ce fait, négligeables par comparaison aux longueurs $2y$ et $2x - 2r$ auxquelles elles sont ajoutées. L'équation se réduit donc à

$$TP = \frac{y^2}{r - x}$$

Si ce résultat n'est pas absolument exact, il est du moins acceptable en pratique. Mais — et c'est là le point central du raisonnenemt de Carnot — l'équation donnant TP n'était pas seulement presque exacte, elle l'était tout à fait ; et pour le démontrer géométriquement, il n'était pas nécessaire de recourir à la doctrine des infiniment petits. Ce point pouvait être prouvé même à quelqu'un qui n'aurait aucune idée de ce genre d'analyse. En fait, la tangente étant perpendiculaire au rayon en son extrémité, les triangles semblables CPM et MPT permettent d'écrire :

$$CP : MP :: MP : TP$$

d'où

$$TP = \frac{MP^2}{CP} = \frac{y^2}{r - x}$$

Ainsi, la démonstration géométrique synthétique venait confirmer la validité de la méthode infinitésimale analytique. L'avantage de cette dernière était que, une fois acceptée, elle pouvait s'appliquer à n'importe quelle courbe (considérée comme contour d'un très grand nombre de côtés), à n'importe quelle surface (partagée en une multitude de bandes), à n'importe quel corps (considéré comme formé de corpuscules) et à n'importe quelle quantité (décomposée en éléments). Il ne fallait cependant pas croire pour autant que cette immense simplification apportée au calcul reposait sur une méthode erronée. L'analyse infinitésimale devait être considérée non comme une simple méthode pour réduire les erreurs à un niveau tolérable, mais comme un procédé rigoureux qui, appliqué correctement, compensait exactement les erreurs qu'elle admettait dans le raisonnement afin de simplifier la résolution des problèmes.

Pour en revenir à l'exemple et à l'équation

$$\mathrm{TP} = \frac{y\,(2y + \mathrm{NO})}{2r - 2x - \mathrm{MO}}$$

il fallait négliger MO et NO afin d'obtenir la solution et cette opération avait été faite de façon délibérée. La voie par laquelle le problème a été formulé devait nécessairement introduire quelque erreur puisque, à strictement parler, un cercle ne peut jamais être égal à un véritable polygone. Comme nous savons par une démonstration géométrique que l'on a bien

$$\mathrm{TP} = \frac{y^2}{r - x}$$

le fait que nous ayons négligé NO et MO dans l'analyse infinitésimale avait donc compensé exactement l'erreur introduite en énonçant le problème de manière à faciliter le raisonnement.

Une manière complémentaire d'envisager ce problème permet de confirmer ce que Carnot entendait par la compensation des erreurs. Considérons maintenant le cercle comme une véritable courbe et non comme un polygone. Menons RS parallèle à MP et menons la sécante RT' par R et M. On a alors

$$\mathrm{T'P} : \mathrm{MP} : : \mathrm{MZ} : \mathrm{RZ},$$

et

$$\mathrm{T'P} = \mathrm{TP} + \mathrm{T'T} = \mathrm{MP}\,\frac{\mathrm{MZ}}{\mathrm{RZ}}$$

Cela posé, si RS se meut parallèlement à elle-même en s'approchant continuellement de MP, il est visible que T' s'approchera en même temps de plus en plus de T et qu'on pourra par conséquent rendre T'T aussi petite qu'on voudra sans que la proportion ci-dessus cesse d'être vérifiée. Si donc l'on néglige T'T dans l'équation, une erreur sera certainement introduite dans la formule

$$\mathrm{TP} = \mathrm{MP}\,\frac{\mathrm{MZ}}{\mathrm{RZ}}$$

mais c'est une erreur qui pourra être aussi petite qu'on le désire et le rapport des deux membres de cette équation approchera aussi près qu'on le voudra du rapport d'égalité.

De même, l'équation

$$\frac{\mathrm{MZ}}{\mathrm{RZ}} = \frac{2y + \mathrm{RZ}}{2r - 2x - \mathrm{MZ}}$$

est parfaitement exacte, quelle que soit la position du point R. Et plus RS s'approchera de MP, plus l'erreur qui en résultera dans l'équation

$$\frac{MZ}{RZ} = \frac{y}{r - x}$$

à laquelle elle sera réduite alors, pourra être rendue aussi petite qu'on le désirera. A partir de ces équations, une simple substitution permet alors à Carnot d'obtenir la solution

$$TP = \frac{y^2}{r - x}$$

résultat qui est rigoureusement correct puisqu'on peut le démontrer géométriquement, bien que les deux équations d'où on l'a déduit, à savoir

$$TP = y\,\frac{MZ}{RZ} \quad \text{et} \quad \frac{MZ}{RZ} = \frac{y}{r - x},$$

soient en fait erronées, puisque la distance de RS à MP n'a pas été supposée nulle, ni même très petite mais seulement égale à une ligne quelconque arbitraire susceptible d'être aussi petite que l'on veut [32].

Tel était donc l'exemple que Carnot choisit pour montrer que le processus de compensation des erreurs permet de rendre l'analyse infinitésimale rigoureuse. Plus loin dans son étude, Carnot devait étendre ce processus au calcul intégral. Ce procédé ne doit toutefois pas être confondu avec une méthode d'approximation (sauf peut-être en ce qui concerne son origine possible). Il implique plutôt l'utilisation de quantités infinitésimales afin d'établir des relations entre des quantités données, et ses résultats ne contenaient aucune erreur, pas même infinitésimale. Carnot généralisa ensuite les éléments du système dans une série de définitions qui distinguent entre les types de quantités intervenant dans le calcul. Plutôt que de distinguer selon l'usage les quantités en déterminées et indéterminées, Carnot préféra diviser l'ensemble des quantités en trois classes :

1) celles qui sont invariantes et déterminées par les conditions mêmes du problème (par exemple des paramètres tels que le rayon MC dans le problème de la tangente évoqué précédemment) ;

2) celles qui, bien que variables par nature, acquièrent des valeurs à la suite des conventions ou hypothèses introduites dans le problème (ainsi celles qui sont ordinairement considérées comme variables, les coordonnées, sous-tangentes ou normales à une courbe telles que les lignes DP, MP, TP, MT, dans notre exemple) ;

3) celles qui sont toujours variables et indéterminées et auxquelles on n'assignait jamais aucune dimension précise ; c'est à cette classe qu'appartenaient toutes les quantités infiniment petites et infiniment grandes, et aussi celles faisant intervenir l'addition d'une quantité finie et d'une quantité infinie ou infinitésimale. DQ, NQ, TQ, T'P, T'Q, MZ, RZ — infinitésimales (MZ et RZ) ou fonctions d'infinitésimales — en fournissent des exemples.

32. *Op. cit.*, § 2-10, I, p. 4-12.

Carnot appela les quantités des deux premières classes « quantités désignées » et celles de la troisième classe « quantités non désignées ». Ces dernières étaient caractérisées non pas tant par le fait qu'elles étaient très petites que par le fait qu'on pouvait les varier à volonté. Et, cependant, les quantités non désignées n'étaient pas purement arbitraires. Elles étaient au contraire liées à des quantités de la deuxième classe par un système d'équations, de même que ces dernières étaient liées à des quantités de la première classe par un autre système d'équations, qui n'était pas sans rapport avec le premier. Carnot appela les systèmes ne contenant que des quantités désignées « complets » ou « parfaits » et les équations contenant des quantités non désignées « incomplètes » ou « imparfaites ». Ces dénominations se justifiaient par la présence des quantités « non désignées » lesquelles composaien comme une erreur ou une différence de consistance mais l'une et l'autre pouvant être rendues aussi petites que l'on voulait. Une autre manière d'envisager le calcul infinitésimal était donc de dire qu'il consistait en la transformation d'équations complètes insolubles ou difficiles en équations incomplètes accessibles au calcul et d'organiser ensuite ce dernier de manière à éliminer toutes les quantités non désignées du résultat. Leur absence même du résultat devait confirmer son exactitude parfaite [33].

La façon dont Carnot exposa ces comparaisons illustre parfaitement les ressemblances qui apparaissent entre les points de vue qu'il adopte en calcul infinitésimal et en mécanique. Concevons, dit Carnot, un système quelconque de quantités, les unes constantes, les autres variables, et supposons qu'il faille trouver les relations qui existent entre elles. Considérons d'abord le système général dans un état quelconque déterminé que nous regarderons comme fixe. Les quantités de ce système fixe et les variables qui en dépendent exclusivement sont donc les quantités « désignées ». Considérons maintenant le système dans un nouvel état différent afin de déterminer plus facilement les relations liant les quantités désignées du système fixe ; un tel état jouerait un rôle auxiliaire et ses quantités s'appelleraient quantités auxiliaires. Admettons enfin que ce système auxiliaire s'approche graduellement du système fixe de sorte que toutes les quantités auxiliaires s'approchent de plus en plus des quantités désignées correspondantes et, s'il est en notre pouvoir de rendre ces différences restantes, toutes en même temps aussi petites que l'on veut, alors ces différences seront ce qu'on appelle des « quantités infiniment petites ». Comme ces quantités sont en somme purement auxiliaires, elles ne doivent pas apparaître dans la solution du problème, qui consiste à déterminer les relations entre les quantités désignées [33 bis]. Réciproquement, l'absence de quantités arbitraires dans le résultat du calcul indique que ce dernier est correct. Ainsi, l'erreur introduite volontairement afin de résoudre le problème a été éliminée. Si elle subsistait, elle ne pourrait être qu'infinitésimale, ce qui est impossible puisque le résultat ne contient aucune quantité infinitésimale. De ce fait, les procédures du calcul ont donc réussi tant bien que mal à éliminer l'erreur, et c'est là leur caractère particulier.

33. *Op. cit.*, § 12-18, I, p. 14-21.
33 bis. *Op. cit.*, § 22.

Telle était donc la façon dont un ingénieur envisagerait le calcul infinitésimal. On pourrait se demander avec Lewis Carroll si, plutôt que de chercher à comprendre la nature des quantités, il ne vaut pas mieux savoir si c'est nous qui les maîtrisons ou si, au contraire, nous sommes à leur merci. Pour Carnot, les mathématiques étaient un outil de l'esprit, mais cette attitude n'impliquait aucun dédain. En bon artisan, Carnot respectait ses outils. Il admirait ceux qui, comme Lagrange, les manipulaient avec plus d'élégance et de virtuosité que lui, mais cette admiration ne l'empêchait pas pour autant de donner son propre avis sur la question. Quelques mois après la parution des *Réflexions,* Lagrange publiait ses propres idées sur le calcul infinitésimal, expliquant que son enseignement à l'École polytechnique l'avait amené à les présenter sous forme de traité [34]. On rapporte, dans l'entourage de Carnot — mais cette histoire est presque certainement apocryphe — que Prieur de la Côte-d'Or rencontra Lagrange alors que celui-ci terminait la mise au point de son texte et qu'il l'engagea à prendre connaissance du livre de Carnot. Lagrange refusa, se contentant de dire énigmatiquement : « Nous pouvons nous rencontrer sans nous voir ». L'histoire veut que, ayant lu plus tard les *Réflexions,* il écrivit à Carnot pour lui dire que s'il avait connu son livre plus tôt, il n'aurait pas eu besoin d'entreprendre le sien [35]. Cela est possible mais reste peu probable ; de toutes manières, le parallélisme de leurs intérêts est aussi frappant que la différence entre leurs styles, tant en mathématiques qu'en mécanique.

Carnot ne manifesta aucune forme de jalousie dans cette affaire. Dans des remarques ajoutées à la seconde édition de ses *Réflexions,* ainsi que dans ses *Principes fondamentaux,* il se félicite de ce que ses arguments les plus personnels aient trouvé leur confirmation dans les travaux analytiques du plus grand géomètre de l'époque. Et, dans cette dernière édition, il conclut l'exposé de la théorie de la compensation des erreurs en citant un paragraphe de Lagrange, lequel, dit-il, « résumait toute ma théorie avec plus de clarté et de précision que je pourrais en mettre moi-même :

> « Il me semble que, comme dans le Calcul différentiel tel qu'on l'emploie, on considère et on calcule en effet les quantités infiniment petites ou supposées infiniment petites elles-mêmes, la véritable métaphysique de ce Calcul consiste en ce que l'erreur résultant de cette fausse supposition est redressée ou compensée par celle qui naît des procédés mêmes du calcul, suivant lesquels on ne retient dans la différentiation que les quantités infiniment petites du même ordre. Par exemple, en regardant une courbe comme un polygone d'un nombre infini de côtés, chacun infiniment petit, et dont le prolongement est la tangente de la courbe, il est clair qu'on fait une supposition erronée ; mais l'erreur se trouve corrigée dans le calcul par l'omission qu'on y fait des quantités infiniment petites.

34. « Théorie des fonctions analytiques », *Journal de l'École polytechnique,* cahier 9 (an V, 1797).

35. Hippolyte CARNOT, *op. cit.,* I, p. 13-14.

C'est ce qu'on peut faire voir aisément dans des exemples, mais ce dont il serait peut-être difficile de donner une démonstration générale. »[36]

Tel était donc, pour l'essentiel, le contenu des *Réflexions sur la métaphysique du calcul infinitésimal.* Dans l'édition définitive de 1813, Carnot développa en un chapitre entier le bref résumé des règles de différentiation qu'il avait inclus dans la première édition. Dans ce second chapitre, il expliquait en outre les notations et les opérations pratiques du calcul infinitésimal à la manière d'un manuel. La juxtaposition de tels développements avec la théorie de la compensation des erreurs donne à l'ouvrage le même caractère que sa *Géométrie de position* et ses derniers écrits concernant la mécanique des machines : une combinaison de nouveauté dans le point de vue et de caractère élémentaire dans le contenu scientifique. Le troisième et dernier chapitre est historique et comparatif. Il a pour but de montrer comment le point de vue de Carnot permet de concilier les deux principales traditions du calcul infinitésimal, la méthode des infiniment petits de Leibniz et la doctrine newtonienne des limites des rapports des quantités naissantes ou évanouissantes. Il révèle que Carnot était très familier avec la bibliographie du sujet. Selon lui, la classique méthode d'exhaustion était l'ancêtre commun des deux traditions, en passant par l'analyse des indivisibles de Cavalieri et la méthode des indéterminées de Descartes.

Carnot préférait personnellement l'analyse leibnizienne et la justification des infiniment petits par le principe de continuité (une attitude qui concordait avec son recours habituel à la continuité du mouvement en mécanique). Il se pouvait fort bien, reconnut-il, que Leibniz n'ait pas réussi à définir la notion de quantité infiniment petite avant de s'en servir et qu'il soit resté toujours très ambigu sur la question de savoir si lui-même considérait son calcul comme absolument rigoureux ou comme une simple méthode d'approximation. Qu'importait cependant que Leibniz ait eu des doutes à ce sujet ! Le prodigieux succès que connut l'algorithme entre ses propres mains d'abord puis entre celles de L'Hôpital et des frères Bernoulli réduisait ces objections à des querelles sans importance. En fait, fort de plus d'un siècle de succès de l'analyse infinitésimale, tout ce que Carnot voulait maintenant montrer, c'était ce que Leibniz aurait pu répondre à bon droit. Il aurait pu insister sur le fait que son calcul était parfaitement exact et rigoureux une fois que les infiniments petits étaient éliminés de la solution et que celle-ci ne renfermait plus que des quantités algébriques finies. Ses adversaires s'étaient mis eux-mêmes dans une mauvaise situation en affirmant que les quantités infiniment petites devaient être logiquement traitées comme ayant disparu. S'il en était ainsi, tous les termes de leurs équations s'évanouiraient, laissant seulement une suite de zéros avec lesquels ils devraient calculer les relations[37].

Ce n'est pas dire que Carnot était insensible aux avantages de la méthode des limites de rapports que Newton avait développée dans la

36. *Réflexions,* § 37, I, p. 39-40.
37. *Ibid.,* § 30-32, I, p. 29-33 et § 174, II, p. 73-74.

première section de ses *Principia* [38]. Il manifesta en effet plus de respect pour son algorithme, le calcul des fluxions, et pour les travaux mathématiques anglais du XVIIIe siècle en général que la plupart des historiens des sciences. Ceux-ci, en effet, se sont souvent bornés à répéter comme des faits historiques les critiques violentes et partiales formulées par Babbage, Peacock et d'autres réformateurs de la mathématique anglaise du début du XIXe siècle. Tant dans les *Réflexions* que dans la *Géométrie de position*, Carnot (et Chasles après lui) porta un jugement favorable sur les travaux de Maclaurin et de plusieurs géomètres anglais ultérieurs (principalement Robert Simpson, John Landen et Matthew Stewart), émettant en outre le vœu de voir traduire leurs écrits en français [39]. D'ailleurs, Carnot aurait sans doute partagé l'avis récent de A. P. Youschkevitch, qui pense que si les mathématiciens européens ont édifié le monument de l'analyse au XVIIIe siècle, la tradition synthétique et critique anglaise a introduit des progrès plus importants dans l'étude des fondements [40]. C'est là un revirement curieux de la conception du rôle pragmatique traditionnellement associé aux Britanniques et opposé aux préoccupations théoriques et abstraites des Continentaux.

Pour Carnot, Newton avait heureusement modifié l'ancienne méthode d'exhaustion grâce à sa théorie des premières et dernières raisons des quantités naissantes et évanouissantes, qui éliminait la nécessité de recourir pour chaque problème à une démonstration par l'absurde, la remplaçant par le recours au principe de continuité, ce qui permettrait de simplifier les procédés [41]. Compte tenu de la perspective dans laquelle Carnot abordait aussi bien la mécanique que les mathématiques, il est probable que c'est en pensant à la doctrine newtonienne des premières et dernières raisons, à ses fondements géométriques et à son caractère profondément logique, qu'il conçut pour la première fois la justification qu'il souhaitait apporter à la doctrine leibnizienne complémentaire des infiniment petits. Il déclarait ne voir aucune différence entre elles du point de vue de la rigueur, en reconnaissant toutefois que, sur ce point, les critiques adressées à Leibniz étaient fondées. Quant à la méthode de Newton, le seul reproche qu'il formula à son encontre fut une certaine lourdeur qui faisait qu'elle ne pouvait s'exprimer directement par un algorithme. Et il est bien possible que ce soit son exposé (parfaitement correct d'ailleurs) du raisonnement de Newton qui ait servi de guide à sa propre rédaction :

> « Lorsque deux quantités quelconques sont supposées se rapprocher continuellement l'une de l'autre, de manière que leur rapport ou quotient diffère de moins en moins et aussi peu qu'on le veut de l'unité, ces deux quantités sont dites avoir pour *dernière raison une raison d'égalité*.

38. *Principia mathematica*, Livre I, section 1.

39. *Réflexions*, § 158, II, p. 59-60 ; *Géométrie de position*, § 435, p. 481-483 ; CHASLES, *Aperçu historique... des méthodes en géométrie*, 2e éd. (Paris, 1875), p. 170-186.

40. Voir son introduction à la traduction russe des *Réflexions* : Lazar KARNO, *Razmychlenia o metafizike istchislenia beskonetchno malykh*, traduction de N. M. Soloviev, avec une introduction de A. P. Youschkevitch et une notice biographique de Carnot par M. E. Podgorny (Moscou, 1933), p. 16-18.

41. *Réflexions*, § 112, II, p. 10-11.

En général, lorsqu'on suppose que diverses quantités s'approchent respectivement et simultanément d'autres quantités qui sont considérées comme fixes, jusqu'à en différer toutes en même temps aussi peu qu'on le veut, les rapports qu'ont entre elles ces quantités fixes sont les *dernières raisons* de celles qui sont supposées s'en approcher respectivement et simultanément, et ces quantités fixes elles-mêmes sont appelées *limites* ou *dernières valeurs* de celles qui s'en approchent ainsi. »[42]

Pour Carnot, la distinction newtonienne entre une quantité et sa limite (ou dernière raison) se confondait avec ce que Leibniz entendait par quantité infinitésimale et, de ce fait, les deux présentations du calcul infinitésimal dérivent des mêmes éléments. En fait, cependant, on s'apercevra que c'était Carnot qui désirait rendre ces théories équivalentes par sa définition newtonienne d'une quantité infinitésimale comme étant une quantité que l'on peut rendre aussi petite que l'on veut. Il invoqua l'autorité de d'Alembert, et de Newton lui-même, pour affirmer qu'il n'y avait aucune différence entre la méthode des premières et des dernières raisons et celle des limites[43]. Il est d'ailleurs très significatif (comme A. P. Youschkevitch le remarque dans son essai) que, dans la première version (1785) de ses remarques, Carnot se fonde surtout sur la théorie des limites. Bien que rien n'indique dans ses écrits pourquoi il y attacha progressivement de moins en moins d'importance, cette attitude est en accord avec son désir, qui est évident ailleurs dans son œuvre, et plus particulièrement dans les *Principes fondamentaux,* d'adapter d'une façon plus étroite son style scientifique au goût analytique de l'époque.

C. — *ANALYSE ET SYNTHÈSE*

La dernière édition des *Réflexions* (1813) se termine par une note dans laquelle Carnot compare la théorie de la compensation des erreurs en calcul infinitésimal à la théorie des quantités négatives qu'il avait développée dans son œuvre géométrique pour expliquer les opérations algébriques. Tant dans le domaine du fini que dans le domaine de l'infinitésimal, bien que par des voies quelque peu différentes, l'analyse consistait essentiellement à introduire, pour faciliter le calcul, des quantités auxiliaires qui, pour parler de façon réaliste, étaient erronées. La différence résidait dans le fait que les procédures de l'analyse infinitésimale éliminaient de par elles-mêmes ces erreurs au cours du calcul alors que, dans l'analyse finie, ces erreurs se maintenaient jusque dans la solution. C'est cette solution qui, comparée à la réalité rationnelle ou physique, permettait de les découvrir et de les corriger.

Le véritable caractère de l'analyse, son génie particulier et le secret de son avantage sur la synthèse, réside dans sa capacité d'employer des

42. *Ibid.*, § 129, II, p. 33-34.
43. *Ibid.*, § 134, II, p. 37.

formes négatives, imaginaires ou infinitésimales. Toute autre différence entre les deux principales méthodes de raisonnement en mathématiques était pour Carnot illusoire. La différence généralement admise entre l'analyse et la synthèse était que celle-ci opérait du connu vers l'inconnu, tandis que l'analyse supposait la solution connue, mais en termes qui étaient inconnus et dont la recherche constituait le problème. Carnot considérait comme erronée cette distinction généralement admise. En examinant en effet avec soin un ouvrage de synthèse particulièrement pénétrant, un lecteur attentif trouverait que ses procédés sont très similaires de ceux de l'analyse. L'auteur doit raisonner sur l'inconnue comme si elle était connue. La seule différence véritable entre la synthèse et l'analyse était que, une fois l'équation formulée (ce qui constituait toujours un processus synthétique), l'analyse permettait elle-même d'employer des quantités inverses et imaginaires ainsi que des opérations physiquement irréelles ou métriquement impossibles, ce que ne faisait jamais la synthèse.

Dans la méthode synthétique, l'objet du raisonnement ne devait jamais être perdu de vue. On devait constamment l'avoir sous les yeux, clair et tangible, en même temps que toutes les combinaisons dans lesquelles il pouvait intervenir. Si la synthèse utilisait bien des signes et des symboles à l'occasion, ce n'était qu'un moyen d'abréviations. Il n'en était pas de même de l'analyse, laquelle disposait de toutes les ressources de la synthèse mais en même temps de beaucoup d'autres. Elle réalisait des combinaisons avec des objets qui n'existaient pas. Elle les représentait par des symboles et mêlait des êtres réels avec ces quantités imaginaires. Ensuite, dans la résolution des problèmes, elle transformait les équations systématiquement et, au cours du calcul, éliminait les quantités imaginaires une fois qu'elles avaient joué le rôle d'auxiliaire. Tout ce qui était dépourvu de sens disparaissait donc en fin de compte et il ne restait que le résultat, qu'on aurait pu d'ailleurs découvrir par synthèse. La démarche avait été cependant plus simple et plus directe et, pour ainsi dire, presque mécanique [44].

On retrouve ici les caractéristiques du style des Carnot, père et fils, dans le raisonnement mathématique aussi bien que mécanique. Lazare fit allusion à quelque chose de ce genre dans une série de passages de la *Corrélation des figures,* où il conclut essentiellement que nous faisons progresser nos connaissances en décomposant des problèmes complexes en problèmes simples et en analysant les relations entre des systèmes non connus et des systèmes connus [45]. Formulée en ces termes, la conclusion peut paraître banale. Ce n'est que dans sa mise en œuvre qu'il devient évident que cette façon de traiter les problèmes mettait en œuvre une combinaison de la technique de l'ingénieur et de la réflexion rationnelle qui était nouvelle dans sa conception générale, mais non dans la plupart de ses éléments, mis à part la réversibilité dans les processus cycliques. La forme et le fond semblent d'une certaine manière incompatibles — l'expres-

44. *Ibid.*, note, § 20, II, p. 103-104 ; Carnot s'exprima en détail sur l'analyse et la synthèse dans la « Digression sur la nature des quantités dites négatives » (voir note 8, p. 144).

45. *Op. cit.*, § 45-51, p. 26-30.

sion étant verbale et le propos exact, l'argumentation redondante mais la portée néanmoins générale. Mais le point crucial est que le raisonnement se faisait sur le système idéal et que la vérification se faisait sur le système concret, le premier devant déterminer l'autre en s'en approchant par un changement d'état continu. C'est à la mécanique que nous devons notre connaissance des lois de la machine abstraite, à l'hydrodynamique celles de la machine thermique idéale, à la géométrie celles des quantités généralisées. Ces sciences sont toutes expérimentales, du moins dans un sens génétique. Elles fonctionnent donc selon l'expérience la plus réelle et en vertu de laquelle on sait que tout choc entraîne une perte et qu'un échange de chaleur ne peut se faire que dans un sens seulement. Mais c'est peut-être dans le raisonnement mathématique que Lazare Carnot convertit le plus résolument les imperfections de la réalité en avantages analytiques. Dans sa discussion sur le calcul infinitésimal, il manipula des inégalités comme s'il s'agissait d'égalités. Il traita les quantités qui se rapprochaient d'une quantité limite comme si elle l'avaient atteinte. L'important n'était pas de n'introduire aucune erreur mais plutôt de pouvoir éliminer celle-ci une fois qu'elle s'était produite. C'est ainsi que des équations imprécises ou « imparfaites » pouvaient fournir des résultats précis et rigoureux et des quantités inverses des quantités réelles. Il ne s'agissait pas d'annuler fortuitement des erreurs mais de les compenser ou de les inverser, ce qui impliquait que le calculateur avait le pouvoir de réaliser une telle compensation[46].

46. Il est intéressant de remarquer que c'est dans la conclusion de la partie théorique du mémoire de 1780 sur la théorie des machines que Carnot fit allusion à cette méthode. Il cherchait manifestement à justifier les considérations très abstraites de son mémoire en en montrant le rapport avec le frottement et la raideur des cordages. Il formula la « partie utile » du problème de la manière suivante : « Les forces appliquées à une machine donnée étant connues et telles que sans le frottement et la raideur des cordes il y aurait équilibre, déterminer ce qu'il faut ajouter aux forces sollicitantes pour mettre la machine au point de se mouvoir de sorte que si l'on augmentait davantage ces mêmes forces le mouvement naîtrait aussitôt ». Une solution rigoureuse étant très difficile, Carnot se proposa d'introduire sciemment une hypothèse erronée, mais qui lui permettrait néanmoins de trouver une solution susceptible de « satisfaire tout homme raisonnable ». Carnot supposa que le frottement en un point était proportionnel à la pression et que l'erreur qui en résultait (et qui, au pire des cas, était petite) pouvait alors être réduite « autant qu'on voudra » par des applications successives des formules exprimant le rapport entre la pression et le frottement, formules qu'il avait trouvées empiriquement. Voir l'appendice B, § 160.

APPENDICE A

Mémoire de Lazare Carnot de 1779

Le mémoire soumis par Carnot à l'Académie royale des sciences de Paris en 1778 pour le Concours de 1779 comporte quatre-vingt-cinq sections et compte soixante-quatre folios. Il se divise en deux parties. La première (paragraphes 1 à 26) est consacrée à la description d'expériences sur le frottement. La seconde partie se divise elle-même en trois sections. La première étudie les principes des « machines en général » (paragraphes 27 à 50). La seconde (paragraphes 51 à 79) applique ces considérations aux sept classes de machines simples en équilibre. La troisième section (paragraphes 80 à 85) étudie les machines simples en mouvement.

Nous remercions encore les Secrétaires Perpétuels de l'Académie des sciences, pour nous avoir permis de publier tout ce qui nous paraissait utile du mémoire de Carnot — c'est-à-dire les paragraphes 27 à 50 de la première partie et les paragraphes 51 à 60 de la deuxième partie. C'est en effet là que Carnot explique pour la première fois sa méthode de représentation de la projection d'une quantité dirigée sur une direction différente à l'aide du produit de la grandeur par le cosinus de l'angle que font entre elles les directions. On remarquera que la démonstration de Carnot s'applique aussi à la résultante d'un nombre quelconque de quantités vectorielles concourantes. Malheureusement, aucune des figures auxquelles se réfère le texte ne se trouve dans le manuscrit, mais il est facile de les reconstruire d'après le contexte. Il est intéressant de remarquer que, une fois cela fait, les figures obtenues (voir la fin de cet appendice, p. 185), sont identiques à celles que Carnot donna environ vingt-cinq ans plus tard dans les *Principes fondamentaux de l'équilibre et du mouvement* (1803, fig. 2 et 3 de la planche I).

N° I Remis le 28 mars 1778

MÉMOIRE
SUR LA THÉORIE DES MACHINES

POUR CONCOURIR AU PRIX DE 1779 PROPOSÉ
PAR L'ACADÉMIE ROYALE DES SCIENCES DE PARIS

---

videndum
qua ratione fiant et qua vi quaeque gerantur
lucret

MÉMOIRE

SUR LA THÉORIE DES MACHINES

L'Académie royale des sciences de Paris propose pour sujet du prix qu'elle doit adjuger en 1779 la théorie des machines simples en ayant égard au frottement et à la roideur des cordages mais elle exige que les loix du frottement et l'examen de l'effet résultant de la roideur des cordages soient déterminés d'après des expériences nouvelles et faites en grand, elle exige de plus que les expériences soient applicables aux machines usitées dans la marine, telles que la poulie, le cabestan, le plan incliné.

Pour répondre aux vues de cette illustre Société j'ai fait plusieurs expériences dont je rendrai compte dans la première partie de ce mémoire et dans la seconde j'en ferai l'application aux machines.

⁂

....

27. Imaginons un système quelconque de corps parfaitement durs dont les uns soient mobiles les autres fixes et dont plusieurs si l'on veut se tiennent par des verges inflexibles, que l'on imprime à ce système un mouvement quelconque et que par l'action réciproque de ces corpuscules le mouvement soit changé en un autre qu'il s'agit de trouver. Je dis que si l'on appelle m l'un quelconque de ces corpuscules c'est-à-dire sa masse, V la vitesse qu'il auroit prise s'il eut été libre c'est-à-dire sans la réaction qu'il éprouve des autres parties du système, u la vitesse qu'il a réelement prise et y l'angle formé par les vitesses V, u, on aura $\int mu\,(V \cos y - u) = 0$.

C'est-à-dire que la somme des produits de la quantité de mouvement de chacun des corpuscules par la vitesse qu'il a perdue * estimée dans le sens de celle qu'il a prise est égale à zéro.

Pour le démontrer nous observerons d'abord que lorsqun corps dur en pousse ou choque un autre, 1° le corps choquant et le corps choqué vont après le choc tous les deux de compagnie cest adire que leurs vitesses estimées dans le sens perpendiculaire a leur surface commune au point de contact sont égales, 2° que si ces corps se tiennent par une verge inflexible leurs vitesses estimées suivant une droite menée de l'une à l'autre sont

* Si l'on decompose la vitesse V en deux dont l'une soit u l'autre est ce que j'entends par la vitesse perdue et cette vitesse estimée dans le sens de u est evidement $V \cos y - u$.

égales, 3° que tout cela est vrai soit que les deux corps soient ou non mobiles tous les deux, 4° que si ces corpuscules sont liés par une verge inflexible leur action reciproque s'exercera suivant la direction de la ligne droite menée de l'un à l'autre de ces corpuscules et que s'ils sont detachés l'un de l'autre cette action s'exercera suivant une perpendiculaire élevée à leur surface comune au point de contact, 5° que si ces corpuscules sont mobiles l'un et l'autre la reaction sera égale et directement opposée a l'action entre eux. Il suit d'abord de tout cela comme il est aisé de le voir que dans tous les cas leurs vitesses estimées dans le sens de leur action réciproque sont égales cela posé.

Soient m et m' deux molécules quelconques du système V, V' les vitesses virtuelles de ces corpuscules c'est a dire celles qu'ils auroint prises s'ils avoint été libres u et u' les vitesses réeles de ces memes corpuscules y l'angle formé par V et u ; y' celui qui est formé par V' et u' F la force imprimée à la molecule m par la molecule m' F' la force imprimée a la molecule m' par la molecule m z l'angle forme par F et u. z' l'angle formé par F' et u'.

Il est d'abord evident qu'on aura pour chacun de ces corpuscules $m\,(u - \mathrm{V} \cos y) = \int \mathrm{F} \cos z$ car $\mathrm{F} \cos z$ est la force que m' communique a m estimée dans le sens de u et $\int \mathrm{F} \cos z$ est la somme de celles que cette molecule m reçoit au meme instant dans le meme sens de toutes les parties du systeme. Or cette somme est visiblement égale a $m\,(u - \mathrm{V} \cos y)$ gagnée au meme instant par cette molécule dans le meme sens donc en effet $m\,(u - \mathrm{V} \cos y) = \int \mathrm{F} \cos z$ multipliant par u nous aurons $mu\,(u - \mathrm{V} \cos y) = \int \mathrm{F}u \cos z$ donc pour tout le système on aura $\int mu\,(u - \mathrm{V} \cos y) = \int\int \mathrm{F}u \cos z$ maintenant je dis que le dernier membre de cette équation est egal à zero. En effet il est clair que $\int\int \mathrm{F}u \cos z$ et $\int\int \mathrm{F}'u' \cos z'$ sont deux quantités identiques donc il s'agit deprouver que $\int\int \mathrm{F}u \cos z + \int\int \mathrm{F}'u' \cos z' = 0$. Pour cela considerons deux a deux toutes les molecules du systeme : par ce qui a été dit au commencement de la démonstration il est evident quelque soient ces molecules m et m' 1° que si elles agissent l'une sur l'autre on aura $u \cos z = u' \cos z'$ car $u \cos z$ est la vitesse de m estimée dans le sens de F et $-u' \cos z'$ la vitesse de m' estimée dans le sens de F'. Or ou ces molécules $m\,m'$ sont toutes les deux fixes ou l'une est fixe et l'autre est mobile ou bien elles sont toutes les deux mobiles. Si elles sont fixes toutes deux on a $u = 0$, $u' = 0$ et partant $\mathrm{F}u \cos z + \mathrm{F}'u' \cos z' = 0$. Si l'une est fixe et l'autre mobile on a ou $u = 0$ ou $u' = 0$ donc $u \cos z = 0$ et $u' \cos z' = 0$ puisque $u \cos z = u' \cos z'$ donc $\mathrm{F}u \cos z + \mathrm{F}'u' \cos z' = 0$. Si toutes deux sont mobiles on a $\mathrm{F} = \mathrm{F}'u \cos z = u' \cos z'$ donc $\mathrm{F}u \cos z + \mathrm{F}'u' \cos z' = 0$ donc 1° si les deux molecules agissent l'une sur l'autre on a toujours $\mathrm{F}u \cos z + \mathrm{F}'u' \cos z' = 0$ 2° Si les deux molecules n'agissent point l'une sur l'autre on aura $\mathrm{F} = 0$, $\mathrm{F}' = 0$, donc on aura encore $\mathrm{F}u \cos z + \mathrm{F}'u' \cos z' = 0$ donc pour toutes les molecules du systeme prises deux a deux on a $\mathrm{F}u \cos z + \mathrm{F}'u' \cos z' = 0$ donc pour tout le systeme on a $\int\int (\mathrm{F}u \cos z + \mathrm{F}'u' \cos z') = 0$ et partant $\int\int \mathrm{F}u \cos z = 0$ donc en fin $\int mu\,(\mathrm{V} \cos y - u) = 0$ ce qu'il falloit prouver.

Corollaire

28. La meme chose a lieu quelque soit le nombre des corpuscules donc elle a lieu pour un systeme quelconque de corps durs. Si ces corps agissent les uns sur les autres par des fils ou par des leviers la meme chose aura encore lieu car ces fils et ces leviers peuvent être regardes comme des corps d'une masse infiniment petite faisant partie du systeme et puisque cette proposition est encore vraie quelque soit le nombre des corpuscules fixement arretes il est clair qu'elle le sera aussi lorsque les corps agiront les uns sur les autres par l'entremise d'une machine car cette machine n'est jamais qu'un assemblage de points fixes de fils de leviers ou de verges inflexibles ; j'en excepte le cas ou il y entreroit des ressorts par ce que j'ai supposé des corps parfaitement durs. De tout cela nous pouvons donc conclure la proposition suivante sur laquelle nous établirons toute notre theorie.

Théorème fondamental

29. *Si dans un systeme quelconque de corps durs agissant les uns sur les autres d'une manière quelconque soit immédiatement soit par l'entremise d'une machine, on appelle m une molecule quelconque du systeme, V la vitesse qu'auroit eu cette molecule si elle eut été libre a un instant donné, u celle quelle prend reelement a cause de l'action réciproque des differentes parties du système, y l'angle compris entre les directions des vitesses* V *et u ; je dis qu'on aura* $\int mu\,(V \cos y) = 0$.

Corollaire 1er

30. La vitesse V est evidement la resultante de la force motrice du corpuscule m et de la vitesse qu'il avoit l'instant precédent et par laquelle il est arrivé au point m donc si l'on appelle cette vitesse u', z l'angle quelle fait avec u, dt l'élément du tems on aura (53) $V \cos y = u' \cos z + {}$ $+ pdt \cos x$ donc l'équation deviendra

$$\int mu\,(u' \cos z - u) - \int mupdt \cos x = 0$$

Coroll. 2

31. S'il y a choc entre les corps du systeme a l'instant proposé il est clair que pour cet instant pdt pourra être censé nul en comparaison de u donc dans ce cas on a pour l'instant $\int mu\,(u' \cos z - u) = 0$.

On pourroit de là tirer facilement toutes les loix du choc des corps mais ce seroit trop nous écarter de notre objectif principal.

Coroll. 3

32. Si l'on suppose y infiniment petit il est clair qu'on aura $\cos y = \mathrm{I}$ $\cos z = \mathrm{I}$ donc l'équation du corollaire premier devient $\int mu\,(u' - u) + {}$ $+ \int mupdt \cos x = 0$.

Si l'on suppose de plus que u differe infiniment peu de u' c'est a dire que le mouvement de chaque point varie infiniment peu d'un instant a l'autre soit en grandeur soit en direction on aura $u' - u = - du$ donc en supposant $ds = udt$ on aura $\int mpds \cos x - \int mudu = 0$ ou $\int mupdt \cos x = \int mudu = 0$.

Coroll. 4

33. En supposant comme dans le corollaire précedent que le systeme change par degrés insensibles s'il passoit par une position ou les forces p se detruisissent mutuellement c'est a dire ou il y auroit équilibre sans le mouvement acquis il est clair que pendant un instant le mouvement seroit le meme que si ces forces p etoint nulles donc dans ce cas on aura pour l'instant $\int mudu = 0$ et $\int mpds \cos x = 0$.

Coroll. 5

34. Si le systeme proposé est en équilibre c'est a dire que non seulement les forces p se detruisent mutuellement mais encore qu'il n'y ait aucun mouvement acquis l'équation $\int mpds \cos x = 0$ trouvée pour ce cas dans le corollaire precedent paroit devenir inutile parce que le systeme etant en repos on a $u = 0$ et par consequent l'équation se reduit a $0 = 0$ qui n'apprend rien ; cependant on peut tirer grand parti de cette equation meme dans ce cas ci.

Pour cela concevons qu'on imprime a toutes les parties du systeme en equilibre des mouvements tels qu'il n'en resulte aucun changement dans l'action reciproque des differentes parties du systeme ensorte que ces mouvements soient reçus sans altération par les corps auxquels ils sont imprimés ; les forces p continueront de se faire mutuellement équilibre et rien alors n'empechera de regarder le mouvement comme acquis depuis un certain tems donc on retombe dans le cas du corollaire precedent et l'équation $\int mpds \cos x = 0$ ne se reduira plus a l'équation identique $0 = 0$.

Coroll. 6

35. Je suppose par exemple que le systeme proposé en équilibre soit libre c'est a dire ne soit gêné par aucun point fixe ni autre obstacle quelconque, imprimons a toutes les parties de ce systeme un mouvement commun c'est a dire des vitesses toutes egales et paralleles ; il est clair que ces vitesses ne tendant ni a rapprocher les differentes parties du systeme ni a les éloigner l'une de l'autre ces corps recevront les vitesses imprimées sans alteration et les forces p continueront de se faire mutuellement equilibre. On aura donc $\int mpds \cos x = 0$ et parce que ds est constante par hypotese c'est a dire la meme pour toutes les molecules on aura $\int mp \cos x = 0$. Or mp est la force motrice absolue de la molecule m, $mp \cos x$ est cette force estimée dans le sens de la vitesse u de cette molecule. Donc dans le systeme en équilibre la somme des forces estimées dans un sens quelconque est egale a zero ; proposition tres connue.

Corrol. 7

36. Imaginons encore un systeme de corps en equilibre qui ne soit gené par aucun obstacle comme dans le corollaire precedent ayant imaginé a

volonté un axe fixe, imprimons au systeme un mouvement tel que sans les forces p il eut tourné autour de cet axe sans que les differentes parties de ce systeme eussent tendu a se raprocher ou a s'éloigner l'une de l'autre ; il est donc evident que ces forces n'altèrent en rien l'action réciproque des differentes parties du systeme en vertu des forces p donc ces forces continueront de se faire mutuellement équilibre et le systeme tournera autour de l'axe de maniere que chaque point se mouvra dans un plan perpendiculaire a cet axe avec une vitesse proportionelle a la distance de cet axe, nous retomberons donc encore dans le cas du corollaire cinquième et l'équation $\int mpds \cos x = 0$ aura lieu. Or si l'on appelle R la distance de la molecule m a l'axe, il est clair que $ds = a\mathrm{R}$ a étant une constante donc l'équation deviendra $\int mp\mathrm{R} \cos x = 0$. C'est a dire que la somme des moments des forces gagnées par quelques uns des corps du systeme sera perdue par les autres.

Si ce systeme etoit obligé de tourner autour d'un point ou d'un axe fixe il est aisé de voir ce qui lui arriveroit. J'en parlerai a l'article du levier.

Coroll. 8

37. L'équation $\int mpds \cos x = 0$ ou $\int mpmu \cos x = 0$ ayant lieu dans le cas d'équilibre entre les forces p quelque soit le systeme proposé supposons qu'il ny ait que deux corpuscules m, m' que leurs vitesses soient u et u', leurs forces motrices p et p' et les angles que forment les forces avec leurs vitesses $x\,x'$, l'équation sera $mpu \cos x + m'p'u' \cos x' = 0$ donc $mp : m'p' :: u' \cos x' : -u \cos x$. C'est a dire (abstraction faite des signes) que les forces $mp\ m'p'$ qui se font équilibre sont en raison réciproques des vitesses estimées dans le sens de ces forces, ce qui est le fameux principe de Descartes pour l'équilibre des machines.

Coroll. 9

38. Dans un systeme de corps en equilibre il arrive souvent que le systeme des forces appliquées a ce systeme de corps peut se decomposer en plusieurs autres dont chacune en particulier soit tel que s'il étoit seul il y auroit encore équilibre ; dans ce cas on a donc pour chacun de ces systemes considérés comme seul $\int mpds \cos x = 0$ et de cette maniere cette seule equation fournit dans chaque cas particulier toutes celles qui sont necessaires pour la solution du probleme.

Coroll. 10

39. Supposons maintenant le systeme en mouvement d'une maniere quelconque pourvu toujours qu'il ne passe pas brusquement d'un etat a l'autre, nous aurons par le corollaire 3 $\int mpds \cos x - \int mudu = 0$. Si l'on prend l'integrale de cette équation pour avoir le mouvement au bout d'un tems indeterminé, on aura $2 \int' \int mpds \cos x - \int mu^2 + \mathrm{C} = 0$ le signe $\int'$ étant relatif a la durée du mouvement et le signe $\int$ a la figure du systeme pour determiner la constante C nommons K la vitesse initiale de la molecule m. Cela pose au commencement du mouvement on a $\int' \int mpds \cos x = 0$ donc l'équation se reduit pour cet instant a $\int m\mathrm{K}^2 = \mathrm{C}$ donc $2 \int \int mpds \cos x =$

$= \int mu^2 - \int mK^2$ equation qui exprime visiblement le principe de la conservation des forces vives.

Coroll. 11

40. Tout ce que nous avons dit d'un systeme de corps durs doit aussi s'entendre d'un systeme de corps elastiques en faisant entrer la force de l'élasticité dans la valeur de p car on peut regarder un corps élastique comme l'assemblage d'une infinité de corpuscules durs séparés par des ressorts.

Coroll. 12

41. On peut aussi regarder un fluide comme un amas de corpuscules durs ou élastiques donc tout ce que nous avons dit s'applique également aux fluides soit incompressibles soit elastiques.

Remarque

42. A propos des fluides je prie le lecteur de vouloir bien me permettre ici une observation étrangère a mon object mais que je n'aurai peut etre point occasion de placer ailleurs ; on peut la passer si l'on veut.

On regarde ordinairement le principe d'égalité de pression dans les fluides en équilibre comme une vérité experimentale. Je crois cependant qu'on peut le démontrer a priori et c'est lobject de cette remarque.

Soit (Fig P) A B Q une masse fluide sans pesanteur ni force motrice quelconque enfermée de tous cotes dans un vase et supposons qu'ayant fait en A une ouverture infiniment petite on y applique un piston A*mn* lequel soit poussé perpendiculairement a la surface du fluide par une puissance quelconque A je considere pour plus de facilité le fluide comme étant dans un seul plan A B Q mais ce que j'en dirai s'applique sans difficulté a une masse fluide quelconque. Imaginons par le milieu K de *mn* une courbe continue K*ps*B laquelle soit perpendiculaire a la paroi du vase aux points K et B ensuite ayant décomposé la longueur de cette courbe en une infinité d'éléments K*p ps* imaginons par chaque point de division une perpendiculaire a sa courbure enfin par les points *m n* ayant imaginé les perpendiculaires *ml no* sur *mn* concevons par les points *o* et *l* ou ces perpendiculaires sont rencontrées par la ligne *opl* perpendiculaire a la courbe, concevons disje par ces points les perpendiculaires *lq or* à *ol* et soit cette construction continuée jusqu'aux points D et F de la paroi du vase. Cela posé je dis que D F differe infiniment peu de *mn* c'est a dire que D F — *mn* est infiniment petite du second ordre ce qui n'a ce me semble pas besoin d'etre prouvé.

Maintenant j'observe que le fluide *mlno* ne peut agir sur celui qui l'environne que suivant des directions perpendiculaires a leur surface commune par consequent les forces avec lesquelles le petit prisme *mlno* pressera le fluide adjacent auront des directions perpendiculaires aux lignes *ml no lo*. Or *ml* et *no* sont paralleles ainsi la force resultante des pressions qui s'exercent sur ces deux lignes est perpendiculaire a la direction de la puissance A. Quant a la pression sur *lo* puisqu'elle est perpendiculaire a *lo* elle est infiniment peu inclinée a la puissance A donc la puissance A se decompose en deux dont l'une agit perpendiculairement sur *lo* et fait avec elle un angle infiniment petit l'autre agit sur *ml* et *no* et lui est perpendiculaire ; mais une telle décomposition ne peut se faire évidement si la premiere de ces deux forces composantes n'est infiniment grande relativement a l'autre d'ou il suit visiblement que la seconde de ces deux forces ne differe de la force A que d'une quantité infiniment petite du second ordre ce qui est clair a cause de l'angle droit que fait la puissance A avec les forces qui agissent sur *ml* et *no* donc enfin la force qui agit sur *lo* est a une quantité infiniment petite du second ordre pres egale a la puissance A ; on prouvera par ce meme raisonnement que la force qui agit sur *qr* ne differe de celle qui agit sur *lo* que d'une quantité infiniment petite du second ordre donc la pression se transmet de proche en proche a la base D F en diminuant seulement d'une quantite infiniment petite du second ordre a chaque division de la courbe donc la pression sur *mn* ne peut differer de celle sur D F que d'une quantité infiniment petite du premier ordre et comme on peut prendre D F en quel endroit on veut de la surface du vase et meme de l'intérieur du fluide, il s'en suit que la pression A se repend egalement en tout sens de sorte que chaque molecule est egalement en tous ses points suivant une perpendiculaire a sa surface.

Coroll. 13

43. Comme la plupart des machines ont pour object d'enlever des poids je m'arreterai quelques moments sur le cas ou dans l'équation $\int mudu - \int mpds \cos x = 0$ trouvée Coroll. 3 la force p est la gravité soient donc M la masse totale du systeme, H la hauteur dont est descendu le centre de gravité pendant le tems t, V la vitesse due a la hauteur H, h la hauteur dont la molecule m est descendue dans le meme tems ; il est donc clair qu'on aura $ds \cos x = dh$ et $\int mpds \cos x = \int mpdh = \text{M}pd\text{H}$ donc $2 \int\int mpds \cos x = 2 \int \text{M}pd\text{H} = 2\ \text{M}p\text{H}$ or $2\ \text{M}p\text{H} = \text{MV}^2$ donc $\int mu^2 = \int m\text{K}^2 + \text{MV}^2$.

Coroll. 14.

44. Si le systeme des poids passe par une position dans laquelle toutes les forces se detruisent c'est-a-dire ou tous les poids fussent deumeures en équilibre sans le mouvement acquis, les corps se mouvront pendant un instant comme si l'on avoit $p = 0$ donc l'équation $\text{M}pd\text{H} - \int mudu = 0$ donnera les deux autres $\int mudu = 0$ $\text{M}pd\text{H} = 0$ donc $d\text{H} = 0$ donc le centre de gravité sera fixe ou stationaire ou decrira une petite ligne horizontale ce qu'on exprime ordinairement en disant que le centre de gravité est au point le plus bas possible.

Coroll. 15

45. Puisque $\int mu^2 = \int m\text{K}^2 + \text{MV}^2$ il s'en suit que si le centre de gravité est fixe ou se meut horizontalement on aura $\int mu^2 = \int m\text{K}^2$ donc le systeme se mouvra comme s'il n'etoit pas pesant.

Si l'on a en outre $\text{K} = 0$ on aura $\int mu^2 = 0$ ce qui ne peut etre a moins qu'on n'ait $u = 0$. Donc pour prouver que plusieurs poids appliqués a une machine doivent se faire mutuellement equilibre il suffit de prouver que le centre de gravité ne descendra pas.

Par exemple dans un treuil si le poids applique au cilindre est au poids appliqué a la roue comme le rayon de la roue est a celui du cilindre il doit y avoir equilibre parce que le centre de gravité ne peut pas descendre puisqu'il resteroit fixe quand meme il y auroit du mouvement dans la machine.

On tire de la tres facilement la loi d'equilibre dans chaque machine meme lorsque les puissances ne sont pas des poids parce qu'il est aisé de substituer un poids a une force quelconque par une poulie de renvoi.

Coroll. 16

46. Supposons qu'outre les poids appliqués a la machine il y ait encore d'autres puissances pour les mouvoir comme des hommes des animaux et voyons ce deviendra l'équation générale

$$\int mu^2 = \int mK^2 + 2 \int' \int mpds \cos x$$

le terme $2 \int \int mpds \cos x$ se décompose en deux parties dont l'une est MV^2 et l'autre est le double de la somme des produits de chacune des forces mouvantes multipliee par l'element du chemin quelle décrit dans le sens de cette force partant. Si F est l'une de ces forces et u sa vitesse on aura $\int mu^2 = \int mK^2 + MV^2 + 2 \int' \int Fudt$.

Coroll. 17

47. Supposons $u = 0$ $K = 0$ en sorte que tous les corps soient en repos au commencement et a la fin du mouvement, notre equation devient $2 \int \int Fudt + MV^2 = 0$ et nommant H la hauteur a laquelle est monté le centre de gravité du systeme M on aura $\int \int Fudt = MpH$ donc pour élever le centre de gravité d'un systeme de corps a une hauteur donnée il faut quelque chemin qu'on lui fasse prendre quelque machine qu'on employe soit qu'on l'éleve par parties ou tout a la fois soit enfin qu'on employe une force unique ou plusieurs ensemble il faut dis je que la quantité $\int' \int Fudt$ soit toujours la meme.

Si les forces F sont constantes pendant tout le mouvement et se meuvent uniformement, la quantité precédente deviendra $\int Fut$ et l'équation sera $\int Fut = MpH$ enfin s'il n'y a qu'une force employée on aura $Fut = MpH$.

L'équation precedente suppose qu'il n'y ait ni frottement ni autre résistance. Si cela n'etoit pas il est clair que Fut devroit etre plus grande que MpH donc toutes choses d'ailleurs egale la force F devroit augmenter donc il seroit aventageux toutes choses d'ailleurs egales que la puissance fut appliquee immédiatement au poids.

Faisant abstraction des frottements si aulieu de la puissance F je voulois en employer une autre f qui n'en fut que la moitié par exemple, je pourrois y parvenir en employant une autre machine ou en appliquant la nouvelle force a un autre point de la première tel qu'en nommant t' le tems qu'il faudroit alors pour elever Mp a la hauteur H et u' la vitesse de f on eut $Fut = f u't'$ et puisqu'on suppose f sousdouble de F il faudroit que $u't'$ fut double de ut et si l'on vouloit que le tems fut le meme il faudroit qu'on eut $u' = 2u$.

48. L'aventage que donnent les machines est donc seulement de pouvoir varier les facteurs F, u, t, mais le produit doit toujours etre égal a MpH lorsqu'il s'agit d'un poids ou a une quantite analogue s'il s'agit d'une autre resistence.

Aves vous reconnu par exemple que pour elever cent muids d'eau a une certaine hauteur il vous falloit 100 bras capables chacun d'une force de 10 £ et d'une vitesse de 10 pieds par minute et employés pendant 10 jours en supposant ces forces appliquées a tirer immédiatement cette eau vous pourres a l'aide d'une machine faire ensorte qu'il ny ait que 50 bras employés avec la meme vitesse mais il vous faudra 20 jours pour faire ce que vous auries fait en 10 £ ; voules vous avec 50 bras n'employer que 10 jours il faudra que ces bras soient capables d'une vitesse de 20 pieds par minute ne peuvent ils prendre qune vitesse de 10 pieds par minute il faudra que vous en ayes davantage ou que vous les employes plus longtems toujours dans le meme rapport.

Le simple bon sens indique tout cela et cependant c'est faute d'y faire attention quon se trompe tous les jours sur l'effet des machines et quon en attend souvent des effets si extraordinaires ; la grande source des erreurs que commettent a cet egard les mecaniciens peu instruits qui promettent tant de merveilles vient de ce quils se bornent a considerer les machines dans leur etat déquilibre ; par exemple ils savent en gros qu'a l'aide d'un levier une certaine puissance bornée peut faire équilibre a un tres grand poids et croient par cette raison qu'avec un levier on peut rendre une force capable de quel effet on veut dans un tems donne mais un peu plus de connoissance les ramenneroit bientot de cette folle pretention en leur apprenant qu'on perd en vitesse tout ce qu'on gagne en force.

49. Avec ce principe il ne faut ordinairement qun coup d'œil pour juger a peu pres de l'effet d'une machine et comme on s'en tient la pour l'ordinaire a moins quon ait besoin d'une grande precision il sera bon d'ajouter ici quelques reflections propres a guider ceux qui ne veulent pas entrer dans un calcul détaillé.

1° Quoiquon puisse a volonté faire varier les facteurs de la quantité Fut, lorsquon employe des hommes ou des animaux il y a un certain rapport a mettre entre ces facteurs si lon veut epargner autant quil est possible les forces du moteur et profiter de la maniere la plus avantageuse de celles qu'on a à sa disposition.

Par exemple si l'on a reconnu qu'un homme applique pendant 8 heures par jour a une manivelle de 14 pouces de rayon peut faire continuellement un effort de 25 £ en faisant 30 tours par minute mais si l'on vouloit forcer cet homme a faire beaucoup plus de 30 tours par minute croyant par là avancer beaucoup la besogne on la retarderoit parce que l'homme ne seroit pas en etat alors de faire un effort de 25 £ ni meme moindre que 25 £ dans la meme raison que la vitesse a augmenté c'est a dire en un mot que Fu diminueroit ; si au contraire vous diminues la vitesse la force augmente mais dans un moindre rapport de sorte que Fu diminue encore ainsi pour faire que Fu soit un maximum il faut lui conserver la vitesse de 30 tours par minute.

2° L'on observera que par F j'entends la force mouvante estimée dans le sens de sa vitesse u donc si l'on appelle F′ la véritable force et x l'angle compris entre cette force et sa vitesse on aura $F = F' \cos x$ on voit donc qu'on produiroit le meme effet en substituant aulieu de F′ une force egale a F pourvu qu'on la dirigeat dans le sens meme de la vitesse u. Or comme F est moindre que F′ puisqu'on a $F = F' \cos x$ on voit combien il est avantageux que la force mouvante soit dirigée dans le sens meme de la vitesse. Si par exemple c'est un homme appliqué a une manivelle il faut pour ne point consommer inutilement sa force qu'il agisse perpendiculairement au rayon de sa manivelle et l'on doit se dispenser autant qu'il est possible de l'appliquer a une béquille qui agissant toujours a peupres dans le meme sens n'est presque jamais perpendiculaire au rayon de la manivelle.
3° Lorsquon n'a dautre but que d'élever un corps a une certaine hauteur il faut pour menager ses forces faire en sorte que le mouvement du corps s'éteigne en arrivant a cette hauteur ou que sa vitesse soit nulle au moment de cette arrivée. On en sera convaincu en jetant les yeux sur l'équation $\int mu^2 - \int m\mathrm{K}^2 + \mathrm{MV}^2 = 2 \int' \int \mathrm{F}udt$ trouvée (46). Car si l'on y suppose $\mathrm{K} = 0$ elle se réduira a $2 \int' \int \mathrm{F}udt = \int mu^2 + 2\, \mathrm{M}p\mathrm{H}$ donc la quantité $2 \int' \int \mathrm{F}udt$ employée dans ce cas pour élever $\mathrm{M}p$ a la hauteur H est plus grande de toute la quantité $\int mu^2$ (laquelle est évidement positive) que si chaque point du systeme eut eu une vitesse nulle en arrivant a cette hauteur et plus u sera petite moins la quantité $2 \int \int \mathrm{F}udt$ sera grande plus en un mot toute choses égales d'ailleurs la force F sera petite et partant moins il faudra d'effort pour elever le poids a la hauteur H.

Ainsi dans les pompes par exemple il faut autant qu'il est possible que l'eau en arrivant dans le reservoir superieur ait tres peu de vitesse toute celle quelle a ayant inutilement consommé l'effort de la puissance motrice.

50. Tout ce que j'ai dit des forces en general doit s'entendre egalement du frottement et des autres resistences. Ces resistences pouvant etre regardées comme des forces actives et j'observerai a ce propos en finissant ce qui regarde les machines en general que toutes choses egales ; d'ailleurs plus on peut faire grande la vitesse respective des surfaces qui se frottent plus on donne d'avantage a la force mouvante car nous avons vu que la vitesse contribue a diminuer le frottement.

SECTION SECONDE

des machines simples en équilibre

51. Les cordes et le levier sont les seules machines vraiment simples encore peut on ramener assez facilement l'une a l'autre mais on donne ordinairement le nom de simples aux sept machines suivantes, les cordes, le levier, la poulie, le treuil, le plan incliné, la vis et le coin.

Je vais traiter successivement de ces machines dans leur état d'équilibre en ayant egard autant que je le pourrai au frottement et a la roideur des cordes mais je n'en dirai que ce qui me paroitra le plus essentiel les détails n'étant pas fait pour un ouvrage tel que celui-ci ou je dois supposer le lecteur instruit des exelents ouvrages que nous avons sur cette matière ; ainsi je ne m'etendrai gueres au dela de ce qui est absolument necessaire pour indiquer les changements qui me paroissent exiger les résultats de mes experiences.

Je commencerai par la machine funiculaire sur laquelle j'entrerai dans dans un certain détail quoique je n'aye rien d'essentiellement nouveau a en dire mais j'en userai ainsi 1° parce qu'on peut ramener toutes les autres machines à celle la comme ont fait quelques auteurs 2° affin de montrer comment je réduis a un meme principe la théorie de toutes les machines. Ce principe n'est autre chose que celui de Descartes auquel je donne plus d'extension et que j'ai démontré et expliqué asses au long dans la section précédente. Il se reduit a l'équation $\int mpds \cos x = 0$ trouvée ( ) entre un nombre quelconque de puissances mp qui se font mutuelement équilibre soit immédiatement soit par l'entremise d'une machine. Ce meme principe nous servira également dans la section suivante ou il s'agira du mouvement en réduisant par le principe de M. d'Alembert la théorie du mouvement à celle de l'équilibre.

De la machine funiculaire

Lemme

52. Pour trouver la resultante AB (Fig. 4) de plusieurs forces AD, AC, AF, AG soit construit un poligone AF'gdB dont un côté AF' soit égal et parallèle à AF, un autre gd egal et parallèle à AD ainsi de suite jusqu'à la dernière des forces proposées alors si l'on mène la droite AB du point A au dernier point B qu'on obtient par cette construction je dis que cette droite AB representera tant pour sa grandeur que pour sa direction la resultante de toutes les forces proposées. C'est ce qu'on verra aisement pour peu qu'on fasse attention a la marche qu'on suit ordinairement pour trouver la resultante de plusieurs forces données.

On tire de la comme il est évident une méthode bien simple pour décomposer une force donnée en tant d'autres qu'on voudra et réciproquement.

Coroll. 1er

53. Il suit de là que la résultante estimée dans un sens quelconque est égale à la somme des forces composantes estimées dans le même sens car soit (Fig. 5) un poligone ABCDF dont un cote AB représente la résultante et les autres côtés les forces composantes. Estimons toutes ces forces dans le sens d'une ligne quelconque AK. Pour cela soient menées de tous les angles du poligone des perpendiculaires à cette ligne alors il est clair que Ab est la force AB estimée dans le sens AK, cb est la force CB estimée dans le même sens etc., or on a $Ab = bc + cd + df$ etc., donc, etc.

Il est clair qu'on a $Ab = \mathrm{AB} \cos \mathrm{BAK}$ $Af = \mathrm{AF} \cos \mathrm{FA}f$ etc. Donc la resultante multipliée par le cosinus de l'angle fait avec une ligne quelconque est égale à la somme des forces composantes multipliées chacune par le cosinus de l'angle quelle fait avec cette même ligne. J'ai fait usage de ce corollaire dans plusieurs endroits de la première section.

Coroll. 2ond

54. Soit AB (Fig. 6) la résultante des forces AB, AF, AC. Supposons que le point E représente un axe quelconque perpendiculaire au plan de ces forces AE une droite menée par le point A et le point E et AB′ une perpendiculaire à cette droite soient aussi du point E menées ces perpendiculaires E *b*′ E *c*′ E *d*′ E *f*′ sur les directions de ces forces et les perpendiculaires B*b*, C*c*, etc., sur AE cela posé à cause des triangles semblables A*b*′E AB*b* on aura
ABE*b*′ = AEB*b* on aura de même les équations suivantes

0 = AG E *c*′ + AE C*c*

0 = AD E *d*′ — AE D*d*

0 = AF E *f*′ — AE F*f* ajoutant ensemble toutes ces équations et observant que la somme des quantités qui multiplient AE est nulle par le corollaire précédent il vient AB E*b*′ = AD E *d*′ + AE E*f*′ — AC E *c*′. C'est à dire que le moment de la résultante relativement au point E est égal à la somme des moments des forces composantes qui tendent à faire tourner dans le même sens qu'elle, moins la somme des moments des forces composantes qui tendent à faire tourner en sens contraire et la même démonstration a lieu quelque soit le nombre des forces composantes.

Si les forces n'étoint pas dans un même plan alors en imaginant un axe quelconque et faisant la projection du systeme des forces sur un plan perpendiculaire à cet axe on trouveroit de même en considérant les moments relativement à l'axe en question que le moment de la résultante projetée est égal à la somme des moments des forces composantes aussi projetées sur le même plan de celles dis je qui tendent à faire tourner dans le même sens que la résultante, moins la somme des moments de celles qui tendent à faire tourner en sens contraire.

Problème

55. Déterminer les conditions générales de l'équilibre dans une machine funiculaire en supposant les cordons sans pesanteur et parfaitement flexibles.

Sol. Concevons que la machine proposée soit mise en mouvement de telle manière que tous ses points parcourent des chemins égaux et parallèles dans le même sens ces puissances n'en agissent pas moins les unes sur les autres comme auparavant donc elles continuent à se faire mutuellement équilibre donc l'équation $\int mpds \cos x = 0$ trouvée (33) exprimera les conditions de cet équilibre, mp exprimant chacune de ces puissances, ds le chemin qu'elle parcourt pendant un instant x l'angle formé par la direction de cette puissance et le chemin qu'elle parcourt. Or par hypotese ds est la même pour tous les points du systeme donc l'équation se réduira à $\int mp \cos x = 0$ donc la somme des forces appliquées à la machine estimées dans un sens quelconque est égal à zero. De plus chaque cordon doit être également tendu dans toute sa longueur d'ou il suit qu'il y a équilibre entre les forces appliquées à chaque nœud donc la somme des forces appliquées à chaque nœud estimées dans un sens quelconque est égale à zero. Telle est la condition générale de l'équilibre.

Coroll. 1er

56. Si l'on représente les forces du systeme par des lignes proportionnelles prises sur leurs directions et qu'on fasse la projection de la machine sur un plan quelconque je dis que si l'on regarde cette projection comme une machine funiculaire et les projections des puissances données comme les forces appliquées à cette machine il y aura équilibre entre toutes ces puissances. Il est clair en effet que dans cette nouvelle machine la résultante qui répond à chaque nœud est nulle aussi bien que dans la machine proposée.

Coroll. 2

57. Si l'on construit un poligone dont le nombre des côtés soit égal au nombre des forces et que ces côtés soient égaux et parallèles chacun à chacune des lignes qui représentent ces forces, je dis que ce poligone sera fermé, c'est à dire que le premier point du premier côté et le dernier point du dernier se confondent et la même chose aura lieu soit qu'il s'agisse de toute la machine ou seulement d'un ou plusieurs nœuds (53).

Coroll. 3

58. Si l'on considère les moments * de toutes les forces appliquées à la machine relativement à un axe quelconque on trouvera que la somme des moments de celles de ces forces qui tendent à faire tourner dans un sens autour de cet axe est égale à la somme des moments de celles qui tendent à faire tourner en sens contraire (54).

Coroll. 4

59. Donc si quelque nœud rassemble seulement trois cordons les puissances appliquées à ces cordons seront dirigées dans un même plan et deux quelconque d'entre elles seront en raison réciproques des perpendiculaires menées d'un point quelconque de la troisième sur leurs directions car en rapportant le moment des forces à ce point celui de la puissance dont la direction y passe est nul et partant ceux des deux autres doivent être égaux et conspirer en sens contraire.

Donc ces trois forces peuvent être représentées en même tems chacune par le sinus de l'angle compris entre les directions des deux autres car en prenant pour rayon la distance du nœud au point dont on a parlé dans le corollaire précédent c'est à dire dont les perpendiculaires sont abaissées, il est clair que ces perpendiculaires sont proportionnelles aux sinus en question.

Coroll. 5

60. Supposons maintenant qu'on veuille avoir égard à la pesanteur des cordes il est d'abord évident que cette pesanteur fera prendre une certaine

* Par moment d'une force relativement à un axe, j'entends la projection de cette force sur un plan perpendiculaire à cet axe multipliée par la distance de la direction a cet axe.

courbure aux cordons. Si cette courbure étoit connue il est visible qu'on auroit aussi la direction et la quantité de tension de chacun de ces cordons à ses extrémités. Donc on auroit toutes les forces appliquées à chaque nœud et puisqu'on suppose qu'il y a équilibre ces puissances auront entre elles les rapports trouvés dans le problème donc toute la difficulté se réduit à connoitre la courbure d'un cordon attaché par ses extrémités à deux points fixes. Cette courbe qui s'appelle chainette est trop connue pour qu'il soit nécessaire d'en parler encore ici.

Il seroit à propos maintenant de résoudre la même question en ayant égard au deffaut de flexibilité des cordes mais la loi que suit cette roideur est trop peu connue pour qu'on puisse se flater de résoudre un tel problème d'une manière non hypotétique. Il faudroit d'abord pour cela sçavoir trouver la courbure que doit prendre une telle corde dont les bouts sont attachés à deux points fixes ; or 1° cette question est indéterminée car si vous attachés une corde neuve un peu roide à deux points fixes et que vous lui fassies prendre une courbure quelconque et même la forme d'une courbe à double courbure vous verres que votre corde restera à peu près dans l'état où vous l'aures mise. 2° Lorsque les cordes sont un peu vieilles elles prenent presque la même courbure quelles auroint si elles étoint parfaitement flexibles or comme c'est dans cet état que se trouvent les cordes après quelque tems de service il s'en suit qu'il est plus que suffisant dans la pratique d'avoir égard à la pesanteur des cordes.

Au reste si l'on connoissoit la loi de la roideur ou si l'on vouloit se contenter d'une solution hypotetique, il seroit aisé d'être satisfait car les géomètres savent trouver l'équation d'une courbe parfaitement flexible et tirée en chaque point par deux forces dont la loi est donnée et dont l'une est parallèle à une ligne donnée de position et l'autre perpendiculaire à la courbe.

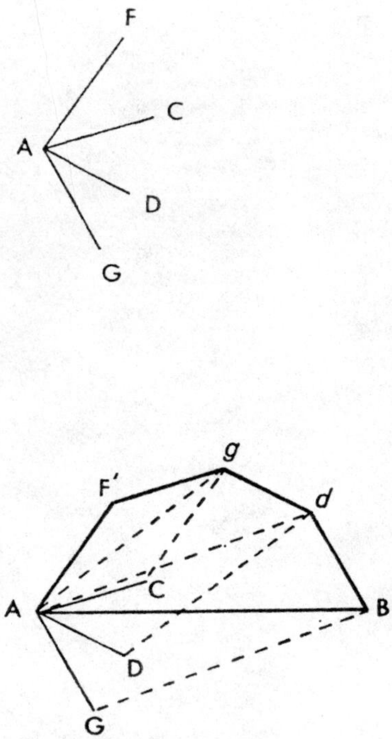

FIG. 4. — Illustrant l'App. A, §, 52

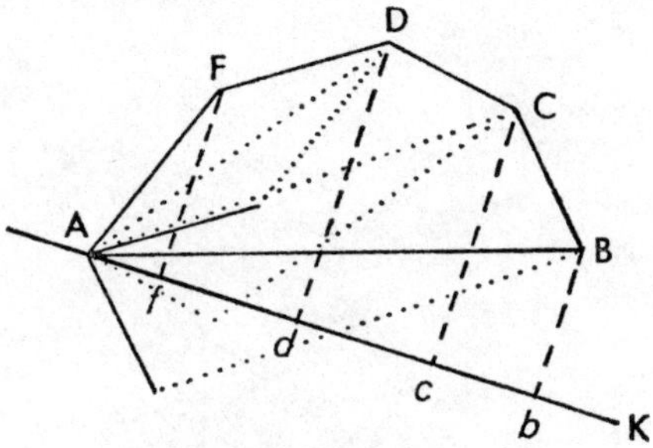

FIG. 5. — Illustrant l'App. A., § 53, Cor. 1

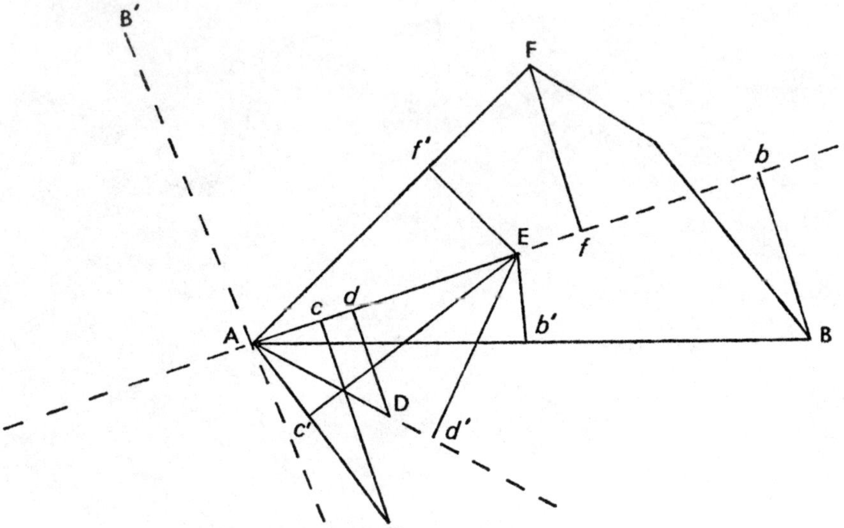

FIG. 6. — Illustrant l'App. A, § 54, Cor. 2

APPENDICE B

Mémoire de Lazare Carnot de 1781

Le second mémoire soumis par Carnot à l'Académie royale des sciences de Paris pour le Concours de 1781 comporte cent quatre-vingt-onze paragraphes, correspondant à cent sept folios. Il se divise en deux parties. La première (paragraphes 1 à 100) consiste en une étude expérimentale sur le frottement. La seconde partie aborde le sujet d'une manière plus décisive que dans le mémoire de 1778 et se divise également en deux parties. La première (paragraphes 101 à 160) étudie les « Machines en général ». C'est celle que nous reproduisons ici. La seconde, « Application des expériences aux machines simples », occupe les paragraphes 161 à 191 et termine le mémoire. Comme le précédent, ce mémoire se trouve dans les Archives de l'Académie des sciences de l'Institut et nous remercions les Secrétaires Perpétuels de nous avoir autorisés à en reproduire des extraits.

MÉMOIRE
SUR LA THÉORIE DES MACHINES

POUR CONCOURIR AU PRIX
QUE L'ACADÉMIE ROYALE DES SCIENCES DE PARIS
DOIT ADJUGER EN 1781

videndum
qua ratione fiant et qua vi quaeque gerantur
lucret

MÉMOIRE
SUR LA THÉORIE DES MACHINES

Seconde partie

application des expériences à la pratique

101. Cette seconde partie sera divisée en deux sections. Dans la première on traitera des machines en général et dans la seconde on traitera en particulier de chacune des machines simples.

SECTION PREMIÈRE

Des machines en général

102. Chaque machine peut avoir des propriétés particulières. Il ne s'agit ici que de celles qui sont communes à toutes ; en examinant les machines sous ce point de vue général nous éviterons les répétitions qu'il auroit fallu faire pour rappeler à l'occasion de chacune desquelles nous avons à traiter les propriétés qui lui sont communes avec toutes les autres : il est d'ailleurs avantageux de réduire les principes au plus petit nombre possible et d'appercevoir la liaison qui réunit des vérités asses disparates au premier coup d'œil. Or malgré la différence des machines toutes leurs popriétés sont en quelque sorte comprises dans une même loi fort simple et de laquelle on déduit avec une grande facilité tout ce qui les concerne chacune en particulier. Cette loi sera expliquée et démontrée rigoureusement après que nous aurons donné en peu de mots une idée générale et simple de notre sujet.

103. Imaginons donc d'abor une machine à laquelle il n'y ait d'autres forces appliquées que des poids. Je la suppose d'ailleurs d'une forme arbitraire mais qu'on ne lui ait imprimé aucun mouvement. Cela posé il est clair quelque puisse être la disposition des corps du systeme que s'il y a équilibre la somme des résistances des points fixes ou obstacles quelconques estimées dans le sens vertical contraire à la pesanteur sera égale au poids total du systeme mais s'il y a du mouvement une partie de la pesanteur sera employée à le produire et ce n'est qu'avec le surplus que les points fixes pourront se trouver chargés donc dans ce cas la somme des résistances verticales des points fixes sera moindre au premier instant que le poids total du systeme. Donc de ces deux forces combinées il en résultera une seule force qui poussera le système de haut en bas donc le centre de gravité descendra nécessairement avec une vitesse égale à

cette force divisée par la masse totale du système donc si le centre de gravité du système ne descend pas il y aura nécessairement équilibre donc en général

pour s'assurer que plusieurs poids appliqués à une machine quelconque doivent se faire mutuellement équilibre il suffit de prouver que si l'on abandonne cette machine à elle même le centre de gravité du système ne descendra pas au premier instant proposition par laquelle on trouvera très facilement la loi d'équilibre dans une machine donnée à laquelle il n'y a d'autres forces appliquées que des poids.

104. Par exemple je dis qu'il y aura nécessairement équilibre entre deux poids A et B appliqués à une machine quelconque telle cependant que l'un de ces poids ne puisse descendre sans que l'autre soit forcé de monter. Il y aura dis je équilibre si ces deux poids sont en raison réciproque des vitesses verticales qu'ils auroint s'il y avoit du mouvement. En effet si cela n'étoit pas supposons que A descendit alors au premier instant avec la vitesse V tandis que la vitesse de B aussi estimée dans le sens vertical seroit u on aura donc par hypotese $A : B :: u : V$ ou $AV = Bu$ donc $\frac{AV - Bu}{A + B} = 0$. Or le premier membre de cette équation est visiblement la vitesse verticale du centre de gravité donc ce centre de gravité ne descendra pas au premier instant donc par la proposition précédente il doit y avoir équilibre.

105. Par exemple encore je dis qu'il y aura nécessairement équilibre entre plusieurs poids appliqués à une machine quelconque si le centre de gravité du système est au point le plus bas possible car par notre proposition il suffit de prouver que ce centre ne descendra pas ; or comment descendroit il puisque par hypotese il est au point le plus bas possible ?

106. S'il entroit dans le système d'autres forces que des poids on rameneroit aisément ce cas au premier en substituant un poids à chacune des forces à l'aide d'une poulie de renvoi. On pourroit donc regarder la proposition précédente comme le principe général de l'équilibre dans les machines, et quant au mouvement on en ramène aisément les loix à celles de l'équilibre en décomposant le mouvement virtuel du système en deux autres dont le premier soit le mouvement réel, le second sera par conséquent tel que s'il étoit seul il y auroit équilibre. Or on connoit les loix de cet équilibre par la proposition précédente on parviendroit donc à connoitre aussi celles du mouvement.

107. La loi d'équilibre entre deux forces appliquées à une machine est comme on sait que ces forces soient en raison réciproque de leurs vitesses estimées dans le sens de ces forces ; cette loi se déduit très facilement de ce que nous venons de dire au sujet de deux poids en équilibre et notre proposition s'étend même au cas ou il y auroit plus de deux forces. Mais je n'ai voulu donner jusqu'ici qu'une idée générale de la théorie que je vais essayer de développer dans les articles suivants où je me propose

d'examiner les machines sous un point de vue plus général encore et plus direct.

108. Lorsqu'un corps agit sur un autre c'est toujours immédiatement ou par l'entremise de quelque corps intermédiaire. Ce corps intermédiaire est en général ce qu'on appelle une machine. Le mouvement que perd à chaque instant chacun des corps appliqués à cette machine est en partie absorbé par la machine même et en partie reçu par les autres corps du système mais comme il peut arriver que l'objet de la question soit uniquement de trouver l'action réciproque des corps appliqués au corps intermédiaire sans qu'on ait besoin d'en connoitre l'effet sur le corps intermédiaire même on a imaginé pour simplifier la question de faire abstraction de la masse de ce corps en lui conservant d'ailleurs toutes les autres propriétés de la matière. Dès lors la science des machines est devenue en quelque sorte une branche isolée de mechanique dans laquelle il s'agit de considérer l'action réciproque des différentes parties d'un système de corps parmis lesquelles il s'en trouve qui privés de l'inertie commune à toutes les parties de la matière telle quelle existe dans la nature ont retenu le nom des machines.

Cette abstraction pouroit simplifier dans certains cas particuliers ou les circonstances indiquoint ceux des corps dont il convenoit de négliger la masse pour arriver plus facilement au but mais on conçoit aisément que la théorie des machines en général est devenue réelement plus compliquée qu'auparavant car alors cette théorie étoit renfermée dans celle du mouvement des corps tels que la nature nous les offre mais à présent il faut considérer à la fois deux sortes de corps, les uns tels qu'ils existent réelement, les autres dépouillés en partie de leurs propriétés naturelles. Or il est clair que le premier de ces problèmes n'est qu'un cas particulier de celui-ci, donc ce dernier est plus compliqué que l'autre aussi quoiqu'on parvienne aisément par de pareilles hypoteses à trouver les loix de l'équilibre et du mouvement dans chaque machine particulière telle que le levier, le treuil, la vis, il en résulte un assemblage de connaissances dont la liaison s'apperçoit difficilement et seulement par une espèce d'analogie ; ce qui doit nécessairement arriver tant qu'on aura recours à la figure particulière de chaque machine pour démontrer une propriété qui lui est commune avec toutes les autres. Ces propriétés étant celles que nous avons principalement en vue dans cette première section il est clair que nous ne parviendrons à les trouver qu'en faisant abstraction des formes particulières. Commençons donc par simplifier l'état de la question en cessant de considérer dans un même système des corps de différentes natures ; rendons enfin aux machines leur force d'inertie il nous sera facile après cela d'en négliger la masse dans le résultat nous serons maîtres d'y avoir égard ou non et partant la solution du problème sera aussi générale en même tems quelle sera plus simple.

109. La science des machines en général ainsi que toute la mechanique se réduit donc à la questoin suivante. Connoissant le mouvement virtuel d'un systeme de corps c'est-à-dire celui que prendroit chacun des corps s'il étoit libre trouver le mouvement réel qu'il aura l'instant suivant à

cause de l'action réciproque des corps en supposant que chacun d'eux soit doué de l'inertie commune à toutes les parties de la matière.

Et puisque ce problème est plus simple que si parmis les corps il s'en trouvoit quelquns qui fussent privés de cette inertie il est clair qu'on ne peut avoir une théorie générale des machines sans avoir résolu ce problème dans toute son étendue : c'est ce que nous allons essayer.

110. Imaginons donc un système quelconque de corps dont le mouvement virtuel donné soit changé par leur action réciproque en un autre qu'il s'agit de trouver : Si les corps sont élastiques on peut évidement considérer le système comme composé d'une infinité de corpuscules durs séparés par de petits ressorts au moyen desquels le mouvement se transmet de proche en proche dans toute l'étendue du système la force de ces ressorts dépend du degré d'élasticité des corps. Si ces corps étoint parfaitement durs les petits ressorts deviendroint des verges absolument incompressibles et partant les corpuscules appliqués aux extremités de chacune d'elles auroint nécessairement après l'action réciproque la même vitesse estimée dans le sens de cette verge comme il est évident ou ce qui revient au même la vitesse relative de ces corpuscules après leur action réciproque seroit nulle : si les corps étoint parfaitement élastiques les petits ressorts se restitueroint avec une force égale à celle qui les a comprimés ainsi la force perdue dans le choc par chacun des corpuscules du système seroit après la restitution des ressorts double de ce quelle auroit été si les corps avoint été durs et en général quelque soit le degré d'élasticité on pourra toujours le représenter par le rapport de la force avec laquelle se restituent les petits ressorts à celle qui les a comprimés ainsi la nature des corps étant donnée on pourra toujours ramener les loix de leur mouvement à celles du mouvement des corps durs : la difficulté se réduit donc à savoir ce qui doit arriver à un système de corpuscules durs séparés par de petites verges parfaitement incompressibles ou telles qu'en comparant deux à deux ceux qui se trouvent aux extrémités de chacune de ces verges les vitesses relatives ou estimées dans le même sens suivant la longueur de cette verge soient égales après l'action réciproque. Mais pour embrasser la question dans toute sa généralité il faut supposer que le mouvement puisse changer subitement ou varier par degrés insensibles ; enfin comme il peut se rencontrer des points fixes ou autres obstacles quelconques il faudra les considérer comme des corps faisant eux-mêmes partie du système proposé mais fixement arrêtés dans le lieu de l'espace où ils sont placés.

111. Le seul principe qui puisse nous conduire à la solution de ce problème est celui-ci :

La réaction est toujours égale et contraire à l'action. Voila cette loi simple et incontestable d'ou nous partirons, loi universelle qui assujetit également tous les corps soit dans le choc de la pression l'attraction même et tous les phénomènes connus de la nature mais il ne s'agit ici que de connoitre son effet dans ceux du choc et de la pression.

112. Pour y parvenir considérons à part deux quelconques des corpuscules du système séparés par une de ces petites verges incompressibles par

lesquelles comme nous l'avons dit le mouvement se communique de proche en proche dans toute l'étendue du système soient donc :

M′ et M″	les masses de ces corpuscules
V′ et V″	les vitesses qu'ils doivent avoir l'instant suivant.
F′	l'action de M″ sur M′ c'est à dire la force ou quantité de mouvement que le premier imprime à l'autre
F″	la réaction de M′ sur M″
q' et q''	les angles formés par les directions de V′ et F′ et par celles de V″ et F″.

Cela posé la vitesse réele de M′ étant V′ cette vitesse estimée dans le sens de F′ sera visiblement $V'.\cos q'$ de même la vitesse de M″ estimée dans le sens de F″ sera $V''.\cos q''$, donc la vitesse relative de M′ et M″ sera $V'.\cos q' + V''.\cos q''$ donc puisque les corps doivent aller de compagnie on aura $V'.\cos q' + V''.\cos q'' = 0$, (A). Donc par le principe de la réaction égale et contraire à l'action on aura aussi $F'.V'.\cos q' + F''.V''.\cos q'' = 0$ (B) car si M′ et M″ sont mobiles tous les deux il est clair par ce principe qu'on a $F' = F''$ donc a cause de l'équation (A) on aura aussi l'équation (B) et si l'un des deux M′ par exemple est fixe ou fait partie d'un obstacle on aura $V'.\cos q' = 0$ donc l'équation (B) aura encore lieu donc cette equation (B) est vraie donc à cause de l'équation (A) on aura aussi $V''.\cos q'' = 0$ pour tous les corpuscules du système pris deux a deux. Imaginant donc une pareille équation pour tous les corps pris en effet deux à deux ou ce qui revient au même intégrant l'équation (B) on aura pour tout le système $\int F'.V'.\cos q' + \int F''.V''.\cos q'' = 0$ c'est à dire que la somme des produits des quantités de mouvement que s'impriment réciproquement les corpuscules séparés par chacune des petites verges incompressibles de ces quantités dis je multipliées chacune par la vitesse du corpuscule auquel elle est imprimée estimée dans le sens de cette force est égale à zero.

Cela posé abandonnant les dénominations précédentes nommons :

la masse de chacun des corpuscules du systeme	M
sa vitesse virtuelle	W
sa vitesse réele	V
la vitesse qu'il perd de sorte que W soit la résultante de V et de cette vitesse	U
la force qu'imprime à M chacun des corpuscules adjacents et par lesquels il reçoit évidement tout le mouvement qui lui est transmis des différentes parties du systeme	F
l'angle compris entre les directions de W et V	X
l'angle compris entre les directions de W et U	Y
l'angle compris entre les directions de V et U	Z
l'angle compris entre les directions de V et F	q

on aura donc pour tout le système $\int F.V \cos q = 0$, ou $\int V.F.\cos q = 0$, (C). A présent il faut observer que la vitesse de M avant l'action réciproque étant W cette vitesse estimée dans le sens de V sera $W.\cos X$ donc $V - W.\cos X$ est la vitesse gagnée par M dans le sens de V donc

M (V — W.cos X) est la somme des forces F qui agissent sur M estimées chacune dans le sens de V donc MV (V — W cos X) est la même somme multipliée par V or à chaque molécule répond une pareille somme et de plus la somme totale de toutes ces sommes particulières est visiblement pour tout le système ∫V.F.cos *q* donc ∫MV (V — W.cos X) = ∫V.F.cos *q* ajoutant à cette équation l'équation (C) il vient ∫ MV (V — W cos X) = 0 (D.) Mais W étant la résultante de V et U il est clair qu'on aura W.cos X = = V + U.cos Z. Substituant donc cette valeur de W.cos X dans l'équation (D) elle se réduira à ∫M.V.U.cos Z = 0 (E), équation fondamentale.

113. Imaginons maintenant qu'au moment où le choc va se faire le mouvement virtuel du système soit tout à coup détruit et qu'on lui fasse prendre à la place successivement deux autres mouvements arbitraires mais égaux et directement opposés c'est à dire qu'on le fasse partir successivement de sa position actuelle avec deux mouvements tels qu'en vertu du second chaque point du système ait au premier instant une vitesse égale et directement opposée à celle qu'il auroit eue au premier instant en vertu du premier. Cela posé il est clair 1° que la figure du système étant donnée cela peut se faire d'une infinité de manières différentes et par des opérations purement géométriques ; c'est pourquoi j'appellerai ces mouvements, *mouvements géométriques*, c'est à dire que *si un système de corps part d'une position donnée avec un mouvement arbitraire mais tel qu'il eut été possible aussi de lui en faire prendre un autre tout à fait égal et directement opposé chacun de ces mouvements sera nommé mouvement géométrique* *. 2° Il est clair qu'en vertu de l'un quelconque de ces mouve-

* Pour distinguer par un exemple très simple les mouvements que j'appelle géométriques de ceux qui ne le sont pas imaginons deux globes parfaitement égaux agissant l'un sur l'autre par un contact immediat et du reste libres et dégagés de tout obstacle imprimons a ces globes des vitesses egales et dirigées dans le meme sens suivant la ligne des centres ce mouvement est géométrique parceque les corps pourroint de meme etre mus en sens contraire avec la meme vitesse comme il est evident mais supposons qu'on imprime a ces corps des mouvements egaux si l'on veut et meme dirigés dans la ligne des centres mais qui aulieu d'etre comme précedemment dirigés dans le meme sens tendent au contraire a les eloigner l'un de l'autre ces mouvements quoique possibles ne sont pas ce que j'entends par mouvements géométriques parceque si l'on vouloit faire prendre à chacun de ces mobiles une vitesse egale et contraire a celle qu'il reçoit dans ce premier mouvement on en seroit empeché par l'impénétrabilité des corps.

de meme si deux corps sont attachés aux extrémités d'un fil inextensible et qu'on fasse prendre au systeme un mouvement arbitraire mais tel que la distance des deux corps soit constement égale à la longueur du fil ce mouvement sera géométrique parce que les corps peuvent prendre un pareil mouvement dans un sens tout contraire mais si ces mobiles se rapprochent l'un de l'autre le mouvement n'est point géométrique parce qu'ils ne pourroint prendre un mouvement égal et contraire sans s'eloigner l'un de l'autre ce qui est impossible à cause de l'inextensibilité du fil.

en général quelque soit la figure du systeme et le nombre des corps, s'il est possible de lui faire prendre un mouvement tel qu'il n'en résulte aucun changement dans la position respective des corps ce mouvement sera géométrique, comme il est évident après tout ce qui vient d'etre dit : il est clair en effet qu'il ne s'exerce aucune pression ni action quelconque entre les différentes partie du systeme et que par consequent la connoissance des loix de la communication des mouvements est inutile pour les determiner ; la determination de ces mouvements est donc une affaire de pure géométrie et c'est pour cette raison que je les appelle géométriques.

il ne s'ensuit pourtant pas de la que le mouvement d'un systeme de corps ne puisse etre

ments géométriques les corpuscules placés aux extrémités de chacune des petites verges inflexibles ne tendent ni a se rapprocher ni a s'eloigner l'un de l'autre car nommant alors *u* la vitesse de chaque corpuscule M 1° S'ils tendoint a se rapprocher ils se pousseroint nécessairement par la petite verge qui les sépare donc le mouvement du systeme seroit altéré par cette action réciproque. Donc *u* ne pourroit pas être la vraie vitesse de M ce qui est contre l'hypotese. 2° S'ils tendoint à s'éloigner il s'ensuivroit visiblement qu'en vertu du mouvement egal et directement opposé ou de la vitesse $-u$ ils tendroint a se rapprocher donc $-u$ ne pourroit pas etre la vraie vitesse de M ce qui est encore contraire à l'hypothese donc ils ne tendent en vertu de *u* ni a se rapprocher ni a s'éloigner, donc si chaque corpuscule étoit animé en meme tems de la vitesse *u* et de la vitesse *v* ces corps ne tendroint pas a se rapprocher ou à s'éloigner davantage l'un de l'autre que s'ils étoint animés des seules vitesses *v* donc l'action réciproque exercée entre les parties du système sera la même soit que chaque molécule soit animée de la seule vitesse *v* ou des deux vitesses *v* et *u* mais si elles étoint animées des seules vitesses *v* il y auroit équilibre donc si chaque molecule est animée des deux vitesses *v* et *u* ou d'une vitesse unique qui en soit la résultante *v* sera encore la vitesse perdue par M et partant *u* sera la vitesse réele donc en nommant *z* l'angle compris entre

géometrique sans que toutes ses parties conservent entre elles la meme position respective ; c'est ce qui sera facile à comprendre par quelques exemples. imaginons un treuil a la roue et au cilindre duquel soient attachés des poids suspendus par des cordes si l'on fait tourner la machine de maniere que le poids attaché a la roue descende d'une hauteur égale a sa circonference tandis que celui du cilindre montera d'une quantité égale a la sienne ce mouvement sera géométrique parcequ'il est egalement possible de faire descendre le poids attaché au cilindre d'une hauteur égale à sa circonférence tandis que le poids de la roue monteroit d'une hauteur égale a la sienne.

de meme si plusieurs corps sont attachés aux extremités de differents fils reunis par les autres extremités a un meme nœud et qu'on fasse prendre au systeme un mouvement tel que chacun des corps reste constement eloigné du nœud d'une meme quantité égale a la longeur du fil auquel il est attaché le mouvement sera géométrique quand meme ces differents corps se rapprocheroint ou s'eloigneroint les uns des autres.

si deux corps sont attachés aux extrémités d'un fil dans lequel soit enfilé un grain mobile il suffira pour que le mouvement soit géométrique que la somme des distances du grain mobile a chacun des deux autres corps soit constement egale a la longeur du fil desorte que si ces autres corps étoint fixes le grain ne sortiroit pas d'une courbe elliptique.

si un corps se meut sur une surface courbe par exemple sur la convexité d'une calote spherique le mouvement sera géométrique tant que le corps sera mu tangentiellement a la surface mais s'il s'en ecarte le mouvement n'est plus géometrique parceque le mouvement directement opposé est visiblement impossible.

si deux corps viennent a se choquer le mouvement du systeme apres le choc sera toujours géometrique et partant si l'on décompose le mouvement virtuel en deux dont l'un soit tel que s'il etoit seul il y auroit équilibre et dont l'autre soit géométrique celui ci sera le vrai mouvement du systeme apres le choc mais il ne suffiroit pas pour l'assurer de prouver que ce mouvement est possible c'est adire compatible avec l'impénetrabilité ou que les corps puissent le prendre sans se gener mutuellement il faut de plus que le mouvement egal et contraire soit possible c'est adire que ce mouvement doit etre géometrique.

il resulte visiblement de tout cela que si a la place du mouvement réel d'un systeme on en substitue un autre tel qu'il n'en résulte aucun changement dans l'action réciproque des corps ce mouvement sera ce que j'entends par géométrique mais j'ai préféré une définition suivant laquelle il fut clair par l'ennoncé meme que ces mouvements sont réelement géometriques c'est adire absolument indépendants des regles de la dinamique.

les directions de v et u on aura $\int M.u.v.\cos z = 0$ (F) par la même raison qu'on a eu l'équation (F).

114. Il est bien facile à présent de résoudre le problème que nous nous sommes proposés car l'équation (F) devant avoir lieu quelque soit la valeur de u et sa direction pourvu que le mouvement auquel elle se rapporte soit géometrique il est clair qu'en attribuant successivement à cette arbitraire différentes valeurs et différentes directions on obtiendra tant d'équations qu'on voudra entre les quantités inconnues v d'ou dépend la solution du problème et des quantités ou connues ou arbitraires.

115. Pour achever de mettre cette solution dans tout son jour il suffira d'en donner un exemple :

Supposons donc que tout le systeme se réduise a un assemblage de corps liés entreux par des verges inflexibles de sorte que toutes les parties du système soient forcées de conserver toujours leurs mêmes positions respectives, mais qu'il n'y ait aucun point fixe ou obstacle quelconque l'équation (F) va nous donner la solution de ce probleme en attribuant successivement a u differentes valeurs et differentes directions arbitraires.

1° Comme les vitesses u ne sont assujeties a aucune autre condition sinon que le mouvement du systeme en vertu duquel les corpuscules M ont ces vitesses u soit géométrique, il est évident que nous pouvons d'abord les supposer toutes égales et parallèles a une meme ligne donnée alors u étant constante ou la même pour tous les points du système l'équation (F) se réduira à $\int M.v.\cos z$ ce qui nous apprend que la somme des forces perdues par l'action réciproque des corps dans le sens arbitraire de u est nulle et que par conséquent celle qui reste est la même que si chaque mobile eut été libre.

2° Imaginons maintenant qu'on fasse tourner tout le système autour d'un axe donné de sorte que chacun des points décrira une circonférence autour de cet axe et dans un plan qui lui sera perpendiculaire ce mouvement est visiblement géométrique donc l'équation (F) a lieu mais alors en nommant R la distance de M à l'axe il est clair qu'on a $u = AR$, A étant la même pour tous les points donc l'équation (F) se réduit à $\int M.Rv.\cos z = 0$, c'est-à-dire que la somme des moments des forces perdues par l'action réciproque relativement a un axe quelconque est nulle.

3° On pourra achever si l'on veut la solution du problème en attribuant encore aux arbitraires u différentes autres valeurs et directions mais on peut aussi s'en tenir aux précédentes car on sçait quelles suffisent pour résoudre la question ou du moins pour la réduire à une affaire de pure géométrie.

Il sera bon d'ajouter quelques réflections utiles pour simplifier l'application de ce problème aux différents cas particuliers qui peuvent se rencontrer et surtout aux machines : je vais d'abord récapituler en deux mots la solution pour montrer d'un coup d'œil la suite des opérations qu'on vient d'indiquer.

PROBLÈME

116. *Connoissant le mouvement virtuel d'un système quelconque donné de corps durs (c'est a dire celui qu'il prendroit si chacun des corps étoit libre) trouver le mouvement réel qu'il doit avoir l'instant suivant.*

Solution. nommons
la masse de chaque molécule du système .... m
sa vitesse virtuelle donnée .... W
sa vitesse réele cherchée V
la vitesse quelle perd dans le choc de sorte que W soit la résultante
de V et de cette vitesse .... U
Imaginons maintenant qu'on fasse prendre au système un mouvement
géométrique arbitraire et soit la vitesse qu'aura alors m .... u
l'angle formé par les directions de W et V X
l'angle formé par les directions de W et U .... Y
l'angle formé par les directions de V et U .... Z
l'angle formé par les directions de W et u x
l'angle formé par les directions de V et u .... y
l'angle formé par les directions de U et u .... z

Cela posé on aura pour tout le système (113) $\int m.u.v.\cos z = 0$ (AA) équation qui aura lieu pour toutes les valeurs de u et qui fera trouver dans chaque cas particulier toutes celles dont on aura besoin pour la solution du problème en attribuant successivement aux indéterminées u différents rapports * ou différentes directions arbitraires.

117. S'il y avoit dans le systeme quelques parties qui restassent fixes c'est a dire pour lesquelles la vitesse u qui répond a chacun de leurs points fut nulle il est clair que cette portion du systeme n'entreroit pour rien dans l'équation (AA) ainsi quoique nous ayons regardé les points fixes et autres obstacles comme des corps faisant eux memes partie du système (ce qui dans le fait est entierement conforme à la nature) cette hypotese ne peut faire naitre aucun embaras puisque ces corps n'entrent pour rien dans notre équation laquelle est par conséquent la même que si l'on eut fait abstraction de la masse de ces corps.

De même s'il y avoit quelque fil, verge, levier ou autre portion quelconque du systeme dont la masse put être supposée infiniment petite alors on pourroit supposer $m = 0$ c'est a dire faire abstraction de la masse de cette portion et l'équation (AA) deviendrait visiblement independante de cette même portion il sera donc inutile d'y avoir égard et par la on parvient aisément à trouver la théorie des machines avec les abstractions qu'on a imaginées pour simplifier cette théorie dans chaque cas particulier. C'est principalement à cette partie du problème que nous

* Je dis qu'il faut attribuer aux indeterminées u differents rapports ou differentes directions parceque si l'on se contentoit de leur attribuer differentes valeurs sans que les rapports ni les directions fussent changés on auroit des équations qui seroint toutes justes a la vérité mais qui deviendroint identiques en les multipliant par différentes constantes comme on le verra aisément en jettant les yeux sur l'équation (AA).

devons nous arrêter et c'est ce que nous ferons après avoir mis la formule générale sous les differentes formes qui pourront nous être utiles.

118. Il faut commencer par distinguer en général deux cas, le premier est celui ou le systeme passe subitement d'un état à l'autre, le second est celui ou le mouvement change par degrés insensibles.

1er cas parmis les differentes autres formes qu'on peut donner dans ce cas à l'équation (AA) je me bornerai a trois, voici la première. Puisque W est la résultante de V et U on a $W.\cos x = V.\cos y + v.\cos z$ ou $v.\cos z = W.\cos x - V.\cos y$. Substituant cette valeur de $v.\cos z$ dans l'équation (AA) on aura $\int m.u\, W.\cos x = \int m.u.V.\cos y$ (BB) équation dans laquelle les vitesses détruites U n'entrent plus mais les vitesses virtuelles données W et les vitesses réeles cherchées y entrent à la place.

Cette équation nous met a meme d'exprimer aisement la loi d'équilibre car alors on a $V = 0$ donc l'équation se réduit à $\int m\, u\, W \cos x = 0$ (CC) qui donnera toutes les conditions de l'équilibre en attribuant aux vitesses u successivement differents rapports ou directions arbitraires.

119. Voici les autres formes que nous nous sommes proposés de donner à l'équation (AA). Imaginons a volonté trois axes perpendiculaires entre eux ayant ensuite décomposé les vitesses W, V, U, u, chacune en trois autres parallèles à ces axes je suppose que :

celles qui répondent à W soient .... $W'\ W''\ W'''$
celles qui répondent à V .... $V'\ V''\ V'''$
celles qui répondent à U .... $U'\ U''\ U'''$
celles qui répondent à u .... $u'\ u''\ u'''$

Cela posé il est aisé de voir qu'on a $U.u.\cos z = U'u' + U''u'' + U'''u'''$ on verra donc aisément que l'équation (AA) peut se mettre sous cette forme $\int mu'U' + \int mu''U'' + \int mu'''U''' = 0$ (DD) et que l'équation (BB) pourra s'exprimer ainsi :

$$\int mu'W' + \int mu''W'' + \int mu'''W''' = \int mu'V' + \int mu''V'' + \int mu'''V''' = 0 \text{ (EE)}.$$

120. Enfin par les mêmes raisons l'équation (CC) qui exprime les loix de l'équilibre pourra se mettre sous cette forme :
$\int mu'W' + \int mu''W'' + \int mu'''W''' = 0$ (FF).

Ces différentes équations serviront donc à trouver les loix du choc des corps dans tous les cas particuliers soit que ce choc soit immédiat ou qu'il se fasse par l'entremise d'une machine quelconque en attribuant successivement différents rapports arbitraires aux vitesses u', u'', u''', qui sont connues de direction.

121. Je n'abandonnerai pas le premier cas dont il s'agit sans faire mention d'une belle propriété du mouvement qui s'y rapporte. Dans l'équation (AA) on peut évidement supposer $u = V$ ce qui donne $\int m.V.U.\cos Z = 0$ qui n'est autre chose que l'équation fondementale (E) trouvée (112) maintenant puisque W est la résultante de V et U il est clair que W, V, et U sont proportionnelles aux trois côtés d'un certain triangle donc $W^2 = V^2 + U^2 + 2.V.U.\cos Z$ donc $\int m.W^2 = \int mV^2 + \int m.U^2 + 2 \int m.V.U.\cos Z$ or nous

venons de trouver $\int m.\text{V.U.}\cos \text{Z} = 0$ donc $\int m.\text{W}^2 = \int m.\text{V}^2 + \int m.\text{U}^2$. C'est à dire que :

Dans le choc des corps durs soit que ce choc soit immédiat ou qu'il se fasse par l'entremise d'une machine quelconque sans ressort soit enfin (117) *qu'on veuille ou non avoir égard à la masse même de la machine la somme des forces vives avant le choc est égale à la somme des forces vives après le choc plus la somme des forces vives qui auroit lieu si la vitesse de chaque mobile étoit égale à celle qu'il a perdue par le choc.*

122. Cette proposition est analogue au principe de la conservation des forces vives dans le choc des corps élastiques lequel se déduit tout simplement du précédent en supposant U qui est la vitesse perdue par le choc double de ce quelle est lorsque les corps sont durs.

123. Cette même proposition prouve aussi la conservation des forces vives dans un systeme de corps durs dont le mouvement change par degrés insensibles car alors U^2 est infiniment petite du second ordre et partant l'équation se réduit à $\int m.\text{W}^2 = \int m.\text{V}^2$: mais ceci se rapporte au second cas qui nous reste à examiner.

124. 2ᵒⁿᵈ cas. Je suppose maintenant que le mouvement change par degrés insensibles. Nommons :

la masse de chaque corpuscule .... m
sa vitesse V
sa force motrice .... p
imaginons de plus qu'on fasse prendre au systeme un mouvement quelconque géométrique et nommons la vitesse qu'aura alors m .... u
l'angle formé par les directions de V et p x
l'angle formé par les directions de V et u .... y
l'angle formé par les directions de u et p .... z
l'élément du tems .... dt

Cela posé si m étoit libre il auroit évidement l'instant d'après la vitesse V qu'il a actuellement plus la vitesse qu'il recevroit par l'action de la force p c'est à dire que sa vitesse absolue seroit la résultante de V et pdt, cette resultante estimée dans le sens de u est visiblement $\text{V}.\cos y + p.dt.\cos z$. Or la vitesse réele de m aussi estimée dans le sens de u étant $\text{V}.\cos y$ deviendra au bout d'un tems infiniment court $\text{V}.\cos y + d\,(\text{V}.\cos y)$ donc la vitesse perdue par m dans le sens de u et pendant dt est $pdt.\cos z - d\,(\text{V}.\cos y)$ donc cette quantité est celle qu'il faut substituer pour $\text{V}.\cos \text{Z}$ dans l'équation (AA) qui devient par ce moyen $\int m.u.p.dt.\cos z = \int m.u.d\,(\text{V}.\cos y)$, (GG). Ainsi pour trouver l'état du systeme après un tems infiniment court il n'y a qu'à attribuer successivement aux arbitraires u differents rapports et différentes directions jusqu'à ce qu'on ait toutes les équations nécessaires à la solution du problème.

125. En supposant comme on le peut $u = \text{V}$ l'équation devient $\int m.\text{V}.pdt.\cos x = \int m.\text{V}.d\text{V}$ (HH) intégrant cette équation pour avoir l'état du système après un tems indéfini et nommant K la vitesse initiale de m on aura $\int m.\text{V}^2 = \int m.\text{K}^2 + 2 \int' \int m.\text{V}.pdt.\cos x$. Le signe d'intégration $\int$ étant

relatif à la figure du système et $\int'$ relatif à la durée du mouvement et cette équation exprime visiblement le principe de la conservation des forces vives.

126. Pour avoir le cas d'équilibre il n'y a qu'à supposer $V = 0$ $dV = 0$ ce qui fait évanouir le second membre de l'équation (GG) laquelle se réduit donc à $\int m.u.p.dt.\cos z = 0$ ou $\int m.u.p.\cos z = 0$ (jj) d'où l'on tirera toutes les loix de l'équilibre en attribuant successivement a u differentes valeurs arbitraires.

127. Enfin si l'on imagine a volonté trois axes perpendiculaires entre eux et qu'ayant décomposé V, u et p chacune en trois autres parallèles à ces axes on appelle V', V'', V''' les vitesses composantes de V, u', u'', u''' les composantes de u, p', p'', p''' les forces composantes de p, il est aisé de voir que l'équation (GG) peut être mise sous cette forme $\int m.u'.dV' + \int m.u''.dV'' + \int m.u'''.dV''' = \int m.u'p'dt + \int m.u''p''dt + \int m.u'''p'''dt$ (KK) et que celle (jj) qui exprime les conditions de l'équilibre deviendra $\int m.u'p' + \int m.u''p'' + \int m.u'''p''' = 0$ (LL).
Je passe a ce qui regarde plus particulièrement les machines proprement dites.

128. Lorsqu'il y a des forces vives appliquées aux machines leur théorie se rapporte au choc des corps et nous avons dit asses la dessus pour résoudre les questions de ce genre mais ce qu'on entend ordinairement par la théorie des machines ne concerne que le cas ou les forces employées pour les mouvoir sont des forces mortes telles que les poids, la force des animaux, le vent et les autres agents de cette nature. C'est aussi à ce dernier cas que je me bornerai dans le reste de cette section et pour me conformer à quelques expressions qui semblent affectées à cette partie de la mechanique, je commencerai par fixer exactement dans les définitions suivantes le sens que j'y attache.

DÉFINITIONS

129. Parmi les forces appliquées à une machine en mouvement les unes sont telles que leurs directions font chacune un angle aigu avec la direction de la vitesse du point ou elle est appliquée tandis que les autres forment des angles obtus avec les leurs. Cela posé j'appellerai les premières forces *sollicitantes* et les autres forces *résistantes* : par exemple si une force telle que celle d'un homme fait monter un poids par le moyen d'un levier, d'une poulie, d'un treuil, etc., il est clair que la direction de la pesanteur et celle de la vitesse du poids forment nécessairement par leur concours un angle obtus autrement il est visible que le poids descendroit aulieu de monter mais la direction de la puissance et celle de sa vitesse forment un angle aigu ainsi suivant notre définition le poids sera la force *résistante* et la force de l'homme sera la force *sollicitante* il est visible en effet que celle ci tend a favoriser le mouvement actuel de la machine tandis que l'autre s'y oppose.

On observera que les forces sollicitantes peuvent être dirigées dans le sens même de leurs vitesses puisqu'alors l'angle formé par leurs directions est nul et par conséquent aigu et que les forces résistantes peuvent agir dans le sens directement opposé à celui de leurs vitesses puisqu'alors l'angle formé par leurs directions est de 180° et par conséquent obtus.

130. Si une force motrice absolue P se meut avec la vitesse u la quantité $P.u.dt$ sera nommée *quantité d'action consommée* pendant dt par cette force c'est à dire que la *quantité d'action consommée* dans un tems infiniment court par une force motrice absolue est le produit de cette force par le chemin que parcourt dans ce tems infiniment court le point ou elle est appliquée.

J'appelerai *quantité d'action consommée* dans un tems donné par une force la somme des quantités d'action consommées par elle à chaque instant de sorte que nommant ds le chemin parcouru par cette force pendant dt on aura $\int P.ds$ pour la *quantité d'action consommée* par P au bout d'un tems indéterminé et partant si cette force est constante comme seroit le poids d'un corps donné cette quantité sera Ps au bout du tems donné c'est à dire qu'elle sera le produit de la force par le chemin qu'elle a parcouru.

131. Si une force motrice absolue P se meut avec la vitesse u et que l'angle formé par le concours des directions de u et P soit z la quantité $P.u.dt.\cos z$ sera nommée *quantité d'action produite* par la force P pendant dt c'est à dire que la *quantité d'action produite* par la force P dans un tems infiniment court est le produit de cette force estimée dans le sens de sa vitesse par le chemin quelle parcourt pendant cet instant.

J'appellerai *quantité d'action produite* par cette force dans un tems donné la somme des quantités d'action produites par elle à chaque instant desorte que $\int P.\cos z.udt$ est cette quantité d'action produite après un tems indéterminé.

Par exemple si P est un poids donné la quantité d'action produite dans un tems indéterminé sera $P \int udt.\cos z$. Supposons donc qu'au bout du tems t le poids P soit descendu de la quantité H on aura évidement $dH = u.dt.\cos z$. Donc la quantité d'action produite pendant t sera PH tandis que la quantité d'action consommée dans le même tems est Ps, s étant le chemin effectivement parcouru par le poids P desorte que si le corps etoit descendu verticalement la quantité d'action consommée seroit égale à la quantité d'action produite et en général toutes les fois que la force sera dirigée dans le sens même de sa vitesse z sera nul on aura $\cos z = 1$ et partant la quantité d'action *produite* sera égale à la quantité d'action *consommée* si non elle sera toujours moindre.

132. Lorsqu'il s'agira d'un systeme de forces appliquées à une machine j'appellerai *quantité d'action consommée* ou *produite* la somme des quantités d'action consommées ou produites dans ce tems par chacune des forces du systeme ainsi la quantité d'action consommée ou produite par les forces sollicitantes sera la somme des quantités d'action consommées ou produites par chacune de ces forces et la quantité d'action consommée ou produite par les forces résistantes sera la somme des quantités d'action

consommées ou produites par chacune d'elles ; et comme chaque force résistante fait un angle obtus avec la direction de sa vitesse le cosinus de cet angle est négatif la quantité d'action produite par les forces résistantes est donc aussi une quantité négative et partant la quantité d'action produite par toutes les forces du système est la même chose que la différence entre la quantité d'action produite par les forces sollicitantes et la quantité d'action produite en même tems par les forces résistantes.

Ces définitions nous seront utiles pour donner une forme plus simple aux propositions que nous allons donner sur la théorie des machines mais on observera de ne point confondre ce que nous venons d'appeler *quantités d'action produites et consommées* avec ce que les géomètres connoissent depuis M. de Maupertuis sous le nom de *quantité d'action du système ou quantité d'action exercée dans le système* et dont je ne ferai point usage dans ce mémoire.

THÉORÈME 1er

Principe général de l'équilibre dans les machines

133. *Lorsqu'une machine est en équilibre si on vient à lui faire prendre un mouvement géométrique arbitraire sans rien changer d'ailleurs aux forces qui lui sont appliquées la quantité d'action produite alors au premier instant par les forces sollicitantes sera égale à la quantité d'action produite dans le même tems infiniment court par les forces résistantes.* dem. il est clair que la question se réduit à prouver que la quantité d'action produite par les forces sollicitantes moins la quantité d'action produite par les forces résistantes est nulle ou ce qui revient au même (132) que la quantité d'action produite produite par toutes les forces du système est nulle or cela est clair par l'équation (jj) (126) car mp y représente chacune des forces du système et partant $mp.\cos z.udt$ est la quantité d'action produite par cette force pendant dt donc la quantité d'action produite au même instant par toutes les forces du système est $\int mp.\cos z.udt$ ou $\int mupdt.\cos z$ mais par l'équation (jj) cette quantité est nulle donc, etc.

Remarque

134. Il est clair que la proposition précédente auroit pu s'énoncer ainsi *Lorsqu'une machine est en équilibre si on vient à lui faire prendre un mouvement géométrique arbitraire sans rien changer d'ailleurs aux forces qui lui sont appliquées la quantité d'action produite alors dans un tems infiniment court par toutes les forces du système est égale à zero.* Mais alors il faudra faire attention à l'espèce d'angle formé par le concours des directions de chaque force avec sa vitesse et prendre négativement les cosinus de ceux qui se trouveront obtus aulieu que suivant le premier énoncé après avoir distingué les forces sollicitantes des forces résistantes on prend positivement les cosinus de tous les angles formés par chacune des forces et la direction de sa vitesse.

Il est encore évident que cette même proposition peut aussi être énoncée très simplement comme il suit.

Lorsqu'une machine est en équilibre, si on vient à lui faire prendre un mouvement quelconque géométrique sans rien changer d'ailleurs aux forces qui lui sont appliquées la somme des produits de chacune des forces du système multipliée par sa vitesse estimée dans le sens de cette force est nulle.

Cela est clair en divisant par *dt* l'équation (jj) (126).

De quelque manière quelle soit énoncée cette proposition fera trouver toutes les conditions de l'équilibre en faisant prendre successivement à la machine différents mouvements géométriques arbitraires dont chacun donnera une équation entre les forces appliquées à cette machine.

On pourra aussi employer cette proposition pour trouver les loix du mouvement en décomposant le mouvement virtuel en deux autres dont l'un soit le mouvement réel car l'autre sera détruit et par conséquent assujeti aux conditions de l'équilibre énoncées dans le théorème précédent.

Coroll. Ier

Principe général de l'équilibre entre deux puissances

135. *Lorsque deux puissances appliquées à une machine quelconque sont en équilibre si on lui fait prendre un mouvement géométrique arbitraire* 1° *Elles seront en raison réciproque de leurs vitesses estimées dans le sens de ces forces ;* 2° *Leurs directions feront l'une un angle aigu avec la direction de sa vitesse et l'autre un angle obtus avec la sienne.* Cela est clair par le theoreme précédent.

Coroll. II

Principe général de l'équilibre dans les machines à poids

136. *Lorsqu'une machine à laquelle il n'y a d'autres forces appliquées que des poids est en équilibre, si on lui fait prendre un mouvement quelconque géométrique la vitesse verticale du centre de gravité sera nulle au premier instant.*

C'est à dire qu'au premier instant du mouvement la vitesse du centre de gravité estimée dans le sens vertical sera nulle quelques soient celles des différentes parties du système : Pour le prouver nommons M la masse totale du système H la hauteur que parcourera le centre de gravité dans un tems donné *t*, *h* la hauteur parcourue dans le même tems par le corpuscule *m* et *g* la gravité. Il s'agit donc de prouver que *d*H est nulle au premier instant. Or par le théorème on a $\int m.g.dh = 0$ ou $\int mdh = 0$ mais par les propriétés du centre de gravité on a $M\,dH = \int mdh$ donc $MdH = 0$ ou $dH = 0$.

Pour avoir toutes les conditions de l'équilibre il n'y aura donc qu'à faire prendre successivement à la machine différents mouvements géométriques arbitraires et égaler dans chacun de ces cas la vitesse verticale du centre de gravité à zéro.

Remarque

137. On prend ordinairement pour principe de l'équilibre dans les machines à poids qu'alors le centre de gravité est au point le plus bas possible mais on sçait que ce principe n'est pas généralement vrai car outre que ce point pourroit dans certains cas être au point le plus haut il y en a une infinité d'autres ou il n'est ni au point le plus haut ni au point le plus bas par exemple si tout le système se réduit à un corpuscule pesant et que ce mobile soit placé sur une courbe qui ait un point d'inflexion dont la tangente soit horizontale le corpuscule sera en équilibre si on le place à ce point qui n'est cependant ni le plus haut ni le plus bas possible.

On peut observer encore que pour démontrer ou expliquer la loi présente il ne suffiroit pas de prouver que dans une machine à poids infiniment proche de la position où il y auroit équilibre le centre de gravité doit descendre infiniment moins au premier instant qu'il ne le feroit dans toute autre position. Cette assertion est vraie mais ne conduit ce me semble à rien car ce n'est pas précisément la vitesse verticale du centre de gravité qu'il faut prouver être nulle c'est le rapport de cette vitesse à la vitesse absolue du même point ou des autres points du système or lorsqu'on abandonne à elle même une machine à poids dans une position infiniment proche de l'équilibre il est assez clair que le centre de gravité doit descendre infiniment moins que dans toute autre position mais il est clair aussi que sa vitesse horizontale et les vitesses absolues des autres points du système doivent également être infiniment moindres dans ce cas que dans tout autre cela ne prouve donc point que le rapport de l'une à l'autre soit infiniment petit et c'est cependant ce qu'il faut démontrer pour assurer que le centre de gravité est au point le plus bas ou le plus haut ou sur un point d'inflection pour assurer enfin qu'il y a équilibre.

138. Le principe général de l'équilibre dans une machine à poids peut encore s'exprimer d'une manière très simple de la manière suivante. *Pour s'assurer que plusieurs poids appliqués à une machine quelconque doivent se faire mutuellement équilibre, il suffit de prouver que si l'on abandonne cette machine à elle même le centre de gravité du système ne descendra pas.*

Nous avons déjà fait mention de cette proposition (103) en voici la démonstration rigoureuse : je conserve les dénominations du corollaire second et je suppose que si ayant abondonné la machine à elle même elle ne demeuroit point en équilibre comme je prétens quelle doit le faire la vitesse de m après le tems t fut V on auroit (125) $\int m.g.dh = \int m.V.dV$ dont l'intégrale est $\int m.g.h = \frac{1}{2} \int mV^2$ à laquelle il n'y a point de constante à ajouter puisqu'on suppose au premier instant $V = 0$ mais $\int m.g.h = MgH$ donc $MgH = \int m.V^2$. Or par supposition on a $H = 0$ donc $\int m.V^2 = 0$ de plus V^2 est nécessairement positive soit que ce carré vienne de $(+ V)^2$ ou de $(- V)^2$ donc l'équation $\int m.V^2 = 0$ ne peut avoir lieu sans qu'on ait $V = 0$. C'est à dire sans qu'il y ait équilibre.

On conçoit mieux par la le principe ordinaire de l'équilibre dans les machines à poids qui est comme nous l'avons dit que le centre de gravité est au point le plus bas possible en effet s'il étoit au point le plus bas il ne pourroit descendre davantage donc par la proposition précédente il doit y avoir équilibre mais il est vrai comme on l'a prouvé que cet équilibre peut encore avoir lieu dans d'autres cas ainsi l'on peut dire en général que si le centre de gravité est au point le plus bas possible il y aura nécessairement équilibre mais il n'est pas toujours vrai que dans le cas d'équilibre le centre de gravité soit au point le plus bas possible.

Coroll. III

Principe général de l'équilibre entre deux poids

139. *Lorsque deux poids se font mutuellement équilibre si l'on fait prendre à la machine un mouvement quelconque géométrique,* 1° *les vitesses verticales de ces corps seront en raison réciproque de leurs poids* 2° *l'un de ces corps montera nécessairement tandis que l'autre descendra.*

Cette proposition est clair par le corollaire premier.

THÉORÈME II

Principe général du mouvement dans les machines

140. *Si l'on vient à changer subitement le mouvement actuel d'une machine en un autre mouvement quelconque géométrique et qu'on abandonne aussitôt la machine à elle même la conservation des forces vives aura lieu ensuite à chaque instant du mouvement qu'elle prendra quelque changement qu'il arrive d'ailleurs aux forces motrices.*

dem. il est prouvé (125) que la conservation des forces vives a lieu dans tout système dont le mouvement change par degrés insensibles. Or si l'on n'avoit rien changé au mouvement de la machine elle auroit selon l'hypotese (128) changé par degrés insensibles mais (113) lorsqu'on substitue au mouvement réel un mouvement géometrique, l'action réciproque des corps ne change pas au moment de cette substitution donc le mouvement doit varier encore par degrés insensibles au moins pendant quelque tems après le changement du mouvement réel en un autre mouvement géométrique et cela quelques forces motrices qu'on substitue à celles qui animent réelement les différentes parties du système.

Remarque

141. Cette proposition suffira dans tous les cas pour avoir le mouvement cherché mais on peut l'employer pour cela de plusieurs manières ; je me bornerai à celle qui me paroit en général la plus simple : soient donc
la masse de chacun des corpuscules .... m
la vitesse réele V
la force motrice .... p
sa vitesse après le changement du mouvement réel en un autre mouvement quelconque géométrique .... u
l'angle formé par V et p x

l'angle formé par V et u .... y
l'angle formé par u et p .... z
la force motrice après avoir subi un changement arbitraire .... p'
l'angle formé par p' et u .... z'

On aura donc par la présente proposition $\int m.u.du = \int m.udt.p'.\cos z'$ équation qui aura lieu pour chaque valeur de u quelques soient d'ailleurs p' et z'. Imaginons que les forces p' soient décomposées chacune en deux autres p'' et p''' dont les premières p'' soient telles que si elles étoint seules il y auroit équilibre ; nommons z'' l'angle formé par p'' et u et z''' l'angle formé par p''' et u on aura donc $p' \cos z' = p'' \cos z'' + p''' \cos z'''$ donc l'équation précédente devient

$$\int m.u.du = \int m.p''udt.\cos z'' + \int m.p'''udt.\cos z'''$$

or il est clair que pendant un instant le mouvement est le même que si l'on avoit $p'' = 0$ donc pour ce premier instant l'équation se réduit à $\int m.udu = \int m.p'''udt.\cos z'''$; otant cette équation de la précédente et réduisant il reste $\int m.p''.udt.\cos z'' = 0$ équation qui a lieu dans le premier instant du mouvement quelques puissent être u' et p' pourvu que le mouvement substitué au mouvement réel soit géométrique.

Maintenant on observera que la vitesse virtuelle de m estimée dans le sens u étant comme il est clair $V \cos y + pdt \cos z$ et la vitesse réele estimée dans le meme sens $V \cos y + d\,(V \cos y)$ il s'ensuit que la vitesse perdue par m pendant dt estimée dans le sens de u est $pdt \cos z - d\,(V \cos y)$ or il est clair que si les vitesses perdues par les corpuscules avoint été les seules forces du système il y auroit eu équilibre donc ces vitesses peuvent être prises pour p'' donc ces vitesses estimées dans le sens de u peuvent être substituées à $p'' \cos z''$ dans l'équation $\int m.p''udt \cos z'' = 0$ ce qui donne $\int m\, updt \cos z - \int m\, ud\,(V \cos y) = 0$ équation qui ne renferme plus que les inconnues d'ou dépend la solution du problème et des quantités ou données ou arbitraires ainsi en attribuant successivement à ces arbitraires différentes valeurs on aura toutes les équations nécessaires à la solution du problème ce qui s'accorde avec ce que nous avons déjà trouvé (124) et (127).

Il est clair qu'à la place de mp on peut substituer une autre force quelconque qui lui soit égale donc si outre les corps que nous avons supposés appliqués à la machine il y en avoit encore d'autres telles que celle d'un homme ou d'un animal ou même des forces passives telles que le frottement nommant alors F chacune de ces forces U sa vitesse et Z l'angle formé par F et U l'équation deviendroit $\int F.U.dt.\cos Z + \int mp.udt.\cos z = \int m.u.d\,(V.\cos y)$ on imprimeroit donc successivement au système differents mouvements géométriques arbitraires ce qui donneroit différentes valeurs et directions aux indéterminées U et u et par ce moyen on obtiendroit toutes les équations nécessaires à la solution.

Coroll. Ier

Du mouvement dans les machines à poids

142. *Si l'on vient à changer subitement le mouvement actuel d'une machine à poids en un autre mouvement quelconque géométrique et qu'on aban-*

donne aussitôt le système à ses propres forces, la somme des forces vives qui aura lieu ensuite à chaque instant du mouvement qu'il prendra est égale à la somme des forces vives initiales (c'est à dire immédiatement après le changement) plus la somme des forces vives qui auroit lieu si chaque point du système avoit une vitesse égale à celle qui est due à la hauteur dont est descendu le centre de gravité depuis le changement.

dem. soient M la masse totale du systeme H la hauteur dont est descendu le centre de gravité depuis le changement W la vitesse due à la hauteur H, h la hauteur dont est descendu chaque corpuscule m du système depuis le même instant K sa vitesse initiale V sa vitesse au bout du tems t, z l'angle formé par V et par la direction de la pesanteur g la gravité.

Je dis donc qu'on aura $\int m.V^2 = \int m.K^2 + M.W^2$ équation qui sera évidente si sa différentielle $\int m.V.dV = M.W.dW$ est une équation exacte mais on a $W^2 = 2\,g.H$ donc il s'agit de prouver que $\int m.V.dV = M.g.dH$ ou $\int m.V.dV = \int m.g.dh$ ou $\int m.V.dV = \int mg.V.dt.\cos z$. Or cette équation est celle que donne la conservation des forces vives qui a été démontrée cy devant.

Coroll. II

Des machines qui se meuvent uniformément

143. *Lorsqu'une machine se meut uniformément (c'est-à-dire que chaque point du système a une vitesse constante) la quantité d'action produite dans un tems donné par les forces sollicitantes est égale à la quantité d'action produite en même tems par les forces résistantes.*

dem. il est clair (132) qu'il me suffit de prouver que la quantité d'action produite à chaque instant par toutes les forces du système est nulle or en conservant les dénominations de l'article (124) on a (125) $\int m.p.V.dt.\cos x = \int m.V.dV$ et puisque dV est nulle par hypotese on aura $\int m.p.V.dt.\cos x = 0$ ce qu'il falloit prouver.

Coroll. III

Des machines à poids qui se meuvent uniformément

144. *Lorsqu'une machine à laquelle il n'y a d'autres forces appliquées que des poids se meut uniformément le centre de gravité du système reste constament à la même hauteur sans monter ni descendre.*

dem. en conservant les dénominations de l'article (142) on aura à chaque instant $V = K$ donc par le même article $MW^2 = 0$ donc $W = 0$.

Coroll. IV

Des machines assujeties à des retours périodiques

145. *Dans une machine assujetie à des retours périodiques la quantité d'action produite pendant chaque période par les forces sollicitantes est égale à la quantité d'action produite en même tems par les forces résistantes.*

Cela est clair par l'article (125) puisque par hypotese on a $V = K$ au commencement de chaque période.

Coroll. V

Des machines sujetes au frottement

146. Tout ce que nous avons dit des machines en général doit s'entendre aussi de celles qui sont sujetes au frottement ou autres résistances quelconques en regardant ces résistances comme des forces actives appliquées à la machine mais quelque soit le mouvement il est clair que ces forces doivent toujours être comptées parmis celles que nous avons appellées résistantes c'est à dire parmis celles qui sont exercées dans un sens contraire aux vitesses réeles des points ou elles sont appliquées. Ainsi par exemple si les corps n'étoint animés d'aucune force motrice il est clair que les vitesses iroint toujours en diminuant et que par conséquent on chercheroit en vain une machine sujete au frottement et qui put conserver perpetuellement son mouvement primitif sans altération : il y a même plus car nous avons trouvé par expérience que le frottement augmente lorsque la vitesse relative des corps diminue ; et partant les degrés de vitesse perdus à chaque instant seroint de plus en plus grand desorte que le mouvement ne peut manquer non seulement de s'affaiblir petit à petit mais même de s'éteindre totalement au lieu que si le frottement étoit par exemple proportionnel à la vitesse comme l'ont cru quelques phisiciens célèbres le mouvement s'affaibliroit à la vérité de plus en plus mais pourroit néanmoins être perpétuel.

Le même raisonnement fait sentir que dans les machines à poids il arrivera la même chose car chaque fois que le centre de gravité montera pour descendre ensuite ce sera toujours avec une moindre vitesse et par conséquent il montera toujours de moins en moins et finira par ne point monter du tout.

Scholie

147. Nous venons de voir (143) que si le mouvement d'une machine est uniforme la quantité d'action produite dans un tems donné par les forces sollicitantes est égale à la quantité d'action produite en même tems par les forces résistantes : Cette proposition est la plus utile de toutes dans la théorie des machines parce que la pluspart d'entre elles telles que la poulie, la vis et le cabestan parviennent ordinairement bien vite à l'uniformité de mouvement ; en voici la raison : les agents destinés à mouvoir ces machines comme les hommes, les animaux, les courants, etc., se trouvant d'abord un peu au dessus des forces résistantes la machine prend un mouvement qui s'accélère pendant un certain tems par l'action continuée de la force sollicitante ; mais soit que par une suite nécessaire de ce mouvement la force sollicitante diminue soit que la résistance augmente soit enfin qu'il survienne quelque variation dans leurs directions il arrive presque toujours que le rapport de ces deux forces s'approche de plus en plus de celui en vertu duquel elles pourroint se faire équilibre ; alors ces deux forces se détruisent à chaque instant l'une par l'autre et la machine ne se meut plus qu'en vertu du mouvement acquis lequel reste ordinairement uniforme à cause de l'inertie de la matière.

Pour comprendre encore mieux comment cela doit arriver il n'y a qu'a faire attention au mouvement que prend un navire qui a le vent en poupe, c'est une espèce de machine animée par deux forces contraires qui sont l'impulsion du vent et la force de l'eau. Si la première de ces deux forces qu'on peut regarder comme sollicitante est la plus grande, le mouvement du navire s'accelère mais cette acceleration a nécessairement des bornes pour deux raisons car plus le mouvement du navire s'accelere plus il est soustrait à l'impulsion du vent. 2° Plus au contraire la résistance de l'eau augmente ; par conséquent ces deux forces tendent à l'égalité ; lorsqu'elles y seront parvenues elles se détruiront mutuellement et partant le navire sera mu comme un corps libre c'est à dire que sa vitesse sera constante. Si le vent venoit à baisser la résistance de l'eau surpasseroit la force sollicitante, le mouvement du navire se ralentiroit mais par une suite nécessaire de ce ralentissement le vent agirait plus efficacement sur les voiles et la résistance de l'eau diminueroit en même tems. Ces deux forces tendroint donc encore à l'égalité et la machine arriveroit de même à l'uniformité de mouvement.

La même chose arrive et par des raisons différentes lorsque les forces mouvantes sont des hommes ou des animaux. Dans les premiers instants le moteur est un peu au dessus de la résistance ce qui fait naître un petit mouvement qui s'accelère ensuite peu à peu par les coups répétés de la force mouvante mais l'agent lui même est obligé de se mouvoir d'un mouvement accéléré affin de rester attaché au corps auquel il imprime le mouvement. Ce mouvement qu'il se procure à lui même consomme une partie de sa force de sorte que celui de la machine s'accélère de moins en moins et devient bientôt sensiblement uniforme. Un homme, par exemple, qui pourroit faire un certain effort dans le cas d'équilibre en fera beaucoup moindre si le corps auquel il est appliqué lui cède et qu'il soit obligé de le suivre pour agir sur lui. S'il tourne une manivelle de 14 pouces de rayon avec une vitesse de 30 tours par minute il fera suivant l'expérience un effort d'à peu près 25 à chaque instant au lieu que si la machine étoit en repos il pourroit je crois en faire un de plus de 100 ; ce n'est pas que l'effort absolu de cet homme c'est à dire son travail soit moindre dans le premier cas que dans le second mais c'est que cet effort est partagé en deux dont l'un est employé à mettre l'homme lui même en mouvement et l'autre transmis à la machine ; or c'est de ce dernier seul que l'effet se manifeste dans l'objet qu'on s'est proposé.

C'est pour les raisons qu'on vient de voir que dans la théorie des machines simples contenue dans la section suivante j'ai presque toujours supposé ces machines parvenues à l'uniformité de mouvement non quelles ne puissent absolument avoir un mouvement varié mais la considération de ces mouvements est presque un objet de pure curiosité tant à cause du petit nombre de cas ou cela se rencontre dans la pratique qu'à cause des calculs qui deviennent presque intraitables. Je placerai cependant encore dans ce scholie quelques réflections sur les machines considérées sous un point de vue plus général.

148. Imaginons donc à volonté une machine à laquelle soient appliqués différents corps et forces quelconques ; je suppose seulement comme cy devant que le mouvement change par degrés insensibles et que par consé-

quent la conservation des forces vives aura lieu à chaque instant de ce mouvement ou même (140) de quel autre mouvement géométrique on voudra lui substituer. Or il suit visiblement de ce principe (125) que la quantité d'action produite à chaque instant par toutes les forces du système est égale à la moitié de la quantité dont augmente dans le même tems infiniment court la somme des forces vives donc au bout d'un tems donné la quantité d'action produite pendant ce tems par toutes les forces du système est égale à la moitié de celle dont la somme des forces vives aura augmenté en même tems c'est à dire (132) que la quantité d'action produite pendant un tems donné par les forces sollicitantes est égale à la quantité d'action produite en même tems par les forces résistantes plus la moitié de l'augmentation que reçoit aussi dans le même tems la somme des forces vives du système.

D'ou il suit que si la somme des forces vives est la même au commencement et à la fin de ce tems comme cela arrive dans les machines dont le mouvement est uniforme et dans celles qui sont assujeties à des retours périodiques alors la quantité d'action produite dans ce tems par les forces sollicitantes sera égale à la quantité d'action produite en même tems par les forces résistantes.

De plus il est bien remarquable que la moitié de l'augmentation de la somme des forces vives n'est autre chose que la quantité d'action produite par la force d'inertie des corps du système ; en effet cette inertie est une vraie force qui s'oppose au changement d'état de ces corps. Or si l'on veut mettre cette force en ligne de compte on trouvera que dans tous les cas le mouvement étant varié ou non la quantité d'action produite par les forces sollicitantes dans un tems donné sera justement égale à la quantité d'action produite en même tems par les forces résistantes. En effet lorsque le corpuscule *m* animé de la vitesse V change de mouvement par degrés insensibles il est visible que sa vitesse estimée dans le sens de V devenant $V + dV$ la quantité $m\,dV$ est sa force d'inertie estimée dans ce même sens c'est à dire celle qu'il oppose dans le sens de V à son changement d'état et que partant $m.V.dV$ est la quantité d'action produite (131) par cette force dans un tems infiniment court. Donc la quantité d'action produite par cette même force dans un tems donné est $\frac{1}{2}(mV^2 - mK^2)$ en nommant K la vitesse initiale de *m*, c'est à dire que la moitié de l'augmentation de la force vive de *m* est la même chose que la quantité d'action produite par sa force d'inertie. Donc on peut établir pour règle générale qu'*en ayant égard à toutes les forces soit actives soit passives appliquées à une machine en mouvement et même à l'inertie de la matière considérée comme une force réele qui résiste au changement d'état des corps la quantité d'action produite par les forces sollicitantes dans un tems donné sera toujours quelque soit le mouvement de la machine égale à la quantité d'action produite en même tems par les forces résistantes* et comme la même chose a lieu soit qu'il s'agisse du mouvement réel de la machine ou d'un autre mouvement quelconque géométrique substitué au mouvement réel, il s'ensuit qu'on peut réduire à cette seule proposition toute la théorie des machines soit en repos soit en mouvement.

149. Cela posé désignons par Q la quantité d'action produite par les forces sollicitantes dans un tems donné t et par q la quantité d'action produite en même tems par les forces résistantes, l'inertie comprise nous aurons donc dans toutes les machines possibles et quelque soit le mouvement $q = Q$.

Je suppose par exemple qu'ayant désigné chacune des forces sollicitantes par F et sa vitesse estimée dans le sens de cette force par V ces quantités F et V soient constantes pendant tout le mouvement on aura donc (132) $\int F.V.t = q$ et si toutes les forces sollicitantes se réduisent à une seule on aura $F.V.t = q$.

On peut regarder q comme l'effet produit : par exemple lorsqu'il s'agit d'élever un poids P à une hauteur H il est tout simple de regarder l'effet produit comme en raison directe du poids et de la hauteur de sorte que PH est ce qu'on entend alors naturellement par l'effet produit ; or d'un autre côté PH est précisément ce que nous avons appellé quantité d'action produite (131) c'est à dire que dans ce cas $q = PH$.

Il est visible que dans tous les autres cas q est une quantité analogue qu'on peut de même regarder comme l'effet produit et que nous appellerons effectivement ainsi pour fixer les termes. Nous entendrons donc par effet produit la quantité d'action produite par les forces résistantes et la quantité d'action produite en même tems par les forces sollicitantes sera nommée la cause.

150. On voit par l'équation $F.V.t = q$ que nous venons de trouver qu'il n'est pas nécessaire de connoître la figure d'une machine pour sçavoir de quel effet est capable une force donnée qui lui est appliquée. Supposons par exemple qu'un homme soit capable d'exercer continuellement 25 £ de forces avec une vitesse uniforme d'un pied par seconde ; lorsqu'on l'appliquera à une machine pendant un tems t, la quantité FVt sera donc $25\ £.1^{pi}.t$. Ainsi quelque soit la machine on aura toujours l'effet produit ou $q = 25\ £.1^{pi}.t$. Donc la quantité de cet effet est indépendante de la figure de la machine et ne peut jamais surpasser la quantité déterminée $25\ £.1^{pi}.t$. Par exemple si cet homme avec son effort de 25 £ et sa vitesse d'un pied par seconde est en état avec une machine donnée ou sans machine d'élever dans un tems donné un poids P à une hauteur H on ne peut inventer aucune machine par laquelle il soit possible d'élever dans le même tems le même poids à une plus grande hauteur ou un poids plus grand à la même hauteur ou enfin le même poids à la même hauteur dans un tems plus court.

151. L'avantage que procurent les machines n'est donc pas de produire de grands effets avec de petits moyens mais de donner à choisir entre différents moyens égaux celui qui convient le mieux à la circonstance présente ; pour forcer un poids donné à monter à une hauteur proposée où telle autre résistance qu'on voudra imaginer à produire une certaine quantité d'action q il faut que la force F qui y est destinée produise elle même une quantité d'action Q égale à la première. Aucune machine ne peut en dispenser mais comme cette quantité résulte de plusieurs termes ou facteurs on peut les faire varier à volonté en diminuant la

force au dépend du tems ou la vitesse au dépend de la force ou bien en employant deux ou plusieurs forces aulieu d'une ce qui donne une infinité de ressources pour produire la quantité d'action nécessaire par des moyens différents mais quoi qu'on fasse il faut toujours que ces moyens soient égaux, c'est-à-dire que la cause ou quantité d'action produite par les forces sollicitantes soit égale à l'effet ou quantité d'action produite par les forces résistantes et c'est dans ce sens qu'on peut admettre ce principe que *les causes sont proportionnelles à leurs effets.*

152. Ces réflexions paroissent suffisantes pour désabuser ceux qui croient qu'avec des machines chargées de leviers arrangés misterieusement on pourroit parvenir à mettre un agent si foible qu'il soit en état de produire les plus grands effets ; l'erreur vient de ce qu'on se persuade pouvoir appliquer aux machines en mouvement ce qui n'est vrai que pour le cas d'équilibre ; la moindre force peut faire équilibre au plus grand obstacle mais si le mouvement vient à naître la puissance perd peu à peu son avantage parce que pour continuer de résister à l'obstacle il faudroit quelle se procurat une vitesse au dessus de ses facultés ou qui du moins lui feroit perdre une partie d'autant plus grande de son effort qu'elle seroit obligée de se mouvoir plus vite par la raison déjà dite que cet effort est décomposé en deux dont le premier est employé à mouvoir l'agent lui même de sorte que le second seul est employé à vaindre les résistances.

En un mot, quoiqu'on puisse regarder l'équilibre comme un mouvement évanouissant ou plutôt comme le dernier terme ou la limite du mouvement de la machine, ce sont cependant deux états très différents et en quelque sorte heterogènes ; dans le premier cas il s'agit de détruire d'empêcher le mouvement, dans le second l'objet est de le faire naitre et de l'entretenir. Or il est clair que l'examen de ce dernier cas exige une considération de plus que le premier, sçavoir la vitesse réele de chaque point du système et c'est sans doute faute de faire attention à ces différents effets d'une même machine que des personnes auxquelles la saine théorie n'est point entièrement inconnue, s'abandonnent quelque fois aux idées les plus chimériques tandis qu'on voit de simples ouvriers faire valoir par une espèce d'instinct les propriétés réeles des machines et juger très bien de leurs effets.

Mais si c'est un abus de croire les machines capables de tout parce que Archimède ne demendoit qu'un levier et un point fixe pour déplacer le globe de la terre, ce seroit une erreur plus insoutenable encore de ne les croire propres à rien. Fondé sur ce qu'un homme par exemple qui sans machine aura élevé un poids donné à une certaine hauteur n'en pourroit pas élever à la même hauteur une once de plus avec le même travail, c'est à dire en employant à chaque instant la même quantité de force et la même vitesse que dans le premier cas, quand même il seroit muni de la plus belle machine du monde ; Archimede avoit raison et ce que nous venons de dire de la force d'un homme n'est pas moins vrai. Il n'y a point la de contradiction ; contrebalancer un poids et l'élever sont deux choses fort différentes, avec une machine un enfant va soulever un rocher. Faut-il le transporter en un lieu et dans un tems donné, toutes les forces humaines n'y suffiront pas.

Mais dira-t-on comment se fait il qu'un levier puisse donner tant d'énergie à une petite force dans le cas d'équilibre tandis qu'elle devient si impuissante dès qu'il s'agit de produire le moindre mouvement : si comme vous l'aves dit l'objet des machines n'est pas de produire de grands effets avec de petits moyens comment Archimède auroit il soulevé le monde avec son levier, et s'il est vrai au contraire que les machines multiplient réelement les forces pourquoi ne pourroit-on tirer aucun parti de cette propriété dans le cas du mouvement ?

Quoique nous ayons démontré en vigueur tout ce que nous avons avancé nous essayerons de rendre une raison sensible de ce paradoxe affin de dissiper le nuage qui malgré les démonstrations offusque beaucoup de gens auxquels il semble toujours qu'il y a dans les machines quelque chose de magique.

Les points fixes ou obstacles sont des forces purement passives qui peuvent absorber un mouvement si grand qu'il soit ; mais en produire un si petit qu'on voudra l'imaginer dans un corps en repos c'est chose impossible, or c'est improprement que dans le cas d'équilibre on dit qu'une petite force en détruit une grande, ce n'est pas par la petite force que la grande est détruite, c'est par les points fixes. La petite force ne contrebalance véritablement qu'une petite partie de la grande et les obstacles font le reste. Si Archimede avoit eu ce qu'il demandoit ce n'est pas lui qui auroit soutenu le globe de la terre c'est sont point fixe : tout son art aurait consisté non à redoubler d'effort pour luter contre l'univers mais à mettre en opposition les grandes forces l'une active l'autre passive qu'il auroit eu à sa disposition : qu'il eut été question de faire naitre un mouvement effectif, Archimède auroit été obligé de le tirer tout entier de son propre fond aussi n'auroit-il pu être que très petit même après plusieurs années parce qu'un point fixe encore un coup peut bien absorber le mouvement d'un corps mais non pas lui en donner : la table d'un billard peut arrêter dans sa chute un poids de mille livres mais elle ne soulevera jamais d'une ligne une petite boule d'ivoire placée sur le tapis. N'attribuons point aux forces actives ce qui n'est du qu'aux obstacles et l'effet ne nous paroitra pas plus disproportioné à la cause dans les machines en équilibre que dans les machines en mouvement.

153. Quel est donc enfin le véritable objet des machines ? Nous l'avons déjà dit c'est de pouvoir faire varier à volonté et suivant que les circonstances l'exigent les termes de la quantité d'action $\int FVd$ ou Q produite par les forces sollicitantes. Si le tems est précieux que l'action doive être produite dans un tems très court et qu'on n'ait cependant qu'une force capable de peu de vitesse. Mais d'un grand effort on pourra trouver une machine pour suppléer la vitesse nécessaire par la force. S'il faut au contraire élever un poids très considérable et qu'on n'ait qu'une faible puissance mais capable d'une grande vitesse on pourra imaginer une machine avec laquelle l'agent pourra compenser par sa vitesse la force qui lui manque. Enfin si la puissance n'est capable ni d'un grand effort ni d'une grande vitesse on pourra encore à l'aide d'une machine convenable lui faire surmonter la résistance en question mais alors on ne pourra se dispenser d'employer beaucoup de tems et c'est la ce qu'il faut entendre

par ce principe si connu que dans *les machines en mouvement on perd toujours en tems ou vitesse ce qu'on gagne en force.*

Les machines sont donc très utiles non en multipliant les forces mais en les modifiant c'est à dire en les transmettant suivant des loix données ; on ne parviendra jamais par elles il est vrai à diminuer la dépense de quantité d'action nécessaire pour produire un effet proposé mais elles pourront aider à faire de cette quantité une répartition convenable au dessein qu'on a en vue. C'est par leur secours qu'on réussira sinon à déterminer la quantité absolue d'action produite par chaque partie du système du moins à établir entre ces quantités les rapports qui conviendront le mieux. C'est par elles enfin qu'on pourra parvenir à donner aux forces mouvantes les situations et directions les plus commodes, les moins fatiguantes, les plus propres à proportionner les facultés de l'agent de manière à produire toute la quantité d'action dont elles sont susceptibles car plus cette quantité d'action qui est la cause sera grande, plus la quantité d'action produite par les forces résistantes qui est l'effet sera grand. Mais il faut bien distinguer la quantité d'action *produite* de la quantité d'action *consommée.* Une force pourroit consommer beaucoup de quantité d'action et en produire très peu, dans ce cas elle feroit peu d'effet parcequ'elle ne seroit pas employée de la manière la plus avantageuse. Le travail de la force mouvante * doit s'estimer par la quantité d'action qu'elle consomme et son effet par la quantité d'action qu'elle produit mais (131) la quantité d'action produite n'est égale à la quantité d'action consommée que dans le cas seul ou la force agit dans la direction même de sa vitesse. Dans tous les autres cas elle est moindre, donc pour tirer d'un agent tout l'effet qu'on peut en attendre il faut le faire agir dans le sens même de sa vitesse. Si par exemple l'agent est un homme qui fasse tourner une manivelle il faut pour ne point consommer inutilement sa force qu'il agisse perpendiculairement au rayon de la manivelle et l'on doit se dispenser toutes choses égales d'ailleurs (c'est à dire en supposant dans les deux cas une égale facilité d'agir et une situation également commode) de l'attacher à une béquille qui agissant toujours à peu près dans la même direction n'est presque jamais perpendiculaire au rayon de la manivelle. De même un agent capable de produire une quantité d'action F.V.*t* dans un tems donné pourroit avec une machine convenable obliger les forces résistantes à consommer une quantité d'action beaucoup plus

* Il faut prendre garde de confondre le travail absolu ou la peine de l'agent avec ce que j'appelle ici le travail de la force mouvante ou sollicitante car celleci n'est qu'une partie de l'autre ce n'est dis je que la partie de l'effort absolu de l'agent qui est transmise aux forces résistantes par l'entremise de la machine. Mais l'agent est en outre obligé comme on l'a deja dit de faire un autre effort pour se mouvoir luimeme et l'on doit avoir égard a cet effort aussi bien qu'a celui qui est transmis a la machine et qui est proprement la force mouvante pour juger de son travail absolu. Nous disons ici que la force mouvante doit produire autant d'action quelle en consomme mais ce n'est point la seule condition à remplir pour tirer d'un agent dont le travail absolu est déterminé tout l'effet qu'on a droit d'en attendre. Il faut encore que la partie de ce travail employée à mouvoir l'agent luimeme soit la moindre possible affin que la partie transmise soit la plus grande et c'est a quoi l'on ne peut parvenir que par des experiences multipliées sur la force des animaux comme on verra dans l'article suivant.

grande et même aussi grande qu'on le voudroit mais il ne les forcera jamais à produire une quantité d'action plus grande que celle qu'il produit lui-même.

Par exemple si la force F animée d'une vitesse V oblige le poids P à monter à la hauteur H la quantité d'action produite par le poids est PH quelque chemin qu'on lui fasse prendre mais si la longueur du chemin est S la quantité d'action consommée sera PS et comme la quantité d'action produite par F ne peut surpasser PH, il s'ensuit que cette force avec la quantité d'action limité PH pourroit faire consommer à la résistance une quantité aussi grande quelle le voudroit ce qui peut être avantageux dans bien des circonstances.

Ainsi par exemple il est visible qu'abstraction faite du frottement il n'en couteroit pas plus de travail à une puissance employée convenablement pour mener un corps donné A au point C que pour le conduire au point B qui répondroit verticalement au point A et horizontalement au point C.

155. Ceci nous conduit naturellement à cette question intéressante : quelle est la manière la plus avantageuse d'appliquer des puissances motrices données aux machines en mouvement pour leur faire produire le plus grand effet possible ?

La condition générale est que Q soit un maximum ce qui fait naitre deux réflections, la première concerne les directions qu'il convient de donner aux forces, l'autre la manière de proportionner convenablement les facultés dont elles sont capables. Le premier point est résolu par ce que nous avons dit précédement car nous y avons prouvé que les forces doivent être dirigées dans le sens même de leurs vitesses. La seconde réflection se présente aussi très naturellement : un agent est susceptible de deux facultés l'une est sa force, l'autre sa vitesse ; or pour obtenir de cet agent tout l'effet dont il est capable il y a un certain rapport à mettre entre sa force et sa vitesse, rapport qui ne peut être connu que par expérience par exemple on a reconnu je suppose qu'un homme attaché pendant 8 heures par jour à une manivelle peut faire continuellement un effort de 25 £ avec une vitesse d'un pied par seconde mais si l'on forçoit cet homme à aller beaucoup plus vite croyant par la avancer la besogne on la retarderait parceque l'homme ne seroit pas alors en état de faire un effort continuel de 25 £ pendant 8 heures par jour de sorte que la quantité d'action FVt qu'il produit diminueroit. Si au contraire on diminuoit la vitesse, la force augmenteroit mais dans un moindre rapport et FVt diminueroit encore ainsi suivant l'expérience pour que FVt soit un maximum, il faut proportionner la machine de manière à lui conserver la vitesse d'a peu près un pied par seconde et ne le faire travailler qu'environ 8 heures par jour.

Au reste l'art d'employer de la manière la plus avantageuse la force des animaux qui est sans contredit la partie la plus utile de la mechanique pratique exige beaucoup d'expériences et quoique de grands phisiciens ayent travaillé avec succès sur cette matière il reste encore beaucoup à faire pour la porter au degré désirable de perfection.

156. Parmis plusieurs observations que nous pourrions faire encore sur les machines en général il y en a deux qui sont trop importantes à la pratique pour que nous puissions les ommetre : voici la première. Selon ce qui vient d'être dit deux hommes par exemple appliqués ensemble à une même machine pendant une heure agissants de concert et de la manière la plus avantageuse possible produiront exactement le même effet que s'ils étoint appliqués successivement chacun pendant une heure à cette machine en supposant qu'ils agissent toujours de la manière la plus avantageuse. Mais cela n'est point ainsi lorsque la machine est sujete au frottement. Pour en faire sentir la raison qui est simple, je suppose par exemple qu'il s'agit d'élever un poids par le moyen d'un treuil. Si les deux hommes agissent de concert ils auront à vaincre à chaque instant, outre l'effort du poids, celui du frottement, lequel est composé du frottement produit par la force des hommes, du frottement produit par le poids à enlever et du frottement produit par le poids de la machine. Mais lorsqu'il n'y a qu'un homme, il faudrait pour qu'il put élever un poids égal à la moitié de ce que faisoint les deux hommes réunis, qu'il surmontat outre ce poids, un frottement composé du frottement que produiroit ce poids, de celui que produiroit la puissance et de celui que produiroit le poids de la machine. Or le frottement du poids à enlever et celui de la force seroint à peu près chacun sousdouble de ce qu'il etoit lorsque les forces agissoint de concert, mais le poids de la machine étant resté le même, le frottement qu'il occasionne n'a pas changé sensiblement. Donc le frottement total seroit plus grand que la moitié de celui qu'avoint à vaincre les deux hommes réunis ; donc si chaque homme agissant seul ne fait pas plus d'effort qu'il en feroit en agissant de concert avec l'autre, il n'enlevera pas un poids égal à la moitié du premier, donc il est avantageux qu'ils agissent de concert et c'est le cas de dire avec vérité *vis unita fortior*. Cet exemple suffit pour montrer ce qui doit arriver dans les cas analogues.

157. La seconde observation que nous avons à faire concerne les machines à poids mais elle s'applique aussi aux autres cas, à quelques modifications près ; la voici :

Lorsqu'on n'a pas d'autre but que d'élever un poids donné à une certaine hauteur, peu importe le chemin qu'on lui fasse prendre. La quantité d'action à produire ne sera pas plus grande pour lui faire prendre une route tortueuse que pour le conduire par le chemin le plus court mais il faut s'il est possible que le mouvement de ce corps s'éteigne en arrivant au point où l'on veut le faire parvenir car en nommant P ce poids et H la hauteur à laquelle il doit être élevé il est aisé de voir par ce qui a été dit (148) sur le mouvement des machines en général que dans le cas en question la quantité d'action produite par les forces sollicitantes sera seulement PH si la vitesse du mobile s'éteint en arrivant à la hauteur H au lieu que si cela n'étoit pas elle seroit PH plus la demi somme des forces vives, c'est à dire qu'en nommant m chaque molécule et u sa vitesse en arrivant à cette hauteur la quantité d'action produite par les forces sollicitantes seroit $PH + \frac{1}{2} \int m u^2$ or u^2 est nécessairement positive donc

$\int m u^2$ est aussi toujours positive donc l'action produite par les forces mouvantes seroit plus grande dans le second cas que dans le premier.

Ainsi par exemple dans les pompes il faut autant qu'il est possible que l'eau en arrivant dans le réservoir supérieur ait très peu de vitesse toute celle qui lui reste ayant inutilement consommé l'effort de la puissance motrice.

Au reste toutes ces remarques ont seulement pour objet les machines dont le mérite est de favoriser autant qu'il est possible les forces mouvantes. Telles sont ordinairement les machines simples et particulièrement celles qu'on employe dans la marine. C'est aussi pour cela que j'ai parlé seulement des machines dont le mouvement change par degrés insensibles. Car lorsque le but est de faire produire à une machine le plus grand effet possible il y a un avantage décidé à ce qu'il n'y ait jamais aucun choc ni changement brusque dans le mouvement : qu'un homme par exemple propose d'élever le poids P à la hauteur H et supposons que pendant le mouvement nécessaire pour cela il arrive un choc quelconque. Nommons q la quantité d'action qu'auroit eu à produire cet homme s'il n'y avoit pas eu de choc Q celle qu'il aura à produire effectivement h la hauteur ou sera le corps P au moment du choc X la somme des forces vives du système immédiatement avant ce choc et Y la somme des forces vives immédiatement après cela posé on a (148) $q = \mathrm{PH}$ de plus la quantité d'action que l'homme aura à produire jusqu'au moment du choc sera (148) $\mathrm{Ph} + \frac{\mathrm{X}}{2}$ et celle qu'il aura à produire après le choc sera (148) $\mathrm{P(H} - h) - \frac{\mathrm{Y}}{2}$ ainsi en tout il aura à produire la quantité d'action $\mathrm{PH} + \frac{\mathrm{X-Y}}{2}$ c'est à dire qu'on a $\mathrm{Q} = \mathrm{PH} + \frac{\mathrm{X-Y}}{2}$. Or (121) X est toujours plus grand que Y donc $\mathrm{Q} > \mathrm{PH}$ ou $\mathrm{Q} > q$. Donc de quelque manière que se fasse le choc il y a nécessairement une perte de quantité d'action, perte si réele que sans ce choc, l'homme avec le même travail, c'est à dire en employant à chaque instant la même force et la même vitesse que dans le premier cas auroit pu élever dans le même tems le poids P à une hauteur H′ plus grande que H car on a (148) $\mathrm{Q} = \mathrm{PH'}$ et $q = \mathrm{PH}$; or nous venons de trouver $\mathrm{Q} > q$ donc $\mathrm{H'} > \mathrm{H}$.

Quant à la manière d'estimer les forces appliquées aux machines chacun peut en choisir une à son gré peu importe au fond pourvu qu'on raisonne toujours conséquement à ses définitions. Cependant si l'on veut se déterminer pour le parti qui paroit le plus simple on ne peut guères faire autrement que d'estimer comme on fait ordinairement, la force d'un corps par le produit de sa masse et de sa vitesse ou bien comme le faisoint MM. de Lebnitz et Bernouilli par le produit de sa masse et du carré de sa vitesse ; ces deux méthodes sont toutes les deux très simples et très naturelles. En effet lorsque deux corps de masses differentes venant en sens opposés à la rencontre l'un de l'autre se font mutuellement équilibre, on ne peut guère se défendre d'appeler égales les forces de ces corps et par conséquent de regarder la force d'un corps comme le produit de la masse par la vitesse. D'un autre côté, si l'on imagine qu'un corps ayant frappé un ressort ait été obligé d'épuiser tout son mouvement et par conséquent toute sa force pour le fermer d'une certaine quantité et qu'ayant remis le ressort dans son premier état un nouveau corps de masse différente vienne à son tour le frapper et soit de même obligé d'épuiser aussi tout son mouvement pour le fermer de la même quantité que le premier on ne pourra guères s'empêcher d'appeler égales les forces qui ont produit en se consommant deux effets si semblables c'est à dire de regarder la force du premier corps qui s'est épuisée pour fermer le ressort comme égale à celle du second qui s'est aussi épuisée pour produire le même effet. Or si l'on adopte cette méthode d'estimer les forces il faudra les regarder comme le produit des masses par les carrés des vitesses car ce qu'on vient de dire ne seroit point arrivé si les produits des masses de chacun de nos corps par le carré de sa vitesse n'avoint été égaux. Il est donc très naturel aussi d'estimer la force d'un corps en mouvement par le produit de sa masse et du carré de sa vitesse. En un mot, chacun est maître d'appeler force d'un corps ce qui lui plait, il ne s'agit que de raisonner conséquement à sa définition pour ne pas se tromper mais tout le monde ne sçait pas se préserver de l'erreur comme M. Bernouilli et c'est précisément parce que ces deux manières d'estimer les forces sont si naturelles et si simples toutes les deux, qu'on les confond souvent et qu'il est même très difficile d'éviter cet écueil lorsqu'on n'a que des idées vagues sur la mechanique comme la plupart des machinistes. J'ai eu occasion de voir plusieurs chercheurs de mouvement perpetuel et particulièrement un auquel on ne peut refuser une grande sagacité car c'est un paisan qui n'ayant absolument aucune connaissance en mathématique a trouvé par ses propres reflections presque toute la théorie des machines. Cet homme m'a fait voir les desseins de plusieurs machines de son invention, presque toutes extremement compliquées et dont l'object est le mouvement perpétuel : quoiqu'il soit presque impossible de comprendre ce qu'il veut dire, il m'a paru que tous ses raisonnements et le fondement de toutes ses machines revenoint à ceci. Imagines deux corps attachés à une même machine, que l'un m ne puisse être mu que dans un plan horisontal et qu'au contraire l'autre M plus grand que le premier se meuve dans un plan vertical. Je suppose les deux corps dans un même plan horisontal au premier instant et de plus qu'il ne puisse y avoir de choc ; cela posé j'imprime un certain mouvement à m lequel par le moyen de la machine le communique à M et le fait monter. Or à mesure que celui ci monte l'autre perd son mouvement et il arrive enfin un moment où il n'en a plus aucun et où la machine reviendroit d'elle même à sa première position si les corps y restoint attachés mais je suppose que le poids M soit laché par le moyen d'une détente, il tombera sur le plan horisontal ou je le suppose amené par une courbe pour empêcher qu'il n'y ait choc. Cela posé je dis que lorsqu'il sera arrivé sur ce plan horisontal ou est m il aura une force ou quantité de mouvement plus grande que celle que j'avois imprimée à celui ci. Or m avec la quantité de mouvement que je lui avois imprimée a fait monter M à la hauteur de H ; donc suivant cet homme M avec une quantité de mouvement plus grande sera capable de faire remonter un poids égal à une plus grande hauteur que M n'y est monté la première fois et par conséquent si je me contente de l'élever à la même hauteur, il me restera de la force pour vaincre les frottements, force que je pourrai même augmenter si elle n'est pas suffisante en diminuant le rapport de m à M. Cet homme a raison jusqu'à un certain point car m étant moindre que M si l'on appelle u la vitesse que je lui imprime et V la vitesse que M aura acquise quand il sera retombé dans le plan horisontal d'ou il est parti on aura effectivement comme il le dit $MV > mu$ car on a (142) $mu^2 = 2\,MH$ et par la théorie de la chute des graves $MV^2 = 2\,MH$ donc $mu^2 = MV^2$. Or $M > m$ donc $MV > mu$ et partant m aura communiqué à M plus de force qu'il n'en avoit reçu lui même et cet homme s'imaginoit qu'en vertu de cet exes de force il etoit en état de faire remonter le corps M plus haut que la première fois ou du moins de vaincre les frottements et autres résistances qui l'empecheroint de monter à la même hauteur. Or cela est évidement faux pour qui connoit les loix du mouvement mais n'est point du tout aisé à faire comprendre à quelqu'un qui n'a aucune idée de théorie. L'erreur vient visiblement de ce qu'il confond les deux manières d'estimer les forces ; tantôt il regarde la force de m comme en raison composée de m et de u, et tantot en raison composée de M et H parce que véritablement avec mu de force il élève M à la hauteur H.

Voici donc en deux mots à quoi reviennent les différentes opignons sur l'estimation des forces. Concevons qu'un corps p tombé de la hauteur H ait la vitesse V cela posé les uns appellent PV force du corps et les autres donnent ce nom à PH. Or cela est certainement très indifférent pourvu qu'on n'attache pas la même idée au mot force dans les deux cas. Tenons nous en donc aux idées reçues, donnons simplement puisque c'est l'usage le nom de force à PV et réservons à PH ou PV^2 celui de force vive. Souvenons nous que les forces vives et les forces ordinaires ont des propriétés toutes différentes mais toutes également dépendantes des mêmes loix immuables de la nature et d'après cela nous ne pourrons plus nous tromper ; la force de pression d'un poids d'un homme d'un ressort, etc., pourra s'estimer facilement par la quantité de mouvement qu'elle pourroit faire naitre dans un mobile pendant un tems donné et ce que nous avons appellé (131) la quantité d'action ou effet de cette force s'estimera par la quantité de force vive qu'elle fera naitre dans le même mobile pendant le même tems pris pour unité.

Je vais terminer cette première section par une observation sur les résistances auxquelles les machines sont sujetes et par la solution du problème général dont les applications particulières doivent faire le sujet de la seconde et dernière section.

158. Les formules que nous avons trouvées pour le frottement s'accordent toutes à prouver que ce frottement est sensiblement proportionel à la pression car les tables d'où elles sont tirées font voir qu'une augmentation de plusieurs centaines de livres dans la pression sur une base médiocre font une diminution à peine sensible dans le rapport du frottement à la pression.

Il suit de la qu'il est inutile de connoitre bien exactement la pression pour avoir son rapport au frottement aussi approché qu'on peut le désirer dans la pratique et par conséquent lorsque nous aurons une valeur passablement exacte de cette pression nous pourrons l'employer sans craindre aucune erreur sensible pour trouver la valeur du rapport du frottement à cette pression, rapport qui sans cela ne pourroit souvent s'obtenir que par des calculs immenses. Voici maintenant le problème annoncé dans l'article précédent.

PROBLÈME

159. *Ayant l'état actuel de repos ou de mouvement d'une machine donnée déterminer l'état de repos ou de mouvement ou doit se trouver cette machine un instant après en ayant égard au frottement et à la roideur des cordes.*

Sol. Puisque l'état actuel de la machine est donné, il est visible que par la théorie dévelopée dans le cours de cette section on pourroit trouver l'état de la machine pour l'instant suivant et les pressions qui s'exercent entre ses différentes parties si le frottement quelles éprouvent étoit connu ainsi que la roideur des cordes ; or on a l'expression de ces résistances par les formules trouvées dans la première partie de ce mémoire. On obtiendra donc facilement toutes les équations nécessaires à la solution de chaque cas particulier.

Corollaire

160. On voit par la qu'il est aisé de trouver dans chaque cas particulier les équations nécessaires à la solution du problème mais il s'en faut beaucoup qu'il soit toujours facile d'en tirer la valeur des quantités inconnues qu'on cherche ; il y a au contraire très peu de cas dont on puisse avoir la solution complète sans avoir à faire des calculs rebutants, ce n'est donc avoir rien fait pour la pratique que d'avoir indiqué une solution générale dont l'application est si difficile qu'on doit la regarder dans l'usage ordinaire des machines comme absolument impraticable et le seul parti ce me semble qu'on ait à prendre est de chercher parmis le nombre infini de questions que renferme le problème général, celles de ces questions qui peuvent avoir une utilité réele, de s'y borner et d'en trouver s'il est possible une solution particulière qui puisse être mise en pratique. Voyons donc d'abord quelles peuvent être les questions les plus utiles qu'on ait à proposer sur les machines.

Pour cela il faut remarquer qu'en employant une machine à quelque objet quelconque d'utilité on n'a pas simplement le but vague de mettre cette machine en mouvement mais on a celui de la mettre en mouvement de telle ou telle manière affin de produire tel ou tel effet. Le mouvement qu'il convient de faire prendre à cette machine doit donc être regardé comme déterminé par l'objet qu'on se propose de remplir et la question est d'appliquer à la machine des forces capables de produire ce mouvement. Or ces forces sont de deux sortes, les unes sont destinées à produire l'effet proposé et le produiroint en effet sans les frottements et roideurs de corde qui tendent continuellement à altérer le mouvement qu'on a jugé nécessaire pour cela, les autres sont destinées à rendre à la machine les degrés de mouvement que lui otent à chaque instant ces résistances. Les premières de ces forces se déterminent par le calcul mathématique de la machine, c'est à dire en faisant abstraction des frottements et roideurs de corde. Or on a la dessus toutes les règles nécessaires : la difficulté qui nous regarde actuellement se réduit donc à la question suivante :

Le mouvement que doit prendre une machine étant donné et sachant les forces qui seroint nécessaires à chaque instant pour le produire s'il n'y avoit ni frottement ni roideur de corde, déterminer ce qu'il faut ajouter aux forces sollicitantes pour que le mouvement soit en effet tel qu'on le veut malgré ces résistances.

La partie vraiment utile du problème général étant réduite à cela voyons s'il ne seroit pas possible de la ramener à quelque chose de plus simple encore sans rien diminuer de sa généralité : or cela est très facile comme on va voir.

Les forces cherchées n'ayant d'autre objet que de réparer les degrés de mouvement absorbés continuellement par les frottements et roideurs de corde il est évident qu'elles doivent être simplement capables de faire équilibre à chaque instant à l'action réunie de ces résistances ; Cela posé le mouvement réel étant donné par hypotese ainsi que celui qu'auroit pris chaque mobile s'il eut été libre, il est clair que les mouvements détruits à chaque instant sont aussi connus ; de plus si ces mouvements détruits etoint les seules forces du système il y auroit équilibre. Donc la question se réduit à trouver la loi d'équilibre entre ces forces connues en ayant égard au frottement et à la roideur des cordes c'est à dire qu'il s'agit d'ajouter au système de nouvelles forces qui seroint capables de mettre la machine au point de se mouvoir si elle n'etoit animée que de ces forces connues et des frottements et roideurs de corde qui résultent des pressions et tensions exercées par toutes les forces du système. Donc le problème auquel nous avons réduit la partie utile du problème général se réduit à ceci :

Les forces appliquées à une machine données étant connues et telles que sans le frottement et la roideur des cordes il y auroit équilibre, déterminer ce qu'il faut ajouter aux forces sollicitantes pour mettre la machine au point de se mouvoir de sorte que si l'on augmentoit davantage ces mêmes forces le mouvement naitroit aussitôt.

Or quoique la question ainsi réduite soit le cas le plus simple du problème général, la solution seroit encore extremement compliquée si l'on vouloit procéder en toute rigueur. Ainsi nous sommes obligés de renoncer à une précision géométrique et de nous borner à une exactitude qui puisse satisfaire tout homme raisonnable. La méthode que nous allons proposer et que nous suivrons dans la section suivante remplit je crois cet objet : elle consiste à réduire la difficulté au même que si le frottement étoit réelement proportionnel à la pression par ce moyen si l'on veut se contenter d'une approximation telle qu'on en a besoin dans l'usage ordinaire des machines on se bornera à un premier calcul qui n'aura pas plus de difficulté que si le rapport du frottement à la pression étoit constant : Si l'on a besoin d'une très grande exactitude on aura encore à faire un nouveau calcul tout semblable au premier et en continuant ainsi de faire des calculs toujours semblables on approchera tant qu'on voudra de la solution cherchée ; Voici cette méthode :

On commencera par déterminer les pressions qui s'exerceroint entre les différentes parties du système s'il n'y avoit point de frottement alors par les formules de la première partie on cherchera quel seroit le rapport du frottement à cette pression sur chaque point si cette pression étoit réelement celle qu'on a trouvée et l'on achevera la solution comme si ce rapport étoit exact : cette supposition étant fausse il en résultera une erreur mais 1° cette erreur sera très petite car les pressions réeles ne peuvent différer que peu de celles qui auroint lieu s'il n'y avoit pas de frottement parce que le frottement étant petit relativement à la pression il ne faut en général qu'une petite augmentation dans l'une des forces du système pour vaincre ce frottement. Cette petite augmentation est la cause qui fait que la pression vraie diffère de ce qu'elle seroit sans le frottement. Donc ces deux pressions diffèrent peu l'une de l'autre, donc (158) on pourra sans inconvénient prendre l'une pour l'autre dans la formule qui exprime le rapport du frottement à la pression : cela une fois admis on aura toutes les forces agissantes et résistantes exercées dans le système et la difficulté sera réduite au calcul mathématique d'une machine à laquelle sont appliqués des forces données, problème facile à résoudre par la théorie de cette section. 2° De plus après ce premier calcul on aura une solution approchée qui donnant à peu près la valeur de l'augmentation cherchée fera connoitre en même tems à peu près la petite quantité qui avoit été négligée dans le rapport du frottement à la pression. On n'aura donc qu'à résoudre de nouveau le problème comme si l'augmentation cherchée etoit précisément celle qu'a donnée le premier calcul. Ce second calcul tout semblable au premier fera trouver un nouveau résultat plus exact qu'on pourra employer de même pour en avoir un troisième plus exact encore et ainsi de suite de sorte qu'on approchera tant qu'on voudra de la solution cherchée par des calculs toujours semblables et les mêmes que si le frottement etoit réelement proportionnel à la pression.

En un mot j'adopte en tout les méthodes ordinaires, toute la différence consiste en ce que je commence par déterminer plus exactement qu'on ne le fait ordinairement le rapport du frottement qui s'exerce sur chaque partie du système à la pression qu'elle souffre et j'y parviens en employant pour trouver ce rapport non la pression réele comme l'indiquent les formules de la première partie, mais celle qui auroit lieu sans le frottement c'est à dire que je néglige quelque chose dans la pression qu'il faudroit employer pour avoir exactement son rapport au frottement ce qui facilite infiniment les calculs et ne peut (158) qu'influer extremement peu sur l'exactitude du résultat qu'on peut même rectifier tant qu'on veut sans difficulté.

SECONDE PARTIE

LA CONTRIBUTION DE LAZARE CARNOT A LA THÉORIE DE L'INFINI MATHÉMATIQUE

PAR

A. P. YOUSCHKEVITCH

LAZARE CARNOT
ET LE CONCOURS DE L'ACADÉMIE DE BERLIN DE 1786
SUR LA THÉORIE DE L'INFINI MATHÉMATIQUE

PAR

A. P. YOUSCHKEVITCH

Les *Réflexions sur la métaphysique du calcul infinitésimal*, de Lazare Carnot, occupent une place d'honneur parmi les nombreux ouvrages sur les fondements de l'analyse des infiniment petits, publiés au XVIIIe siècle. Non seulement elles ont suscité l'attention en France dès leur première édition, en 1797, mais très vite elles ont été traduites en langues portugaise (1798), allemande (1800), anglaise (1800-1801), italienne (1803) et russe (1823). Le texte remanié et complété des *Réflexions*, publié par Carnot en 1813, a été réédité à plusieurs reprises en France et la dernière réimpression date de 1970 ; sa traduction en anglais a paru en 1832. Un succès aussi prolongé d'un livre dont l'idée centrale — la théorie dite de la compensation des erreurs — n'a pas satisfait la plupart des contemporains de l'auteur, ni les générations suivantes, ne peut être fortuit. Par un exposé fort accessible, Carnot a nettement présenté les difficultés logiques et psychologiques qui étaient propres à l'analyse infinitésimale de son époque, difficultés auxquelles, d'ailleurs, les débutants se heurtent parfois encore de nos jours ; il a donné une analyse comparative très fine de toutes les méthodes infinitésimales connues aux XVIIe et XVIIIe siècles et a proposé une interprétation claire et rationnelle de certains procédés et notions fondamentaux, déjà très proche de celle qui est devenue classique après la réforme de l'analyse opérée en premier lieu par Bolzano, Cauchy et Gauss. Enfin, son livre a été écrit d'une manière captivante et encore à présent on le lit avec intérêt. Je me souviens que le Pr L.K. Lakhtin, dont j'ai suivi les cours d'introduction à l'analyse, à l'Université de Moscou en automne 1923, recommandait les *Réflexions* aux étudiants pour étendre leur horizon et conseillait de les traduire en russe (la traduction de 1823, devenue d'ailleurs rareté bibliographique, était faite d'après l'édition de 1797). Par la suite, la nouvelle traduction russe, faite d'après le texte de 1813, a été rééditée deux fois dans la série « Les classiques des sciences », en 1933 et en 1936, et j'ai eu l'occasion de participer à sa préparation [1].

Dans la préface de la première édition de son ouvrage (1797), Carnot écrivait « Il y a quelques années que l'auteur de ces réflexions les a rédigées dans la forme où on les présente aujourd'hui » [2].

Ces mots ont conduit G. Vivanti à émettre, dans son chapitre « Infinitesimalrechnung », écrit pour le tome IV des *Vorlesungen über Geschichte der Mathematik* de M. Cantor (1908), la supposition que les *Réflexions* de Carnot tirent leur origine du concours de 1786 de l'Académie de Berlin portant sur la question de la théorie de l'infini mathématique [3]. Aujourd'hui, l'hypothèse de Vivanti s'est confirmée ; nous savons que Carnot a effectivement participé au concours de 1786 et nous sommes même en possession du manuscrit qu'il a envoyé à Berlin [4]. Voici comment ce texte a été découvert. Dans la correspondance inédite de Carnot avec J. K. F. Hauff, traducteur des *Réflexions* en langue allemande, le Pr Ch. Gillispie a trouvé une mention de Carnot lui-même d'après laquelle on pouvait supposer que son ouvrage était l'essai présenté par lui au concours précité. Lors de notre rencontre à Paris, en mai 1968, M. Gillispie m'en a entretenu. Peu après, me trouvant en République Démocratique Allemande, avec l'aimable autorisation de la Direction de l'Académie des sciences de la R.D.A., j'ai pu consulter tous les documents concernant le concours de 1786, conservés dans ses Archives centrales. Il a suffi de très peu de temps pour trouver parmi les nombreux manuscrits présentés au concours celui qui, sans aucun doute, appartenait à Carnot. Les premières pages du manuscrit le confirmaient, ainsi que l'unique dessin qui s'y rapportait et qui coïncidait avec la première figure des deux éditions imprimées des *Réflexions*. Une lettre adressée par l'auteur au Secrétaire Perpétuel de l'Académie de Berlin, J. A. S. Formey, et envoyée d'Arras où, à l'époque, vivait Carnot, était jointe au manuscrit. Cette lettre, datée du 8 septembre 1785, ne portait naturellement pas de signature, car tous les travaux envoyés au concours devaient rester anonymes jusqu'à la remise du prix et, pour cela, ils étaient présentés sous une devise avec un billet cacheté contenant, outre cette devise, le nom et l'adresse de l'auteur.

L'œuvre de Carnot présentée au concours, que j'ai étudiée plus en détail à Moscou d'après les photocopies préparées à ma demande, s'est avérée plus intéressante que ne le faisait espérer la déclaration citée de Carnot, suivant laquelle il aurait imprimé les *Réflexions* dans la forme conçue quelques années plus tôt. Nous ne savons pas à quel moment l'auteur des *Réflexions* a remanié son mémoire de 1785, mais l'édition

1. Lazare Carnot, *Razmychlenia o metafizike istchislenia bezkonetchno malykh* (*Réflexions sur la métaphysique du calcul infinitésimal*), trad. N. M. Soloviev, rédaction et suppléments de A. P. Youschkevitch, « Idées sur le fondement de l'analyse mathématique au XVIIIe siècle », 2e éd., Moscou - Léningrad, 1936.

2. *Œuvres mathématiques du citoyen Carnot*, Bâle, 1797, p. 128.

3. *Vorlesungen über Geschichte der Mathematik*. Hrsg. von M. Cantor, Bd. IV, Leipzig, 1908, p. 647.

4. Ainsi, la supposition de J. E. Hofmann, selon laquelle Carnot n'aurait pas présenté (« nicht vorgelegt ») son ouvrage au concours de 1786, se révèle inexacte. Cf. J. E. Hofmann, *Geschichte der Mathematik*, Bd. III, Berlin, 1957, p. 68.

de 1797 se distingue nettement de ce manuscrit, tant par la forme que par le contenu, bien que, dans les deux cas, la théorie de la compensation des erreurs soit fondamentale, et que d'importantes parties du manuscrit soient reproduites sans remaniement dans le texte imprimé. Ces différences méritent une analyse à laquelle est précisément consacré le présent essai. Mais il faut d'abord rappeler certaines circonstances du concours de Berlin de 1786.

On émet très souvent l'opinion qu'au XVIIIe siècle on accordait peu d'attention aux fondements de l'analyse infinitésimale et que cette période, si l'on utilise les termes de F. Klein, était une période créatrice et non critique. Cette opinion est erronée. Au contraire, les mathématiciens de cette époque, y compris les plus grands d'entre eux, apercevaient de nombreuses difficultés se rapportant aux notions d'infiniment petits et d'infiniment grands et aux opérations qui les concernent, et ils essayaient de résoudre ces problèmes ardus. Il est vrai qu'à cette époque les procédés infinitésimaux étaient souvent appliqués inconsidérément du point de vue des exigences de rigueur élaborées plus tard. Mais ceci s'expliquait en premier lieu par la sécurité relative de ces procédés dans les limites de l'ensemble des fonctions étudiées, presque toujours analytiques, et non par l'insouciance des chercheurs. En même temps, sur la « métaphysique du calcul infinitésimal », les analystes du XVIIIe siècle étaient loin d'être dans ce parfait accord qui est apparu pour longtemps croyait-on au milieu du XIXe siècle, et qui a été de nouveau ruiné quelques décennies plus tard par la découverte des paradoxes de la théorie des ensembles. Tout le XVIIIe siècle s'est passé en discussions entre partisans des différentes conceptions du calcul infinitésimal, discussions qui devinrent particulièrement vives après la critique, ingénieuse et juste sur de nombreux points, formulée dans *The analyst* de G. Berkeley (1734). Ne pouvant entrer ici dans le détail de ces discussions [5], nous nous limiterons aux remarques nécessaires les plus sommaires.

Dans les recherches concernant l'analyse mathématique et ses applications à la géométrie et à la physique, les opérations fondamentales sur les quantités infinitésimales, c'est-à-dire infiniment petites ou infiniment grandes, reposaient sur un principe qui était soit énoncé explicitement, soit sous-entendu : l'omission, dans les égalités et les expressions contenant des quantités infiniment petites, de tous les termes d'ordre supérieur. Ceci permettait, notamment, de considérer une courbe comme un polygone à un nombre infini de côtés dont chacun est infiniment petit, le mouvement non uniforme sur une portion infiniment petite de chemin, comme un mouvement uniforme, et, en général, de se servir, comme on le dit aujourd'hui, de la linéarisation. Newton aspirait à justifier théoriquement cette pratique dans sa théorie des limites (*Philosophiae naturalis principia mathematica,* 1687), et ensuite dans la variante définitive de sa méthode des fluxions — vitesses de variations généralisées des quantités variables, les

5. Cf. C. B. Boyer, *The history of the calculus and its conceptual development*, chap. V-VI, New York, 1959 ; *Istoria matematiki* (*Histoire des mathématiques*), rédacteur A. P. Youschkevitch, vol. II, chap. VIII et vol. III, chap. VII, Moscou, 1970-1972.

fluentes (*Tractatus de quadratura curvarum,* 1704, Introduction écrite en 1691). La plupart des mathématiciens anglais du XVIIIe siècle ont suivi Newton ; d'ailleurs, Maclaurin (*A treatise of fluxions in two books,* 1742) a préféré donner des démonstrations longues et fastidieuses des principaux théorèmes du calcul des fluxions à l'aide de la méthode d'exhaustion antique qui était, de par elle-même, la forme initiale et encore assez gênante de la méthode des limites [6]. Sur le continent européen régnait le calcul différentiel et intégral de Leibniz, au premier plan duquel se trouvait non pas la notion de fluxion, mais celle de différentielle infiniment petite d'une quantité variable. A ceci correspondait chez Newton le « moment évanouissant » de la fluente. On comprenait et on définissait la différentielle d'une fonction $y = f(x)$ comme son accroissement infiniment petit $dy = \Delta y$; mais, pratiquement, on calculait dy comme la partie principale de l'accroissement ($\Delta y = f'(x) \Delta x + \varepsilon \Delta x$) linéaire par rapport à Δx, c'est-à-dire comme $f'(x) \Delta x$ et ceci était l'une des sources des paradoxes et des difficultés logiques [7].

Au XVIIIe siècle, le principe d'omission des infiniment petits d'ordre supérieur était surtout connu par l'intermédiaire du premier cours imprimé de calcul différentiel, l'*Analyse des infiniment petits* (1696) de L'Hospital, où il était énoncé sous la forme de deux « demandes ou suppositions ». Le premier postulat permettait de prendre indifféremment l'une pour l'autre deux quantités qui ne diffèrent entre elles que d'une quantité infiniment petite par rapport à chacune d'entre elles et le second de considérer une courbe comme l'assemblage d'une infinité de lignes droites, chacune infiniment petite. Les objections de Berkeley contre ces postulats reposaient, en particulier, sur l'idée des erreurs mutuellement compensées qui se trouve expliquée sur l'exemple de la construction de la tangente TB à la parabole $y^2 = px$ au point B, où $AP = x$, $PB = y$ (cf. fig. 1, p. 231).

Supposons que le point N de la parabole soit infiniment voisin de B, de sorte que $PM = dx$ et $RN = dy$ soient les accroissements ou les différentielles infiniment petites de l'abscisse et de l'ordonnée correspondantes. Conformément au second postulat, l'arc BN peut être assimilé à une droite se trouvant sur le prolongement de la tangente. Donc, en vertu de la similitude des triangles TPB et BRN, la sous-tangente TP s'exprime par l'égalité

$$TP = y \frac{dx}{dy} . \qquad (1)$$

6. Cf. F. CAJORI, *A history of the conceptions of limits and fluxions in Great Britain from Newton to Woodhouse,* Chicago - London, 1919.

7. Au commencement de son célèbre mémoire sur le calcul différentiel (*Nova methodus...,* 1684), Leibniz donne une définition géométrique de dy ; il introduit notamment dy comme une « droite » déterminée par la proportion $dy : dx = y : t$ où dx est une droite arbitraire et t la sous-tangente de la courbe correspondante. On sait qu'au XVIIe siècle on employait en fait cette proportion pour construire les tangentes. Peut-être Leibniz voulait-il éviter ainsi la critique que pourrait provoquer une formulation explicite des propriétés infinitésimales des quantités différentielles ; d'ailleurs, un peu plus loin, il rappelle ces propriétés dont il ne pouvait se passer. Quoi qu'il en soit, la définition citée n'a trouvé d'application ni chez Leibniz, ni chez les autres mathématiciens du XVIIe et du XVIIIe siècle. Cf. A. P. YOUSCHKEVITCH, « Gottfried Wilhelm Leibniz und die Grundlagen der Infinitesimalrechnung », *Studia Leibnitiana,* Supplementa, vol. II, Wiesbaden, 1969.

D'autre part, le calcul de dx à partir de l'égalité

$$pdx = (y + dy)^2 - y^2 = 2ydy + (dy)^2$$

conformément au premier postulat donne

$$pdx = 2ydy, \tag{2}$$

de manière que

$$TP = \frac{2y^2}{p} = 2x. \tag{3}$$

L'authenticité du résultat définitif ne suscitait aucun doute : déjà les Grecs de l'Antiquité l'établissaient sans avoir recours aux principes d'omission du calcul infinitésimal.

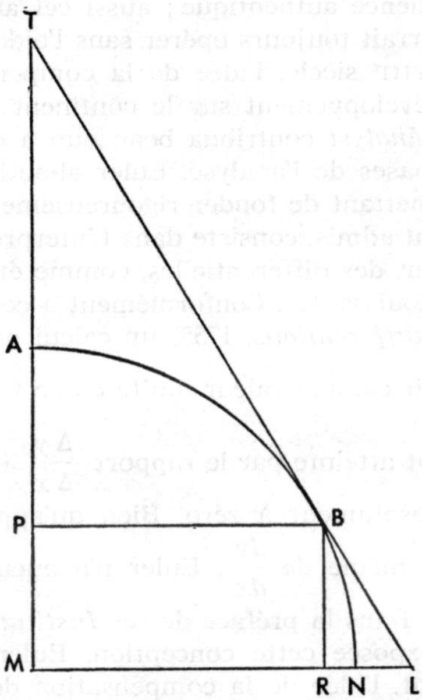

Comment expliquer le fait paradoxal qu'on arrive ainsi à des conséquences exactes en partant de suppositions fausses ? Berkeley répondait : par la destruction réciproque de deux erreurs opposées par défaut et par excès, faites au cours du calcul. L'équation (1) est fausse, car le triangle TPB est semblable au triangle BRL où L se trouve bien sur le prolongement de la tangente TB et la véritable équation doit être

$$TP = \frac{ydx}{dy + z}, \tag{1'}$$

où $z = NL$. De la même façon, l'équation (2) est fausse et la véritable équation doit être

$$pdx = 2ydy + (dy)^2, \tag{2'}$$

de sorte que

$$TP = \frac{ydx}{p\dfrac{dx}{2y} - \dfrac{(dy)^2}{2y} + z}. \tag{3'}$$

Mais (3) coïncide avec (3′), du fait que $z = \frac{(dy)^2}{2y}$. Berkeley établit cette équivalence en se basant sur le théorème 33 du Livre I des *Coniques* d'Apollonius où il est démontré d'une manière synthétique que la droite qui passe par les points B et T de façon que TA = AP, est tangente à la parabole AB. « Therefore, écrivait l'auteur de *The analyst,* the two errors being equal and contrary destroy each other » et « (...) by virtue of a twofold mistake you arrive, though not at science, yet at truth. » [8]

Du point de vue de Berkeley, la présence obligatoire d'erreurs, bien que celles-ci se détruisent mutuellement, privait le calcul infinitésimal du caractère d'une science authentique ; aussi cet auteur supposait-il que le mathématicien pourrait toujours opérer sans l'aide de ce calcul. Dans la seconde moitié du XVIIIe siècle, l'idée de la compensation des erreurs a connu un nouveau développement sur le continent européen, où la polémique suscitée par l'*Analyst* contribua beaucoup à développer les recherches concernant les bases de l'analyse. Euler aboutit à la conviction que l'unique procédé permettant de fonder rigoureusement les procédés infinitésimaux généralement admis, consiste dans l'interprétation des infiniment petits et, en particulier, des différentielles, comme étant des zéros absolus ou des quantités évanouissantes. Conformément à cette vue, Euler élabora (*Institutiones calculi differentialis,* 1755) un calcul des zéros original dans lequel $\frac{dy}{dx}$ est introduit comme valeur limite d'une forme indéterminée $\frac{0}{0}$ qui est rigoureusement atteinte par le rapport $\frac{\Delta y}{\Delta x}$ lorsque Δx et Δy sont finalement réduits absolument à zéro. Bien qu'appliquant la notion de limite à la définition même de $\frac{dy}{dx}$, Euler n'a aucunement développé la méthode des limites [9]. Dans la préface de ses *Institutiones calculi differentialis* (1755) où est exposée cette conception, Euler mentionne, pour la réfuter immédiatement, l'idée de la compensation des erreurs.

Presque à la même époque, d'Alembert, dans les articles « Différentiel » (1754) et « Limite » (1765) de la célèbre *Encyclopédie,* se prononce en partisan convaincu de la méthode des limites de Newton, libérée de toute considération mécanique, bien que non entièrement arithmétisée. Ayant dans l'esprit les idées de l'époque sur les quantités infinitésimales, il déclarait (tout comme Maclaurin) que cette notion ne sert qu'à abréger les expressions ; en réalité, pour d'Alembert, de telles quantités ne se rencontrent pas en analyse et lui-même ne considère que des limites de quantités finies. A proprement parler, l'on différentie non pas des quantités séparées mais seulement des équations et, avec cela, on trouve les limites des rapports des différences finies des variables. La procédure d'omission des infiniment petits avait, aux yeux de d'Alembert — et, avant lui, dans

8. G. Berkeley, *The analyst...,* § 21, London, 1734.

9. Cf. A. P. Youschkevitch, « Euler und Lagrange über die Grundlagen der Analysis », *Sammelband zu Ehren des 250. Geburtstages Leonhard Eulers,* unter der Redaktion von K. Schröder, Berlin, 1959.

l'esprit de Maclaurin — un caractère somme toute purement formel : cette omission était la conséquence nécessaire du passage à la limite. Néanmoins, d'Alembert n'est pas sorti du cadre de la caractéristique générale de la méthode des limites, bien qu'il ait estimé que « la métaphysique du calcul différentiel (...) est encore plus importante et peut-être plus difficile à développer que les règles mêmes de ce calcul » [10]. Il a donné la définition de la limite d'une quantité variable monotone, ainsi que deux théorèmes généraux, l'un sur l'unicité de la limite et l'autre sur la limite d'un produit. La définition explicite de la différentielle n'existe pas chez lui, mais on voit que par dy et dx il entend des quantités arbitraires dont le rapport est égal à la limite du rapport des accroissements finis correspondants Δy et Δx, lorsque Δx tend vers 0. La construction de l'analyse sur la base de la méthode des limites restait encore à faire [11].

Les vues d'Euler et, plus encore, celles de d'Alembert, ont trouvé de nombreux partisans sans toutefois satisfaire tout le monde. Dans une note publiée en 1762, dans le tome II des *Miscellanea Taurinensia* (1760-1761), Lagrange a énoncé pour la première fois, comme une propriété générale du calcul infinitésimal, la circonstance que ce calcul « redresse de lui-même les fausses hypothèses qu'on y fait » [12], l'expliquant par des considérations qui généralisent à toutes les courbes celles que Berkeley avait illustrées par le problème de la tangente à la parabole. La « Note » de Lagrange n'est pas restée inaperçue et, par exemple, elle est mentionnée dans l'édition posthume de 1770 du cours de mathématiques de La Caille, préparée par l'abbé Marie ; ici, en outre, l'idée que les principes non rigoureux du calcul différentiel de Leibniz ne conduisent à la vérité que par la voie de la compensation des erreurs est attribuée à Newton [13]. Cependant, Lagrange n'avait donné aucun argument en faveur de la doctrine de la compensation des erreurs, et, une dizaine d'années plus tard, en 1772, il émettait une nouvelle idée, celle de construire l'analyse indépendamment « de toute métaphysique et de toute théorie des quantités infiniment petites ou évanouissantes » [14]. Pour ce faire, il recourt à la notion de dérivée $u' = f'(x)$ d'une fonction quelconque donnée, $u = f(x)$, cette dérivée étant définie comme le coefficient du second terme dans le développement de $f(x + \xi) = f(x) + u' \xi + ...$, suivant les puissances de l'accroissement fini ξ, ainsi qu'aux propriétés d'un tel développement qui, ainsi qu'il le pensait,

10. *Encyclopédie...*, t. IV, Paris, 1754, p. 985 (article « Différentiel ») ; *Ibid.*, *Encyclopédie méthodique. Mathématiques*, t. I, Paris, 1784, p. 520 b.

11. On lit chez Nicolas BOURBAKI (*Éléments d'histoire des mathématiques*, Paris, 1960, p. 217) que d'Alembert « avait (...) défini avec la plus grande clarté les notions de limite et de dérivée ». Est-ce qu'il ne serait pas bon d'ajouter aux mots « avec la plus grande clarté » : « du point de vue de l'époque » ?

12. Cette note, publiée initialement sous le titre « Note de M. de la Grange », est reproduite dans les *Œuvres de J.-L. Lagrange* (vol. VII, Paris, 1877, p. 598), sous le titre « Note sur la métaphysique du calcul infinitésimal »).

13. N.-L. DE LA CAILLE, *Leçons élémentaires de mathématiques*, Paris, 1770, p. 337 (1re éd., Paris, 1741).

14. J.-L. LAGRANGE, « Sur une nouvelle espèce de calcul relatif à la différentiation et à l'intégration des quantités variables », *Nouveaux Mém. Ac. sc. et belles-lettres* (Berlin), *année 1772*, Berlin, 1774, 2e pagin., p. 185-221. Ce mémoire est reproduit dans les *Œuvres de J.L. Lagrange*, vol. III, Paris, 1869, p. 441-476 (la citation est à la p. 443).

peut, en général, être établi de manière purement algébrique. D'ailleurs, cette nouvelle conception de l'analyse, que d'autres savants — comme Condorcet et Arbogast — abordèrent également après lui, Lagrange ne la développa en détail qu'un quart de siècle plus tard, dans sa célèbre *Théorie des fonctions analytiques* (1797) [15]. Dans les années 1770 et 1780, il se consacra plutôt à des recherches d'algèbre, de théorie des nombres et de mécanique. Néanmoins, la « métaphysique du calcul infinitésimal », qu'il désignait ainsi à la suite de d'Alembert, continuait à l'intéresser vivement, et c'est sans doute grâce à lui que la Classe de mathématique de l'Académie de Berlin, dont il fut le directeur de 1766 à 1787, proposa pour le prix de 1786 le problème de l'infini mathématique — proposition qui fut adoptée par l'Académie dans sa séance publique du 3 juin 1784.

Ce concours était annoncé par le texte suivant :

> « L'utilité qu'on retire des Mathématiques, l'estime qu'on a pour elles, et l'honorable dénomination de *Sciences exactes* par excellence qu'on leur donne à juste titre, sont dues à la clarté de leurs principes, à la rigueur de leurs démonstrations, et à la précision de leurs théorèmes.
>
> « Pour assurer à cette belle partie de nos connaissances la continuation de ces précieux avantages, on demande
>
> « *Une théorie claire et précise de ce qu'on appelle Infini en Mathématique.*
>
> « On sait que la haute Géométrie fait un usage continuel des *infiniment grands* et des *infiniment petits*. Cependant, les Géomètres et même les Analystes anciens, ont évité soigneusement tout ce qui approche de l'infini et de grands Analystes modernes avouent que les termes *grandeur infinie* sont contradictoires.
>
> « L'Académie souhaite donc qu'on explique comment on a déduit tant de théorèmes vrais d'une supposition contradictoire, et qu'on indique un principe sûr, clair, en un mot vraiment mathématique, propre à être substitué à l'*Infini*, sans rendre trop difficiles, ou trop longues, les recherches qu'on expédie par ce moyen. On exige que cette matière soit traitée avec toute la généralité et avec toute la rigueur, la clarté et la simplicité possibles. » [16]

Le délai limite du concours était fixé au 1er janvier 1786 et une médaille d'or d'un poids de 50 ducats en était la récompense. Tous ceux qui le désiraient pouvaient y prendre part, exception faite des membres ordinaires de l'Académie.

Des vingt-trois mémoires, au total, qui furent présentés à ce concours, vingt-et-un sont conservés aux Archives centrales de l'Akademie der Wissenschaften der DDR, à Berlin : seuls manquent les anciens numéros 7 et 18. Les mémoires présentés furent examinés par la Classe de Mathé-

15. Cf. pour Condorcet : A. P. YOUSCHKEVITCH, « La notion de fonction chez Condorcet », *Scientific, Historical and Political Essays in Honor of Dirk J. Struik*, Dordrecht-Holland/Boston-U.S.A., 1974, et, pour Arbogast : K. ZIMMERMANN, *Arbogast als Mathematiker und Historiker der Mathematik*, Heidelberg, 1934.

16. *Nouveaux Mémoires de l'Académie royale des sciences et belles-lettres, 1784*, Berlin, 1786, p. 12-13 ; voir aussi les Registres de l'Académie de Berlin, I : IV, 32, fos 373-374 (Zentrales Archiv der Akademie der Wissenschaften der DDR).

matique de l'Académie, sous la présidence de Lagrange. Sa décision unanime fut confirmée par l'Académie dans sa séance publique du 1er juin 1786 et la conclusion officielle des résultats du concours fut proclamée dans les termes suivants :

> « L'Académie a reçu beaucoup de Pièces sur ce sujet. Leurs auteurs ont tous oublié d'expliquer *comment on a déduit tant de théorèmes vrais d'une supposition contradictoire,* comme l'est celle d'une quantité infinie. Ils se sont tous, plus ou moins, écartés de la *clarté,* de la *simplicité,* et surtout de la *rigueur* qu'on exigeoit. La plupart n'ont pas même vu que le principe demandé devoit être, non pas borné au calcul infinitésimal, mais étendu à l'Algèbre et à la Géométrie traitée à la manière des Anciens.
>
> « Le sentiment de l'Académie est donc que sa demande n'a reçu aucune réponse complète.
>
> « Cependant, elle a trouvé que celui qui a le plus approché de ses intentions est l'Auteur de la Pièce françoise qui a pour devise : *L'Infini est le gouffre où s'absorbent nos pensées* [17].
>
> « L'Académie lui a donc adjugé le Prix. » [18]

Le lauréat du concours était le mathématicien suisse, Simon L'Huilier (1790-1840), qui vivait à l'époque à Varsovie, et son *Exposition élémentaire des principes des calculs supérieurs* fut éditée par l'Académie cette même année 1786 [19]. En outre, l'Académie distingua particulièrement l'ouvrage ayant pour devise « *Peritia fit mihi amor* », auquel elle accorda un accessit [20]. Ce dernier travail n'a probablement pas été imprimé ; son auteur reste d'ailleurs inconnu, les billets cachetés portant les devises et les noms des participants ayant été détruits après la fin du concours.

Après avoir consulté toutes les pièces conservées du concours, il me paraît que l'appréciation donnée par la Classe de Mathématique, ou plus précisément par Lagrange [21], est justifiée pour l'essentiel. En dehors du mémoire de Carnot, dont il sera question plus loin, aucun des autres essais ne contient de tentatives pour expliquer comment, dans l'analyse infinitésimale, on a pu établir de vrais théorèmes à partir de suppositions contradictoires. Et, parmi ces autres mémoires, celui de L'Huilier se distinguait, sans aucun doute, par ses hautes qualités, bien que son idée fondamentale ne fût guère originale. D'après L'Huilier lui-même, son ouvrage représentait « le développement des idées (...) que M. d'Alembert n'a fait qu'ébaucher et comme proposer dans l'article « Différentiel » de

17. Cette devise était tirée de l'*Histoire de l'astronomie moderne* de BAILLY, Paris, 1785.

18. *Nouveaux mémoires de l'Académie royale des sciences et belles-lettres, 1786,* Berlin, 1788, p. 8 ; voir aussi les Registres de l'Académie de Berlin, I : IV, 32, f° 418 (Zentrales Archiv der Akademie der Wissenschaften der DDR).

19. Le mémoire de L'Huilier, dont le manuscrit n'est pas conservé dans les Archives, portait dans l'ancienne numérotation l'un des deux numéros 7 ou 18.

20. On accordait l'accessit aux ouvrages qui, sans mériter le prix, étaient reconnus dignes de distinction, comme s'approchant le plus de l'ouvrage primé.

21. Les autres mathématiciens de l'Académie de Berlin de l'époque, N. de Beguelin, Jean III Bernoulli et J. Castillon, étaient loin d'avoir l'autorité de Lagrange.

l'*Encyclopédie* et dans ses *Mélanges* »[22]. Il est à noter que dans le premier chapitre de l'*Exposition*, L'Huilier a quelque peu complété la théorie même des limites en ajoutant aux deux théorèmes mentionnés de d'Alembert l'importante proposition sur la limite d'un quotient, $\lim \frac{x}{y} = \frac{\lim x}{\lim y}$ (p. 24) ; et en démontrant en détail tous les théorèmes énoncés — en partie à l'aide de la méthode ancienne d'exhaustion. Il a introduit, pour la première fois dans un ouvrage imprimé, le signe de limite sous la forme Lim. ou lim., écrivant par exemple, dans ce même chapitre, que « lim. $\frac{\Delta P}{\Delta x}$ ou $\frac{dP}{dx}$ désignent la même chose » (p. 31). Mais, en fait, l'apport de L'Huilier à la théorie générale des limites n'est pas très important. La distinction superflue qu'il fait entre limites de quantités et limites de rapports entraîne des longueurs inutiles, et, de plus, il ne donne pas de théorème sur la limite d'une somme de variables. Sa définition de la limite, porte toujours sur des variables monotones et les théorèmes sont démontrés séparément pour les quantités croissantes et décroissantes. Mais dans l'édition revue et augmentée de l'*Exposition*, publiée en langue latine en 1795, L'Huilier a spécialement indiqué qu'une quantité variable peut également tendre vers une quantité constante, comme à sa limite, d'une manière non monotone, illustrant ce fait par des sommes partielles de séries convergentes à signes alternés[23]. Il est d'ailleurs étrange que cette circonstance ait été omise par d'Alembert et même par de nombreux auteurs du début du XIXe siècle.

Dans les chapitres suivants, L'Huilier donne un exposé systématique et circonstancié des éléments du calcul différentiel et intégral avec des applications à la géométrie et, en partie, à la mécanique. Pour l'époque, cet ouvrage apparaît donc comme une bonne réalisation du programme tracé par d'Alembert. J'ajouterai que le chapitre XI, assez étendu, contient une critique non dépourvue d'intérêt des idées d'alors sur l'infini actuel (en particulier celles de Fontenelle), ainsi que d'autres conceptions de l'analyse (surtout celle d'Euler). La notion d'infiniment petit potentiel n'était nullement étrangère à L'Huilier qui l'introduit dans le chapitre premier et donne même un cas spécial du théorème sur la somme d'un nombre fini de quantités infiniment petites[24]. Cependant, L'Huilier ne dit rien au

22. S. L'Huilier, *Exposition élémentaire des principes des calculs supérieurs*, Berlin, 1786, p. 167.

23. S. L'Huilier, *Principiorum calculi differentialis et integralis expositio elementaris*, Tubingae, 1795, p. 17. V. E. S. Schatounova, « Teoria predelov Simona L'Huilier » (La théorie des limites de Simon L'Huilier), *Istorico-mathematitcheskié issledovania*, XVII, Moscou, 1966, p. 329-330 (en russe).

24. D'ailleurs, pour désigner une quantité infiniment petite x, L'Huilier emploie l'expression « une quantité variable non susceptible de limite en petitesse (ou qui peut être rendue plus petite qu'aucune quantité assignée) » (*loc. cit.*, p. 21). Cela posé, le cas spécial dont il s'agit est énoncé ainsi : « Toute fonction Q de variable x de la forme $Bx^b + Cx^c + Dx^d + \ldots + Lx^l + Mx^m + Nx^n$ peut être rendue plus petite qu'aucune quantité assignée », en supposant $0 < b < c < \ldots < n$ (*loc. cit.*, p. 23). L'expression « infiniment petit » n'est employée par L'Huilier que dans le sens d'infiniment petit actuel. Dans l'édition latine de

sujet de la dépendance réciproque entre les notions de limite et d'infiniment petit potentiel et il n'a pas su apprécier les mérites inhérents à l'algorithme du calcul infinitésimal de l'école de Leibniz.

Mais, si l'attribution du prix à L'Huilier apparaît, somme toute, très naturelle, on ne peut en dire autant au sujet de l'*accessit*. Le mémoire ainsi remarqué (n° 21 dans la numérotation initiale et n° 19 dans la numérotation actuelle) ne se distingue par aucune qualité et ne donne qu'un précis succinct des principes de l'analyse, basé sur les idées de d'Alembert et exposé à la façon d'un débutant. Il est vrai que les autres mémoires, sauf celui de Carnot, étaient encore plus faibles.

On peut s'étonner encore davantage de ce que le jugement de l'Académie de Berlin affirme que *tous* les participants au concours ont omis l'explication de la propriété paradoxale mentionnée de l'analyse infinitésimale. Il s'agit là d'un véritable malentendu car l'un des auteurs, Carnot, a consacré l'essentiel de sa pièce à cette question, ce qu'il a énoncé très clairement dès les premières lignes du « Sommaire », tout au début du manuscrit présenté :

> « On a dû naturellement la regarder d'abord [il s'agit de l'analyse infinitésimale] comme une simple méthode d'approximation. On a découvert ensuite que, malgré les erreurs commises dans l'expression des conditions de chaque problème, les résultats étaient néanmoins de la plus parfaite exactitude. Preuve qu'en effet ces erreurs doivent se détruire toujours, par une suite nécessaire et infaillible des opérations du calcul. » [25]

On pouvait apprécier de différentes manières le mémoire de Carnot et la démonstration qu'il donne de sa thèse, mais il était injuste de le passer sous silence dans le jugement officiel ; injuste et l'on peut ajouter : incompréhensible. C'est qu'en effet Lagrange lui-même voyait dans la compensation des erreurs la force motrice du calcul de Leibniz et ceci non seulement en 1760, mais aussi plus tard, jusqu'à la fin de sa vie. Il en est encore question dans la préface à la nouvelle édition de sa *Théorie des fonctions analytiques,* que Lagrange publia en 1813, l'année même de sa mort. En ce qui concerne la démonstration de la compensation des erreurs proposée par Carnot, il semble certain que Lagrange la considérait comme insatisfaisante, aussi bien en 1786 que plus tard. Dans la préface qui vient d'être mentionnée, il écrit en effet à propos de la compensation des erreurs : « C'est ce qu'on peut faire voir aisément dans des exemples, mais dont il serait peut-être difficile de donner une démonstration générale » [26]. C'est pourquoi il est difficile d'accorder foi à l'anecdote, selon laquelle Lagrange, ayant pris connaissance des *Réflexions* de Carnot, aurait

l'ouvrage cité, les propositions sur la somme ou la différence des infiniment petits, et sur leur produit par un nombre quelconque, sont déjà formulées d'une manière générale (*loc. cit.*, p. 12).

25. L. CARNOT, « Dissertation sur la théorie de l'infini mathématique », p. 4 (Zentrales Archiv der Akademie der Wissenschaften der DDR. Sign. AAW : 1261-62. Preisschrift N 5 für das Jahr 1786). Ci-dessous, p. 251.

26. J.-L. LAGRANGE, *Théorie des fonctions analytiques,* nouv. éd., Paris, 1813, p. 3.

écrit à leur auteur que, s'il les avait connues plus tôt, il n'aurait pas eu à développer sa propre théorie[27]. De plus, citant dans le paragraphe 37 de la deuxième édition des *Réflexions* tout le passage correspondant de la *Théorie des fonctions analytiques,* y compris la phrase qui vient d'être mentionnée, pour appuyer sa conception, Carnot ne signale pas cette lettre de Lagrange. Cependant, dans le paragraphe 167, pour renforcer sa position concernant une autre question, il se réfère à des entretiens avec Lagrange.

Examinons maintenant le manuscrit de Carnot, intitulé — nous l'avons déjà indiqué — « Dissertation sur la théorie de l'infini mathématique », et présenté sous la devise : « Celui-là seul peut juger sainement des choses, qui sait éviter l'abus des mots ».

Le manuscrit de la « Dissertation » comporte 90 pages écrites de la main de Carnot. En plus des remarques d'introduction et du « Sommaire », il est divisé en 100 paragraphes regroupés en 13 sections dont les titres sont notés en marge. La première édition imprimée des *Réflexions* de 1797, dont le volume est inférieur de près de 20 % à celui de ce manuscrit, est composée de 68 paragraphes réunis en 17 sections. L'édition de 1813, d'un volume d'environ trois fois supérieur à celui de la précédente, se compose de 174 paragraphes et est divisée en trois grands chapitres et 20 sections ; de plus, un grand supplément concernant la théorie des quantités négatives, question effleurée déjà dans la « Dissertation », y est annexé. Toutes ces différences sont liées soit à des modifications de structure, soit à une évolution du contenu même des trois variantes successives de cette étude de Carnot.

Dans les premiers paragraphes du manuscrit (§ 1-36), Carnot introduit, en partie sous forme de définitions et en partie sous forme de descriptions plus ou moins rigoureuses et parfois assez vagues, des notions fondamentales telles que : système de « quantités désignées » (nos *x, y, z, ..., a, b, c, ...,* et leurs fonctions) et système de « quantités auxiliaires », qui, d'après les conditions du problème, tendent indéfiniment et continûment (« par degrés insensibles ») vers celles respectivement « désignées » (§ 1-3) ; limite (§ 4-10) ; infiniment grand et infiniment petit (§ 11-18) ; « équation imparfaite » (égalité A = B approchée, exacte à la limite, de manière que la limite du rapport $\frac{\text{A}}{\text{B}}$ est égale à 1) (§ 19-20) ; différentielles des différents ordres et intégrale (§ 21-33) ; variation (§ 34-35) ; et, enfin, « moment différentiel » (la limite du rapport de l'accroissement infiniment petit d'une fonction à l'accroissement infiniment petit de la variable indépendante (§ 36). La notion de moment différentiel (c'est-à-dire de dérivée) revêt une très grande signification et, par la suite, trouve des applications.

Dans les paragraphes 37 et 38, il est question du lien entre l'analyse infinitésimale et les procédés de calcul approché de diverses grandeurs. Dans une importante note infrapaginale, Carnot souligne les avantages algorithmiques du calcul de Leibniz sur la méthode des limites appliquée par Newton dans les *Principia mathematica philosophiae naturalis* et

27. Hippolyte CARNOT, *Mémoires sur Carnot,* nouv. éd., t. I, Paris, 1907, p. 16.

affirme que la découverte du calcul infinitésimal n'appartient qu'à Leibniz, car

> « Newton n'a réduit la méthode des premières et dernières raisons [c'est-à-dire des limites] en algorithme par son calcul des fluxions, que longtemps après la découverte du calcul différentiel, ou, du moins, il ne l'a pas publié plutôt, et l'on ne peut juger des hommes que par leurs ouvrages. »[28]

Cette note n'a pas été reproduite dans le texte imprimé de 1797, mais une idée voisine est énoncée plus discrètement, dans les paragraphes 164-165 de l'édition de 1813.

Ensuite, dans les paragraphes 39-50, Carnot explique l'idée de la compensation des erreurs sur l'exemple de la construction de la sous-tangente au cercle $y^2 = 2ax - x^2$, d'après la méthode de Leibniz ; ici, les équations correspondant aux équations (1) et (2) de l'exemple examiné par Berkeley s'avèrent « imparfaites ». Ensuite, Carnot passe à son problème fondamental, la construction de la théorie des équations imparfaites qui devait expliquer d'une façon générale la compensation des erreurs, caractéristique du calcul de Leibniz.

Ainsi que nous l'avons vu, l'idée même de la compensation des erreurs n'était pas nouvelle et il est fort probable que Carnot connaissait sinon *The analyst* de Berkeley, du moins la « Note » insérée par Lagrange dans les *Miscellanea Taurinensia* de 1760-1761, mentionnée précédemment. Ce qui était original, c'était l'idée de démontrer l'inévitabilité de la compensation des erreurs. Cela, Carnot tente de le faire par une série de trois théorèmes. Conformément au théorème I (§ 51), si, dans une équation exacte ou imparfaite, à la place d'une variable quelconque on en substitue une autre, qui en diffère infiniment peu, l'équation donnée se transforme soit en équation exacte, soit, pour le moins, en équation imparfaite. Cette assertion découle de la définition même de l'équation imparfaite dont les membres sont (dans notre terminologie) des fonctions continues. Ecrivant l'équation donnée sous la forme $A = B$ et l'équation obtenue après la substitution $x' = x + z$, où z est un infiniment petit, sous la forme $A' = B'$, Carnot montre que, si la limite $\frac{A}{B}$ est égale à l'unité[29], du fait que la limite de $1 + \frac{z}{x}$ est égale à 1, la limite de $\frac{A'}{B'}$ est aussi égale à l'unité. Dans le théorème II (§ 53), Carnot établit qu'une équation qui ne contient que des quantités désignées ne peut être imparfaite. De ces deux propositions suit le théorème fondamental III (§ 55) : les équations obtenues, à partir d'équations exactes ou imparfaites, par la voie de telles transformations au cours desquelles elles ne cessent d'être pour le moins imparfaites, et ne contenant que des quantités désignées, sont des équations nécessairement et rigoureusement exactes.

La théorie des équations imparfaites a été placée par Carnot à la base

28. L. Carnot, « Dissertation », p. 29 (ici, p. 265-66).
29. La façon dont Carnot note la limite est expliquée plus loin (p. 244).

de l'interprétation du calcul de Leibniz dans lequel les infiniment petits sont considérés comme de véritables quantités variables distinctes de zéro. Mais il existe une autre approche de l'analyse dans laquelle les infiniment petits sont pris égaux à zéro. On considère, dans les paragraphes 58-77, le « calcul des évanouissants », ou des quantités absolument nulles, en comparaison avec le calcul de Leibniz. Il est à noter que le nom d'Euler, qui a développé ce calcul des différentielles considérées comme des zéros, n'est pas mentionné. Pour Carnot, ces deux conceptions sont égales en droit et, dans le paragraphe 72, il écrit que l'analyse infinitésimale est « un composé des deux méthodes précédentes ». La méthode des évanouissants diffère de la méthode des infiniment petits ordinaires en ce que toutes les relations différentielles y sont exactes et qu'on n'est pas obligé de négliger des quantités quelconques. D'autre part, les quantités évanouissantes ne sont que des êtres de raison ou des formes algébriques, semblables aux quantités imaginaires, mais ceci ne les empêche nullement d'avoir, aussi bien les uns que les autres, des propriétés mathématiques déterminées (§ 67). Ici, il est important de noter que Carnot n'admet comme vraies quantités que celles qui sont positives et qu'il considère comme fictions utiles non seulement les nombres imaginaires, mais aussi le zéro et les nombres négatifs.

Dans le paragraphe 65 est formulé un théorème fondamental pour le calcul des évanouissants, le théorème IV, qui n'est qu'une paraphrase du théorème III et, par leur synthèse, Carnot obtient « le principe fondamental du calcul de l'infini », formulé au théorème V (§ 77) :

> « Si l'on a une équation dont les deux membres diffèrent infiniment peu (...) [dans les deux sens de ce mot], on pourra substituer à la place de l'une quelconque des quantités qui y entrent, une autre quantité infiniment peu différente de la première, sans qu'il puisse y avoir pour cela aucune erreur dans le résultat désigné : et il en sera de même de toutes les propositions qui pourront se traduire par de semblables équations. » [30]

Ces deux conceptions, en substance équivalentes, trouvent chacune leur application pratique en fonction du caractère des problèmes correspondants. L'emploi des infiniment petits ordinaires non évanouissants est plus naturel et plus commode, principalement dans les applications du calcul intégral, par exemple à la mesure des grandeurs géométriques (§ 83). Dans une brève note infrapaginale, la doctrine de la compensation des erreurs est étendue également à la méthode des indivisibles. Ainsi, lorsqu'on calcule les volumes à l'aide de cette dernière méthode, l'exactitude des résultats obtenus s'explique parce que l'effet de ce qui est absurde dans la supposition faite d'un corps constitué d'éléments superficiels ou sans aucune épaisseur, est éliminé par l'absurdité de l'autre hypothèse portant sur le nombre absolument infini de ces éléments. En relation avec ceci, Carnot remarque que ces genres de difficultés sont inhérentes non seulement à l'analyse infinitésimale mais aussi à l'analyse ordinaire, qui

30. L. CARNOT, « Dissertation », p. 61 (ici, p. 284).

opère avec des « quantités purement fictives », du genre des nombres négatifs « qui à le bien prendre ne peuvent représenter de véritables quantités que lorsqu'elles sont précédées de quantités positives plus grandes qu'elles »[31], pensée qu'il a développée en détail dans sa *Géométrie de position* (1803) et, ensuite, dans les compléments à la deuxième édition des *Réflexions*.

Caractérisant de cette façon les deux aspects du calcul infinitésimal, Carnot consacre ensuite les paragraphes 84-92 à la méthode des limites (cette partie de la « Dissertation » sera évoquée plus loin) et les paragraphes 93-97 à la méthode des coefficients indéterminés. Il dégage la parenté intime de ces deux méthodes avec le calcul infinitésimal et, de plus, il établit que les procédés qui y sont appliqués peuvent être rendus parfaitement semblables à ceux de l'analyse de Leibniz.

Bien que la pensée qui vient d'être mentionnée n'apparaisse dans sa pleine mesure qu'à la fin du manuscrit de Carnot, tout comme dans les deux éditions des *Réflexions*, elle est pour lui fondamentale. Une juste appréciation conduit à constater que toutes les méthodes considérées — les deux variantes du calcul infinitésimal, les méthodes des limites, des fluxions, des coefficients indéterminés (dans la seconde édition des *Réflexions* on leur ajoute encore les méthodes d'exhaustion, des indivisibles et la théorie des fonctions analytiques ou des dérivées) — reposent sur des principes communs. Dans la « Conclusion » de son manuscrit, Carnot, faisant le bilan de ses recherches, écrit :

> « Ne sont-ce pas toujours en un mot, les mêmes idées qu'on a à rendre, les mêmes relatíons à exprimer, et toutes ces méthodes diffèrent-elles autrement que dans la manière de rendre ces idés et d'exprimer ces relations ? »[32]

Parmi les différentes méthodes, le calcul infinitésimal de Leibniz se distingue par la perfection de son algorithme et la richesse des applications. Mais il ne faut pas exclure, pour autant, les autres méthodes infinitésimales et, dans chaque cas particulier, on doit employer celle que les circonstances rendent la plus simple (§ 98).

Les deux derniers paragraphes de la « Conclusion » contiennent d'intéressantes considérations d'ordre général sur le progrès des mathématiques (§ 99-100). Sur des exemples d'arithmétique, d'algèbre et d'analyse, et plus spécialement sur les notions primordiales de nombre et de quantité, Carnot montre que la particularité unifiante, caractéristique du développement des sciences mathématiques, est la tendance à fonder des conceptions et des théories de plus en plus générales car, « presque toujours généraliser c'est simplifier »[33]. Après avoir consacré plusieurs pages à cette observation, Carnot termine son manuscrit par les mots :

31. L. CARNOT, « Dissertation », p. 67 (ici, p. 286).
32. L. CARNOT, « Dissertation », p. 81 (ici, p. 294).
33. L. CARNOT, « Dissertation », p. 85 (ici, p. 296).

« Mais c'est parler trop longtemps métaphysique dans un ouvrage dont le but est de ramener à des principes clairs et lumineux des notions qui peuvent paroitre d'abord vagues et peu précises. »[34]

Considérant à présent la théorie des limites de Carnot, il faut tout de suite souligner qu'elle joue dans la « Dissertation » un rôle fort important, on peut même dire déterminant. Le but de Carnot était de fonder rationnellement le calcul infinitésimal, mais son argumentation s'appuyait sur les propriétés des limites. Il lui a donc fallu, à cet effet, introduire une série de nouvelles définitions et propositions de la théorie générale des limites et, dans cette voie, Carnot a atteint des résultats qui ne sont pas inférieurs et qui, en quelques points, sont même supérieurs à ceux que L'Huilier a obtenus dans son ouvrage primé.

Avant tout, à l'aide de la notion de limite, on définit les quantités infiniment petites et infiniment grandes. Dès le paragraphe 1, Carnot attire l'attention du lecteur sur ce que la notion exacte d'infiniment petit est très simple et tient immédiatement à celle de limite et que cette dernière est si claire que d'ordinaire les mathématiciens estiment inutile de la définir. Notamment, une quantité infiniment petite est la différence des deux quantités ayant une même limite[35]. D'ailleurs, la définition fondamentale est donnée un peu plus loin, au paragraphe 12 : « Parmi les quantités infinitésimales, celles dont la limite ou dernière valeur est 0, se nomment *infiniment petites* »[36] ; ici même, dans une note infrapaginale, l'équivalence de ces deux définitions est démontrée (à vrai dire, d'une manière qui ne pourrait nous satisfaire). Dans ladite note, il est spécialement souligné que les infiniment petits sont des quantités variables dont toutes les valeurs sont déterminées et finies. Quant au terme « quantité infiniment petite », il est mal choisi, il trompe les débutants et il serait plus convenable de parler des « indéfiniment petites » et Carnot use de cette expression à maintes reprises[37]. Dans ce même paragraphe 12, une quantité infiniment grande est définie comme ayant pour limite 1/0. Carnot explique que ce dernier symbole, de même que le symbole 0, n'exprime aucunement une vraie quantité. Au fond, par quantité infiniment grande, on entend une quantité variable inverse d'une quantité infiniment petite, ainsi qu'il est dit au paragraphe 20 de la première édition des *Réflexions*. Les définitions données sont accompagnées au paragraphe 15 du manuscrit d'une distinction faite entre l'infini « sensible » ou « assignable » et l'infini « absolu » ou « métaphysique » qui n'est autre chose que la limite du

34. *Ibid.*, p. 90 (ici, p. 298).

35. Voir la note qui se trouve aux p. 2-3 de la « Dissertation » (dans cet ouvrage, p. 251-52). Une définition proprement dite de la limite n'est pas donnée dans la « Dissertation », mais cette notion est décrite avec suffisamment de détail et de clarté dans les paragraphes 2, 4 et 5. Carnot ne suppose pas que la quantité variable qui tend vers une limite, soit monotone, mais peut-être n'avait-il en vue que ce dernier cas (voir § 5).

36. L. Carnot, « Dissertation », p. 9 (ici, p. 256).

37. Il est curieux de noter que L'Huilier aussi, lors de la considération des limites des rapports de quantités infiniment petites et infiniment grandes, recommandait d'utiliser les nouveaux termes « infiniblement petit » et « infinible ». Le mot infinible, disait-il, « me paraît désigner la faculté de ne pouvoir pas être terminé », tandis que le mot infini « paraît désigner l'état de ne l'être pas » (L'Huilier, *loc. cit.*, p. 147).

premier[38]. Si l'on a en vue des infiniment petits, il s'agit, dans le premier cas, d'une variable « indéfiniment petite », des valeurs de laquelle est exclue la valeur limite ou dernière, c'est-à-dire 0, et, dans le second cas, d'une « quantité évanouissante », c'est-à-dire justement de la valeur limite, nulle. Par ailleurs, les quantités évanouissantes sont toujours considérées en même temps que les quantités indéfiniment petites dont elles sont les limites.

La notion de limite a été placée par Carnot à la base, non seulement de la définition des quantités infinitésimales, comme nous l'avons vu, mais aussi de l'équation imparfaite (voir plus haut, p. 238) et du moment différentiel. Dans le paragraphe 36, où, pour la première fois, il parle des moments différentiels, Carnot introduit aussi le signe de la limite sous la forme abrégée $\mathfrak{L}$ (L'Huilier écrivait alors Lim. ou lim), que l'on rencontre également dans les deux éditions des *Réflexions*. Etant donné que la différentielle s'identifie à l'accroissement infiniment petit, le moment différentiel s'exprime par des symboles du genre $\mathfrak{L}\frac{dy}{dx}$; en outre, avec le but évident d'accentuer l'analogie avec les différentielles, Carnot représentait encore cette même quantité par le signe D*y*, que Jean I Bernoulli avait utilisé avant lui et qu'Arbogast reprit vers la fin du XVIIIe siècle. La notion de limite trouve également une application dans les démonstrations des théorèmes sur les équations imparfaites, ainsi que dans le calcul des quantités évanouissantes.

Appliquant de cette façon la notion et les propriétés de la limite à la présentation logique de l'analyse de Leibniz, Carnot, néanmoins, estimait impossible de remplacer le calcul infinitésimal par la méthode des limites telle qu'elle était alors comprise, du fait qu'on y renonce à opérer avec des quantités infiniment petites isolées. Dans le paragraphe 84 de la « Dissertation », nous lisons :

> « Quoique la méthode des erreurs compensées et le calcul des évanouissantes soient fondés entièrement sur les propriétés de ce que nous avons appelé *limites*, cependant ils diffèrent de ce qu'on nomme proprement *méthode des limites* ou *des premières et dernières raisons* en ce que, dans celle-ci, on ne fait point entrer séparément les quantités que nous avons nommées infinitésimales ni même leurs rapports, mais seulement les limites ou dernières valeurs de ces rapports. »[39]

Si ce défaut n'avait pas existé, la méthode des limites eût été préférable au calcul infinitésimal car, contrairement au calcul des zéros, elle opère seulement avec de véritables quantités et, contrairement à la méthode de la compensation des erreurs, elle suit une route directe et lumineuse (§ 85).

38. D'Alembert avait déjà écrit, lui aussi, que « *l'infini* tel que l'analyse le considère est proprement la *limite* du fini, c'est-à-dire le *terme auquel le fini tend toujours sans jamais y arriver* ». Cf. *Œuvres philosophiques, historiques et littéraires de d'Alembert*, t. II, Paris, an XIII (1805), p. 346.

39. L. CARNOT, « Dissertation », p. 67 (ici, p. 287).

Néanmoins, Carnot pense que l'on peut tourner cette difficulté et surmonter ce défaut de la méthode des limites. Pour cela, il doit donner au préalable trois théorèmes généraux sur les propriétés des limites (§ 86-88). Conformément au théorème VI, qui probablement n'avait encore été jamais formulé, la limite d'une quantité désignée est égale à elle-même (c'est-à-dire, en particulier, $\lim a = a$) ; tandis que le théorème VII énonce la propriété d'unicité de la limite, le théorème VIII, que Carnot formule pour la première fois simultanément avec L'Huilier, affirme que : « (...) la limite du rapport de deux quantités est égale au rapport de leurs limites », et dans ses notations $\mathcal{L}\,\dfrac{\mathrm{Y}}{\mathrm{Z}} = \dfrac{\mathcal{L}\,\mathrm{Y}}{\mathcal{L}\,\mathrm{Z}}$ [40]. Cette dernière proposition s'étend également au cas $\mathcal{L}\,\mathrm{Y} = \mathcal{L}\,\mathrm{Z} = 0$: la limite du rapport de deux indéfiniment petits est égale au rapport des quantités évanouissantes correspondantes, ce qui découle de la façon même que l'on conçoit le symbole $\dfrac{0}{0}$ dans le calcul des zéros. Il faut noter que les raisonnements à l'aide desquels les théorèmes VI-VIII sont établis ne pourraient pas être considérés aujourd'hui comme des démonstrations.

Afin de séparer l'un de l'autre les infiniment petits dy et dz, dans les expressions finies de la forme $\mathcal{L}\dfrac{dy}{dz}$, les variables y et z sont considérées comme fonctions de la même variable indépendante, disons, de la variable x. Alors, conformément au théorème VIII $\mathcal{L}\dfrac{dy}{dz}$ peut être représenté sous la forme $\mathcal{L}\,\dfrac{dy/dx}{dz/dx} = \mathcal{L}\,\dfrac{dy}{dx}\Big/\,\mathcal{L}\,\dfrac{dz}{dy}$ ou sous la forme $\dfrac{\mathrm{D}y}{\mathrm{D}z}$.

Dans cette dernière fraction, le numérateur et le dénominateur sont déjà séparés et la caractéristique D est subordonnée au même algorithme que la caractéristique d (§ 90-91).

> « Ainsi, par ce moyen, non seulement la méthode des limites devient aussi simple que le calcul infinitésimal sans lui rien ôter de sa rigueur, mais même, on rend les procédés de ces deux méthodes absolument identiques ; puisqu'il n'y a pour cela, qu'à substituer aux quantités infiniment petites, leurs moments d'évanouissement [41], qui sont des quantités finies dont les rapports sont les mêmes que ceux des quantités évanouissantes qui leur répondent. » [42]

Ajoutons que, dans la méthode des fluxions de Newton, nos dérivées d'une variable quelconque par rapport à une autre, disons $\dfrac{dy}{dx}$, s'expriment

40. *Ibid.*, p. 70 (ici, p. 288).

41. Carnot appelle aussi le moment différentiel, moment d'évanouissement.

42. L. CARNOT, « Dissertation », p. 72 (ici, p. 289-90).

toujours sons la forme d'un rapport de fluxions $\frac{\dot{y}}{\dot{z}}$ où y et z dépendent d'un paramètre variable universel, « le temps » t et c'est pourquoi, dans les calculs, les fluxions $\dot{y}$ et $\dot{z}$ jouent le même rôle que nos différentielles dy et dz. La même pensée est émise dans les paragraphes 142-143 de la seconde édition des *Réflexions*. Comme le remarque A. N. Kolmogorov, l'équivalence complète des procédés du calcul des fluxions, avec la définition de la différentielle d'une fonction comme produit de la dérivée par Δt, accroissement arbitraire constant de la variable t, est tout à fait naturelle : si on pose ce dernier égal à l'unité, alors $dx = \dot{x}\,\Delta t = \dot{x}$ et $dy = \dot{y}\,\Delta t = \dot{y}$[43].

Pour Carnot, il était également tout à fait clair que, dans la méthode des limites, toutes les équations imparfaites se transforment en des équations parfaitement exactes. Dans la première édition des *Réflexions*, il établit cela à l'aide de deux exemples. L'un de ceux-ci (§ 38) n'est autre que le problème de la sous-tangente à la courbe $y = f(x)$[44]. Ici, les équations imparfaites de la forme (1) et (2) sont remplacées par les relations limites pour la sous-tangente s_t :

$$s_t = y \lim_{\Delta x \to 0} \frac{\Delta y}{\Delta x} \tag{4}$$

et pour la dérivée $\frac{dx}{dy}$:

$$\lim_{\Delta x \to 0} \frac{\Delta x}{\Delta y} = \frac{1}{f'(x)} = \frac{1}{y'} \tag{5}$$

[ces équations sont ici écrites dans notre symbolisme]. Un autre exemple (§ 56) est tiré des règles du calcul différentiel : à l'équation imparfaite $d.xy = xdy + ydx$ [ce sont ici les notations de Carnot] dans la méthode des limites correspond l'équation exacte[45]

$$\lim \left(\frac{d.xy}{dy}\right) = y \times \lim \left(\frac{dx}{dy}\right) + x \cdot$$

Le premier exemple se retrouve dans la seconde édition des *Réflexions* (§ 135).

Le désir de Carnot de placer la théorie des limites à la base du calcul infinitésimal et de lui conférer ainsi les avantages algorithmiques dont jouit ce dernier est une particularité très spectaculaire de la « Dissertation ». En ce point, comme en plusieurs autres aussi (par exemple, la mise au premier plan de la relation réciproque des notions de limite et d'infiniment petit), Carnot anticipait partiellement sur la réforme de l'analyse, qui fut entreprise avec tant de succès par Cauchy. Cauchy, en effet, se

43. A. N. Kolmogorov, « Niuton i sovremennoe matematitcheskoe myschlenie » (Newton et la pensée mathématique contemporaine), *Moskovski Ouniversitet pamiati Isaaca Niutona*, Moscou, 1946, p. 40 (en russe).

44. Chez Carnot il s'agit de la sous-tangente à la circonférence $y^2 = 2ax - x^2$ déjà mentionnée.

45. Ici Carnot désigne la limite de la même façon que le faisait L'Huilier.

donna ainsi pour but de combiner la rigueur propre à la théorie des limites, à la simplicité obtenue par l'opération directe avec des infiniment petits. Cependant, pour parvenir à ce but, il fallait un remaniement bien plus profond des fondements de l'analyse. Bien qu'il ait établi l'identité formelle des règles d'opération avec les symboles D*y* et *dy*, Carnot n'a pu cependant réussir à édifier, sur la base de la théorie des limites, l'appareil formel du calcul infinitésimal et des différentielles. Il put séparer l'une de l'autre les quantités finies D*y* et D*z* (proportionnelles à *dy* et *dz* au sens moderne) mais non les différentielles infiniment petites *dy* et *dz* (au sens de Carnot). Du fait que Carnot continuait à la manière traditionnelle à entendre par différentielle d'une fonction son accroissement infiniment petit, les expressions différentielles qu'on ne réussissait pas à ramener à des formes d'expressions ne contenant que des dérivées, demeuraient « imparfaites ». En revanche, la nouvelle définition de la différentielle, donnée par Cauchy, éliminait d'emblée cette difficulté, toutes les règles de dérivation jusqu'alors approchées devenaient exactes et la notion d'équation imparfaite devenait superflue.

Il faut ajouter encore que, bien que la théorie des équations imparfaites de Carnot n'ait cédé en rien sur le plan de la rigueur à d'autres conceptions contemporaines de l'analyse, elle n'était pas elle-même plus satisfaisante à cet égard. Il suffit de noter que la sphère d'application du théorème central, le théorème III, se révélait tout à fait indéterminée, car il n'y avait aucun moyen d'établir quelles classes de quantités et de fonctions conduisent aux équations imparfaites et quelles classes de transformations de telles équations sont permises. Pour répondre à ces questions, il fallait avant tout fonder une théorie des limites beaucoup plus développée et mettre en lumière les propriétés fondamentales des fonctions continues. Carnot, lui, n'avait pas encore énoncé la notion de fonction continue à notre sens, bien qu'il l'ait approchée dans sa définition des équations imparfaites et surtout dans la définition du système des quantités auxiliaires (§ 1-2).

Quelles qu'aient été, du point de vue de l'analyse classique du XIXe siècle, les insuffisances de construction des bases du calcul infinitésimal proposées par Carnot en 1785, sa « Dissertation » est une œuvre remarquable. Pour conclure, il ne me reste plus qu'à la comparer brièvement aux éditions imprimées des *Réflexions*.

Ainsi que nous l'avons déjà dit, la conception fondamentale de Carnot ne s'est pas modifiée au cours de la préparation des *Réflexions* et des passages entiers de la « Dissertation » se retrouvent presque inchangés ou très peu modifiés. En revanche, dans cette version imprimée, la structure de l'ouvrage a subi un remaniement assez profond ; certains théorèmes et définitions ont été améliorés ou éliminés, diverses sections ont été supprimées ou introduites.

L'édition de 1797 des *Réflexions* commence par des remarques d'introduction sur le but de l'ouvrage et sur le lien entre l'analyse et les méthodes approchées (§ 37-38 du manuscrit, exception faite de la remarque sur la priorité de Leibniz). Carnot considère ensuite le problème de la tangente au cercle (§ 39-50 du manuscrit) et ce n'est qu'après qu'il formule les définitions des notions fondamentales et énonce les trois théorèmes sur les équations imparfaites (§ 1-36 et § 51-56 du manuscrit). Une telle présentation conférait plus d'élégance à l'exposition ; de plus, des précisions nouvelles y étaient apportées dans certains énoncés. A la base des définitions des quantités infinitésimales et des équations imparfaites se trouve comme avant la notion de limite ; la définition de moment différentiel en est exclue. Après cela, le calcul de Leibniz est comparé à d'autres méthodes, mais ceci dans un ordre différent de celui de la « Dissertation » : d'abord à la méthode des coefficients indéterminés (§ 93-97 du manuscrit) puis à la méthode des limites (§ 84-91 du manuscrit) et, enfin, au calcul des quantités évanouissantes (§ 58-77 du manuscrit). Dans l'exposé des deux dernières méthodes, de fort importantes réductions ont été réalisées. Notamment, tous les raisonnements concernant l'algorithmisation de la méthode des limites et le théorème sur la limite du rapport de deux quantités ont été exclus. Comme nous l'avons déjà mentionné, la solution du problème de la tangente au cercle par la méthode des limites a été ajoutée. Le livre se termine par un exposé succinct des règles de différentiation et d'intégration ainsi que par la solution de quelques problèmes absents du manuscrit. Les considérations sur le progrès des sciences mathématiques se trouvent totalement exclues de la conclusion.

Globalement, l'édition des *Réflexions* de 1797 diffère du manuscrit de 1785 par une attention beaucoup moins accentuée portée à la théorie des limites, bien que la notion même de limite y soit tout aussi fondamentale qu'avant. Cette tendance apparaît avec plus de netteté dans la seconde édition des *Réflexions* de 1813. En effet, dans le chapitre premier de cette édition, consacré aux principes généraux de l'analyse infinitésimale, les quantités infinitésimales et les équations imparfaites sont définies sans avoir recours à la notion de limite ; cette notion, d'ailleurs, n'y est pas en général utilisée de manière explicite. Le chapitre II contient une exposition de l'analyse infinitésimale bien plus détaillée que celle qui est donnée dans la première édition et dans le manuscrit ; quant au chapitre III, il donne également une comparaison fort circonstanciée des méthodes que l'on peut substituer à l'analyse. Comme on le sait, précisément, la seconde édition des *Réflexions* fut la plus diffusée, tandis que le manuscrit de la « Dissertation » n'avait été connu que du cercle très restreint des membres de la Classe de Mathématique de l'Académie de Berlin de l'époque. Il résulte de ce fait que plusieurs idées remarquables de Carnot, qui ont été écartées de la dernière variante de son œuvre, sont restées jusqu'ici inconnues ou peu connues.

Apprécier l'importance de l'influence exercée par Carnot sur le développement immédiat de la « métaphysique du calcul infinitésimal », est une tâche difficile. Nous ne savons pas dans quelle mesure ses idées ont été connues de Bolzano, Gauss, Cauchy et des autres fondateurs de l'analyse classique du XIXe siècle et quel rôle elles ont pu jouer dans la formation de leurs conceptions. Une seule chose est sûre : dès leur première édition, les *Réflexions* ont eu beaucoup de lecteurs dans différents pays et il est très probable que les grands mathématiciens du début du

XIXe siècle connaissaient cet ouvrage bien qu'ils ne le citent pas. En témoigne en particulier la haute appréciation donnée dans la préface à la seconde édition d'un des cours d'analyse mathématique les plus populaires à l'époque, celui de Lacroix, où, entre autres, il est dit :

> « M. Carnot fait voir ensuite, comment les équations imparfaites deviennent rigoureuses à la fin du calcul, et à quel signe on reconnaît leur légitimité (...) On ne doit pas juger le travail de M. Carnot par le peu que j'en ai dit ; et ce n'est pas seulement dans la manière d'envisager le Calcul différentiel qui lui est propre que consiste le mérite de son Mémoire, mais encore dans la comparaison qu'il fait des divers points de vue sous lesquels on a présenté ce calcul. » [46]

46. S.-F. LACROIX, *Traité du calcul différentiel et du calcul intégral*, 2e éd., t. I, Paris, 1810, p. XVII. Ajoutons que le manuscrit de la 1re édition des *Réflexions* est déjà mentionné dans la 1re édition de son *Traité* (Paris, an V (1797), Préface, p. XXI-XXII), par Lacroix qui avait pu le lire avant sa publication qui eut lieu plus tard au cours de la même année 1797. L'analyse qu'en fit Lacroix a été en partie reproduite dans la 2e édition du *Traité*.

APPENDICE C

DISSERTATION DE LAZARE CARNOT SUR LA THÉORIE DE L'INFINI MATHÉMATIQUE

Le mémoire de Carnot « Dissertation sur la théorie de l'infini mathématique ; ouvrage destiné à concourir au prix qu'a proposé l'Académie royale des sciences, arts et belles-lettres de Berlin pour l'année 1786 », est reproduit ici grâce à l'aimable autorisation de l'*Akademie der Wissenschaften der D.D.R.* où le manuscrit original est conservé dans les Archives centrales, cote AAW, 1261-1262. A la suite de ce texte, le lecteur trouvera une série de notes dues au Pr A. P. Youschkevitch. La figure à laquelle Carnot se réfère à l'alinéa 39 (ci-dessous p. 266) est identique à celle qui est reproduite dans le texte imprimé des *Réflexions*. On la trouve d'ailleurs plus haut (p. 231), la seule différence étant que les lettres de la figure imprimée sont en capitales.

DISSERTATION
SUR LA THÉORIE DE L'INFINI MATHÉMATIQUE

OUVRAGE DESTINÉ A CONCOURIR AU PRIX
QU'A PROPOSÉ L'ACADÉMIE ROYALE DES SCIENCES,
ARTS ET BELLES-LETTRES DE BERLIN
POUR L'ANNÉE 1786

Celui-là seul peut juger sainement des choses
qui sait éviter l'abus des mots

L'Académie royale des sciences, arts et belles-lettres de Berlin, propose pour sujet du prix de mathématiques qu'elle doit adjuger en 1786 la question suivante.

Elle demande *une théorie claire et précise, de ce qu'on appelle infini en mathématiques.*

L'académie désire qu'on indique un principe sûr à substituer à l'infini, sans rendre trop difficiles ou trop longues, les recherches qu'on abrège par ce moyen.

Il n'est aucune découverte qui ait produit dans les sciences mathématiques une révolution aussi heureuse et aussi prompte que celle de l'analyse infinitésimale ; aucune n'a fourni des moyens plus simples ni plus efficaces, pour pénétrer dans la connoissance des loix de la nature en décomposant pour ainsi dire les corps et toutes les quantités jusque dans leurs éléments, elle semble en avoir indiqué la structure intérieure et l'organisation ; mais comme tout ce qui est extrême échape aux sens et à l'imagination, on n'a jamais pu se former qu'une idée imparfaite de ces éléments, espèces d'êtres singuliers, qui tantôt jouent le rôle de véritables quantités, tantôt doivent être traités comme absolument nuls et semblent par leurs propriétés équivoques, tenir le milieu entre la grandeur et le zéro entre l'existance et le néant *. Heureusement cette difficulté n'a point

* Je parle ici conformément aux idées vagues que les commençants se font pour l'ordinaire des quantités infinitésimales : mais dans le vrai, rien n'est plus simple que la notion exacte de l'infini. Elle tient immédiatement à celle des limites et des premières et dernières raisons, notions sur lesquelles on n'a jamais élevé de difficulté et que les géomètres tiennent pour si claires, qu'ils ne se donnent pas même communément la peine de les définir. En effet, qu'est-ce qu'une quantité infiniment petite ? Ce n'est autre chose que la différence de deux

nui aux progrès de la découverte ; il est certaines idées primitives qui laissent toujours quelque nuage dans l'esprit, mais dont les premières conséquences une fois tirées, ouvrent un champ vaste et facile à parcourir. Celle de l'infini a toujours paru telle et plusieurs géomètres en ont fait le plus heureux usage, qui n'en avoient peut-être point approfondi la notion. Cependant les philosophes s'efforceront toujours de remonter aux principes, et l'on doit tout espérer de leurs efforts, excités surtout par l'intérêt qu'annonce prendre à cette recherche une société célèbre. Je ne me flatte point d'avoir réussi dans cette entreprise difficile, et je me croirai bien récompensé de mon travail, si j'ai pu jeter quelque degrés de lumière sur un objet si intéressant.

grandeurs qui ont pour limites une même troisième grandeur (par ce terme de grandeur, j'entends ici, une quantité effective. C'est-à-dire qui ne soit ni 0, ni $\frac{1}{0}$) voilà en admettant la notion des limites une réponse claire, exacte et précise ; toutes les fois que deux quantités quelconques ont pour dernière raison, une raison d'égalité on dit qu'elles diffèrent infiniment peu, que leur différence est infiniment petite relativement à chacune d'elles, ou que le quotient de cette différence par chacune de ces grandeurs est une quantité infiniment petite. Or rien de moins grave que cela ni de plus facile à concevoir lorsqu'on sait ce que c'est que première et dernière raison. On m'objectera peut-être qu'il m'a plu, à moi, de définir ainsi les quantités infiniment petites ; mais que cette définition ne convient point à l'idée qu'on s'en fait ordinairement ; puisqu'il est très possible qu'une grandeur variable quoiqu'elle ait 0 pour limite, soit cependant susceptible de valeurs diverses plus grandes que telle ou telle quantité donnée ; au lieu qu'il est de fait, qu'on se représente toujours les quantités infiniment petites, sinon comme absolument nulles, au moins comme plus petites que toutes les quantités données. Je réponds à cela que si on se les représente de cette manière dans la pratique du calcul, c'est parce qu'on le veut bien et uniquement pour soulager son imagination ; mais que rien n'y oblige qu'on peut prendre les différentielles des quantités aussi grandes et plus grandes, que les quantités même dont elles sont les différentielles, sans que cela change la moindre chose au procédé du calcul ; qu'il en résultera seulement un peu plus de difficulté à saisir les dernières raisons de ces quantités ou les limites de leurs rapports, limites dont la considération est d'un très grand secours ; qu'enfin l'exactitude du calcul dont il s'agit, n'est pas fondée, comme semble l'indiquer cette dénomination d'infiniment petite sur ce que les quantités qu'on y néglige ou qu'on y traite comme nulles soient réelement inassignables comme le disent quelques personnes (cette expression ne signifie rien du tout car il est évident que toute quantité, si elle existe, peut être assignée) mais bien sur ce que les erreurs auxquelles on donne lieu en négligeant ces quantités se détruisent d'elles-mêmes par une compensation qui est une suite nécessaire et infaillible des opérations du calcul. Or cette compensation auroit lieu également quelques valeurs, soit petites soit grandes, qu'on attribuat aux quantités appelées infiniment petites. Nous verrons dans la suite quelle est l'origine de cette dénomination, qui ne fait rien à la chose, mais qui trompe les commençants ; c'est pourquoi le nom de quantités indéfiniment petites me paroîtroit plus convenable.

Sommaire

Définitions exactes et explication des principaux termes relatifs à la théorie de l'infini. Origine que peut avoir eue l'analyse infinitésimale. On a dû naturellement la regarder d'abord comme une simple méthode d'approximation. On a découvert ensuite, que malgré les erreurs commises dans l'expression des conditions de chaque problème, les résultats étoient néanmoins de la plus parfaite exactitude ; preuve qu'en effet ces erreurs doivent se détruire toujours, par une suite nécessaire et infaillible des opérations du calcul. Il y a deux manières d'envisager la question de l'infini ; la première consiste à attribuer aux variables qu'on nomme infiniment petites des valeurs déterminées qui soient effectives, c'est-à-dire, qui ne soient point égales à zéro, et alors l'analyse infinitésimale doit être regardée comme un calcul d'erreurs compensées ; la seconde consiste à attribuer aux quantités infiniment petites des valeurs absolument nulles ; et alors l'analyse infinitésimale est un calcul exact dans tous ses procédés, mais il a pour sujet des quantités évanouissantes qui sont des êtres de raison. Comparaison de la méthode des erreurs compensées avec celle des évanouissantes. Elles conduisent précisément aux mêmes opérations et aux mêmes résultats. Avantages et inconvénients qui sont propres à chacune d'elles. Réunion de ces deux méthodes en un même calcul, qui est l'analyse infinitésimale proprement dite. Explication de ce qu'on nomme méthode des limites ou des premières et dernières raisons. Elle est la même au fond que la méthode ordinaire du calcul infinitésimal, mais les procédés en sont plus difficiles. Moyen de rendre la méthode des limites aussi simple que le calcul infinitésimal ordinaire. L'analyse infinitésimale n'est autre chose qu'une application ou si l'on veut, une extension de la méthode des indéterminées. Celle-ci peut suppléer à l'autre sans augmenter sensiblement la difficulté du calcul. Conclusion.

Définitions exactes et explication des principaux termes relatifs à la théorie de l'infini.

1. Imaginons un système quelconque de quantités *, et qu'il soit question de trouver les rapports et relations qui existent entre elles.

Pour y parvenir, concevons un nouveau système de quantités différent du premier, mais tel, qu'en le faisant changer par degrés insensibles suivant une loi quelconque, on

* [Quelques mots rayés].

puisse l'en faire approcher d'aussi près qu'on voudra, ou qu'il finisse même par se confondre absolument avec lui.

Supposons maintenant, qu'au lieu de comparer directement ensemble les quantités du premier système, pour obtenir les relations désirées, on commence par chercher celles qui existent entre les quantités de ce premier système et celles du second, qu'ensuite on élimine ces dernières du calcul ; les résultats qu'on obtiendra par cette élimination ne contenant plus que les quantités du premier système, exprimeront évidement les rapports et relations qu'on s'étoit d'abord proposé de trouver.

Or telle est en général la marche du calcul qu'on nomme analyse infinitésimale *.

2. D'abord, le premier système étant fixe ou indépendant de l'état où l'on suppose que se trouve le second, je l'appelerai *système désigné,* le second, au contraire, n'étant en quelque sorte qu'un moyen de comparaison imaginé pour faciliter la recherche proposée, je l'appelerai *système auxiliaire.*

3. De même, toutes les quantités qui composent ce premier système ou qui en sont des fonctions quelconques, c'est-à-dire qui dépendent de ces premières quantités et d'aucune autre s'appeleront *quantités désignées* ; toutes les autres au contraire, c'est-à-dire, toutes celles qui ne dépendroient point du tout, ou qui dépendroient seulement en partie de ces quantités désignées, je les nommerai *quantités auxiliaires.*

De même encore, toute fonction, toute équation, tout résultat quelconque en un mot, qui ne contiendra que des quantités désignées se nommera *résultat désigné* et au contraire, on le nommera *résultat auxiliaire,* lorsqu'il ne dépendra pas entièrement de ces quantités désignées.

4. Le système désigné sera aussi nommé *limite* du système auxiliaire ; parce qu'en effet, c'est comme le terme ou la limite du changement auquel celui-ci est supposé assujetti ; le système désigné n'étant autre chose que le dernier état du système auxiliaire, celui auquel on le rapporte et dont il approche de plus en plus.

5. Par la même raison, j'appelerai *limite* ou *dernière valeur* d'une quantité, le terme dont cette quantité approche de plus en plus, à mesure que le système auxiliaire approche davantage du système désigné.

* Ceux qui connoissent l'analyse infinitésimale sentiront bien la vérité de cette assertion. Car, qu'on ait à trouver les relations qui existent entre des grandeurs proposées a, b, c, etc., x, y, z, etc., les unes constantes les autres variables, on commencera suivant les principes de ce calcul par concevoir un autre système de grandeurs qui puisse être supposé aussi peu différent qu'on voudra du premier et composé des quantités a, b, c, etc., $(x + \partial x)$, $(y + \partial y)$, $(z + \partial z)$, etc., ainsi que de toutes les autres quantités qui comme ∂x, ∂y, ∂z, etc., sont fonctions de ces premières : puis ayant trouvé les relations qui existent entre celles du premier système et celles du second on éliminera ces dernières soit par les règles de l'algèbre ordinaire, soit par les moyens abrégés que fournit l'art de négliger à propos les quantités qui n'influent point sur le résultat cherché. Alors on a évidement la relation désirée telle qu'on la vouloit avoir.

6. La limite du rapport de deux quantités ou la dernière valeur du quotient de l'une divisée par l'autre s'appelle *première raison* ou *dernière raison* de ces quantités *.

7. Ainsi en général, on nomme *dernières valeurs* et *dernières raisons* des quantités, celles qui sont en effet les dernières de celles qu'assigne à ces quantités et à leurs rapports la loi de continuité, lorsque l'on conçoit que le système auxiliaire va en s'approchant continuellement du système désigné.

8. De même on appelera *limite* d'une fonction, d'une équation ou d'un résultat quelconque, le dernier état de ce résultat, c'est-à-dire le dernier de ceux qui détermine la loi de continuité, lorsque le système auxiliaire va en s'approchant par degrés insensibles du système désigné.

9. Ainsi par exemple, si deux quantités avoient chacune 0 pour limite, leur dernière raison, quoique égale à $\frac{0}{0}$ ne seroit pas pour cela une quantité arbitraire : car parmi toutes les valeurs qu'on pourroit attribuer à cette fraction, il y en a evidement une seule donnée par la loi de continuité, c'est-à-dire, qui soit le terme dont approche de plus en plus le rapport des quantités en question à mesure qu'elles décroissent ou que le système auxiliaire approche davantage du système désigné : or c'est ce terme ou cette limite, qu'on nomme dernière raison des quantités proposées.

10. A chacune des quantités désignées, répond donc une quantité auxiliaire dont elle est la limite : or si malgré le changement du système général de ces quantités auxiliaires il s'en trouve quelques-unes qui ne changent pas, c'est-à-dire qui restent constamment égales à leurs limites ou quantités désignées qui y répondent, on les nommera *quantités constantes* ; celles au contraire, qui changent à mesure que les deux systèmes se rapprochent, se nommeront *variables auxiliaires* ** et enfin, les quantités désignées qui répondent à ces variables auxiliaires ou qui en sont les limites, se nommeront *variables désignées.* Par l'expression générique de variables, nous entendrons également, soit les variables désignées soit les variables auxiliaires, à moins que le sens de la phrase ne dénote particulièrement l'une de ces espèces plutôt que l'autre.

* On emploie indifférement l'une ou l'autre de ces expressions, parce qu'on peut également supposer, ou comme nous l'avons fait (1) que le système auxiliaire s'approche continuellement du système désigné ; de sorte que celui-ci soit considéré comme le dernier état du système auxiliaire ou qu'au contraire il s'en éloigne continuellement ; de sorte que le système désigné soit regardé comme le premier état du système auxiliaire. Or le nom de *dernière raison* se rapporte à la première manière de concevoir la chose et celui de *première raison* se rapporte à la seconde.

** Par exemple si l'on se propose de trouver les rapports qui existent entre a, b, c, etc., x, y, z, et que pour y parvenir on ait recours à un système auxiliaire composé des quantités a, b, c, etc., $(x + \partial x)$, $(y + \partial y)$, etc., celles a, b, c, qu'on suppose les mêmes dans le système auxiliaire que dans le système désigné seront les *constantes*, celles $(x + \partial x)$, $(y + \partial y)$, etc., qui changent par le rapprochement des deux systèmes seront les *variables auxiliaires*, et leurs limites x, y, z, etc., seront les *variables désignées*.

11. Toute quantité dont la dernière valeur est une quantité quelconque effective, c'est-à-dire dont la limite n'est ni 0 ni $\frac{1}{0}$, se nomme *quantité finie*; toutes celles au contraire, qui n'ont point de limites effectives, c'est-à-dire, dont les dernières valeurs sont 0 ou $\frac{1}{0}$ se nomment *quantités infinitésimales.*

12. Parmi les quantités infinitésimales, celles dont la limite ou dernière valeur est 0 se nomment *infiniment petites* *. Celles au contraire dont la limite ou dernière valeur est $\frac{1}{0}$ se nomment *infinies* ou *infiniment* grandes.

Dire suivant l'usage vulgaire que l'infini est ce qui n'a point de bornes, ce qui est sans limite ou ce dont la limite n'existe pas ; c'est donc en donner une idée tout à la fois fort simple et fort exacte, puisqu'en effet toutes les quantités infinitésimales, soit infinies soit infiniment petites n'ont point de vraies limites, ou plutôt, ont pour limites les unes 0, les autres $\frac{1}{0}$ qui ne sont point de vraies quantités.

13. Les quantités infinitésimales ne sont donc pas des êtres chimériques, mais de simples quantités variables caractérisées par la nature de leurs limites, et qui supposent par conséquent toujours l'existance de deux systèmes de quantités dont l'un est pris pour terme de comparaison ou limite de l'autre. Lors donc, qu'on emploie ces expressions de limite, quantité infinie ou infiniment petite, dernière valeur ou dernière raison et autres qui en dépendent, on suppose tacitement la comparaison de deux systèmes de cette nature sans qu'il soit besoin de le dire expressement.

14. On nomme *calcul infinitésimal,* l'art d'employer les quantités infinitésimales d'un ou de plusieurs systèmes auxiliaires, pour découvrir les rapports et relations quelconques des quantités finies qui composent un système désigné.

* Nous avons dit (note 1) qu'une quantité infiniment petite n'est autre chose que la différence de deux autres quantités qui ont pour limite commune une troisième grandeur quelconque effective, ce qui revient au même que la définition présente. Car soit x une quantité qui ait 0 pour dernière valeur, et X une autre quantité qui ait pour limite une grandeur quelconque effective Y, il est clair qu'on a $x = (X + x) - X$, c'est-à-dire que x est la différence des quantités $X + x$ et X, lesquelles ont évidement pour limites la même grandeur Y. On trouvera (42) la preuve que les quantités dont les géomètres font usage sous la dénomination de quantités infiniment petites sont en effet telles que nous venons de les définir.

Ce nom porteroit cependant à croire, que les grandeurs auxquelles on le donne, doivent non seulement avoir 0 pour limite, mais que de plus elles ne peuvent avoir elles-mêmes que des valeurs très petites, c'est-à-dire qu'on ne seroit pas maître de leur attribuer des valeurs égales à telle ou telle grandeur donnée ; mais cela n'est pas, ce sont des quantités variables auxquelles de même qu'a toute autre variable on peut attribuer diverses valeurs déterminées : ainsi l'expression d'infiniment petite est assez impropre, et ne contribue pas peu à faire prendre une idée fausse de ces quantités. Nous verrons (17) quelle est l'origine de cette dénomination, à laquelle il conviendroit peut-être de substituer celle d'indéfiniment petite.

15. Les quantités infinitésimales étant de simples variables dont la limite est 0 ou $\frac{1}{0}$, on peut leur attribuer successivement comme à toutes les autres variables, diverses valeurs déterminées, et parmi ces valeurs on doit compter la dernière de toutes, qui est 0 pour les quantités infiniment petites et $\frac{1}{0}$ pour les quantités infiniment grandes : je distinguerai donc l'infini mathématique en deux espèces, savoir, l'infini *sensible* ou *assignable*, et l'infini *absolu* ou *métaphysique* qui n'est autre chose que la limite du premier.

Si donc on attribue à une quantité infiniment petite une valeur quelconque déterminée, qui ne soit point égale à zéro, cette valeur sera ce que j'appelle quantité infiniment petite *sensible* ou *assignable* et que je désignerai aussi par le nom d'*indéfiniment petite* ; au lieu que si cette valeur est la dernière de toutes, c'est-à-dire, si elle est absolument nulle, elle sera alors ce que j'appelle quantité infiniment petite *absolue* et que je désignerai aussi par le nom de quantité *évanouissante.*

Les quantités que je nomme *évanouissantes* ne sont donc autre chose que des quantités absolument nulles auxquelles on donne cette dénomination particulière d'évanouissantes, pour avertir que de tous les rapports et relations dont elles sont susceptibles, on ne veut considérer que ceux qui leur sont assignés par la loi de continuité, lorsque l'on conçoit le système auxiliaire s'approchant par degrés insensibles du système désigné. C'est ce que de grands géomètres ont exprimé en disant que les évanouissantes sont des quantités considérées, non avant de s'évanouir, non après qu'elles sont évanouies, mais à l'instant même qu'elles s'évanouissent *. Ainsi une quantité évanouissante ou infiniment petite absolue n'est pas à proprement parler ce qu'on nomme en général une quantité infiniment petite, mais seulement la dernière valeur de cette quantité ; ce n'est dis-je, qu'une valeur déterminée qu'on peut attribuer comme toute autre à cette quantité variable qu'on nomme en général infiniment petite.

De même, si l'on attribue à ce que je nomme en général quantité infiniment grande une valeur quelconque déterminée qui ne soit point $\frac{1}{0}$, cette valeur sera ce que j'appelle infiniment grande *assignable,* mais si l'on suppose que cette valeur soit la dernière de toutes, c'est-à-dire, égale a $\frac{1}{0}$, elle sera ce que j'appelle infiniment grande *absolue* ou *métaphisique.*

16. J'emploirai ces distinctions lorsque je voudrai spécifier la nature de l'infini dont j'aurai à parler ; mais lorsque je me servirai simplement des termes généraux d'infini, d'infiniment grand, d'infiniment petit, ce que je dirai devra également s'appliquer à l'infini sensible et à l'infini absolu à moins que le sens de la phrase ne dénote particulièrement l'un de ces infinis plutôt que l'autre.

* [Une ligne rayée, remplacée par le début de la phrase qui suit].

17. L'objet de la question étant toujours de parvenir à la connoissance des rapports qui existent, non entre les diverses quantités qui composent le système auxiliaire, mais seulement entre les quantités désignées qui en sont les limites ou dernières valeurs, on sent que pour saisir avec facilité ces dernières valeurs et les dernières raisons de ces quantités, il faut rapprocher autant qu'il est possible par l'imagination, le système auxiliaire du système désigné.

Or à mesure que ces deux systèmes se rapprochent les quantités dont la limite est 0 deviennent de plus en plus petites ; et celles dont la limite est $\frac{1}{0}$ deviennent de plus en plus grandes : il faut donc pour saisir avec facilité leurs limites et leurs dernières raisons, attribuer aux premières les plus petites valeurs que faire se pourra dans la pratique ; et aux autres, au contraire, les plus grandes qu'il sera possible.

De là viennent les dénominations de quantités infiniment petites et de quantités infiniment grandes qu'on leur attribue ; le nom d'infiniment petites qu'on donne aux premières ayant pour objet de faire entendre que dans l'usage on a coutume de leur attribuer en effet, des valeurs assez petites, pour que l'imagination saisisse facilement leurs dernières raisons au moyen de la loi de continuité, et le nom d'infiniment grandes qu'on donne aux autres indiquant que dans la pratique, on leur attribue en effet, des valeurs assez grandes pour que l'on puisse aisément saisir leurs dernières raisons et relations quelconques par la même loi de continuité. Ainsi ce n'est pas seulement à cause qu'on peut attribuer aux quantités dont la limite est 0 ou $\frac{1}{0}$, des valeurs déterminées aussi petites ou aussi grandes qu'on le veut ; ce n'est point dis-je, à cause de cela qu'on les nomme infinitésimales, puisque les autres quantités indéterminées peuvent être également supposées aussi grandes ou aussi petites qu'on le veut ; mais c'est qu'on est invité par la comparaison des deux systèmes désigné et auxiliaire à les rapprocher autant qu'il est possible pour soulager son imagination, et par conséquent à attribuer en effet aux unes, des valeurs aussi petites qu'on le peut dans la pratique ; et aux autres au contraire, des valeurs aussi grandes qu'il est possible de le faire. Cependant, comme rien n'oblige absolument ** de leur attribuer une valeur déterminée plutôt qu'une autre, il s'en suit, qu'on explique bien par là, l'origine de leur nom, mais que ce n'est point précisément ce qui constitue le caractère de ces quantités lequel consiste uniquement comme on l'a dit (12) dans la nature de leurs limites.

* Absolument parlant rien n'empêche par exemple, dans une figure de géométrie, de représenter les différentielles des abscisses et ordonnées, par des lignes plus longues que les abscisses et ordonnées elles-mêmes, et si on ne le fait pas ordinairement, il est aisé de voir que c'est uniquement afin que l'imagination ait moins à travailler pour saisir la dernière raison de ces différentielles. Mais dira-t-on si l'on suppose ces différentielles plus grandes que telle ou telle grandeur donnée sera-t-on * en droit de les négliger en comparaison de ces quantités données ? Je réponds qu'on aura les mêmes dıoits dans les mêmes circonstances ; parce que les erreurs auxquelles on donnera lieu par là se compenseront d'elles-mêmes comme je le prouverai (55).

** [Mot rayé : toujours].

18. Deux quantités sont dites différer infiniment peu ou être infiniment peu différentes l'une de l'autre lorsque leur dernière raison est une raison d'égalité. En général, on dit que deux systèmes de quantités sont infiniment peu différents l'un de l'autre ou différent infiniment peu, lorsque chacune des quantités qui composent l'un de ces systèmes, différe infiniment peu de la quantité qui lui correspond dans l'autre.

19. Toute équation exacte a visiblement pour limite une autre équation exacte, mais le réciproque n'est pas toujours vrai. Car il peut arriver que la limite d'une équation fausse, soit cependant une équation vraie. Par exemple, si A et B diffèrent infiniment peu, l'équation $A = B$ sera une équation fausse, mais sa limite sera néanmoins une équation exacte, et la dernière raison de A à B sera une raison d'égalité. Cela posé pour distinguer ces sortes d'équations dont on fait grand usage dans l'analyse infinitésimale, des équations exactes et de celles qui sont absolument fausses, je les nommerai *équations imparfaites* : c'est-à-dire, que j'appelle *imparfaite* toute équation fausse dont les deux membres se trouvent avoir pour dernière raison une raison d'égalité.

L'erreur qui a lieu dans de semblables équations diminue donc à mesure que le système auxiliaire approche du système désigné, c'est-à-dire, que les deux membres approchent d'autant plus du rapport d'égalité qu'on attribue des valeurs moindres aux quantités auxiliaires que j'ai nommées indéfiniment petites de sorte qu'une équation imparfaite différe pour ainsi dire, aussi peu qu'on veut d'une équation vraie et qu'on est maitre d'en atténuer l'erreur autant qu'on le juge à propos.

20. En général je nommerai imparfaite toute proportion, hypothèse ou proposition quelconque, dont l'expression ou traduction algébrique pourra être mise sous la forme d'une équation imparfaite. Ces sortes de propositions ne doivent par conséquent être entendues qu'avec certaines modifications, mais ces modifications sont toujours faciles à saisir, puisque les propositions dont il s'agit, tiennent toujours, si l'on peut s'exprimer ainsi, d'aussi près qu'on veut à la vérité.

21. Dans tout calcul infinitésimal, on prend toujours au moins tacitement, une quantité infiniment petite pour servir de terme de comparaison à toutes les autres quantités infinitésimales, j'appelle cette quantité ou terme de comparaison *base infinitésimale.*

22. Toute quantité dont le rapport à la base infinitésimale est une quantité * finie (11) s'appelle infiniment petite *du premier ordre.*

Toute quantité dont le rapport à la base infinitésimale est une quantité infiniment petite du premier ordre, se nomme infiniment petite du *second ordre.*

* [Mots rayés : infiniment petite du premier ordre].

Toute quantité dont le rapport à la base infinitésimale est une quantité infiniment petite du second ordre, se nomme infiniment petite *du troisième ordre* et ainsi de suite. C'est-à-dire donc, qu'en général si l'on nomme x la base infinitésimale, toute quantité égale à Ax^n, A étant une quantité finie, sera ininiment petite de l'ordre n.

23. Si l'on supposoit $n = 0$, Ax^n deviendroit Ax^0 ou A, c'est-à-dire, que toute quantité infiniment petite de l'ordre 0, n'est autre chose qu'une quantité finie.

24. Toute quantité finie, divisée par une quantité infiniment petite a évidement pour limite $\frac{1}{0}$, et par conséquent (12) est une quantité infinie. Cela posé,

Toute quantité finie, divisée par la base infinitésimale sera nommée infiniment grande du *premier ordre*.

Toute quantité infiniment grande du premier ordre divisée par la base infinitésimale, sera nommée infiniment grande du second ordre et ainsi de suite.

Ainsi en général si l'on nomme x la base infinitésimale, toute quantité égale à Ax^{-n}, A étant une quantité finie sera infiniment grande de l'ordre n.

25. Si lon suppose $n = 0$ Ax^{-n} deviendra Ax^0 ou A., c'est-à-dire que toute quantité infiniment grande de l'ordre 0, est comme la quantité infiniment petite du même ordre, une quantité finie.

26. Il suit visiblement de la subordination qu'on vient d'établir entre les quantités infinitésimales, que c'est la même chose de dire d'une quantité qu'elle est infiniment petite de l'ordre n, ou infiniment grande de l'ordre $-n$; et que réciproquement, c'est la même chose de dire d'une quantité qu'elle est infinie de l'ordre n ou infiniment petite de l'ordre $-n$.

Il s'en suit aussi évidement, que le produit de deux quantités infiniment petites du premier ordre est infiniment petit du second ordre; qu'en général le produit d'une quantité infiniment petite de l'ordre m par une quantité infiniment petite de l'ordre n, est une quantité infiniment petite de l'ordre $m + n$, que leur quotient, est au contraire, une quantité infiniment petite de l'ordre $m - n$, et que pareillement, le produit ou le quotient de deux quantités infinies l'une de l'ordre m, l'autre de l'ordre n, est une quantité infinie de l'ordre $m + n$ s'il est question du produit, et de l'ordre $m - n$, s'il est question du quotient.

Il est aisé d'extraire encore de ces définitions plusieurs conséquences dans le détail desquelles je n'entrerai pas parce que je n'entreprends point un traité d'analyse infinitésimale, et que mon but est simplement d'en faire connoître l'esprit et les premiers principes.

27. Imaginons maintenant, un système quelconque de quantités diverses, les unes constantes, les autres variables, et liées entre elles par une loi

quelconque donnée, ainsi que seroient par exemple, les paramètres, abscisses et ordonnées d'une courbe. Soient x, y, z etc., les variables de ce système, que je suppose changer par degrés insensibles, suivant la loi prescrite par les relations données entre les constantes et les variables qui le composent.

Cela posé, considérons ce système dans deux états infiniment peu différents l'un de l'autre ; supposons, c'est-à-dire, que les nouvelles variables diffèrent infiniment peu des premières, et prenons ce second état du système pour système auxiliaire, tandis que le premier sera le système désigné.

Cela étant, si l'on prend la différence d'une quelconque des quantités de ce système auxiliaire à la quantité correspondante du système désigné, la limite ou dernière valeur de cette différence sera évidement égale à zéro. Donc (12) ce sera une quantité infiniment petite : c'est pourquoi, je la désignerai dans le discours, par l'expression diminutive de *différentielle* de cette quantité désignée, et je la représenterai dans le calcul par la quantité même dont elle est la différentielle précédée de la lettre ou caractéristique ∂, c'est-à-dire, que si x, y, z, etc., sont les quantités du système désigné, x', y', z' etc., les quantités correspondantes du système auxiliaire ; les quantités $x' - x$, $y' - y$, $z' - z$, etc., seront les différentielles respective de x, y, z, etc., et on les représentera dans le calcul par ∂x, ∂y, ∂z, etc., de manière qu'on aura $\partial x = x' - x$, $\partial y = y' - y$, $\partial z = z' - z$, etc.

28. Les quantités x, y, z, etc., qui ont pour différentielles ∂x, ∂y, ∂z, etc., sont nommées *sommes* ou *intégrales* de ces différentielles, et on représente ces intégrales dans le calcul, par leurs différentielles précédées de la lettre $\int$; ainsi $\int.\partial x$ représente l'intégrale ou la somme de ∂x, $\int.\partial x$ l'intégrale de ∂y, etc. La différentielle se nomme aussi *élément* ou *fluxion* ; et l'intégrale se nomme aussi *fluente*. Ainsi ∂x est l'*élément*, la *fluxion* ou la *différentielle* de x, et réciproquement x ou $\int.\partial x$ est la *somme*, l'*intégrale* ou la *fluente* * de ∂x.

29. L'opération par laquelle on assigne la différentielle d'une quantité, se nomme *différentiation*, et réciproquement l'opération par laquelle on assigne l'intégrale ou la somme d'une différentielle se nomme *intégration* ou *sommation*.

Différentier une quantité ou une intégrale c'est donc assigner sa *différentielle, fluxion* ou *élément*, et réciproquement *intégrer* ou *sommer* une différentielle, c'est en assigner la *somme, fluente* ou *intégrale*.

* Ces dénominations viennent des différents points de vue, sous lesquels on peut envisager la question de l'infini. Nous avons vu (27) d'où vient le nom de *différentielle*, celui de *fluxion* est propre à exprimer que le changement qui s'opère dans le système auxiliaire est assujetti à la loi de continuité, et l'on verra (83) d'où vient celui d'*élément*, qui est opposé à celui de *somme* ; celui de *différentiel* est opposé à celui d'*intégrale* et celui de *fluxion* à celui de *fluente*.

30. L'art de différencier les diverses quantités proposées, ou d'assigner leurs différentielles, se nomme *calcul différentiel* ou *calcul des fluxions* ; et réciproquement l'art d'intégrer les quantités différentielles ou d'en trouver la somme s'appelle *calcul intégral* ou *des fluentes.*

31. Le système auxiliaire composé des quantités x', y', z', etc., correspondantes à celles du premier système et (3) de toutes celles qui comme $x' - x$ ou ∂x, $y' - y$ ou ∂y, etc., en sont des fonctions quelconques ; ce système dis-je étant assujetti dans son changement à la loi de continuité il est évident, que nous pouvons concevoir le système désigné dans un troisième état infiniment peu différent du second ; ou considérer le troisième état comme un second système auxiliaire composé de quantités x'', y'', z'', etc., $x'' - x'$, $y'' - y'$, $z'' - z'$, etc., correspondantes à celles x', y', z', etc., $x' - x$, $y' - y$, $z' - z$, etc., qui composent le premier et qui différent infiniment peu chacune de sa correspondante. Cela posé, de même que la différence de chacune des quantités du premier système auxiliaire à sa correspondante dans le système désigné, a été nommée différentielle de cette dernière ; de même aussi la différence de chacune des quantités qui composent le second système auxiliaire à sa quantité correspondante dans le premier sera nommée différentielle de cette dernière et je la distinguerai dans le calcul par la même caractéristique ∂ mise en avant : c'est à dire que $x'' - x'$, $y'' - y'$, $z'' - z'$, etc, $(x'' - x') - (x' - x)$, $(y'' - y') - (y' - y)$, $(z'' - z') - (z' - z)$ etc., seront les différentielles de x', y', z', etc., $(x' - x)$ ou ∂x, $(y' - y)$ ou ∂y, $(z' - z)$ ou ∂z, etc., et on les écrira ainsi, $\partial x'$, $\partial y'$, $\partial z'$, etc., $\partial\,(x' - x)$ ou $\partial\partial x$ (parce que $x' - x = \partial x$), $\partial\,(y' - y)$ ou $\partial\partial y$, $\partial\,(z' - z)$ ou $\partial\partial z$, etc. : et pour rapporter tout autant qu'il est possible au système désigné je nommerai ces nouvelles quantités $\partial\partial x$, $\partial\partial y$, $\partial\partial z$, etc., secondes différences de x, y, z, etc., ou leurs différentielles du second ordre.

Pareillement le second système auxiliaire composé des quantités x'', y'', z'', etc., $\partial x'$, $\partial y'$, $\partial z'$, etc., $\partial\partial x$, $\partial\partial y$, $\partial\partial z$, etc., étant assujetti dans son changement à la loi de continuité ; on pourra concevoir un troisième système auxiliaire composé de quantités analogues infiniment peu différentes de celles qui composent ce second système auxiliaire ; nous nommerons donc encore les différences respectives des quantités qui composent ce troisième système auxiliaire à celles du second ; nous les nommerons, dis-je, différentielles de celles-ci et nous les exprimerons dans le calcul par les quantités dont elles sont différentielles précédées de la caractéristique ∂. Ainsi $x''' - x''$, $y''' - y''$, etc., $\partial x'' - \partial x'$, $\partial y'' - \partial y'$, etc., $\partial\partial x' - \partial\partial x$, $\partial\partial y' - \partial\partial y$ etc., seront les différentielles de x'', y'', etc., $\partial x'$, $\partial y'$, etc., $\partial\partial x$, $\partial\partial y$, etc., et ces différentielles seront exprimées dans le calcul par $\partial x''$, $\partial y''$, etc., $\partial\partial x'$, $\partial\partial y'$, etc., $\partial\partial\partial x$, $\partial\partial\partial y$, etc. Enfin, pour rapporter encore ces nouvelles quantités $\partial\partial\partial x$, $\partial\partial\partial y$, etc., au système désigné ; je les nommerai troisièmes différences des quantités x, y, etc., ou leurs différentielles du troisième ordre.

Par les mêmes raisons on pourra imaginer un quatrième, un cinquième, enfin un nombre quelconque de systèmes auxiliaires, qui seront autant d'états consécutifs du système désigné, et composés chacun de quantités infiniment peu différentes des quantités correspondantes du système précédent ; ce qui donnera à chaque fois, des différentielles d'un nouvel ordre.

32. On comprend sous le nom de *calculs différentiel et intégral* ou de *calcul des fluxions et fluentes,* non seulement l'art de rechercher les différences premières et de les intégrer, mais aussi tout ce qui regarde la recherche des différentielles des ordres supérieurs et de revenir de celles-ci aux quantités qui les produisent par leur différentiation.

La partie de ce calcul qui enseigne à rechercher les différentielles des ordres supérieurs se nomme calcul *différentio-différentiel.*

33. Toutes ces quantités différentielles forment évidement une liaison entre le système désigné et les divers systèmes auxiliaires dont nous avons parlé : d'où il est aisé de sentir que l'art d'intégrer et de différentier doit entrer pour beaucoup dans la théorie de l'infini, et en effet, il y joue un si grand rôle, que l'on prend souvent la partie pour le tout, en comprenant sous le nom de calcul différentiel et intégral toute la théorie de l'infini.

34. Les divers systèmes auxiliaires dont nous venons de parler ne sont autre chose par hypothèse, que le système même proposé, considéré dans plusieurs états consécutifs dépendants des rapports prescrits entre les quantités qui le composent et par lesquels est déterminée la loi de continuité suivant laquelle se fait le changement.

Concevons maintenant un autre système auxiliaire, mais qui ne soit point assujetti à la loi donnée, qui lie les différentielles dont nous venons de parler, avec le système désigné. Supposons, c'est-à-dire, que ce nouveau système auxiliaire soit * différent du premier et suive dans son changement, une autre loi quelconque. Cela posé, si l'on prend comme ci-dessus, la différence de chacune des quantités de ce nouveau système, à la quantité correspondante du système désigné, cette différence sera une quantité infiniment petite, que l'on distingue des différentielles par une dénomination particulière ; on les nomme *variations* ; de sorte qu'il y a cette différence entre variations et différentielles, savoir, que le système auxiliaire qui donne celles-ci, est assujetti dans son changement, à une loi prescrite et donnée ; au lieu que celui qui donne ce qu'on nomme variations change suivant une autre loi quelconque.

Pour exprimer ces variations dans le calcul, on emploie une caractéristique particulière, autre que celle dont on se sert pour les différentielles et qui cependant lui est analogue ; parce qu'en effet, la variation d'une quantité n'est à proprement parler que sa différentielle même, prise dans un autre système auxiliaire : ainsi par exemple, si l'on désigne la différentielle de x par ∂x on pourra désigner sa variation par dx.

On peut encore imaginer en quel nombre on voudra d'autres systèmes auxiliaires, assujettis dans leurs changements et dans leurs relations

* [Un mot rayé : composé].

réciproques, à des loix absolument arbitraires ou en partie prescrites par les conditions du problème et en partie arbitraires ; et alors, si l'on prend les différences respectives des quantités qui composent le système auxiliaire aux quantités correspondantes du système désigné on aura des variations de différents genres. Par exemple, si l'on conçoit que le système auxiliaire soit composé de deux parties dont l'une lui soit commune avec le système désigné et par conséquent constante (10) et dont l'autre lui soit commune avec le système auxiliaire qui donne les différentielles et dont la loi est prescrite, les variations se nomment dans ce cas différentielles partielles.

Or de même qu'il y a des différentielles secondes, troisièmes, etc., on pourra prendre des variations de différents ordres, des différentielles de variations, des variations de différentielles, etc., et toutes ces quantités pourront se trouver mêlées dans un même calcul dont le calcul différentiel ordinaire est le cas particulier où il n'y a qu'un seul système auxiliaire et où ce système est assujetti à une loi donnée. Or l'analyse de l'infini en général est l'art d'employer le ministère ou l'entremise de tous ces systèmes et quantités auxiliaires, pour découvrir les rapports et relations quelconques, des quantités qui composent le système désigné.

35. Nous avons distingué (15) deux sortes d'infinis, savoir, l'infini sensible et l'infini absolu ; on est donc maître d'attribuer aux différentielles et variations, des valeurs qui soient des quantités effectives, ou des valeurs absolument nulles : dans ce dernier cas, on les nommera *différentielles* et *variations absolues* ou *évanouissantes* ; dans l'autre au contraire, on les nommera *différentielles* et *variations vraies* ou *sensibles* : mais si l'on ne désigne pas expressement la nature de celles dont on parle, ce qu'on en dira, sera applicable aux deux espèces de différentielles et de variations ; à moins que le sens de la phrase ne montre qu'il ne peut être question que de l'une des deux.

36. Pour réunir ici, toutes les définitions dont j'aurai besoin, je vais encore expliquer, ce que j'entends par *moment évanouissant* ou *d'évanouissement* * *moment différentiel, moment de variation* et *moment intégral* ou *d'intégrale.*

J'avertis d'abord que je désigne la limite ou dernière valeur d'une quantité quelconque par cette même quantité précédée de la caractéristique $\mathfrak{L}$; ainsi par exemple la limite de $\frac{\partial x}{\partial y}$ ou la dernière raison de ∂x à ∂y sera exprimée par $\mathfrak{L}\frac{\partial x}{\partial y}$; de plus nous avons dit (21) que dans l'analyse infinitésimale, on prend toujours, au moins tacitement, une quantité infiniment petite pour servir de base ou terme de comparaison. Cela posé :

Je nommerai *moment différentiel* d'une quantité quelconque la dernière raison de sa différentielle avec la base infinitésimale ; c'est-à-dire, que si ∂x par exemple, est prise pour base, et que ∂y soit la différentielle de y,

* [Quelques mots rayés].

la dernière raison de ∂y à ∂x, ou $\mathcal{L}\frac{\partial y}{\partial x}$, est ce que je nomme *moment différentiel* de y, et je le désignerai dans le calcul de cette manière $\mathrm{D}y$: ainsi nous aurons $\mathrm{D}y = \mathcal{L}\frac{\partial y}{\partial x}$, ∂x étant prise pour base infinitésimale *.

Réciproquement y sera nommée *moment intégral* de $\mathrm{D}y$, et je le désignerai ainsi $\int.\mathrm{D}y$.

Par la même raison, si l'on différentie $\mathrm{D}y$, qui est une quantité finie, qu'on divise cette différentielle par la base infinitésimale ∂x et qu'on prenne la dernière valeur de ce rapport ; ce sera le *moment* différentiel de la quantité finie $\mathrm{D}y$; ainsi ce moment sera $\mathcal{L}\frac{\mathrm{D}y}{\partial x}$ ou $\mathrm{DD}y$ qui est aussi une quantité finie ; et réciproquement, $\mathrm{D}y$ sera le moment intégral de $\mathrm{DD}y$.

Chaque quantité aura de même ses *moments de variation* de différents ordres, qu'on désignera par des caractéristiques analogues. L'usage de ces expressions sera expliqué dans la suite.

Je prie le lecteur de donner un attention particulière aux définitions précédentes ; j'ai tâché de leur donner toute l'exactitude et la clarté possibles, de manière qu'elles puissent servir à des personnes qui n'auroient aucune idée de cette théorie. Je vais maintenant rechercher quelle a pu être la marche des inventeurs dans sa découverte.

Origine que peut avoir eue l'analyse infinitésimale.

37. La difficulté qu'on retrouve souvent à exprimer par des équations, les différentes conditions d'un problème et à résoudre ces équations a pu faire naître les premières idées du calcul infinitésimal **. Lorsqu'il

* En général je nommerai *moment d'évanouissement* d'une quantité quelconque infiniment petite, la dernière raison de cette quantité à celle qui est prise pour base. Ainsi $\mathrm{D}y$ est le *moment d'évanouissement* ou *moment évanouissant* de ∂y.

** Il ne s'agit pas ici de la marche qu'on a suivie réelement, dans la découverte, mais de celle qu'on auroit pu suivre assez naturellement. Je n'entreprendrai pas non plus de discuter si c'est *Neuton* qui est l'inventeur de l'analyse infinitésimale ou si c'est *Lebnitz* : je ne puis cependant m'empêcher de dire que je suis intimement persuadé que c'est à *Lebnitz* seul, qu'on doit cette brillante découverte. *Neuton* a trouvé la méthode des premières et dernières raisons, mais qu'il y a loin de la subtile synthèse employée par ce grand homme dans le livre des principes et qui exige tant de sagacité dans le calculateur ; à l'algorithme si simple et si facile à mettre en pratique du calcul proposé par *Lebnitz* : ces deux méthodes sont les mêmes au fond, j'en conviens ; mais au fond, ne sont-elles pas aussi l'une et l'autre, les mêmes, que la méthode d'exhaustion ; et dira-t-on pour cela, que les anciens, avoient connoissance de l'analyse infinitésimale ? Si parce qu'on découvre une vérité, on prétend être l'auteur de toutes les conséquences qui en dérivent, quelque éloignées qu'elles soient de leur origine, il faudra donc dire que les *Bernouillis*, les *Eulers*, les *D'Alembert*, les *Delagrange*, les *Neuton* même n'ont rien inventé ; parceque les premiers principes des sciences étoient connus avant eux. Pour moi je pense que le calcul infinitésimal tient de beaucoup plus près à la méthode des indéterminées de *Descartes*, qu'à la méthode des premières et dernières raisons de *Neuton*, et cependant, *Descartes* s'il vivoit encore auroit honte de se donner pour l'inventeur du calcul *différentiel*. On ne dispute point à *Neuton* le système de l'attraction, malgré ce qu'en avoient dit les anciens et malgré ce qu'avoient écrit *Kepler* sur le mouvement des planètes et *Huguens* sur la théorie des forces centrales ; pourquoi lui attriburoit-on une gloire dont il n'a pas besoin et qu'un autre a méritée. En un mot ce qui caractérise l'invention du calcul infinitésimal, est la forme analytique, parceque c'est ce qui le distingue d'une

est trop difficile en effet, de trouver la solution exacte d'une question : il est naturel de chercher au moins à en approcher le plus qu'il est possible, en négligeant les quantités qui embarassent les combinaisons, si l'on prévoit que ces quantités négligées ne peuvent à cause de leur peu de valeur, produire qu'une erreur légère, dans le résultat du calcul. C'est ainsi par exemple, que ne pouvant découvrir qu'avec peine les propriétés des courbes, on aura imaginé de les regarder, comme des polygones d'un grand nombre de côtés. En effet, si l'on conçoit un polygone régulier inscrit dans un cercle, il est visible que ces deux figures, quoique toujours différentes et incapables de jamais devenir identiques se ressemblent cependant de plus en plus, à mesure que le nombre des côtés du polygone augmente ; que leurs périmètres, leurs surfaces, les solides formés par leurs révolutions autour d'un axe donné, les lignes analogues menées au dedans ou au dehors de ces figures, les angles formés par ces lignes, etc., sont, sinon respectivement égaux, au moins, d'autant plus approchants de l'égalité que le nombre des côtés devient plus grand : d'où il suit qu'en supposant ce nombre très grand en effet, on pourra sans erreur sensible, attribuer au cercle circonscrit, les propriétés qu'on aura trouvées appartenir au polygone inscrit.

En outre, chacun des côtés diminue évidement de grandeur à mesure que le nombre de ces côtés augmente et par conséquent si l'on suppose que le polygone soit réelement composé d'un très grand nombre de côtés, on pourra dire aussi que chacun d'eux est réelement très petit.

38. Cela posé, s'il se trouvoit par hazard dans le cours du calcul une circonstance particulière où l'on pût simplifier beaucoup les opérations, en négligeant par exemple un de ces petits côtés, par comparaison à une ligne donnée ; c'est-à-dire, en employant dans le calcul cette ligne donnée au lieu d'une quantité qui seroit égale à la somme faite de cette ligne et du petit côté en question ; il est clair qu'on pourroit le faire sans inconvénient : car l'erreur qui en résulteroit, ne pourroit être qu'extrêmement petite et ne mériteroit pas qu'on se mit en peine pour en connoître la valeur.

39. Par exemple, soit proposé de mener une tangente au point m de la circonférence $mbdc$ (voyez la figure).

Soient c le centre du cercle, dcb l'axe, supposons l'abscisse $\partial p = x$, l'ordonnée correspondante et perpendiculaire $mp = y$, et soit cp la soutangente cherchée.

Pour la trouver, considérons le cercle comme un polygone d'un très-grand nombre de côtés, soit mn un de ces côtés, prolongeons-le jusqu'à l'axe,

manière tranchante de la méthode d'exhaustion ; or *Neuton* n'a réduit la méthode des premières et dernières raisons en algorithme par son calcul des fluxions, que longtemps après la découverte du calcul différentiel, ou du moins, il ne l'a pas publié plutôt, et l'on ne peut juger des hommes que par leurs ouvrages, il n'est donc pas plus l'inventeur du calcul infinitésimal que les anciens le sont de l'algèbre ordinaire, quoiqu'ils ayent fait plusieurs raisonnements vraiment analytiques, c'est-à-dire où ils comparent les quantités inconnues comme si elles étoient données, ce qui est la base du calcul algébrique.

ce sera la tangente en question, puisque cette ligne ne pénètre pas dans l'intérieur du polygone ; abaissons de plus la perpendiculaire *mo,* sur *nq* parallèle à *mp* et nommons *a* le rayon du cercle. Cela posé, nous aurons évidemment $mo : no : : tp : mp$. ou $\frac{mo}{no} = \frac{tp}{mp}$.

D'une autre part, l'équation de la courbe étant pour le point *m*, $yy = 2ax - xx$, elle sera pour le point *n*, $(y + no)^2 = 2a\,(x + mo) - (x + mo)^2$; ôtant de cette équation la première trouvée pour le point *m* et réduisant, on a $\frac{mo}{no} = \frac{2y + no}{2a - 2x - mo}$. Égalant donc cette valeur de $\frac{mo}{no}$ à celle trouvée ci dessus, et multipliant par *mp* ou *y*, il vient $tp = \frac{y\,(2y + no)}{2a - 2x - mo}$.

Si donc *mo* et *no* étoient connues, on auroit la valeur cherchée de *tp* ; or ces quantités *mo, no,* sont très petites, puisqu'elles sont moindres chacune, que le côté *mn,* qui par hypothèse est lui-même très petit ; donc (38) on peut négliger sans erreur sensible ces quantités par comparaison aux quantités *y* et $2x - 2a$ auxquelles elles sont ajoutées ; donc l'équation se réduit à $tp = \frac{y^2}{a - x}$. Ce qu'il falloit trouver.

On a dû naturellement la regarder d'abord comme une simple méthode d'approximation.

40. Si ce résultat n'est pas absolument exact il est au moins évident que dans la pratique il peut passer pour tel, puisque les quantités *mo, no,* sont extrêmement petites : mais quelqu'un qui n'auroit aucune idée de la doctrine des infinis seroit peut-être fort étonné, si on lui disoit que l'équation $tp = \frac{y^2}{a - x}$, non seulement approche beaucoup du vrai, mais est réelement de la plus parfaite exactitude. C'est cependant une chose dont il est aisé de s'assurer en cherchant *tp* d'après le principe que la tangente est perpendiculaire à l'extrémité du rayon ; car il est visible que les triangles semblables *cpm, mpt,* donnent $cp : mp :: mp : tp$, d'où l'on tire $tp = \frac{mp^2}{cp}$ comme ci-dessus.

41. Pour second exemple, supposons qu'il soit question de trouver la surface d'un cercle donné.

Considérons encore cette courbe comme un polygone régulier d'un grand nombre de côtés. L'aire d'un polygone régulier quelconque est égale au produit de son périmètre, par la moitié de la perpendiculaire menée du centre sur l'un des côtés : donc le cercle étant considéré comme un polygone d'un grand nombre de côtés, sa surface doit être égale au produit de sa circonférence par la moitié du rayon. Proposition qui n'est pas moins exacte que le résultat trouvé ci-dessus.

42. Quelque vagues et peu précises que puissent donc paroître d'abord ces expressions de *très-grand* et de *très-petit* ou autres équivalantes, on voit par les deux exemples précédents, que ce n'est cependant pas sans utilité qu'on les emploie dans les combinaisons mathématiques : tâchons donc, s'il est possible, de fixer exactement le sens qu'on doit attacher à ces expressions.

Or il suffit pour cela, d'observer attentivement la marche de l'esprit, dans l'usage qu'on en fait ; car on remarquera aisément 1° une comparaison tacite entre deux systèmes de quantités dont l'un qui est le système désigné, est composé du cercle et des tangente, sous-tangente, abscisse et ordonnée correspondantes au point proposé ; l'autre qui est le système auxiliaire, est composé du polygone inscrit, qui est supposé avoir un de ses angles au point *m*, lequel correspond au cercle, du prolongement de son côté *mn* adjacent au point proposé, lequel correspond à la tangente, des lignes *dq, nq* qui correspondent à l'abscisse et à l'ordonnée, et enfin de toutes les quantités qui, comme *mo, no* dépendent en partie de ce système auxiliaire 2° que plus le système auxiliaire approche du système désigné, plus les quantités *mn, mo, no,* que nous avons désignées par l'expression de *très-petites* diminuent de manière que leur limite ou dernière valeur est 0.

3° Qu'enfin, libres d'attribuer à ces quantités *mn, mo, no,* des valeurs plus ou moins grandes, nous avons voulu les supposer assez petites, pour que l'imagination pût saisir avec facilité leurs dernières raisons ou les limites de leurs rapports ; parceque ces limites se trouvant liées avec les quantités désignées dont nous voulions avoir la relation ; on a senti que c'était un moyen simple d'y parvenir.

Mais il est évident (12 et 17) que dans ces propriétés, consiste précisément le caractère des quantités que nous avons nommées infiniment petites *, dont nous avons donné une exacte définition. On doit donc cesser de regarder ces expressions de *très-grand* et de *très-petit* employées ci-dessus comme des termes vagues et sans précision : on peut même remarquer que les quantités x, y, étant liées par la nature de la courbe, de sorte qu'elles varient suivant une loi prescrite et donnée, à mesure que le système auxiliaire approche du système désigné : on peut dis-je remarquer que les quantités *mo, no,* sont précisément (27) ce que nous avons nommé différentielles de x, y ; c'est-à-dire que l'on a $mo = \partial x$ et $no = \partial y$.

* Il n'est pas nécessaire, lorsqu'on entreprend la solution d'un problème, de faire l'énumération des quantités qui composent les systèmes désigné et auxiliaire. Il n'est pas même nécessaire d'avertir qu'on suppose l'existance et la comparaison de deux systèmes de cette nature : il suffit (13) que la supposition en soit implicitement renfermée dans quelque autre hypothèse ou proposition quelconque. En un mot, dès que le sens de la phrase ou quelque expression du discours suppose soit explicitement soit tacitement qu'on a recours à des quantités auxiliaires, pour découvrir les rapports qui existent entre les parties d'un système désigné, c'est assez pour que le calcul appartienne à ce qu'on nomme analyse infinitésimale. Ainsi dans le cas présent, la seule supposition de la ligne *nq* menée à une distance arbitraire de *mp,* suffit, pour que le problème proposé, appartienne à l'analyse infinitésimale parce que cette supposition renferme implicitement la comparaison des deux systèmes dont nous avons parlé ci-dessus et dont l'un est pris pour terme de comparaison ou limite de l'autre.

Dans le cas présent, ces différentielles ∂x, ∂y, sont (35) de celles que j'ai nommées *vraies* ou *sensibles* parce que nous leur avons attribué des valeurs effectives; mais on pourroit aussi, en envisageant la question sous un autre point de vue, les supposer absolument égales à zéro comme on le verra plus tard ; et alors, elles seroient de celles que j'ai nommées différentielles absolues ou évanouissantes.

43. Par les deux exemples rapportés ci-dessus, il est aisé de connoître combien l'usage de ces sortes de quantités est utile pour faciliter la solution des diverses questions qui peuvent être proposées, car leur notion une fois admise, toutes les courbes pourront aussi bien que le cercle être considérées comme des polygones d'un grand nombre ou d'une infinité de côtés, toutes les surfaces pourront être partagées en une multitude de bandes ou de zones, tous les corps en corpuscules, toutes les quantités en un mot, pourront être décomposées en particules de même espèce qu'elles. De là naissent beaucoup de nouveaux rapports et de nouvelles combinaisons ; et l'on peut juger par cet apperçu des ressources que doit fournir dans le calcul l'introduction de ces quantités élémentaires ou infinitésimales.

On a découvert ensuite, que malgré les erreurs commises dans l'expression des conditions de chaque problème, les résultats étoient néanmoins de la plus parfaite exactitude.

44. Mais l'avantage qu'elles procurent, est bien plus considérable encore, qu'on n'avoit d'abord eu lieu de l'espérer, car il suit des exemples rapportés, que ce qui n'avoit été regardé en premier lieu, que comme une simple méthode d'approximation, conduit au moins en certains cas, à des résultats parfaitement exacts. Il seroit donc intéressant de savoir distinguer ceux où cela arrive, d'y ramener les autres autant qu'il est possible, et de changer ainsi cette méthode d'approximation, en un calcul absolument exact et rigoureux. Or tel est l'objet de l'analyse infinitésimale.

45. Voyons donc d'abord, comment dans l'équation $tp = \dfrac{y(2y + no)}{2a - 2x - mo}$, trouvée (39) il a pu se faire qu'en négligeant *mo* et *no*, on n'ait point altéré la justesse du résultat ; ou plutôt, comment il est devenu exact par la suppression de ces quantités, et pourquoi il ne l'étoit pas auparavant.

Or on peut rendre fort simplement raison de ce qui est arrivé dans la solution du problème traité ci-dessus en remarquant que l'hypothèse d'où l'on est parti étant fausse, puisqu'il est absolument impossible qu'un cercle puisse être jamais considéré comme un vrai polygone quel que puisse être le nombre de ses côtés, il a du résulter de cette hypothèse une erreur dans l'équation $tp = \dfrac{y(2y + no)}{2a - 2x - mo}$ et que le résultat $tp = \dfrac{y^2}{a - x}$ étant certainement exact, comme on le prouve par la comparaison des deux triangles *cpm*, *mpt*, on a pu négliger *mo* et *no*, et même on a du le faire, pour rectifier le calcul, et détruire l'erreur à laquelle avoit donné lieu la fausse hypothèse, d'où l'on étoit parti. Négliger les quantités de cette nature, est donc non seulement permis en pareil cas, mais il le faut et c'est la seule manière d'exprimer exactement les conditions du problème.

46. Le résultat $tp = \frac{y^2}{a-x}$, n'a donc été obtenu, que par une compensation d'erreurs, et cette compensation, peut être rendue plus sensible encore, en traitant l'exemple rapporté ci-dessus d'une manière un peu différente, c'est-à-dire, en considérant le cercle comme une véritable courbe et non pas comme un polygone.

Pour cela, soient menées *rs* à une distance quelconque de *mp,* et la sécante *rt'* nous aurons évidement $t'p : mp :: mz : rz$, et partant $tp + t't = mp \frac{mz}{rz}$. Cela posé, si nous imaginons que *rs* se meuve parallèlement à elle-même en s'approchant continuellement de *mp,* il est visible que le point *t'* s'approchera en même tems de plus en plus du point *t* et qu'on pourra par conséquent rendre la ligne *t't* aussi petite qu'on voudra, sans que la proportion établie ci-dessus, cesse pour cela d'avoir lieu. Si donc, je néglige cette quantité *t't* dans l'équation que je viens de trouver, il en résultera à la vérité une erreur dans l'équation $tp = \frac{mp \,.\, mz}{rz}$, à laquelle la première sera alors réduite ; mais cette erreur pourra être rendue aussi légère qu'on le jugera à propos : c'est-à-dire, que le rapport des deux membres approchera autant qu'on voudra, du rapport d'égalité.

Pareillement, nous avons (39) $\frac{mz}{rz} = \frac{2y + rz}{2a - 2x - mz}$, or plus *rs* approche de *mp,* plus *mz* et *rz* sont petites, et par conséquent si je les néglige dans le second membre de cette équation, il y aura une erreur dans celle $\frac{mz}{rz} = \frac{y}{a-x}$ à laquelle elle sera réduite alors ; mais cette erreur pourra comme la première être supposée aussi petite qu'on voudra.

Cela étant, sans avoir égard à des erreurs que je serai toujours maître d'atténuer autant que je le jugerai à propos, je traite les deux équations $tp = mp \cdot \frac{mz}{rz}$ et $\frac{mz}{rz} = \frac{y}{a-x}$, comme si elles étoient parfaitement exactes, substituant donc, dans la dernière, la valeur de $\frac{mz}{rz}$ tirée de l'autre, j'ai pour résultat $tp = \frac{y^2}{a-x}$ comme ci-dessus.

Ce résultat est parfaitement juste, puisqu'il est conforme à celui qu'on a obtenu par la comparaison des triangles *cpm, mpt* et cependant, les équations $tp = mp. \frac{mz}{rz}$ et $\frac{mz}{rz} = \frac{y}{a-x}$ d'où il a été tiré sont certainement fausses toutes deux, puisque la distance de *rs* à *mp* n'a point été supposée nulle, mais bien égale à une ligne quelconque arbitraire *. Il faut par conséquent de toute nécessité que les erreurs se soient compensées mutuellement par la comparaison des deux équations erronées.

47. Voilà donc, le fait des erreurs compensées bien acquis et bien prouvé, il s'agit maintenant de l'expliquer, de rechercher quel est le signe auquel on reconnoit que la compensation a lieu, et les moyens de la produire en chaque circonstance particulière.

Or il suffit pour cela de remarquer que les erreurs commises dans les équations $tp = mp. \frac{mz}{rz}$ et $\frac{mz}{rz} = \frac{y}{a-x}$ pouvant être rendues aussi petites qu'on veut ; celle qui auroit lieu, s'il s'en trouvoit une dans l'équation résultante $tp = \frac{y^2}{a-x}$ pourroit également être rendue aussi petite qu'on voudroit ; or cela n'est pas, puisque le point *m*, par où doit passer la tangente étant donné, il ne se trouve aucune des quantités *a, x, y, tp* de cette équation qui soit arbitraire : donc il ne peut y avoir en effet, aucune erreur dans cette équation.

48. Il suit de là évidement, que la compensation des erreurs qui se trouvaient dans les équations $tp = \frac{mp . mz}{rz}$ et $\frac{mz}{rz} = \frac{y}{a-x}$ se manifeste dans le résultat par l'absence des quantités *mz, rz,* qui causoient ces erreurs. Ainsi la méthode qu'on vient d'employer consiste en deux points qui sont 1°) introduire dans le calcul certaines quantités indéterminées au moyen desquelles on puisse faciliter l'expression des conditions du problème en se permettant s'il le faut quelques erreurs, pourvu que ces erreurs soient toujours de nature à ce qu'on puisse constament se réserver la faculté de les atténuer autant qu'on voudra, en diminuant de plus en plus la valeur des indéterminées introduites ; 2°) d'éliminer ces indéterminées, et par ce moyen opérer la compensation de ces erreurs.

49. L'inventeur de cette méthode a donc pu être conduit à sa découverte par un raisonnement bien simple. Si à la place d'une quantité quelconque donnée, soit immédiatement, soit par les conditions du problème a-t-il pu dire, j'emploie dans le calcul une autre quantité qui ne soit point égale à la première il en résultera une erreur : mais si la différence des deux quantités employées l'une pour l'autre dépend de ma volonté, et que je sois maître de la rendre ausi petite que je le voudrai, cette erreur ne sera point dangereuse, puisque quand même je ne pourrois pas la détruire entièrement, il dépendra toujours de moi, de la modérer autant que je le

* Cela prouve bien ce que nous avons dit dans la note première et dans celle de l'article 17, c'est-à-dire qu'on n'est point tenu d'attribuer aux quantités dont les géomètres font usage sous le nom d'infiniment petites, des valeurs moindres que telle ou telle grandeur donnée, que si on le fait c'est uniquement pour aider l'imagination et que la compensation d'erreurs n'auroit pas moins lieu quand même on leur attribueroit d'autres valeurs quelconques.

jugerai à propos, en diminuant de plus en plus, cette quantité arbitraire qui en est la cause. Je pourrais même commettre à la fois plusieurs erreurs semblables, sans qu'il en arrivat pour cela aucun inconvénient, puisque je serai toujous maître du degré de précision que je voudrai donner à mes résultats. Il y a plus encore, c'est qu'il pourroit arriver par hazard que ces erreurs se compensassent mutuellement et que j'obtinsse par là, des résultats parfaitement exacts de sorte que j'aurois alors plus que je n'avois osé l'esperer. Car je n'avois compté que sur une approximation, qu'à la vérité, je pouvois pousser aussi loin que je le voulois ; au lieu que si je trouvois le moyen d'obtenir la compensation désirée, mes résultats seroient rigoureusement exacts. Mais comment opérer cette compensation, et dans tous les cas ? C'est ce qu'un peu de réflexion aura pu faire découvrir : en effet supposons aura pu dire l'inventeur, que la compensation désirée ait effectivement lieu et voyons par quel signe elle doit se manifester dans le résultat du calcul. Or ce qui doit naturellement arriver, c'est que les erreurs ayant disparu, les quantités qui causoient ces erreurs auront disparu de même : Car ces quantités ayant par hypothèse des valeurs arbitraires, elles ne doivent plus entrer, au moins nécessairement, dans des formules ou résultats qui ne le sont pas, et qui étant devenus exacts par supposition dépendent uniquement, non de la volonté, mais de la nature des choses dont on s'étoit proposé de trouver la relation exprimée par ces résultats : donc le signe qui annonce que la compensation désirée a lieu est l'absence des quantités arbitraires qui produisoient ces erreurs, et partant, il ne s'agit pour opérer cette compensation que d'éliminer ces quantités arbitraires.

50. Pour fixer davantage ces idées et donner aux principes qui en dérivent, le degré de précision et de généralité qui leur convient, je remarquerai que les équations $tp = mp. \frac{mz}{rz}$ et $\frac{mz}{rz} = \frac{y}{a-x}$ sont précisément de celles que j'ai nommées (19) *équations imparfaites*, c'est-à-dire que ces équations quoique fausses ont pour limites des équations exactes, puisqu'il est évident d'une part, que la dernière raison de mz à rz est $\frac{tp}{mp}$, et que d'une autre part, cette même dernière raison a pour valeur $\frac{y}{a-x}$, d'où il suit (18) que $\frac{tp}{mp}$ et $\frac{y}{a-x}$ diffèrent chacune infiniment peu de $\frac{mz}{rz}$.

On voit par là, que la compensation d'erreurs dont il a été question ci-dessus est fondée sur la théorie de ce que nous appelons équations imparfaites : voici donc en peu de mots quelle est cette théorie.

Théorème Ier

51. *Si dans une équation soit exacte soit imparfaite, à la place de l'une quelconque des quantités qui y entrent, on en substitue une autre qui en*

diffère infiniment peu, c'est-à-dire dont le rapport à la première ait pour limite ou dernière valeur, l'unité, l'équation qui en résultera sera nécessairement, ou exacte ou au moins, de celles que j'ai nommées imparfaites, c'est-à-dire qu'elle ne peut jamais devenir par cette transformation une équation absolument fausse.

En effet, supposons que l'équation proposée soit A = B et que par la substitution dont il s'agit elle devienne A′ = B′ on aura donc par hypothèse $\mathcal{L}\,\frac{A}{B} = 1$, et il s'agit (19) de prouver qu'on doit avoir de même $\mathcal{L}\,\frac{A'}{B'} = 1$.

Soit x' la quantité substituée à x et que l'on ait $x' - x = z$ ou $x' = x\left(1 + \frac{z}{x}\right)$; donc la substitution de x' à la place de x se réduit à multiplier x partout où elle se rencontre dans les termes de l'équation A = B, de la multiplier dis-je par $1 + \frac{z}{x}$; c'est-à-dire, que par cette multiplication A et B, se trouveront changées en A′ et B′. Mais puisque x et x' différent infiniment peu, leur rapport qui est $1 + \frac{z}{x}$ a pour dernière valeur l'unité, c'est-à-dire que $\mathcal{L}\left(1 + \frac{z}{x}\right) = 1$ donc $\mathcal{L}\,\frac{A'}{B'}$ ne diffère pas de $\mathcal{L}\,\frac{A}{B}$, mais $\mathcal{L}\,\frac{A}{B} = \frac{A}{B} = 1$ donc $\mathcal{L}\,\frac{A'}{B'} = 1$; donc A′ = B′ est une équation imparfaite, ce qu'il falloit prouver.

Corollaire

52. Il en sera de même si dans un raisonnement, dans une proposition, ou dans une hypothèse quelconque, on emploie une quantité pour une autre qui en différeroit infiniment peu, c'est-à-dire que les propositions ou résultats quelconques auxquels on seroit conduit par ces raisonnements ne seroient point faux absolument, mais de ceux que j'ai nommés imparfaits ou susceptibles d'être traduits par des équations imparfaites.

Théorème II

53. *Toute équation qui ne contient que des quantités désignées, ne peut être une équation imparfaite et ne peut y être ramenée, ni par transposition de termes d'un membre dans l'autre, ni par multiplication ou division de ces termes par une même quantité, ni enfin par élévation de ces membres à des puissances d'un même ordre, ou extraction de racines de mêmes degrés.*

En effet, soit A = B l'équation proposée ; si cette équation étoit imparfaite, on n'auroit pas exactement (19) A = B, ni par conséquent, $\frac{A}{B} = 1$. Cependant on auroit par hypothèse $\mathcal{L}\,\frac{A}{B} = 1$. Or cela ne se peut. Car si l'on a $\mathcal{L}\,\frac{A}{B} = 1$, comme A et B ne contiennent par supposition que des quantités désignées, elles resteront les mêmes, malgré le changement du système auxiliaire ; donc $\frac{A}{B}$ ne différera point de $\mathcal{L}\,\frac{A}{B}$, donc il n'est pas possible qu'on ait comme on l'a supposé $\mathcal{L}\,\frac{A}{B} = 1$ sans avoir en même temps $\frac{A}{B} = 1$ ou A = B équation qui étant exacte, ne peut devenir fausse ni même imparfaite, par les transformations de l'algèbre.

COROLLAIRE

54. De même, si dans une proposition ou résultat quelconque il n'est question que de quantités désignées, elle ne pourra jamais être une proposition imparfaite et ne se traduira jamais que par des équations ou absolument exactes, ou absolument fausses.

THÉORÈME III

55. *Toute équation que l'on obtiendra par des transformations semblables à celle qui est indiquée dans le théorème I ou autres quelconques, pourvu qu'elle conserve le caractère des équations imparfaites, c'est-à-dire pourvu que ses deux membres ayent toujours pour dernière raison une raison d'égalité ou que du moins on puisse l'y ramener par quelques-unes des transformations indiquées dans le théorème II, toute équation dis-je de cette nature et de laquelle on sera parvenu à éliminer les quantités auxiliaires, sera une équation nécessairement et rigoureusement exacte.*

Car par le théorème I ce ne peut être une équation absolument fausse, et par le théorème II, ce ne peut être une équation imparfaite : donc elle est nécessairement et rigoureusement exacte.

COROLLAIRE

56. Il en est de même évidement des conséquences et résultats quelconques déduits d'autres propositions ou résultats imparfaits, pourvu que dans ces conséquences et résultats, il soit uniquement question de quantités

désignées. En un mot, on doit dire de toutes ces propositions, la même chose que des équations qui en peuvent être regardées comme la traduction algébrique.

SCHOLIE

57. On voit par la théorie précédente que si ayant exprimé par des équations imparfaites, les conditions d'un problème, on parvient ensuite à en éliminer toutes les quantités auxiliaires soit par des transformations algébriques, soit par celles qui sont indiquées dans le théorème I, il faudra nécessairement qu'il se soit opéré dans le cours du calcul une compensation d'erreurs. Ainsi en attribuant comme nous l'avons fait jusqu'ici, aux quantités infinitésimales des valeurs effectives qui ne soient point 0 ni $\frac{1}{0}$, on voit que la théorie de l'infini n'est autre chose qu'un calcul d'erreurs compensées et que l'avantage de ce calcul consiste en ce que les conditions d'une question étant souvent fort difficiles à exprimer exactement par des équations rigoureuses, tandis qu'il seroit facile de le faire par des équations imparfaites, il donne le moyen de tirer de ces équations imparfaites, les mêmes résultats et des rapports tout aussi certains que si les équations primitives eussent été véritablement de la plus parfaite exactitude, et cela par la simple élimination de quantités dont la présence occasionnoit ces erreurs.

La raison de cela est simple : qu'on ait à découvrir les relations qui existent entre plusieurs quantités quelconques désignées ; s'il est difficile de trouver directement des équations qui expriment ces relations, il est naturel de recourir à quelque quantité intermédiaire, qui leur serve de terme de comparaison ; par ce moyen, on pourra obtenir, sinon les équations même cherchées, au moins d'autres équations ou les quantités désignées se trouveront mêlées avec les quantités auxiliaires. Il ne sera donc plus question que d'éliminer celles-ci. Mais si les valeurs de ces quantités auxiliaires sont arbitraires, il est aisé de sentir que chaque équation où elles se trouveront mêlées avec les quantités désignées, pourra se décomposer en deux autres, l'une entre les quantités désignées, l'autre entre quantités arbitraires ; à peu près de même, qu'une équation qui contient des quantités réeles et des quantités imaginaires peut se décomposer en deux, l'une entre quantités réeles l'autre entre quantités imaginaires. Or comme on n'a besoin que de l'équation qui existe entre les quantités désignées, il est clair qu'on peut sans inconvénient dans celle où elles se trouvent mêlées avec les arbitraires négliger les quantités qui embarassent le calcul, lorsque les erreurs qui doivent en résulter, ne peuvent tomber que sur l'équation entre arbitraires qu'elle renferme. Or c'est ce que l'on fait en observant ce principe que lorsque deux quantités quelconques ont pour dernière raison une raison d'égalité, on peut employer l'une pour l'autre dans le calcul sans qu'il en résulte pour cela aucune erreur dans le résultat désigné. Et c'est dans l'art de faire un bon usage de ce principe qui revient au même que le théorème III, c'est, dis-je, dans cet art que consiste principalement, le calcul des erreurs compensées.

Il y a deux manières d'envisager la question de l'infini ; la première consiste à attribuer aux variables qu'on nomme infiniment petites des valeurs déterminées qui soient effectives ; c'est-à-dire qui ne soient point égales à zéro et alors l'analyse infinitésimale doit être regardée comme un calcul d'erreurs compensées ; la seconde consiste à attribuer aux quantités infiniment petites des valeurs absolument nulles, et alors, l'analyse infinitésimale est un calcul exact dans tous ses procédés, mais qui a pour sujet des quantités évanouissantes lesquelles sont des êtres de raison.

58. Voilà à quoi se réduit l'esprit de l'analyse infinitésimale lorsque l'on veut attribuer aux indéterminées qu'on nomme infiniment petites, des valeurs effectives ; mais il est encore une autre manière d'envisager cette analyse ; cela se fait en attribuant aux quantités infiniment petites des valeurs absolument nulles : et c'est ce qu'on nomme calcul des évanouissantes.

Dans le calcul des erreurs compensées, nous avons vu, que pour simplifier les opérations, on se permet quelquefois des erreurs ; mais ces erreurs se réduisent toujours à traiter comme égales ou employer l'une pour l'autre des quantités qui diffèrent infiniment peu ; c'est-à-dire, dont la dernière raison est une raison d'égalité. D'abord (39), c'étoit à force d'atténuer * les erreurs qu'on s'étoit proposé de rectifier le calcul ; ensuite (55) c'est par une compensation produite entre ces erreurs qu'on a cherché le moyen de les faire évanouir : dans la méthode enfin, que nous allons exposer, c'est en supposant absolument nulles les quantités qui les occasionnent qu'on fait disparoître ces quantités et, avec elles, les erreurs qu'elles avoient introduites.

59. Pour expliquer comment cela doit arriver, nous allons appliquer ce calcul à l'exemple déjà traité ci-dessus.

Nous avons trouvé (46) $\frac{tp + t't}{y} = \frac{mz}{rz}$ et $\frac{mz}{rz} = \frac{2y + rz}{2a - 2x - mz}$ équations parfaitement exactes, l'une et l'autre, quelques soient les valeurs de mz et rz ; égalant donc les deux valeurs de $\frac{mz}{rz}$ j'ai $\frac{tp + t't}{y} = \frac{2y + rz}{2a - 2x - mz}$, équation exacte, qui doit avoir lieu quelle que soit la distance qu'on voudra mettre entre les lignes rs et mp. Supposons donc cette distance égale à zéro, nous aurons $t't = 0$, $mz = 0$, $rz = 0$ et partant l'équation trouvée se réduira à $tp = \frac{y^2}{a - x}$ comme précedement.

60. En supposant nulle comme nous venons de le faire la distance de rs à mp la fraction $\frac{mz}{rz}$ devient $\frac{0}{0}$ et les équations primitives de l'article précedent se réduisent à $\frac{tp}{y} = \frac{0}{0}$ et $\frac{0}{0} = \frac{2y}{2a - 2x}$, on voit donc par là,

* [Mot barré : rectifier].

combien il peut être utile de considérer les rapports qui existent entre les quantités évanouissantes : car il est souvent difficile de comparer directement deux quantités telles que $\frac{tp}{y}$ et $\frac{y}{a-x}$ tandis qu'il est aisé de trouver le rapport de chacune d'elles en particulier à une même troisième grandeur qui se présente sous la forme de $\frac{0}{0}$. Or c'est l'art de comparer ainsi des quantités évanouissantes entre elles et avec d'autres et d'en tirer les relations qui existent entre des quantités proposées, qui fait l'objet du calcul de l'infini envisagé sous le second point de vue, dont il est ici question.

61. Mais il se présente d'abord ici une difficulté. Il est clair, dira-t-on, qu'on peut attribuer aux quantités nulles autant de valeurs différentes qu'on juge à propos. Car une quantité double, triple, etc., de 0 est toujours 0 ; c'est-à-dire que la fraction $\frac{0}{0}$ est une quantité indéterminée. Comment peut-on donc en tirer les rapports déterminés qui existent entre des quantités désignées, et dire que deux quantités déterminées sont égales entre elles parce qu'elles sont égales chacune à $\frac{0}{0}$? A cela je réponds que par là-même, que $\frac{0}{0}$ est une quantité indéterminée. Si l'on conçoit que plusieurs quantités décroissent ensemble et se réduisent toutes en même temps à zéro, les rapports qu'elles auront * en s'évanouissant, deviendront arbitraires et pourront par conséquent être déterminées par quelle condition l'on voudra. Cela posé prennons pour cette condition, qu'ayant pris l'une quelconque d'entre elles pour base ou terme de comparaison, les autres ayent avec cette première des rapports tels que chacun d'eux soit assigné * par la loi de continuité à laquelle est assujetti le système auxiliaire dans son changement. Alors les quantités nulles déterminées par cette condition seront précisément ce qu'on entend par ce terme d'évanouissantes : d'où il suit évidement que cette hypothèse une fois faite, les rapports de ces quantités considérées deux à deux ne seront plus arbitraires, mais ne seront autre chose que les dernières raisons des quantités indéfiniment petites qui leur correspondent.

62. Dans le cas traité ci-dessus par exemple, tant que mz ne s'évanouit pas $\frac{mz}{rz}$ est plus grande que $\frac{tp}{mp}$: ces deux quantités ne deviennent égales qu'au moment où mz se réduit à zéro. Il est vrai qu'alors $\frac{mz}{rz}$ est aussi bien égale à toute autre quantité, qu'à $\frac{tp}{y}$, puisque $\frac{0}{0}$ est une quantité

* [Quelques mots barrés].

arbitraire ; mais parmi ces diverses quantités, $\frac{tp}{y}$ est la seule qui soit assujettie à la loi de continuité et déterminée par elle : car si l'on construisoit une courbe dont l'abscisse fut mz, et l'ordonnée proportionnelle à $\frac{mz}{rz}$ celle qui répondroit à l'abscisse nulle seroit représentée par $\frac{tp}{y}$ et non pas par une quantité arbitraire ; or c'est ce qui distingue les quantités que je nomme évanouissantes de celles qui sont simplement nulles.

63. Comme égales à zéro, ces quantités doivent se négliger dans le calcul, lorsqu'elles se trouvent ajoutées à quelques quantités effectives ou en être retranchées ; mais comme on vient de le voir elles n'en ont pas moins entre elles des rapports très intéressants à connoître. Ces rapports sont déterminés par la loi de continuité à laquelle le système auxiliaire est assujetti dans son changement : or pour saisir aisément cette loi de continuité il est * aisé de sentir qu'on est obligé de considérer les quantités en question, à quelque distance du terme où elles s'évanouissent entièrement, sinon, elles n'offriroient que le rapport indéfini de 0 à 0. Cependant cette distance n'est point déterminée, parce qu'elle n'a point d'autre objet que de faire juger plus facilement, quels sont les rapports qui existent entre les quantités évanouissantes auxquelles elles répondent : ce sont ces rapports qu'on a en vue et non pas ceux qui existent entre les quantités qui ne sont pas encore parvenues au terme de leur anéantissement : celles-ci étant de celles que j'ai nommées (15) indéfiniment petites, ne sont point destinées à entrer elles-mêmes dans le calcul dont il s'agit en ce moment, mais employées seulement pour aider l'imagination et indiquer la loi de continuité, qui détermine les rapports et relations quelconques des quantités évanouissantes auxquelles elles répondent.

64. Ainsi dans la proportion $mz : rz :: tp : mp$. les quantités représentées par mz et rz sont bien supposées absolument égales à zéro, mais comme c'est de leur rapport qu'on a ebsoin, il faut pour appercevoir son égalité avec $\frac{tp}{mp}$ considérer les quantités indéfiniment petites qui répondent à ces quantités nulles non afin de les introduire elles-mêmes dans le calcul, mais afin d'y faire entrer sous leurs noms mz, rz, les quantités évanouissantes qui en sont les dernières valeurs.

Les quantités mz, rz, représentent donc ici des quantités nulles et on les emploie sous ces formes différentes mz, rz plutôt que sous la forme commune de 0, parce que si on les employait sous cette dernière forme 0, on ne pourroit plus distinguer dans les opérations où elles se trouveroient mélées leurs diverses origines, c'est-à-dire quelles sont les diverses quantités indéfiniment petites qui leur répondent : or la considération au moins mentale de celles-ci est nécessaire, pour saisir la loi de continuité qui

* [Mot barré : oblig...].

détermine les rapports cherchés des quantités évanouissantes qui en sont les limites et par conséquent il est essentiel de ne pas les perdre de vue.

De ces remarques sur les quantités évanouissantes suit évidement cette proposition.

Théorème IV

65. *Si dans une équation dont les deux membres ont une raison d'égalité, on substitue à l'une quelconque des quantités (évanouissante ou non) qui y entre une autre quantité qui ait aussi avec la première une raison d'égalité, la nouvelle équation qui en résultera, sera une équation exacte, et ses deux membres auront encore entre eux une raison d'égalité. Il en sera de même aussi de toutes les propositions, hypothèses ou résultats quelconques qui pourront être traduits par de semblables équations.*

66. Cette proposition évidente qui est le principe fondamental du calcul des évanouissantes, est analogue à celui qui permet (51) dans le calcul des erreurs compensées, d'employer dans les équations imparfaites une quantité quelconque à la place d'une autre qui en diffère infiniment peu : car si l'on suppose que a et b soient des quantités indéfiniment petites dont la dernière raison soit une raison d'égalité et que a' et b' soient les quantités évanouissantes qui leur répondent on pourra suivant le théorème III employer dans le calcul a et b l'un pour l'autre ; et suivant le théorème IV ce seront a' et b' qu'on pourra substituer l'une à l'autre. Il n'y a donc de différence qu'en ce que, dans le calcul des évanouissantes, il s'agit de l'infini absolu, au lieu qu'il s'agit dans l'autre de l'infini sensible mais les propriétés qu'on vient de rapporter prescrivent comme on le voit les mêmes règles pour l'emploi des quantités infinitésimales sensibles, que pour celles qui sont absolues.

Comparaison de la méthode des erreurs compensées, avec celle des évanouissantes.

67. On voit par là, que les quantités indéfiniment petites qui font le sujet du calcul des erreurs compensées, ne diffèrent des quantités ordinaires que par leur limite qui est 0, tandis que les quantités évanouissantes étant elles-mêmes 0, sont des êtres de raison. Mais cela n'empêche pas que ces évanouissantes n'ayent des propriétés mathématiques et qu'on ne puisse les comparer tout aussi bien que les quantités imaginaires qui n'existent pas non plus. Car il est tout aussi vrai de dire par exemple, que $2.0 = 2.0 + 3.0.0.$ qu'il est vrai de dire que $\sqrt{-a} = \sqrt{-b} \cdot \sqrt{\frac{a}{b}}$. Or personne ne révoque en doute, l'exactitude des résultats qu'on obtient par le calcul des imaginaires, quoique elles ne soient que des formes algébriques ; ainsi, on n'a pas plus de raison pour donner l'exclusion aux quantités évanouissantes. Qu'importe en effet, que ces quantités soient ou non des êtres chimériques, si leurs rapports ne le sont pas, et que ces rapports soient la seule chose qui nous intéresse.

Avantages et inconvénients qui sont propres à chacune d'elles.

68. La différence donc, qui se trouve entre le calcul des erreurs compensées et celui des évanouissantes, consiste en ce que dans celui-ci, les propositions, équations et résultats quelconques, sont toujours exacts et rigoureux, mais se rapportent à des quantités qui sont des êtres de raison : ils expriment des relations qui existent entre quantités qui n'existent pas elles-mêmes : tandis que dans l'autre méthode, au contraire, les propositions équations et résultats, ont bien pour sujet de véritables quantités ; mais ces propositions, équations et résultats sont faux, ou plutôt ils sont imparfaits : c'est-à-dire que sans être absolument exacts, on peut cependant, eu égard aux circonstances, les employer comme tels sans qu'il doive en résulter aucune erreur, dans les conséquences qu'on se propose d'en déduire *.

69. Pour rendre encore plus sensible le parallele des deux méthodes dont on vient d'expliquer les principes, je vais les appliquer l'une et l'autre à un nouvel exemple.

Supposons donc, qu'il s'agisse de trouver le *maximum* de la fonction $2ax - xx$; c'est-à-dire, que a étant une constante donnée, et x une variable quelconque, il faille trouver, quelle est la valeur qu'on doit attribuer à x pour que $2ax - xx$ soit la plus grande possible.

Soit z la valeur cherchée de x, $2az - zz$, sera donc plus grande que si l'on mettoit pour z une autre valeur quelconque ; c'est-à-dire, qu'elle diminuera toujours, soit qu'on augmente ou qu'on diminue la quantité z.

Cela posé, soient deux quantités infiniment petites u, u', il suit de ce qu'on vient de dire, que soit qu'on substitue $z + u$ à la place de z, dans la quantité $2az - zz$, soit qu'on y substitue $z - u'$, le résultat sera toujours moindre que $2\,az - zz$: c'est-à-dire, qu'on a $2a\,(z + u) - (z + u)^2 < 2az - zz$, et $2a\ (z - u') - (z - u')^2 < 2az - zz$. Donc u et u' étant des quantités arbitraires, on peut les supposer telles que ces deux quantités moindres chacune que $2az - zz$ soient égales entre elles : supposons le donc en effet, et nous aurons $2a\,(z + u) - (z + u)^2 = 2a\,(z - u') - (z - u')^2$, ou réduisant $(2a - 2z - (u - u'))\ (u + u') = 0$ ou enfin $2a - u = 2z - u'$.

Maintenant nous pouvons supposer à volonté que les quantités u et u' soient infiniment petites absolues ou seulement indéfiniment petites : dans le premier cas u étant évanouissante, on peut la négliger, et l'équation se réduit à $2a = 2z - u'$, dans laquelle on pourra par la même raison négliger u' et qui par conséquent se réduira à $a = z$.

Dans le second cas, u étant indéfiniment petite si on la néglige, l'équation restante, $2a = 2z - u'$, sera évidement ce que j'ai nommé (19) équation imparfaite, et comme u' est aussi indéfiniment petite, on pourra la négliger encore, sans que l'équation devienne fausse pour cela (51) donc l'équation $a = z$ à laquelle se réduira alors la précédente, ne sera

* Il paroit que *Neuton* considéroit les différentielles ou fluxions comme des quantités évanouissantes qui ne sont autre chose que les indivisibles de *Cavalleri* et que *Leibnitz* au contraire, les considéroit comme des quantités effectives. Ainsi leurs métaphisiques à cet égard étoient fort différentes : et il n'y auroit rien d'étonnant à ce qu'ils eussent pu découvrir cette analyse chacun de son côté.

pas une équation fausse : or elle ne contient que des quantités désignées ; donc (55) ce sera une équation exacte. Donc on aura par cette méthode $z = a$ comme par la première, d'où l'on voit que ces deux méthodes quoique différentes quant aux principes, conduisent précisément aux mêmes procédés et aux mêmes résultats.

70. Il est aisé de voir par tout ce qui vient d'être dit, que pour transformer une équation imparfaite proposée, en une autre qui soit exacte, il n'y a qu'à supposer égales à zéro les quantités indéfiniment petites ; c'est-à-dire, substituer à ces quantités les évanouissantes qui leur répondent, mais alors l'équation contiendra des quantités nulles qu'il faudra éliminer pour tirer de cette équation des relations déterminées ; réciproquement lorsqu'on aura une équation exacte, qui contiendra des évanouissantes et qu'on voudra la transformer en une autre qui ne contienne plus que des quantités effectives : il n'y aura qu'à substituer à ces évanouissantes les quantités indéfiniment petites qui leur répondent ; mais alors l'équation deviendra imparfaite et pour faire disparaitre l'erreur, il faudra éliminer les quantités indéfiniment petites.

71. La forme des équatoins et le but qu'on se propose en les combinant, sont donc les mêmes dans les deux cas et ces deux méthodes doivent par conséquent exiger les mêmes procédés et aboutir aux mêmes résultats : toute la différence consiste dans la manière d'envisager les quantités dont on y fait usage ou plutôt les signes qui les représentent, c'est-à-dire que ce sont toujours les mêmes idées à rendre, les mêmes combinaisons à faire, les mêmes relations à exprimer, mais les termes qu'on emploie dans l'une pour rendre ces idées et pour exprimer ces relations, ne sont pas les mêmes, que ceux qu'on emploie dans l'autre.

Réunion de ces deux méthodes en un même calcul qui est l'analyse infinitésimale proprement dite.

72. Ce quon appelle analyse infinitésimale, est à proprement parler un composé des deux méthodes précédentes, celles des quantités évanouissantes renfermant la théorie de l'infini absolu, et celle des erreurs compensées, la théorie de l'infini sensible.

En effet, la méthode des évanouissantes, n'est autre chose comme on l'a vu plus haut, que le calcul rigoureusement exact de l'infini absolu ou métaphisique : celle des erreurs compensées n'est autre chose qu'une fausse position par laquelle on attribue aux quantités infinitésimales sensibles ct appréciables les mêmes rapports qu'à leurs limites ou quantités infinitésimales absolues qui y répondent, parce que cette fausse supposition ne peut entraîner à aucune erreur dans le résultat qu'on a en vue. Or le calcul infinitésimal proprement dit, n'est autre chose que la réunion de ces deux méthodes : c'est-à-dire, un calcul ou sous la dénomination commune de quantités *infiniment petites,* l'on fait usage suivant l'occurrence des cas, soit des quantités évanouissantes soit des quantités indéfiniment petites, en employant les unes préférablement aux autres, suivant qu'on trouve plus ou moins de facilité à les faire entrer, soit dans les raisonnements, soit dans les opérations du calcul. Cette méthode réunit donc les avantages particuliers à chacune des deux autres, en donnant comme celle des erreurs compensées, la facilité de fixer son imagination sur des quantités vraies et sensibles, et comme celles des évanouissantes, le moyen d'exprimer rigoureusement lorsqu'on le veut, les rapports et relations qui existent entre les quantités proposées. On évite ainsi, et le deffaut d'exactitude qu'on pourroit ce semble (quoique sans fondement réel) reprocher à la méthode des erreurs compensées ; et la difficulté que présente le calcul des évanouissantes par la nature des quantités qu'on y considère ; lesquelles étant des êtres de raison, n'offrent à l'esprit que des rapports vagues, qu'on ne parvient à saisir et fixer qu'en ayant recours mentalement aux quantités indéfiniment petites qui y répondent.

73. Dans le calcul infinitésimal on emploie (16, 35, 72) le seul terme générique d'infini, pour désigner, soit l'infini absolu, soit l'infini relatif, et c'est au lecteur à juger par le sens de la phrase quel est celui dont il est question ; mais cela ne peut faire aucune équivoque parce qu'on voit bien si cette phrase peut se rapporter à des quantités effectives ou si elle ne peut avoir de rapport qu'à des quantités absolument nulles : dans le premier cas, il est clair qu'il ne peut être question que de l'infini sensible, et dans le second, de l'infini absolu. Par exemple, lorsqu'on dit que l'assymptote d'un hyperbole rencontre sa branche à une distance infinie, il est bien clair, qu'il ne peut être question pour cette distance d'une quantité réele, puisque dans le vrai l'assymptote ne rencontre jamais l'hyperbole : il s'agit donc alors évidement, de l'infini absolu ; lequel n'existant pas fait voir qu'effectivement l'assymptote ne rencontre jamais l'hyperbole. Mais si l'on demande que nous imaginions un polygone d'une infinité de côtés, inscrit dans un cercle, comme on ne peut imaginer que ce qui est possible, il est visible que nous ne pouvons satisfaire à cette demande sans que ces côtés ne soient de vraies lignes droites, car il est absolument impossible qu'un polygone soit identique avec un cercle : donc il s'agit alors de l'infini sensible, et l'on suppose tacitement en faisant cette demande, que les côtés du polygone soient ce que nous appelons indéfiniment petits.

74. Mais si, comme cela arrive très souvent, ce qu'on a à dire sur les quantités infinitésimales, peut s'appliquer également, soit à des quantités évanouissantes, soit à des quantités effectives, il faudra regarder alors la proposition comme équivalente à deux autres dont l'une se rapporterait à l'infini absolu et l'autre à l'infini sensible : si donc on traduit algébriquement cette proposition ce sera ou par une équation vraie entre quantités non existantes ou par une équation imparfaite entre quantités effectives *, mais ces équations seront de même forme ou plutôt, ne seront

* Il n'est même, absolument parlant, aucune proposition concernant l'infini qui ne soit dans ce cas : c'est-à-dire qui ne puisse être regardée comme équivalante à deux autres dont l'une exacte se rapporte à l'infini absolu, et l'autre imparfaite se rapporte à l'infini sensible. Par exemple, la proposition que nous venons de rapporter sur l'hyperbole équivaut à ces deux-ci l'*assymptote rencontre l'hyperbole à une distance absolument infinie* : ce qui est exactement vrai puisque cette distance absolument infinie n'existe pas, et *l'assymptote rencontre l'hyperbole à une distance indéfiniment grande* ce qui est faux mais peut être regardé comme vrai sans qu'il en résulte aucune erreur.

que la même équation expliquée de deux manières différentes et qui cependant reviennent au même ; par exemple dans la recherche du *maximum* trouvé (69) les quantités u, u', sont infiniment petites et l'on peut supposer à volonté qu'il s'agit de l'infini absolu ou de l'infini sensible. Dans le premier cas, l'équation trouvée $2a = 2z — u'$ est exacte, mais contient une quantité u' qui n'existe pas : dans le second, cette équation n'est qu'imparfaite, mais elle a lieu entre quantités existantes et réeles et la forme de l'équation est la même dans l'un et dans l'autre cas.

75. Cette double signification d'une même expression appliquée tantôt à zéro tantôt à une quantité effective ou plutôt tout ensemble à l'une et à l'autre est je crois la véritable cause de l'embaras qu'on trouve à définir exactement l'infini mathématique ; les uns voulant qu'on regarde toujours les quantités infiniment petites comme absolument nulles et les autres au contraire, voulant qu'on les regarde toujours comme de véritables quantités : tandis que dans l'usage habituel qu'on en fait en mathématiques il est visible que l'expression d'infini présente à la fois deux acceptions fort différentes et que c'est le sens de la phrase qui naturellement indique celui dont il s'agit, ou plutôt, que le sens de cette phrase est toujours double et équivalant à deux autres propositions, l'une relative à l'infini absolu, l'autre à l'infini sensible : voilà pourquoi, lorsqu'on veut restreindre la signification du nom d'infiniment petites aux seules quantités évanouissantes ou aux seules quantités indéfiniment petites, on ne peut plus leur appliquer des propositions très simples d'ailleurs ce qui fait bientôt sentir l'insuffisance de la définition qu'on a adoptée. Je crois donc avoir donné ici, la véritable idée que chacun se fait de l'infini mathématique souvent même sans s'en apercevoir.

76. Une remarque importante que nous avons déjà faite (70), c'est que les quantités infinitésimales de quelle espèce qu'elles soient, ne peuvent jamais entrer dans le calcul que comme auxiliaires et seulement pour en faciliter les combinaisons ; mais qu'elles doivent toujours se trouver exclues du résultat désigné ; on sait en effet qu'un calcul où il entre des quantités infiniment petites n'est censé fini et l'on ne compte sur l'exactitude du résultat, que du moment où toutes ces quantités sont éliminées. Car en supposant qu'on regarde ces quantités comme des évanouissantes, il faut qu'elles soient toutes éliminées pour que le résultat offre quelque chose de déterminé et des rapports dont on puisse faire usage : et si on les regarde comme de vraies quantités, on ne peut être assuré (55) que la compensation des erreurs est effectuée, qu'après l'élimination de toutes les quantités auxiliaires qui les avoient occasionnées.

On peut donc dire en quelque sorte, que le calcul *infinitésimal* est un calcul *non fini* ou qui n'est pas encore achevé : parce qu'en effet, dès qu'on est parvenu à quelque résultat désigné il cesse d'être infinitésimal et ressemble entout au calcul algebrique ordinaire.

Le principe fondamental du calcul de l'infini est renfermé dans les deux théorêmes III et IV ; ainsi on peut le réduire à la proposition suivante.

THÉORÈME V

77. *Si l'on a une équation dont les deux membres different infiniment peu (soit qu'il s'agisse de l'infini sensible ou de l'infini absolu) on pourra substituer à la place de l'une quelconque des quantités qui y entrent, une autre quantité infiniment peu différente de la première, sans qu'il puisse y avoir pour cela aucune erreur dans le résultat désigné : et il en sera de même, de toutes les propositions qui pourront se traduire par de semblables équations.*

78. D'après la notion que nous avons donnée (29) du calcul différentiel, la règle générale pour trouver la différentielle d'une fonction quelconque de variables x, y, z, etc., consiste à mettre dans cette fonction $x + \partial x$, $y + \partial y$, $z + \partial z$, etc., à la place de x, y, z, etc., et à retrancher du résultat la fonction donnée. Ainsi en supposant que φ soit cette fonction, et qu'elle devienne φ' par la substitution de $x + \partial x$, $y + \partial y$, $z + \partial z$, etc., à la place de x, y, z, etc., on aura $\partial\varphi = \varphi' - \varphi$. Mais comme dans le résultat qu'on obtiendra par ce moyen, il peut se trouver des termes qui soient infiniment petits relativement aux autres, on pourra suivant le théorême précédent les négliger : c'est-à-dire employer dans le calcul à la place de la vraie différentielle le résultat qu'on obtiendra en y traitant comme nuls, les termes dont les rapports aux autres termes seront des quantités infiniment petites.

Par ce moyen on pourra simplifier l'expression de ces différentielles et il en résultera seulement, qu'au lieu des quantités exactes qu'on auroit eues pour exprimer les conditions du problème, on aura si l'on suppose l'infini appréciable, des équations imparfaites qui conduiront au même but, par l'élimination des quantités auxiliaires qu'on aura introduites dans le calcul ; et si l'on suppose que l'infini soit absolu, les équations ne cesseront pas d'être exactes, mais elles ne conduiront au terme désiré, que par l'élimination de toutes ces quantités évanouissantes.

Par exemple, soit $\varphi = ax + by^2 + cz^3$, nous aurons donc $\varphi' = ax + a\partial x + by^2 + 2by\partial y + b(\partial y)^2 + cz^3 + 3cz^2\partial z + 3cz(\partial z)^2 + c(\partial z)^3$. *Donc* $\varphi' - \varphi$ ou $\delta\varphi = a\partial x + 2by\partial y + b(\partial y)^2 + 3cz^2\partial z + 3cz(\partial z)^2 + c(\partial z)^3$. Mais (25) $b(\partial y)^2$, $3cz(\partial z)^2$, $c(\partial z)^3$ sont des quantités infiniment petites d'un ordre supérieur à ∂x, $2by\partial y$, $3cz^2\partial z$, auxquelles elles sont ajoutées ; c'est-à-dire, qu'elles sont infiniment petites à leur égard donc (77) on peut les négliger ce qui donnera $\partial\varphi = a\partial x + 2by\partial y + 3cz^2\partial x$, expression plus simple que la différentielle rigoureuse, et qui cependant employée à sa place dans le calcul doit conduire précisément au même résultat désigné.

On verra demême, que la différentielle de l'équation $yy = 2ax - xx$ est l'équation imparfaite $2y\partial y = 2a\partial x - 2x\partial x$, mais mon objet n'est point d'expliquer ici les règles particulières du calcul différentiel, il me suffit d'en avoir indiqué le principe.

79. Les règles de l'intégration se tirent de celles de la différentiation. Par exemple, si l'on se trouve avoir à intégrer une équation de cette forme $2y\partial y = 2a\partial x - 2x\partial x$, on se rappelera qu'on a obtenu cette équation en différentiant l'équation $yy = 2ax - xx$: donc réciproquement, celle-ci sera

l'intégrale de l'autre. En un mot, il s'agit de revenir de la différentielle à l'intégrale qui l'a donnée ; or c'est à quoi l'on parvient, en observant la loi suivant laquelle s'opère le passage de l'intégrale à la différentielle et employant cette observation pour établir des règles par lesquelles on puisse revenir, de la différentielle à l'intégrale.

80. Nous avons déjà fait remarquer (33) combien l'art de différentier et d'intégrer doit être utile dans le calcul infinitésimal. Pour donner une idée de l'usage qu'on en fait, supposons qu'ayant à trouver les relations qui existent entre plusieurs quantités variables x, y, z, etc., liées entre elles par une loi quelconque donnée, et que n'ayant pu se procurer toutes les équations finies dont on auroit besoin pour cela, on soit parvenu néanmoins à l'aide d'un système auxiliaire, à en trouver d'autres où ces mêmes quantités soient mêlées avec leurs différentielles : il est clair que si l'on peut réussir à éliminer ces différentielles soit par les règles ordinaires de l'algèbre, soit par des intégrations qui les fassent disparoître, on obtiendra les équations finies qu'on n'avoit pu avoir directement.

Par exemple, qu'on ait l'équation finie $yy = 2ax - xx$ et l'équation différentielle $z\partial y = y\partial x$, et qu'il soit question de trouver la relation de x à z.

Je différentie la première, et j'ai (78) $2y\partial y = 2a\partial x - 2x\partial x$. Je tire de cette équation la valeur de ∂y que je substitue dans l'autre équation différentielle ; après quoi réduisant j'ai l'équation finie $z = \frac{yy}{a-x}$ ou $z = \frac{2ax - xx}{a-x}$, ce qu'il falloit trouver.

Demême, si je cherche la relation de y à x, et que n'ayant pu la trouver directement, j'aie cependant découvert que l'équation imparfaite $2y\partial y = 2a\partial x - 2x\partial x$, existe entre ces quantités et leurs différentielles : je n'aurai qu'a intégrer cette équation et il viendra (79) $yy = 2ax - xx$, qui exprime la relation désirée.

81. L'utilité des calculs différentiel et intégral se manifeste dans toutes les parties des mathématiques, elle est particulièrement sensible dans la théorie des lignes courbes.

Pour faciliter la recherche de leurs propriétés on a imaginé de les regarder comme des figures rectilignes d'un nombre infini de côtés ; or dans le calcul des erreurs compensées, cette supposition conduit à des équations imparfaites dont les erreurs se rectifient d'elles-même, lorsqu'on parvient à éliminer les quantités infinitésimales introduites dans le calcul. Au contraire, dans la méthode des évanouissantes, la figure rectiligne n'est qu'un terme de comparaison, qu'on emploie pour appercevoir plus facilement au moyen de sa ressemblance avec la courbe quelles sont les propriétés et affections de cette courbe elle-même ; on ne s'y arrête pas précisément aux rapports que fourniroit cette fausse hypothèse, mais à ceux qui y correspondent dans la courbe même et que la loi de continuité indique d'une manière d'autant plus sensible, qu'on suppose plus grand, le nombre des côtés du polygone, parceque son analogie avec la courbe en devient plus frapante, à mesure que ce nombre de côtés augmente. Dans le calcul infinitésimal proprement dit enfin, on suit à volonté, soit la marche des erreurs compensées, soit celle des évanouissantes suivant qu'on trouve plus de facilité à faire usage de l'une plutôt que de l'autre : mais alors, on désigne par l'expression générique d'infiniment petites, ces quantités évanouissantes et les quantités indéfiniment petites qui leur répondent, et c'est le sens de la phrase qui détermine quelles sont celles dont il s'agit en chaque cas particulier.

82. Dans tous les cas, le polygone infinitésimal doit donc être regardé comme un système auxiliaire, dont les diverses parties ne sont introduites dans le calcul, que pour faciliter la recherche des propriétés du système désigné qui est la courbe proposée ; et par conséquent, ce n'est que par l'élimination de ces diverses quantités auxiliaires qu'on pourra obtenir les rapports cherchés.

83. J'ai dit que les quantités appelées infiniment petites peuvent être à volonté supposées évanouissantes ou indéfiniment petites ; il s'agit seulement de raisonner conséquemment à l'hypothèse qu'on aura adoptée : il est des cas où il est plus simple de considérer ces quantités comme absolument nulles, d'autres où cela est à peu près indifférent, d'autres enfin, où il est plus naturel et plus commode de supposer que ce soient des quantités effectives. Ce dernier cas arrive principalement lorsqu'on emploie le calcul intégral à rechercher la valeur d'une étendue superficielle ou autre. Car lorsqu'on veut trouver la valeur d'une surface ou d'un solide dont la forme est irrégulière, ce qui se présente de plus naturel est de partager cette surface ou ce solide, en plusieurs autres d'une forme plus simple et plus faciles à évaluer ; puis d'ajouter ensemble toutes ces quantités partielles ou d'en prendre la somme. De là, vient qu'on dit également sommer une quantité différentielle ou l'intégrer ; et dans ce cas on se sert encore souvent du terme d'*élément* pour signifier une différentielle : de sorte, qu'au lieu de dire qu'on intègre la différentielle de telle ou telle quantité, on s'exprime en disant qu'on cherche la somme des *éléments* qui composent cette quantité : or cela suppose naturellement qu'on ne regarde pas ces éléments comme absolument nuls, et en effet, il seroit absurde de dire qu'une ligne est composée de points mathématiques, qu'une surface est composée de lignes ou qu'un solide est composé de surfaces. Il est donc plus naturel en ce cas (quoique cela ne soit pas absolument nécessaire) * de

* Je dis que cela n'est pas absolument nécessaire, parcequ'il est permis de regarder un prisme par exemple comme composé d'éléments superficiels ou sans aucune épaisseur : c'est-à-dire, dont la solidité soit absolument nulle : pourvu qu'on suppose en même tems, que le nombre de ces éléments superficiels est absolument infini. Ce seront alors deux propositions absurdes chacune en particulier, mais dont le conséquent sera néanmoins exact ; l'absurdité de l'une détruisant l'effet de ce qui est absurde dans l'autre. Au reste, cette difficulté n'est point particulière à l'analyse infinitésimale, l'analyse ordinaire est pleine de ces comparaisons de quantités purement fictives d'où sortent des vérités très lumineuses ; puisque sans compter les imaginaires qui ne sont que des formes algébriques, on rencontre à chaque pas des quantités négatives qui, à le bien prendre, ne peuvent représenter de véritables quantités, que lorsqu'elles sont précédées de quantités positives plus grandes qu'elles.

regarder les différentielles comme de vraies quantités assez petites seulement, pour qu'on puisse aisément saisir les limites ou dernières valeurs de leurs rapports : et c'est ainsi que dans chaque cas particulier, on se détermine à employer l'un ou l'autre infini, suivant qu'on le juge plus facile, relativement à l'objet qu'on a en vue.

Explication de ce qu'on entend proprement par méthode des limites ou des premières et dernières raisons.

84. Quoique la méthode des erreurs compensées et le calcul des évanouissantes soient fondés entièrement sur les propriétés de ce que nous avons appelé *limites,* cependant ils diffèrent de ce qu'on nomme proprement *méthode des limites* ou *des premières et dernières raisons* en ce que dans celle-ci, on ne fait point entrer séparément les quantités que nous avons nommées infinitésimales ni mêmes leurs rapports, mais seulement, les limites ou dernières valeurs de ces rapports. Tellement que ∂x, ∂y, ∂z, etc., par exemple, étant des quantités infiniment petites, on ne les admettra point séparément dans le calcul, mais on y fera seulement entrer les quantités $\mathcal{L}\frac{\partial x}{\partial y}$, $\mathcal{L}\frac{\partial z}{\partial x}$, $\mathcal{L}\frac{\partial y}{\partial z}$, etc., qui étant des grandeurs finies, font de cette méthode, moins un calcul particulier, qu'une simple application du calcul algébrique ordinaire.

Il s'agit donc en se bornant à introduire ce genre de quantités finies dans l'algèbre ordinaire, il s'agit, dis-je, de suppléer aux moyens que fournit l'analyse infinitésimale, pour découvrir les propriétés, rapports et relations quelconques, des grandeurs qui composent un système proposé, et voilà, ce qu'on nomme proprement méthode des limites.

85. Si cette méthode étoit aussi facile à mettre en usage que le calcul infinitésimal ordinaire, il est certain qu'elle lui seroit préférable ; car elle auroit l'avantage sur le calcul des évanouissantes ou de l'infini absolu, de n'offrir jamais à l'imagination que des quantités vraies et sensibles ; au lieu que l'infini absolu est un être de raison, qu'on ne peut considérer en lui-même, mais seulement dans ses rapports avec d'autres quantités de même nature et aussi chimériques que lui. D'un autre côté, la marche toujours sûre et rigoureusement exacte de la méthode des limites, lui donneroit sur celle des erreurs compensées ou de l'infini appréciable, l'avantage de conduire au même résultat, par une route directe et toujours lumineuse, au lieu que celle-ci ne conduit en quelque sorte au vrai, qu'après avoir fait pour ainsi dire parcourir tout le pays des erreurs.

Elle est la même au fond que la méthode ordinaire du calcul infinitésimal, mais les procédés en sont plus difficiles.

Mais la méthode des limites est sujette à une difficulté qui n'a pas lieu dans l'analyse infinitésimale : c'est qu'on ne peut y séparer comme dans celle-ci, les quantités infiniment petites l'unes de l'autre ; il faut toujours qu'elles s'y trouvent deux à deux ; ce qui empêche de faire subir aux équations ou elles se rencontrent, toutes les transformations qui serviroient à les éliminer, comme on doit le faire (70 et 76) et cette difficulté se fait bien moins sentir encore, dans les opérations même du calcul que dans les propositions et raisonnements qui préparent ou suppléent à ces opérations.

Il est cependant un moyen d'éluder cet inconvénient, nous l'expliquerons, mais il est nécessaire pour cela, de faire connoître auparavant quelques propriétés des limites.

THÉORÈME VI

86. *Toute quantité désignée est nécessairement égale à sa limite.*

Cela est clair, par la définition même des quantités désignées.

THÉORÈME VII

87. *Si deux quantités sont chacune limite d'une même troisième quantité elles sont nécessairement égales entre elles.*

Car si l'on suppose que Y et Z soient chacune en particulier limites de la même quantité X on aura par hypothèse Y = dernière valeur de X et Z = dernière valeur de X ; or X ne peut avoir évidement qu'une seule dernière valeur, celle dont elle approche de plus en plus, à mesure que le système auxiliaire approche du système désigné, et qui est déterminée par la loi de continuité à laquelle ce système auxiliaire est assujetti dans son changement. Donc Y est nécessairement égale à Z.

THÉORÈME VIII

88. *La dernière raison de deux quantités quelconques est toujours égale au rapport de leurs dernières valeurs. Ou ce qui est la même chose, la limite du rapport de deux quantités est égale au rapport de leurs limites.*

En effet, $\mathcal{L}\frac{Y}{Z}$ est la dernière valeur de la fraction $\frac{Y}{Z}$. Or d'un autre côté, pour avoir cette dernière valeur de $\frac{Y}{Z}$ il faut évidement diviser la dernière valeur de Y par la dernière valeur de Z. Donc $\mathcal{L}\frac{Y}{Z}$ est la même chose que $\frac{\mathcal{L}Y}{\mathcal{L}Z}$.

Ainsi par exemple la limite du rapport de deux quantités indéfiniment petites, est égale au rapport des quantités évanouissantes qui leur répondent.

Il nous reste à montrer comment on peut donner à la méthode des limites la même simplicité qu'à l'analyse infinitésimale proprement dite.

Moyen de rendre la méthode des limites aussi simple que le calcul infinitésimal ordinaire.

89. On sait que c'est l'usage en mathématiques de rapporter toutes les espèces de grandeurs à des unités homogènes : lorsqu'on dit par exemple, que la surface d'un parallélograme est égale au produit de sa base par sa hauteur, on entend par cette surface, non pas

l'aire même du parallélograme, mais son rapport à la quantité arbitraire prise pour unité des surfaces. De même, par les base et hauteur de ce parallélograme, on entend non pas ces lignes elles-mêmes, mais les rapports de ces lignes à l'unité linéaire.

Cela posé, faisons ici la même chose : par l'expression de *quantités infiniment petites* du premier ordre, entendons, non ces quantités même, mais les rapports de ces quantités à la base infinitésimale, c'est-à-dire, leurs *moments d'évanouissement* (36). Par quantités infiniment petites du second troisième, etc, ordre, entendons les rapports de ces quantités, à la seconde troisième, etc., puissance de la base infinitésimale : c'est-à-dire, les moments d'évanouissements de leurs moments d'évanouissement. etc., lesquels seront évidement toujours des quantités finies.

Cela posé, il est facile en suivant strictement la méthode des limites non seulement de la rendre aussi simple que l'analyse infinitésimale ordinaire, mais même de faire en sorte, que ces deux méthodes soient absolument identiques.

90. En effet, la difficulté de la méthode des limites consiste (85) en ce qu'on ne peut y séparer les quantités différentielles. Or les remarques précédentes, fournissent le moyen de faire aisément cette séparation. Car soit par exemple $\mathfrak{L}\dfrac{\partial y}{\partial z}$, pour séparer ∂y de ∂z, je commence par diviser l'une et l'autre par la base infinitésimale c'est-à-dire que je mets la quantité précédente sous cette forme $\mathfrak{L}\cdot\dfrac{\left(\dfrac{\partial y}{\partial x}\right)}{\left(\dfrac{\partial z}{\partial x}\right)}$ en prenant ∂x pour base. Or cette expression est évidement équivalante à la première et d'un autre côté (88) elle équivaut à $\dfrac{\mathfrak{L}\left(\dfrac{\partial y}{\partial x}\right)}{\mathfrak{L}\left(\dfrac{\partial z}{\partial x}\right)}$ expression dans laquelle le numérateur et le dénominateur sont des quantités finies et où ∂y et ∂z se trouvent séparées.

91. On peut remarquer que $\mathfrak{L}\left(\dfrac{\partial y}{\partial x}\right)$ ct $\mathfrak{L}\left(\dfrac{\partial z}{\partial x}\right)$ sont ce que nous avons nommé (36) *moments différentiels* de y et de z ou *moments d'évanouissement* de ∂y et de ∂z ; ainsi nous avons $\mathfrak{L}\left(\dfrac{\partial y}{\partial x}\right) = \mathrm{D}y$ et $\mathfrak{L}\left(\dfrac{\partial z}{\partial x}\right) = \mathrm{D}z$. Donc la quantité proposée $\mathfrak{L}\left(\dfrac{\partial y}{\partial z}\right)$ prend cette forme $\dfrac{\mathrm{D}y}{\mathrm{D}z}$, c'est-à-dire la même qu'elle auroit, si l'on avoit suivi la marche ordinaire du calcul infinitésimal, à cela près, que la caractéristique est D, aulieu d'être ∂, ce qui ne fait rien à la chose, puisque les caractéristiques sont arbitraires et de convention. Ainsi par ce moyen, non seulement la méthode des limites

devient aussi simple que le calcul infinitésimal sans lui rien ôter de sa rigueur ; mais même, on rend les procédés de ces deux méthodes absolument identiques ; puisqu'il n'y a pour cela, qu'à substituer aux quantités infiniment petites, leurs moments d'évanouissement, qui sont des quantités finies dont les rapports sont les mêmes que ceux des quantités évanouissantes qui leur répondent.

92. Si l'on veut saisir encore mieux, les nuances qui distinguent les diverses méthodes dont nous avons parlé jusqu'ici, quoique toutes les mêmes au fond, il n'y a qu'à marquer d'un signe particulier les différentielles sensibles et, d'un autre, les différentielles évanouissantes. Soit par exemple, la différentielle ∂y : rien ne dénote dans cette expression, s'il est question de l'infini absolu ou de l'infini sensible : mettons donc le premier cas un point à côté de la caractéristique ∂ en cette manière $\partial{\cdot}y$ et pour le second cas, mettons un accent en cette manière $\partial' y$, alors :
$\partial{\cdot}y$ sera la différentielle absolue ou évanouissante de y.
$\partial' y$ sera la différentielle vraie, sensible ou assignable.
∂y signifiera indifférement l'une ou l'autre, suivant qu'on le jugera à propos.
Dy sera enfin le moment différentiel de la même quantité, ou son moment d'évanouissement.
Or dans le calcul des évanouissantes ou de l'infini absolu, on emploie des quantités de la nature de $\partial{\cdot}y$, dans le calcul des erreurs compensés, on emploie des quantités de la nature de $\partial' y$, dans le calcul de l'infini en général, ce sont des quantités de la nature de ∂y ; et enfin dans le calcul des limites ou des premières et dernières raisons, ce sont des quantités de la nature de Dy. Mais comme toutes ces expressions sont de même forme à une caractéristique près qui est arbitraire, il est aisé de voir que les méthodes dont on vient de parler, ne différent que dans la manière d'envisager la question, et doivent toutes conduire aux mêmes procédés et aux mêmes résultats.

L'analyse infinitésimale n'est autre chose qu'une application ou si l'on veut une extension de la méthode des indéterminées.

93. Au reste il est aisé de sentir que tous ces calculs étant fondés sur la comparaison de deux systèmes dont l'un n'est composé que de quantités désignées, et l'autre, de quantités dont les valeurs sont arbitraires, il est aisé dis-je de sentir que tous ces calculs ne doivent être qu'une application ou si l'on veut, une extension de la méthode des indéterminées, méthode lumineuse et qui peut en effet, les suppléer sans augmenter sensiblement les difficultés.

Pour le prouver il suffira d'appliquer le calcul des indéterminées aux exemples déjà traités par les méthodes dont on vient d'exposer les principes.

Reprennons donc d'abord, celui où il s'agissait de mener une tangente au point m du cercle $dcmb$.

Nous avons trouvé (50) ces deux équations imparfaites $\frac{tp}{mp} = \frac{mz}{rz}$ et

$\frac{mz}{rz} = \frac{y}{a - x}$. Pour les rendre exactes, je les mets sous cette forme $\frac{mz}{rz} = \frac{tp}{mp} + u$, et $\frac{mz}{rz} = \frac{y}{a - x} + u'$, u et u' étant des quantités telles qu'il les faut, pour que ces équations ayent lieu exactement ; égalant donc les deux valeurs de $\frac{mz}{rz}$ j'ai l'équation exacte $\frac{tp}{mp} + u = \frac{y}{a - x} + u'$ ou $\left(\frac{tp}{mp} - \frac{y}{a - x}\right) + (u - u') = 0$. Cela posé, mz et rz pouvant être supposées aussi petites qu'on veut, il est clair que u et u' pourront aussi être supposées aussi petites qu'on voudra, tandis que de toutes les quantités tp, mp, a, x, y, qui composent le premier terme, il n'y en a aucune, qui ne soit déterminée par la position prescrite du point m. Donc l'équation précédente devant avoir lieu, quelles que soient les valeurs qu'on voudra attribuer à u et u', il est clair, que suivant la méthode des indéterminées, chacun de ces termes doit être égal à zéro donc on a $\frac{tp}{mp} = \frac{y}{a - x}$ comme par les méthodes expliquées précédement.

On voit par là, que u et u', quoique quantités effectives, se détruisent d'elles-mêmes l'une par l'autre dans le résultat. On auroit donc pu les négliger dans le cours du calcul, sans que ce résultat eût été affecté des erreurs commises. Or c'est ce qu'on fait dans le calcul des erreurs compensées, la seule différence est que dans celle des indéterminées, qu'on vient d'expliquer, on attend que l'équation finale soit trouvée, pour y supprimer u et u' ; au lieu qu'en suivant l'autre, on traite ces quantités comme nulles, dans les équations partielles d'où l'équation finale est tirée.

94. Soit proposé maintenant, de trouver la surface du cercle dont il a été question (41).

La surface de tout polygone régulier étant égale au produit de son périmètre par la moitié de l'apotême, si l'on nomme r le rayon du cercle c sa circonférence et s sa surface ; il est clair que si l'équation $s = \frac{cr}{2}$ n'est pas exacte, en supposant que $s\ \frac{cr}{2} + u$ ou $\left(s - \frac{cr}{2}\right) - u = 0$ le soit, u pourra être supposée aussi petite qu'on le voudra, tandis que de toutes les quantités s, c, r, qui composent le premier terme, il n'y en a aucune qui ne soit déterminée. Donc cette équation devant avoir lieu, quelle que soit la valeur qu'on voudra attribuer à u chacun de ses termes doit être égal à zéro. Donc $s - \frac{cr}{2} = 0$ est une équation exacte.

95. Soit enfin proposé de trouver le *maximum* de la fonction $2ax - xx$.

J'ai trouvé (69) l'équation exacte $(2a - 2z) - (u - u') = 0$ laquelle doit avoir lieu quelques valeurs que je veuille attribuer à u et u' ; donc suivant la méthode des indéterminées chacun des termes de cette équation est égal à zéro ; donc $2a - 2z = 0$ ou $z = a$ comme par les autres méthodes.

97. Ces exemples suffisent, pour faire voir que la méthode des erreurs compensées ne diffère de celle des indéterminées, qu'en ce qu'on y néglige comme nous l'avons déjà dit, dans le cours du calcul, des quantités qui se détruiroient toujours d'elles-mêmes dans le résultat, si on les laissoit subsister ; au lieu que dans celle des indéterminées, on rend chaque équation exacte en lui ajoutant la quantité nécessaire pour cela, et l'on parvient ainsi, à une équation finale de deux termes, dont l'un est tout composé de quantités désignées, et dont l'autre * au contraire n'est composé que de quantités dont chacune peut être supposée aussi petite qu'on veut d'où il suit évidement suivant la doctrine des indéterminées **, que chacun de ces termes pris séparément est égal à zéro. Ce qui donne précisément le même résultat, que si dans le cours du calcul on eût opéré sur les équations imparfaites comme si elles eussent été exactes, sans se mettre en peine de les rendre telles, par l'addition d'une nouvelle quantité.

On peut remarquer encore, que dans cette équation finale composée de deux termes, chacun égal à zéro, à laquelle on est conduit par la méthode des indéterminées, c'est la même chose de traiter comme nul en général, le second terme, c'est à dire, la somme de tous les termes particuliers dont il est composé, ou de traiter comme nulle en particulier, chacune de ces dernières quantités. Par exemple, dans le cas dont il s'agit (93) c'est la même chose de supposer dans l'équation finale $\left(\frac{tp}{mp} - \frac{y}{a-x}\right) + (u - u') = 0$, $u - u' = 0$, ou en particulier $u = 0$, $u' = 0$, puisque le résultat $\frac{tp}{mp} - \frac{y}{a-x} = 0$ est le même dans les deux cas, d'où l'on voit, que la méthode des indéterminées n'a pas moins d'analogie avec la méthode des évanouissantes, qui consiste à traiter, non pas seulement dans l'équation finale, mais dans tout le cours du calcul, les quantités telles que u et u' comme nulles, chacune en particulier, qu'avec celle des erreurs compensées, qui consiste à les négliger, non pas comme nulles chacune en particulier mais en somme, c'est-à-dire, comme produisant des erreurs qui doivent se détruire d'elles-mêmes par une suite nécessaire et infaillible des opérations du calcul.

Il est possible de comparer encore plus directement la méthode des indéterminées avec celle du calcul infinitésimal et de faire voir clairement que celui-ci n'est véritablement qu'une abréviation de l'autre.

Par exemple, nous avons trouvé (59) l'équation exacte $\frac{tp + t't}{y} = \frac{2y + rz}{2a - 2x - mz}$, laquelle contenant des quantités désignées et des quan-

* [Mots barrés : peut être supposée aussi petite].

** En général, il est évident que si l'on a une équation exacte de cette forme $A + B + C + D +$ etc. $= 0$ telle que $\frac{B}{A}, \frac{C}{B}, \frac{D}{C}$, etc., ayent 0 pour limite, c'est-à-dire puissent être rendues aussi petites qu'on voudra ; on aura $A = 0$, $B = 0$, $C = 0$, etc.

tités arbitraires, doit (57) pouvoir se décomposer en deux, l'une entre quantités désignées, l'autre contenant des quantités arbitraires ; et en effet, il est aisé de voir qu'on peut lui donner cette forme

$$\frac{tp}{y}+\frac{t't}{y}=\frac{y}{a-x}+\frac{y.mz+a.rz-x.rz}{(a-x)\,(2a-2x-mz)}$$ qui se décompose visiblement

en ces deux équations $\frac{tp}{y}=\frac{y}{a-x}$ et $\frac{t't}{y}=\frac{y.mz+a.rz-x.rz}{(a-x)\,(2a-2x-mz)}$

Car si l'on fait passer tous les termes de la première dans le même membre, on aura $\left(\frac{tp}{y}-\frac{y}{a-x}\right)+\left(\frac{t't}{y}-\frac{y.mz+a.rz-x.rz}{(a-x)\,(2a-2x-mz)}\right)=0$ équation qui suivant la méthode des indéterminées ne peut avoir lieu généralement, c'est-à-dire, quelques valeurs qu'on attribue * à mz, rz, $t't$, sans que chaque terme ne soit égal à zéro. Donc cette méthode employée de la manière la plus directe, conduit précisément au même résultat $\frac{tp}{y}=\frac{y}{a-x}$ entre les quantités proposées, que le calcul infinitésimal, et n'en diffère qu'en ce qu'on attend la fin du calcul pour négliger les quantités $t't$, mz, rz, que l'on néglige dans le cours de ce même calcul en employant l'analyse infinitésimale, soit comme absolument nulles, chacune en particulier, lorsqu'on suppose qu'il s'agit de l'infini absolu, ou en somme lorsqu'on suppose l'infini sensible et produisant des erreurs qui ne tombent que sur l'équation entre arbitraires, lesquelles doivent par conséquent se détruire d'elles-mêmes et ne point affecter l'équation qui existe entre les quantités désignées. Le calcul infinitésimal, sous quelque point de vue qu'on le considère, n'est donc qu'une abréviation de la méthode des indéterminées, et l'on conçoit aisément par ces remarques et les exemples rapportés ci-dessus que celle-ci peut suppléer à l'analyse infinitésimale, sans augmenter sensiblement la difficulté du calcul.

Celle-ci peut suppléer à l'autre sans augmenter sensiblement la difficulté du calcul.

On peut même rendre ces deux méthodes absolument semblables quant aux procédés, il n'y a pour cela, qu'à sous entendre à chaque équation imparfaite la quantité nécessaire pour compléter l'égalité des deux membres ; c'est-à-dire qu'il n'y a qu'à supposer cette quantité ajoutée en effet à chaque équation imparfaite, mais non écrite, car alors il n'y aura évidement plus aucune différence entre cette nouvelle méthode des indéterminées ; ou plutôt entre la méthode ordinaire des indéterminées ainsi modifiée et l'analyse infinitésimale proprement dite.

Ce seroit peut-être ici le lieu de montrer par des exemples nombreux l'application des principes contenus dans cet écrit, mais nous croyons les avoir expliqués assez clairement pour que les commençants puissent

* Ceci montre d'une manière bien évidente, ce que nous avons déjà dit tant de fois, savoir que les quantités $t't$, mz, rz, qu'on nomme infiniment petites ne sont pas plus petites que les autres, puisque l'équation doit avoir lieu, quelles que soient les valeurs de ces quantités. Ainsi le caractère de ces quantités réside, non dans la petitesse de leurs valeurs actuelles, mais dans la faculté qu'on a de les rendre moindres qu'aucune grandeur donnée.

les appliquer d'eux mêmes aux divers exemples qu'ils trouveront dans les livres élémentaires, comparer ces principes, connoître leur accord et saisir enfin l'esprit et la vraie métaphysique de ce calcul sublime.

Conclusion

98. Si l'on demande maintenant laquelle de toutes les méthodes qu'on vient d'expliquer mérite la préférence je reponds qu'étant toutes bonnes exactes et lumineuses il convient, je pense, de ne donner l'exclusion à aucune et qu'on doit tout simplement, employer en chaque cas particulier, celle que les circonstances rendent la plus simple, car il ne peut être qu'avantageux d'envisager une question sous ses différents points de vue, de connoître les divers chemins qui conduisent au même but, d'appercevoir enfin les liens et l'analogie par lesquels peuvent s'éclairer mutuellement et s'entre-aider des méthodes assez différentes au premier coup d'œil. Est-il possible d'ailleurs de faire autrement ? Est-il possible de combiner des évanouissantes dont les rapports sont déterminés par la loi de continuité, sans comparer en même temps, au moins par la pensée, les quantités indéfiniment petites qui leur répondent ? Et réciproquement, peut-on calculer celles-ci, dans le dessein d'en découvrir les dernières raisons et perdre en même tems de vue les dernières valeurs de ces quantités ? Ne sont-ce pas toujours en un mot les mêmes idées qu'on a à rendre, les mêmes relations à exprimer, et toutes ces méthodes différent-elles autrement que dans la manière de rendre ces idées et d'exprimer ces relations ? Il faut regarder le calcul comme une langue dans laquelle on peut s'exprimer avec d'autant plus de facilité, de clarté et de précision qu'il y a plus de mots ou de signes pour exprimer, non pas précisément les mêmes choses, mais leurs propriétés différentes et les nuances qui les caractérisent. Si ces mots manquent, on se trouve forcé d'employer des expressions impropres et qui ne rendent pas exactement ce qu'on voudroit dire ; ou bien il faut alonger et embarasser le discours par des periphrases. Les langues, et celle des mathématiques comme toutes les autres, se forment peu à peu. Bornées dans l'origine à un petit nombre d'expressions, il est nécessaire, que les mêmes combinaisons de mots reviennent souvent ; alors on sent la nécessité d'en inventer de nouveaux pour remplacer ces combinaisons par des expressions plus courtes. Ces nouveaux mots, combinés avec les anciens, donnent encore lieu à de nouvelles tournures de phrases qui se répétent elles-mêmes plus ou moins fréquement, et déterminent de nouveau l'invention de quelques expressions plus simples. Et il ne faut pas regarder la perfection d'une langue propre à une science, comme une chose indifférente aux progrès de cette science. Il y a un avantage considérable à pouvoir réunir beaucoup d'idées en peu de mots parce qu'on en apperçoit bien plus facilement, la liaison et les conséquences. Eh ! Qu'est-ce autre chose au fond que le calcul, sinon l'art de s'exprimer d'une manière abrégée, simple, uniforme ; de réunir presque en un point des idées qui exprimées dans le langage ordinaire se trouveroient étendues

et comme délayées dans un long discours ? Lorsqu'au lieu de l'analyse infinitésimale, on employoit la méthode d'exhaustion, on ne s'étoit pas encore apperçu de tous les usages auxquels on pouvoit l'appliquer ; les expressions qu'elle employoit revenoient trop rarement, pour qu'on sentit la nécessité de leur en substituer de plus simples ; et quoique les principes fondamentaux du calcul infinitésimal fussent dès lors connus et usités dans la pratique de la méthode d'exhaustion, c'est avec grande raison qu'on attribue l'invention de ce calcul à celui qui le premier a eu le génie d'appercevoir la nécessité d'un langage nouveau pour exprimer avec facilité les idées qui se présentoient en foule à son esprit, et l'appliquer à tous les usages dont il prévoyoit qu'il seroit susceptible, en quoi l'expérience a glorieusement confirmé ses conjectures.

99. On peut remarquer ici, combien est admirable la marche de l'esprit humain dans la recherche de la vérité, on le voit s'élever par gradation. des problèmes les plus simples et indiqués par les besoins physiques, à la connoissance des propriétés les plus générales dont la quantité soit susceptible. D'abord, il a bien fallu se borner à quelques combinaisons faites sur des nombres déterminés et concrets ; bientôt après, on a remarqué que ces opérations avoient quelque chose de commun. De là sont venus les nombres abstraits ; on s'est apperçu ensuite, qu'une opération faite sur tel ou tel de ces nombres étoit souvent détruite après, par une opération contraire ; que par exemple, après avoir été conduit par un raisonnement, à réunir deux nombres par addition, on étoit conduit par la suite du même raisonnement à les séparer l'un de l'autre par soustraction ; on a conclu de là qu'il seroit avantageux de se borner d'abord à indiquer les opérations, à l'aide de quelques signes de convention afin d'exécuter seulement celles qui, dans la suite, seroient reconnues indispensables ; de là l'origine des signes algébriques. Par la même raison on a conclu, que jusqu'au moment où il seroit nécessaire d'exécuter ces opérations, on pouvoit substituer aux nombres en question d'autres simboles arbitraires pour en tenir la place. Delà, l'usage des caractères alphabétiques dans le calcul. Ces simboles étant arbitraires et pouvant être employés à représenter tel ou tel nombre, aussi bien que tel ou tel autre, les raisonnements et opérations qui doivent se faire, jusqu'au moment où il faut remettre ces nombres à la place de ces caractères indéterminés, appartiennent donc à une classe de grandeurs plus étendue que ces nombres. Or on a fait de ces raisonnements et opérations, une science qu'on nomme arithmétique universelle ou algèbre. Après cela on a remarqué que la détermination des nombres représentés par ces caractères indéterminés pouvoit être plus ou moins retardée : que par conséquent, ceux qu'on n'étoit forcé à déterminer que les derniers étoient ceux qui avoient le plus de propriétés applicables à toute espèce de nombres ; de là, la distinction des constantes et des variables : les premières étant fixées par les conditions même du problème et les autres, ne l'étant que par des hypothèses subséquentes ; deplus parmi ces variables, on s'est apperçu que quelques-unes ne se déterminaient point du tout, c'est-à-dire n'entroient ni implicitement ni explicitement, dans le résultat. De ce genre sont les

quantités qu'on a nommées infinitésimales. Mais de ces quantités, les unes s'éliminent plutôt que les autres et par conséquent sont plus indéterminées, c'est-à-dire ont des relations moins intimes ou moins de propriétés communes avec celles dont on cherche les rapports : delà, les différentielles de différents ordres. Ce n'est pas tout encore, ces quantités infinitésimales de différents ordres sont liées entre elles par des relations quelconques et ces relations sont assujetties à des loix plus ou moins arbitraires ; delà le calcul des variations. Et c'est ainsi que l'esprit ne cesse de s'élever continuellement à de nouvelles généralités, jusqu'à ce qu'enfin ayant dépouillé pour ainsi dire successivement les quantités de toute connexion, il ne lui reste plus qu'un système d'êtres isolés, entre lesquelles il n'existe aucune relation et qui par conséquent cessent d'être l'objet des mathématiques.

100. La source de cette application continuelle des géomètres à généraliser, vient de ce qu'ils sentent, que, presque toujours généraliser c'est simplifier. Généraliser en effet, c'est augmenter le nombre des choses comparées ; c'est étendre des propositions particulières à des classes de grandeurs plus étendues ; or cela est aussi simplifier, parce qu'en augmentant le nombre des choses comparées ou des rapports à considérer, on diminue la difficulté de chaque comparaison particulière. En effet, les propriétés communes à toutes les grandeurs sont les plus faciles à reconnoître parce qu'elles affectent tous les objets qui frappent nos sens : par la même raison, plus la classe de grandeurs à laquelle appartiennent ces propriétés est étendue, plus ces propriétés sont évidentes. C'est donc véritablement simplifier la recherche des propriétés d'une grandeur que de la comparer d'abord à la plus grande classe de quantités possible, pour voir ce qu'elle a de commun avec toutes, puis successivement à des classes moins étendues jusqu'à ce qu'on soit descendu par degrés, de ces propriétés générales aux propriétés particulières et caractéristiques.

C'est ainsi par exemple, que l'arithmétique des nombres abstraits est plus générale, que celle des nombres concrets ; parce que chacun y est comparé à une classe de nombres moins déterminée et par conséquent plus étendue, et qu'elle est en même tems plus simple parce que les combinaisons ne s'y trouvent pas embarassées par la considération des propriétés particulières propres aux nombres concrets.

En algèbre, chaque grandeur se trouve comparée à une classe encore moins déterminée et par conséquent plus étendue ; aussi les principes en sont-ils plus simples que ceux de l'arithmétique.

Par les mêmes raisons, le calcul des variables est en même tems plus général et plus simple que celui des constantes, celui des quantités infinitésimales plus général et plus simple que celui des variables ordinaires *,

* Ceci est peut-être un paradoxe, mais pour peu qu'on y fasse attention, on verra aisément que rien n'est plus vrai. On n'emploiroit pas l'analyse infinitésimale pour résoudre des questions proposées, si l'on pouvoit en venir à bout plus facilement sans son secours ; et si elle paroit plus difficile que l'algèbre ordinaire, c'est uniquement parceque les questions auxquelles on l'applique sont plus compliquées : mais toutes choses égales d'ailleurs, les calculs sont d'autant plus simples qu'ils sont plus généraux ; et ils doivent l'être évidement,

celui des variations, plus général et plus simple que celui des différentielles ; et qu'en un mot, plus on augmente le nombre des choses comparées, moins chacune d'elles influe sur les rapports cherchés ; plus il y a de combinaisons à faire, moins il y a de difficulté à faire chacune d'elles en particulier.

Aussi lorsqu'on réfléchit sur la nature des sciences mathématiques, on s'apperçoit bientôt que pour remplir leur but unique qui est de simplifier toujours, elles n'emploient pour ainsi dire, qu'un seul procédé qui est de généraliser toujours. Pour simplifier une question, elles la décomposent en plusieurs autres questions plus simples, c'est-à-dire, qu'elles la généralisent en augmentant le nombre des rapports à considérer pour en diminuer la complication. C'est ce qu'on fait en arithmétique, lorsqu'on décompose les nombres en unités, dixaines, centaines, etc., afin de pouvoir exécuter en plusieurs opérations partielles et simples une seule opération difficile : c'est ce qu'on fait en algèbre lorsqu'aulieu d'opérer tout d'un coup sur un assemblage de quantités réunies par différents signes, on opère successivement sur chacune d'elles ; c'est ce qu'on fait en géométrie lorsque pour trouver une distance sur un terrein on la compare par une suite de triangles à diverses lignes intermédiaires dont la connoissance conduit par degrés à celle qu'on a en vue ; c'est ce qu'on fait dans l'analyse infinitésimale, lorsque pour trouver les relations qui existent entre les diverses quantités qui composent un système désigné, on emploie pour y parvenir plus aisément l'entremise de plusieurs quantités auxiliaires ; c'est ce qu'on fait enfin à toute occasion et en toutes circonstances : à cela seul, se réduit l'esprit des mathématiques ; le grand art du calculateur est de savoir choisir les termes de comparaison, auxquels il doit rapporter les quantités inconnues pour en trouver la valeur. S'il n'est aucune quantité connue à laquelle on puisse comparer directement l'inconnue, l'adresse consiste à découvrir quelques quantités auxiliaires dont il soit facile de trouver d'une part la relation avec la quantité inconnue cherchée ; et d'une autre part, la relation qu'elle a avec quelque quantité donnée, ce qui fournit

puisque ce qui les rend plus généraux, c'est qu'on y emploie un plus grand nombre de quantités auxiliaires pour découvrir les rapports du système désigné ; or à quoi bon auroit-on recours à ces quantités auxiliaires, si cela ne devoit servir qu'à augmenter les difficultés : il faut donc bien qu'on sente que cela doit simplifier ; et en effet, plus une quantité est déterminée ou caractérisée par l'expression de ces propriétés, moins la classe de grandeurs auxquelles on la compare est étendue ; donc généraliser ou comparer à une classe de grandeurs plus étendue, c'est considérer moins de propriétés à la fois dans un même sujet et par conséquent en simplifier l'examen.

Il est encore évident, que ce qui distingue principalement les différentes branches du calcul, ce sont les divers degrés d'indétermination des quantités qui en font l'objet. D'après cela il est à présumer que la perfection de la méthode des indéterminées pourroit conduire peut être à quelque nouvelle branche intéressante de calcul. Ce seroit une erreur puérile, que de croire la chose impossible, fondé sur ce que l'analyse infinitésimale décomposant les quantités jusque dans leurs éléments, on ne peut pénétrer plus qu'elle ne le fait dans les secrets de la nature.

Ces prétendus éléments ne sont rien moins que des êtres d'une nature inconcevable, des espèces de monades qui n'offrent point de choses fixes et sensibles à l'esprit ; je me suis efforcé de prouver le contraire et de montrer que ce sont des quantités tout comme les autres, et qui n'en diffèrent que par leur limite qui est zéro : c'est-à-dire que ces quantités ne sont autre chose que les parties du système auxiliaire qui ont 0 pour parties correspondantes dans le système désigné.

deux rapports particuliers, d'où résulte celui que l'on cherche. Si cela est encore trop difficile, on a recours à de nouvelles quantités intermédiaires, on augmente le nombre des relations pour diminuer la difficulté de chacune d'elles : on généralise en un mot pour obtenir une plus grande simplification. Partout enfin on voit que l'objet des mathématiques est de faire passer par gradation des rapports simples et qu'on apperçoit pour ainsi dire intuitivement, à ceux qui exigent une suite de combinaisons délicates et de raisonnements serrés, de ramener peu à peu par des analogies aux questions déjà résolues celles qui ne le sont pas encore ; de substituer à plusieurs propositions particulières ou qui ne peuvent s'appliquer qu'à des classes bornées de quantités des propositions générales, c'est-à-dire, qui embrassent tout le système de ces quantités. Or tout cela n'est évidement qu'augmenter le nombre des choses comparées, pour en faciliter les combinaisons et résoudre par parties des questions trop compliquées pour être résolues tout d'un coup et directement : en un mot, c'est tout à la fois simplifier et généraliser. Mais c'est parler trop longtems métaphisique dans un ouvrage dont le but est de ramener à des principes clairs et lumineux des notions qui peuvent paroître d'abord, vagues et peu précises.

FIN

NOTES

SUR LA « DISSERTATION » DE LAZARE CARNOT

La « Dissertation sur la théorie de l'infini mathématique » a été adressée par Lazare Carnot au secrétaire de l'Académie de Berlin, J. H. S. Formey, avec la lettre suivante :

« à Monsieur
Monsieur Formey

à Arras le 8 7bre 1785.

Monsieur,

L'académie ayant proposé pour sujet du prix de mathématique qu'elle doit adjuger en 1786, la théorie de l'infini, je vous serai infiniment obligé si vous voulez bien présenter au concours la pièce ci-jointe.

J'ai laissé au bureau des diligences 12 livres argent de France pour affranchir le paquet ; cette somme était à peu près ce que coûteroit ici un pareil envoi. »

Le manuscrit et la lettre sont conservés au Zentrales Archiv der Akademie der Wissenschaften der DDR (sign. AAW, 1261-1262).

Préambule

La partie de la « Dissertation » qui précède le « Sommaire » est presque entièrement reproduite dans le paragraphe 1 des deux éditions des *Réflexions sur la métaphysique du calcul infinitésimal,* celles de 1797 et de 1813 (citées plus loin comme *Réflexions - I* et *Réflexions - II*).

Pages 251-252, note.

Dans les *Réflexions - I,* cette note est abrégée, mais, de par son contenu, reste en substance la même : l'idée d'une quantité infinitésimale y est ramenée à celle de la limite. Dans les *Réflexions - II,* la note est largement modifiée. En particulier, on lit : « Qu'est-ce, en effet, qu'une quantité dite infiniment petite en Mathématiques ? Rien d'autre chose qu'*une quantité que l'on peut rendre aussi petite qu'on le veut* (...) » ; le lien entre les notions de limite et d'infiniment petit n'est établi dans les *Réflexions-II* que dans les paragraphes 131-132.

Pour les expressions « première raison » et « dernière raison », voir le paragraphe 6.

Enfin, l'expression « indéfiniment petite » recommandée à la fin de la note remonte à B. Pascal (1658) ; cf. les paragraphes 115-116 des *Réflexions-II,* où un passage corespondant de Pascal est cité et commenté.

Sommaire

Ce texte n'est pas reproduit dans les *Réflexions.*

§ 2-3

Dans les *Réflexions-I*, la notion de quantité désignée apparaît dans le paragraphe 14 et celle de quantité non désignée ou auxiliaire dans le paragraphe 15 ; on les retrouve dans le paragraphe 17 des *Réflexions-II*.

§ 4-8

Les expressions « première raison » et « dernière raison » remontent à Newton qui distinguait la limite du rapport des quantités naissantes (*prima ratio quantitatum nascentium*) d'avec la limite du rapport des quantités évanouissantes (*ultima ratio quantitatum evanescentium*) ; d'ailleurs, ces deux limites ont toujours pour Newton la même valeur : cf. ses *Principia mathematica philosophiae naturalis*, 1687, lib. I, sec. I, lemma XI, scolium et son *Tractatus de quadratura curvarum* de 1704, Introductio.

Dans le paragraphe 17 des *Réflexions-I*, Carnot définit la notion de limite comme il suit : « une *limite* n'est autre chose qu'une quantité désignée de laquelle une quantité auxiliaire est supposée s'approcher perpétuellement, de manière qu'elle puisse en différer aussi peu qu'on voudra, et que leur dernière raison soit une raison d'égalité ». Il est à noter que Carnot ne présuppose pas que la quantité auxiliaire dont il s'agit est toujours croissante ou toujours décroissante — restriction sous-entendue dans les définitions de limite données par d'Alembert (*Encyclopédie*, t. IX, 1765, art. « Limite ») — et par S. L'Huilier (*Exposition élémentaire des principes des calculs supérieurs*, Berlin, 1786, p. 7). Plus tard, L'Huilier a levé cette restriction (*Principiorum calculi differentialis et integralis expositio elementaris*, Tübingen, 1795, p. 17).

La variation continue, Carnot la décrit comme celle qui se produit « par degrés insensibles suivant une loi quelconque » (§ 1). La définition moderne d'une fonction continue remonte à B. Bolzano (1817) et à A. Cauchy (1821). L'expression « loi de continuité » (*lex continuationis*) appartient à Leibniz.

§ 12

Presque les mêmes définitions et explications sont reproduites dans les paragraphes 21-23 des *Réflexions-I*.

Tant dans la « Dissertation » que dans les *Réflexions-I*, Carnot a, pour la première fois, ramené d'une manière explicite la notion de quantité infiniment petite à celle de limite — ce qu'il n'a pas répété dans les *Réflexions-II* (voir plus haut, p. 247). L'Huilier, dans son *Exposition...* (1786), définit une quantité infiniment petite directement, comme une variable qui peut être rendue plus petite qu'aucune quantité assignée (*loc. cit.*, p. 21) ; d'ailleurs, il évite ici l'emploi des termes « infiniment petit » (ou « grand ») qu'il réservait à l'infini actuel. Plus loin, il donne aux quantités infinitésimales potentielles les noms « infiniblement petites » et « infinibles » (*loc. cit.*, p. 147).

§ 15

On retrouve ce texte, avec quelques modifications, dans le paragraphe 41 des *Réflexions-I*.

« Le grand géomètre » mentionné par Carnot, c'est Newton (voir le célèbre scolie cité plus haut, dans la note aux paragraphes 4-8).

§ 19

La définition d'une équation imparfaite donnée dans les *Réflexions-I* (§ 31) demeure presque inchangée ; dans les *Réflexions-II* (§ 33), Carnot évite l'emploi de la notion de limite.

§ 28

Newton appelait fluxion (*fluxio*) d'une quantité fluente sa vitesse instantanée, ce qui correspond à notre dérivée. A la notion de différentielle de Leibniz, correspondait chez Newton la notion de moment (*momentum*) ou de l'accroissement instantané d'une fluente. Néanmoins, au XVIIIe siècle, on employait parfois les mots différentielle et fluxion comme synonymes. Dans les *Réflexions-II*, la méthode des fluxions est décrite correctement (§ 136-144).

§ 28-33

Les éléments du calcul infinitésimal sont plus amplement exposés et appliqués à quelques exemples dans les paragraphes 49-67 des *Réflexions-I* et d'une manière encore plus détaillée dans le deuxième chapitre des *Réflexions-II* (§ 46-94).

§ 34-35

Dans les *Réflexions-I*, ce texte est supprimé. Dans les *Réflexions-II*, Carnot a consacré au calcul des variations les paragraphes 95-105 du deuxième chapitre.

§ 36

Par la suite, Carnot n'a retenu de ce texte, que le signe de limite employé tantôt sous la forme $\mathfrak{L}$ (*Réflexions-I*, § 38 ; *Réflexions-II*, § 135), tantôt sous la forme *lim.* (*Réflexions-I*, § 56, 62-65).

Ce dernier symbole, proposé aussi et, pour la première fois, publié par S. L'Huilier (*Exposition...*, 1786, p. 24, 31), fut adopté par de nombreux savants : A. Cauchy (1821), K. Weierstrass, qui écrivait comme à présent $\underset{n=\infty}{\text{lim.}}$ (1854), et d'autres ; la flèche $\left(\lim\limits_{n\to\infty} \text{ ou } \lim\limits_{x\to a}, \text{ etc.}\right)$ ne fut introduite, semble-t-il, que dans les premières années de notre siècle.

Carnot exprime son « moment différentiel » par $\mathfrak{L}.\frac{\partial y}{\partial x}$ parce qu'il définit la différentielle comme la différence de deux valeurs infiniment proches d'une variable (§ 27). La notation de L'Huilier est plus moderne : il écrivait lim. $\frac{\Delta P}{\Delta x}$ (*Exposition...*, 1786, p. 31-32), en employant le signe Δ de l'accroissement fini introduit par Euler (1755) ; le symbole $\frac{dp}{dx}$ n'est utilisé, selon L'Huilier, que pour abréger et faciliter les calculs.

Enfin, on trouve occasionnellement, chez Jean I Bernoulli, la caractéristique D*y* que L. F. A. Arbogast utilisa plus tard de façon systématique dans son *Calcul des Dérivations*, Strasbourg, 1800.

§ 37-38

Dans le paragraphe 2 des *Réflexions-I* et *II*, ce texte est reproduit presque intégralement, mais la note y est supprimée. Voir les remarques que Carnot a faites plus loin sur la priorité de l'invention du calcul infinitésimal (§ 68) et, dans les *Réflexions II*, les paragraphes 144 et 165.

§ 39-49

Le texte de ces paragraphes est reproduit sans grands changements dans les paragraphes 3-11 des *Réflexions-I* et *II*, après quoi Carnot passe à la théorie des équations imparfaites, en commençant par les définitions de quantités constantes, variables, désignées, etc.

§ 51-56

Aux théorèmes I-III de la « Dissertation correspondent les théorèmes I-III des *Réflexions-I*, formulés et argumentés de la même façon (§ 32-35). Dans les *Réflexions-II*, la suite des raisonnements est tout à fait différente ; la notion de limite n'y figure pas explicitement (§ 24-33) et, en fin de compte, Carnot déclare que toute la théorie de l'infini peut être regardée comme renfermé dans le théorème suivant (§ 34) :

« *Pour être certain qu'une équation est nécessairement et rigoureusement exacte, il suffit de s'assurer :* 1° *qu'elle a été déduite d'équations vraies ou du moins imparfaites, par des transformations qui ne leur ont point ôté le caractère d'équations au moins imparfaites ;* 2° *qu'elle ne renferme plus aucune quantité infinitésimale, c'est-à-dire, aucune quantité autre que celles dont on s'est proposé de trouver la relation.* »

L'argumentation est semblable à celle du paragraphe 55 de la « Dissertation ».

§ 57

Le texte du scolie se retrouve presque intact au commencement du paragraphe 36 des *Réflexions-I*.

§ 58

A partir d'ici, Carnot passe au calcul des quantités évanouissantes développé pour la première fois par Euler dans ses *Institutiones calculi differentialis* (1755). Aux paragraphes 58-83 de la « Dissertation » correspondent les paragraphes 41-47 des *Réflexions-I*, où, toutefois, l'exposé est beaucoup plus sommaire (les paragraphes 36-39 des *Réflexions-I* sont consacrés à la méthode des indéterminées et à la méthode des limites ; voir plus loin).

Le calcul des quantités évanouissantes est analysé aussi dans les paragraphes 145-153 des *Réflexions-II* et, ici, Carnot se réfère à l'ouvrage mentionné d'Euler.

§ 65

Le théorème IV manque dans les *Réflexions-I* et *II*.

§ 67

Dans le paragraphe 46 des *Réflexions-I*, Carnot a remplacé l'égalité 2.0 = = 2.0 + 3.0.0, qui ne sert à rien, par une autre 6.0 = 2.0 + 4.0, également inutile (de plus, il y a des fautes d'impression, notamment : 60 = 20 + 40).

§ 72

Dans les *Réflexions-II*, Carnot écrit (§ 153) : « Il suit de ce que nous venons de dire qu'on peut à volonté considérer les quantités infiniment petites ou comme absolument nulles, ou comme de véritables quantités ; un motif cependant me ferait préférer cette dernière manière d'envisager l'analyse infinitésimale, c'est que ceux qui la considèrent ainsi me semblent traiter la question d'une manière plus générale que les autres. Car ceux-ci, en attribuant aux quantités infiniment petites la valeur 0, font une opération inutile (...) » (parce que l'élimination se produit indépendamment de cette supposition).

§ 77

Le théorème V manque dans les *Réflexions-I* et *II*.

§ 83

La méthode des indivisibles n'est pas mentionnée dans les *Réflexions-I* ; mais, dans les *Réflexions-II*, Carnot en donne une analyse succincte (§ 113-118).

§ 84

Dès le paragraphe 84 Carnot entreprend l'examen de la méthode des limites qu'il tâche d'adapter aux besoins du calcul infinitésimal (§ 85-91). Evidemment non satisfait de cette tentative, il ne la reprend pas dans les *Réflexions-I* et *II*, où la méthode des limites est analysée, respectivement, dans les paragraphes 38-39 et 129-135.

§ 86

Le théorème VI manque dans les *Réflexions-I* et *II*. Cependant, dans le paragraphe 17 des *Réflexions-I*, Carnot explique qu'on peut parler dans un certain sens de la limite d'une quantité désignée qui est elle-même sa propre limite, « ce qu'on ne peut refuser d'accorder, puisque la dernière valeur d'une quantité déterminée ne peut être que cette quantité elle-même ».

Carnot a formulé le premier la proposition sur la limite d'une constante.

§ 87

Le théorème VII, connu depuis longtemps et formulé en termes de théorie des limites par d'Alembert (1765), ne figure plus dans les *Réflexions-I* et n'est qu'effeuré dans le paragraphe 133 des *Réflexions-II*.

§ 88

Le théorème VIII sur la limite d'un quotient appartient à Carnot et à L'Huilier, qui l'a énoncé dans son *Exposition*... (1786, p. 24). Cette proposition ne figure plus dans les *Réflexions-I* et *II*, Carnot n'en ayant plus besoin.

D'autre part, dans le paragraphe 38 des *Réflexions-I* et le paragraphe 135 des *Réflexions-II*, Carnot reprend cet exemple avec la tangente en un point donné de la circonférence $y^2 = 2ax - x^2$ et détermine la sous-tangente à l'aide de la méthode des limites, ce qu'on ne trouve pas dans la « Dissertation ».

§ 93-97

La méthode des coefficients indéterminés est exposée dans les paragraphes 36-38 des *Réflexions-I* et dans les paragraphes 119-128 des *Réflexions-II*, où le nom de son inventeur, R. Descartes (1637), est mentionné.

Les deux exemples traités dans les paragraphes 94 et 95 de la « Dissertation » manquent dans les *Réflexions-I*, mais ils sont examinés d'une manière détaillée dans les paragraphes 124 et 125 des *Réflexions-II*.

§ 98-100

Les considérations sur « la marche de l'esprit humain » et, en particulier, sur le développement des sciences mathématiques ne figurent pas dans les *Réflexions-I* et *II*. Dans la brève « Conclusion », constituée par le dernier paragraphe 68 des *Réflexions-I*, Carnot résume derechef les avantages de sa théorie par rapport à la méthode des limites et il y emploie certaines expressions tirées du paragraphe 98 de la « Dissertation ».

Dans la « Conclusion générale » (§ 159-174) des *Réflexions-II*, Carnot reprend le sujet de ce même paragraphe 98 de la « Dissertation », compare de nouveau les diverses méthodes infinitésimales qui, selon lui, ne sont à proprement parler que la méthode d'exhaustion des Anciens, présentée sous divers points de vue, et proclame enfin la supériorité de la méthode de Leibniz dont la justesse est basée sur l'élimination nécessaire des erreurs commises dans le cours du calcul.

NOTE BIBLIOGRAPHIQUE

NOTE BIBLIOGRAPHIQUE [1]

A. Biographies et études sur Carnot

Les deux principales biographies de Carnot ont été présentées dans la préface : celle de son fils Hippolyte, *Mémoires sur Carnot* (2 vol., 1861-1863), et celle de Reinhard M., *Le grand Carnot* (2 vol., 1950-1952). En addition, on doit mentionner l'ouvrage de Dreyfous M., *Les trois Carnot* (1888) qui traite sous une forme semi-populaire de la carrière politique de Carnot lui-même et de celles de son fils Hippolyte et de son petit-fils Sadi. Il fut publié à l'occasion de la mort du premier de ces descendants et de l'élection du second à la présidence de la République. Il y a une biographie à recommander en anglais, celle de Watson S. J., *Carnot* (Londres, 1954). Les lettres officielles de Carnot et ses papiers concernant la période de prééminence politique et militaire et son activité au Comité de Salut Public ont été édités par Charavay E., *Correspondance générale de Carnot* (4 vol., 1892-1907). En complément, un volume documentaire a été publié par « la Sabretache » en 1923, *Centenaire de Lazare Carnot, 1753-1823, notes et documents inédits.* Deux études concernent ses contributions à l'art de la fortification et à la pensée militaire : un essai par Lloyd E. M., dans *Vauban, Montalembert, Carnot : engineer studies* (Londres, 1887), et Warschauer R., *Studien zur Entwicklung der Gedanken Lazare Carnots über der Kriegsführung* (Berlin, 1937). La biographie de Reinhard précise la localisation des matériaux concernant la vie publique de Carnot (II, 349) et donne les titres de ses « Principaux Ouvrages » (II, 347). Du fait, cependant, que Reinhard n'inclut pas ses écrits scientifiques sous cette rubrique, il est utile d'en donner la bibliographie détaillée qui suit, établie sous forme chronologique.

B. Principaux écrits scientifiques de Lazare Carnot

1. «Mémoire sur la théorie des machines pour concourir au prix de 1779 proposé par l'Académie royale des sciences de Paris. » Le manuscrit est daté du 28 mars 1778. Il est conservé dans les Archives de l'Académie des sciences de Paris et comporte 85 sections en 63 folios.

1. A défaut d'indication contraire, tous les ouvrages français cités ont été publiés à Paris.

Les diagrammes auxquels le texte se réfère manquent. Les sections 27-60 sont reproduites dans l'Appendice A du présent ouvrage.

2. « Mémoire sur la théorie des machines pour concourir au prix que l'Académie royale des sciences de Paris doit adjuger en 1781. » Le manuscrit est daté de Béthune, 15 juill. 1780. Il est conservé dans les Archives de l'Académie des sciences de Paris et comporte 191 sections en 106 folios. Les sections 101-160 sont reproduites dans l'Appendice B du présent ouvrage.

3. *Essai sur les machines en général* (Dijon, 1783. In-8°, X-107 p.). Cette première édition parut sous forme anonyme, la page de titre portant la seule mention : par « Un officier du Corps royal du Génie ». Elle est très rare ; la Bibliothèque nationale n'en possède pas d'exemplaire, le seul que j'ai vu est dans les archives familiales de Nolay. Une seconde édition fut publiée en 1786. (A Dijon, de l'Imprimerie de Defay. Et se vend à Paris, chez Nyon l'aîné, Libraire, rue de Jardinet. In-8°, 107 p.). Elle comporte l'identification, « Par M. Carnot, Capitaine au Corps Royal du Génie, de l'Académie des Sciences, Arts, et Belles-Lettres de Dijon, Correspondant du Musée de Paris ».

4. « Lettre sur les aérostats. » Mémoire manuscrit adressé à l'Académie royale des sciences le 17 janv. 1784 et conservé dans ses archives.

5. « Dissertation sur la théorie de l'infini mathématique, ouvrage destiné à concourir au prix qu'a proposé l'Académie royale des sciences, arts et belles-lettres de Berlin, pour l'année 1786. » Le manuscrit est daté d'Arras, 8 sept. 1785. Il est conservé dans les Archives de l'Akademie der Wissenschaften der D.D.R. et comporte 100 sections en 90 folios. Il est reproduit intégralement dans l'Appendice C du présent ouvrage.

6. *Réflexions sur la métaphysique du calcul infinitésimal* (Chez Duprat, an V-1797. In-16°, 80 p. et pl.). Carnot publia une seconde édition, très augmentée, en 1813 (Chez la veuve Courcier. In-8°, VI-252 p. et pl.), dont le texte fut réédité par Bachelier en 1839, Mallet-Bachelier en 1860, Gauthier-Villars en 1881, Gauthier-Villars à nouveau en 1921 (Collection « Les Maîtres de la pensée scientifique »), et Blanchard en 1970. Pour les traductions, voir l'étude de A.P. Youschkevitch (ci-dessus, p. 227).

7. *Œuvres mathématiques du citoyen Carnot* (Bâle, J. Decker, 1797. In-8°, XVI-208 p. et pl.). Consiste dans la reproduction sans changement des textes de (3) et (6) ci-dessus, publiés avec un portrait de Carnot.

8. « Lettre du citoyen Carnot au citoyen Bossut, contenant quelques vues nouvelles sur la trigonométrie », dans BOSSUT Ch., *Cours de mathématiques, géométrie et application de l'algèbre à la géométrie* (Nouvelle édition, t. II, 1800), p. 401-421.

9. *De la corrélation des figures de géométrie* (Duprat, 1801. In-8°, VIII-188 p. et pl.) ; trad. allemande, 1801.

10. *Géométrie de position à l'usage de ceux qui se destinent à mesurer les terrains* (Duprat, 1803. In-4°, XL-489 p. et pl.) ; trad. allemande, 1804 et 1810.

11. *Principes fondamentaux de l'équilibre et du mouvement* (Deterville, 1803. In-8°, XXII-262 p. et pl.) ; trad. allemande, 1805.
12. Rapport fait (avec Lacroix) à la première classe de l'Institut de France, 22 Nivôse an II (1804), sur le « Mémoire sur une nouvelle notation d'algèbre descriptive », par MICHEL S. : Institut de France, Académie des sciences, *Procès-verbaux des séances de l'Académie tenues depuis la fondation de l'Institut jusqu'au mois d'août 1835*, II (Hendaye, 1912), p. 611-613.
13. *Mémoire sur la relation qui existe entre les distances respectives de cinq points quelconques pris dans l'espace, suivi d'un essai sur la théorie des transversales* (Courcier, 1806. In-4°, 111 p. et pl.).
14. Rapport (avec Berthollet) ... sur la machine appelée Pyréolophore, 15 déc. 1806, Institut de France, *Procès-verbaux*, III (1913), p. 465-467.
15. Rapport (avec Charles, Montgolfier et Prony) ... sur la nouvelle machine à feu de M. Cagniard, 8 mai 1809, *ibid.*, IV (1913), p. 200-202.
16. *De la défense des places fortes* (Paris, 1810).
17. Rapport (avec Monge et Prony) ... sur la nouvelle machine hydraulique de M. Lingois, 13 juill. 1812, *ibid.*, V (1914), p. 72-75.
18. Rapport (avec Périer et Prony) ... sur les machines hydrauliques de l'invention de M. Mannoury, 28 déc. 1812, *ibid.*, V, p. 133-137.
19. Rapport (avec Périer et Prony) ... sur les Moulins de Mannoury d'Ectot, 21 juin 1813, *ibid.*, V, p. 221-224.
20. Rapport (avec Sané et Poinsot) ... sur le « Mémoire sur la Stabilité des corps flottants » par M. Dupin, 30 août 1814, *ibid.*, V, p. 392-395.
21. *Mémoire sur la fortification primitive pour servir de suite au Traité de la défense des places fortes* (Paris, 1823).
22. « Réflexions sur les principes généraux de l'analyse finie », manuscrit non daté, 17 × 22,5 cm, 129 feuillets (coll. personnelle de M. Pierre-Sadi Carnot).

Les rapports moins importants de Carnot, ainsi que ceux d'autres commissions auxquelles il appartint comme membre, mais non comme « rapporteur », peuvent être identifiés à l'aide des index publiés dans chaque volume des *Procès-verbaux*.

C. SADI CARNOT

Le seul ouvrage que Sadi publia lui-même fut ses *Réflexions sur la puissance motrice du feu et sur les machines propres à développer cette puissance* (Bachelier, 1824). Ce traité fut reproduit dans les *Annales scientifiques de l'École normale supérieure*, 2ᵉ série, I (1872) et republié en 1878 (Gauthier-Villars), accompagné d'un mémoire biographique par Hippolyte Carnot, une lettre présentant le manuscrit original à l'Académie des sciences, et une sélection, faite quelque peu au hasard, des notes sur les mathématiques, la physique et la nature de la chaleur que Sadi avait laissées en manuscrit à sa mort. En 1927, Émile Picard publia une édition en fac-similé de l'ensemble de ces notes, *Sadi Carnot, biographie et manuscrit* (Gauthier-Villars). Le texte des *Réflexions* augmenté par une édition complète et mise en ordre de ces notes a été réédité en 1953 (Blanchard). Une édition critique de ce texte et des autres écrits de Sadi Carnot, réalisée par R. Fox, vient d'être publiée (Vrin, 1979, 372 p., coll. : « L'Histoire des Sciences »).

Une traduction allemande, *Betrachtungen über die bewegende Kraft des Feuers...*, a été publiée dans les « Ostwalds Klassiker der exacten Wissenschaften », n° 37 (Leipzig, 1892), accompagnée par une introduction et un commentaire. Il existe une traduction anglaise dans Magie W. F., ed., *The second law of thermodynamics* (New York, Harper, 1899), ouvrage qui contient aussi des textes de Clausius et de William Thomson, Lord Kelvin. Une autre traduction anglaise a été publiée par Thurston R. H., (New York, The american society of mechanical engineers, 1943). La plus récente édition en anglais est celle de Mendoza E., *Reflections on the motive power of fire, by Sadi Carnot ; and other papers on the second law of thermodynamics by E. Clapeyron and R. Clausius* (New York, Dover, 1960).

Le seul autre travail scientifique de Sadi, le mémoire intitulé « Recherche d'une formule propre à représenter la puissance motrice de la vapeur d'eau » a été publié par Gabbey W. A. et Herivel J. W., « Un manuscrit inédit de Sadi Carnot », *Revue d'Histoire des Sciences,* 19 (1966), p. 151-166.

Il existe une littérature secondaire considérable concernant l'œuvre de Sadi, son contexte et son importance pour le développement de la science de la thermodynamique : Ariès E., *L'œuvre scientifique de Sadi Carnot ; introduction à l'étude de la thermodynamique* (Payot, 1921) ; Brunold Ch., *L'entropie, son rôle dans le développement historique de la thermodynamique* (Masson, 1930) ; Renaud P., *Analogies entre les principes de Carnot, Mayer et Curie* (Hermann, 1937) ; Rosenfeld L., « La genèse des principes de la thermodynamique », *Bulletin de la Société Royale de Liège,* 10 (1941), p. 197-212 ; Kerker M., « Sadi Carnot », *The Scientific Monthly,* 85 (1957), p. 143-149 ; Kuhn T. S., « Carnot's version of Carnot's cycle », *American Journal of Physics,* 23 (1955), p. 91-94 ; et « Engineering precedent for the work of Sadi Carnot », *Actes du IXe Congrès international d'Histoire des sciences* (Barcelone, 1959), p. 530-535 ; Mendoza E., « Contributions to the study of Sadi Carnot and his work », *Archives innternationales d'histoire des sciences,* 12 (1959), p. 377-396 ; Gillispie C. C., *The edge of objectivity* (Princeton, 1960), chapitre 9 ; Kuhn T. S., « Sadi Carnot and the Cagnard Engine », *Isis,* 52 (1961), p. 567-574 ; Mendoza E., « Sadi Carnot and the Cagnard Engine », *Isis,* 54 (1963), p. 262-263 ; Payen J., « Une source de la pensée de Sadi Carnot », *Archives internationales d'histoire des sciences,* 21 (1968), p. 18-32 ; Fox R., « Watt's expansive principle in the work of Sadi Carnot and Nicolas Clément », *Notes and records of the Royal Society of London,* 24 (1970), p. 233-253 ; et « The intellectual environment of Sadi Carnot : a new look », *Actes du XIIe Congrès international d'Histoire des sciences,* t. IV (Paris, 1971), p. 67-72 ; Challey J., « Sadi Carnot », *Dictionary of Scientific Biography,* vol. III (New York, 1971), p. 79-84.

Parmi les études publiées depuis la parution de l'édition américaine de cet ouvrage, il faut signaler :

LERVIG Ph., « On the structure of Carnot's theory of heat », *Archive for history of exact sciences*, vol. 9, 1972, p. 222-239 ; TRUESDELL Cl. « Theoria de effectibus mechanicis caloris pridem ab ill^mo^ Sadi Carnoto, verbis physicis promulgata nunc primum mathematicae enucleata, *Atti della Accademia delle Scienze dell'Istituto di Bologna,* Bologne, 1973, p. 29-41 ; HOYER U., « Über den Zusammenbang der Carnotschen Theorie mit der Thermodynamik », *Archive for history of exact sciences,* vol. 13, 1974, p. 359-375.

Mentionnons enfin les contributions de GILLISPIE Ch. C., TATON R., BIREMBAUT A., HERIVEL J., McKEON R., COSTABEL P., PAYEN J., FOX R., MENDOZA E., SCHERESCHEWSKI Ph., KASTLER A., LERVIG Ph., KLEIN M. J., HOYER U., KANGRO H. et SADOUN-GOUPIL M., au Colloque *Sadi Carnot et l'essor de la thermodynamique* (Paris, juin 1974) dont les Actes ont été publiés (Éditions du C.N.R.S., 1976. In-8°, 435 p.).

D. CONTEXTE SCIENTIFIQUE ET HISTORIQUE

Ce serait dépasser les limites d'une telle monographie que de dresser une bibliographie étendue de la mécanique, des mathématiques, de la technologie et de la politique durant la période où vécut Carnot. Les références appropriées dans la littérature scientifique contemporaine sont citées dans les notes et peuvent être retrouvées en se référant aux noms des auteurs dans l'index. Il existe une bibliographie très étendue de la littérature originale concernant les interactions de la mécanique avec ce que l'on peut appeler la technologie rationnelle dans un fascicule de *Thalès* (12, 1966) rassemblant les conclusions d'un séminaire consacré à ce sujet à l'Institut d'histoire des sciences et des techniques de l'Université de Paris, sous la direction de Georges Canguilhem. En ce qui concerne la littérature secondaire, les deux auteurs qui ont contribué de la façon la plus significative à notre connaissance de l'histoire de la mécanique au cours des années récentes sont C. A. Truesdell, pour le domaine de la mécanique rationnelle, et D. S. L. Cardwell pour celui de la technologie. TRUESDELL a réuni ses études sur des sujets particuliers dans un livre, *Essays in the history of mechanics* (New York et Berlin, Springer, 1968), dans lequel j'ai trouvé plus spécialement utiles « A program toward rediscovering the rational mechanics of the age of reason », p. 85-137 ; et d'une façon plus précise, « Whence the law of moment of momentum ? », p. 239-304. Les études de CARDWELL qui touchent de plus près au secteur dans lequel Carnot a travaillé sont « Power technologies and the advance of science, 1700-1825 », *Technology and culture,* 6 (1965), p. 188-207 et « Some factors in the early development of the concepts of power, work and energy », *British Journal for the History of Science,* 3 (1967), p. 209-224.

D'autres études intéressantes sur des sujets particuliers sont GILLMOR C. S., *Coulomb and the evolution of physics and engineering in eighteenth-*

century France (Princeton, 1971) ; HAHN R., « The chair of hydrodynamics in Paris, 1775-1791 », *Actes du Xe Congrès international d'histoire des sciences* (Ithaca, 1962), p. 751-754 ; et « L'hydrodynamique au XVIIIe siècle » (Paris, Conférences du Palais de la Découverte, 1964) ; HANKINS T. L., « Eighteenth-century attempts to resolve the *vis-visa* controversy », *Isis*, 56 (1965), p. 281-297 ; HIEBERT E., *Historical roots of the principle of conservation of energy* (Madison, Wis., State Historical Society, 1962) ; RAVETZ J. R., « The representation of physical quantities in eighteenth-century mathematical physics », *Isis*, 52 (1961), p. 7-20 ; SCOTT W. L., « The significance of 'hard' bodies in the history of scientific thought », *Isis*, 50 (1959), p. 199-210. On doit aussi mentionner DUGAS R., *Histoire de la mécanique* (Neuchâtel, 1950) ; et JOUGUET E., *Lectures de la mécanique*, 2e éd., 2 vol. (Gauthier-Villars, 1924).

En histoire des mathématiques, TATON R., *L'œuvre scientifique de Monge* (Presses Universitaires de France, 1951) est l'étude la plus importante sur le renouveau de la géométrie et sur le milieu mathématique français de la fin du XVIIIe siècle. Très utiles sont aussi BOUTROUX P.-L., *Les principes de l'analyse mathématique ; exposé historique et critique*, 2 vol. (Hermann, 1914-1919) ; KLEIN F., *Vorlesungen über die Entwicklung der Mathematik im 19. Jahrhundert*, éd. R. Courant et O. Neugebauer, 2 vol. (Berlin, Springer, 1926-1927) et BOYER C. B., *The concepts of the calculus ; a critical and historical discussion of the derivative and the integral*, 2e éd. (New York, Hafner, 1949). BOYER C. B. est un des rares historiens actuels des mathématiques à avoir considéré l'œuvre de Carnot dans deux études : « Carnot and the concept of deviation », *American Mathematical Monthly*, 61 (août-sept. 1954), p. 459-463 et « The great Carnot », *The mathematics teacher*, 49 (janvier 1956), p. 7-14. Un ouvrage qui a le mérite d'une quasi-contemporanéité et qui est également plus complet que les histoires déjà mentionnées est celui de CHASLES M., *Aperçu historique sur l'origine et le développement des méthodes en géométrie, particulièrement de celles qui se rapportent à la géométrie moderne* (Bruxelles, Hayez, 1837) dont une seconde édition a été publiée à Paris en 1875.

Parmi les autres études historiques particulières, les plus utiles à consulter sont BOUCHARD G., *Prieur de la Côte-d'Or* (Clavreuil, 1946) ; CROSLAND M., *The society of Arcueil* (Cambridge, Mass., Harvard University Press, 1967) ; PALMER R. R., *Twelve who ruled : the Committee of Public Safety during the Terror* (Princeton, Princeton University Press, 1941) ; QUIMBY R. S., *The background of Napoleonic warfare: the theory of military tactics in 18th-century France* (New York, Columbia University Press, 1941) et TATON R., éd., *Enseignement et diffusion des sciences en France au XVIIIe siècle* (Hermann, 1964). Maurice Crosland a récemment publié une édition plus commode du tableau des institutions scientifiques françaises dans les dernières années du XVIIIe siècle, établi par un astronome danois contemporain en visite en France : *Science in France in the revolutionary era, described by Thomas Bugge* (Cambridge, Mass., M.I.T. Press, 1969).

INDEX DES NOMS ET DES INSTITUTIONS

D

INDEX DES MATIÈRES

TABLE DES MATIÈRES

SECONDE PARTIE

LA CONTRIBUTION DE LAZARE CARNOT A LA THÉORIE DE L'INFINI MATHÉMATIQUE

par A. P. YOUSCHKEVITCH

IMPRIMERIE A. BONTEMPS, LIMOGES (FRANCE) — Dépôt légal : 3e trimestre 1979